U0334235

国家出版基金项目
NATIONAL PUBLICATION FOUNDATION

拉卜楞寺建筑考古研究（第二卷）

拉卜楞寺建筑空间结构研究

甘肃省文物考古研究所 编

唐晓军 著

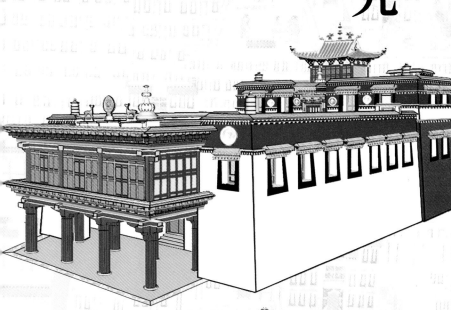

甘肃教育出版社

甘肃·兰州

图书在版编目（CIP）数据

拉卜楞寺建筑空间结构研究 / 甘肃省文物考古研究
所编；唐晓军著. -- 兰州 : 甘肃教育出版社，2024.
12. -- ISBN 978-7-5423-5835-6

Ⅰ．TU-885

中国国家版本馆CIP数据核字第2024M7904S号

拉卜楞寺建筑空间结构研究

甘肃省文物考古研究所 编　唐晓军 著

策　划　祁　莲
责任编辑　杨增贵
装帧设计　石　璞

出　版　甘肃教育出版社
社　址　兰州市读者大道 568 号　730030
电　话　0931-8436489（编辑部）　0931-8773056（发行部）
传　真　0931-8435009

发　行　甘肃教育出版社　印　刷　兰州银声印务有限公司
开　本　787 毫米×1092 毫米　1/16　插　页　2　印　张　33.5　字　数　500 千
版　次　2024 年 12 月第 1 版
印　次　2024 年 12 月第 1 次印刷
书　号　ISBN 978-7-5423-5835-6　定　价　180.00 元

前言

一

　　拉卜楞寺正式创建于 1710 年^①，迄今已有 314 年的历史。20 世纪 40 年代臻于极盛，跻身我国藏传佛教格鲁派六大寺院之列。它是一个神秘、神奇、令人神往的地方。

　　它以佛教信仰为本，为诸神佛菩萨营造震撼人心的建筑造型和空间形态，为参与宗教活动的信众营造合理的空间和场所，为潜心修习、研读领悟宗教经典的僧侣创造必需的生活条件，为广大僧俗信众朝佛礼佛提供了充足的空间。

　　它是一座显密兼备，尤重密宗的超大型藏传佛教寺院，先后形成了 108 个活佛转世系统。发展极盛时期，在寺僧侣达四千人，拥有较完善的显密学院学位授予制度。

　　它是一座超大型藏式传统建筑博物馆，先后修建了 7 所显密学院、30 多座佛殿、60 多座活佛囊欠、500 多院僧舍；还有大量为藏传佛教活动提供服务的建筑和设施，包括藏经楼、印经院、辩经院、静修院、转经廊、展佛台、露天佛塔

---

　　① 1709 年，一世嘉木样与察汗丹津亲王商议后宣布创建拉卜楞寺，该年是从宗教角度提出的。1710 年，正式搭建一座帐篷经堂。

等；还有为广大僧俗信众、当地民众生产生活以及地区和寺院安全设置的各种管理机构、服务性组织、文化教育单位及其他建筑设施等，包括医药学院制药厂、拉卜楞寺保安司令部、拉卜楞寺藏民小学、国立拉卜楞寺青年喇嘛职业学校、拉卜楞寺根本施主河南蒙古亲王府、寺院牌坊门、大夏河木桥等，是中华民族传统建筑文化的重要组成部分。

它是一座我国西北地区最大的藏传佛教文物、宗教典籍、藏式传统建筑工艺荟萃的文化艺术宝库。藏经楼、印经院保存有历世嘉木样及其他僧众收集而来的大量佛教典籍、珍本善本图书及珍贵的木刻印版。现藏经楼保存各类图书 65000 余部，印经院内保存各类书籍印版 18216 块。各学院经堂、佛殿内保存大量不同版本的藏传佛教经典如《甘珠尔》《丹珠尔》等，以及天文历算、医药科技文献等。据不完全统计，各宗教殿堂（不包括活佛囊欠）供奉、保存佛教造像 29262 尊，最高者 10 余米，最小者仅几厘米，其中高度在 1.7 米以下者有 29000 尊，1.7 米以上者有 262 尊。造像材质多样，主要有金、银、紫铜、黄铜、铜镏金、泥镏金、檀木、象牙、珊瑚、玛瑙、玉石、水晶石、陶瓷、吠琉璃等。造像来源有我国内地省份和西藏、内蒙古等地，此外还有印度、尼泊尔、蒙古、伊朗等国。各活佛囊欠内供奉、保存的佛教造像、宗教经典等，不知其数。

各宗教殿堂内墙面绘制有丰富的壁画，它完整地继承了西藏勉塘画派壁画绘制艺术，又充分发展了敦煌壁画艺术及河湟地区热贡绘画艺术（热贡画派）。据 1985 年统计，8 座原宗教殿堂内共有 112 幅壁画，包括上续部学院 27 幅、医药学院 12 幅、文殊菩萨殿 4 幅、白伞盖佛殿 32 幅、释迦牟尼佛殿 12 幅、宗喀巴佛殿 17 幅、寿安寺 4 幅、夏卜丹殿 4 幅，画面最大者 5 米 ×3.5 米。迄今为止，对恢复重建的宗教殿堂壁画未作统计。唐卡（卷轴画）也是藏族传统绘画艺术的重要形式，最早出现于公元 7 世纪，大量普及于明代，功能性质与壁画同，时代、质地各不相同，宗教题材占 80% 以上，是拉卜楞寺各宗教殿堂必需的供品及装饰品。据寺院 1985 年对各学院、佛殿（不包括各活佛囊欠）的唐卡存量统计，共得 887 幅，部分作品绘制于明代。栩栩如生的唐卡画有《释迦牟尼应化史》《班禅大师应化史》《弥勒佛坛城》《十一面观音》等。

油饰彩画是拉卜楞寺藏式传统绘画艺术的重要表现形式，融宗教信仰、建筑工艺、绘画艺术、室内装饰于一体，有纯藏式、汉藏结合式、纯汉式三种形态，具有鲜明的地域文化特色。各宗教殿堂室内外柱子、梁枋、门窗、椽望等构件上，遍绘琳琅满目的彩画，用色粗犷，震撼人心。原有建筑及部分重建建筑的油饰彩画总面积约 4.5 万平方米，是拉卜楞寺建筑艺术的重要组成部分。

二

对拉卜楞寺的调查研究，起步很早，经历了漫长的过程，早期研究成果、相关影像资料非常丰富。

拉卜楞寺创建近 100 年后，本寺僧人即开展了对其创建发展历史、建筑规模、活佛转世、僧侣数量等方面的整理著录工作，编著《拉卜楞寺志》（成书于 1800 年）及《安多政教史》（成书于 1865 年）两部著作，是最早调查记录拉卜楞寺的经典文献，两部著作对拉卜楞寺的记述大同小异，侧重点略有不同，非常珍贵，开启了拉卜楞寺研究之门，迄今仍是研究拉卜楞寺的入门之作。

清末以来，随着拉卜楞寺的快速发展、政教影响力不断扩大，跻身于藏传佛教格鲁派六大寺院之一，成为安多地区格鲁派佛学研习中心，引起西方人士的广泛关注，大批外国传教士、探险家、旅行者、记者、植物学家等纷纷来到拉卜楞寺，或在当地设立教堂，开展传教活动，以美国宣道会传教士格里贝诺（Marion Grant Griebenow，1899—1972）、记者约瑟夫·洛克（Joseph F Rock，1884—1962）、植物学家哈里森·福尔曼（Harrison Forman，1904—1978）等人为代表；或从事考察、探险，以搜集经济文化、疆域地理情报为主，以俄罗斯探险家巴拉金（Б. Б. Барадийи，1878—1939）、柯兹洛夫（Pyotr Kuzmich Kozlov，1863—1935）、芬兰籍俄罗斯人曼尼海姆（Carl Gustav Mannerheim，1867—1951）等人为代表；还有英国外交官乔治·爱德华·佩雷拉（George Edward Pereira，1865—1923）；法国职业探险家多隆（Vicomte D'ollone，1868—1945）及著名东方学家、藏学家亚历山大·大卫·妮尔（Alexandra David-Néel，1868—1969），等等。据不完全统计，清末民国时期，到访拉卜楞寺的外国人约 25 个，他们借各种名义来到拉卜楞寺，各有动机和目的，但在某种程度上发起和推动了对拉卜楞寺历史文化、宗教信仰、组织机构、佛教文物、修习仪轨等领域的初步认识和探索研究，一方面，他们各自发表了大量考察报告、旅行日记，撰写了大量文章，甚至出版学术专著，在世界范围内产生了积极影响，以美国植物学家约瑟夫·洛克出版的"图齐东方学系列丛书"——《阿尼玛卿山及其邻近地区的专题研究》（1956 年，意大利）最具代表性；另一方面，他们当时多带有相机，最早拍摄了清末至民国时期拉卜楞寺的整体面貌、局部形态、主要建筑形制特征等。目前，他们的手稿、日记、书信及照片资料等均保存在各个国家图书馆、艺术馆、档案馆及其他机构或私人手中，仍然是研究早期拉卜楞寺的第一手文献资料。此外，早年在拉卜楞寺修行的布里亚特人（蒙古人的一支）还创作了"拉卜楞寺全景唐卡画"，完整地展示了 1882 年前拉卜楞寺核心区内建筑分布的真实情景，是研究早期拉卜楞寺建筑的重要资料。

民国时期，国民政府、甘肃省政府积极推动甘肃地区经济社会、民族文化教育向近现代转变。1931 年，南京国民政府通过了一系列开发西部地区的议案，包括工业、交通、水电、古迹等方面，形成影响深远的"开发西部"潮流。受其影响，一度兴起对拉卜楞寺调查研究的热潮，许多政府官员、学者、记者、旅行家、摄影师等纷纷来到甘肃、四川、青海交界地区，开展经济社会、民族宗教与文化、人类学等方面的调查研究。据不完全统计，当时到访拉卜楞寺的国内学者、政府官员、记者、旅行者、摄影师等有 30 多人，他们撰写了大量有关拉卜楞寺的新闻通讯、调查报告、日记、随笔等，内容涉及当地的历史、地理、物产、气候、政治、经济、军事、宗教与寺院、文化与教育、民风民俗及民间艺术等。据不完全统计，1914—1949 年间，国内各种期刊杂志、报纸画报等刊载有关拉卜楞寺政教活动的政府公文、调研报告、通讯、消息、摄影作品等 220 多件（篇），很多重要研究成果被收录于《甘南史料丛编·拉卜楞部分》（甘南州志编辑部编，1992 年）以及《西北民族宗教史料文摘——甘肃分册》（甘肃省图书馆编，1984 年）之中。此外，不少政府官员、学者等还撰写了拉卜楞寺调查研究专著，如邓隆、张其昀、阴景元、马鹤天、张文郁、李安宅夫妇、绳景信，等等。这些史料，是全方位研究拉卜楞寺历史、地理、文化、建筑、宗教、艺术、民俗的基础文献。1948 年，第五世嘉木样治丧委员会编《辅国阐化正觉禅师第五世嘉木样呼图克图纪念集》一书，这是官方组织编写的拉卜楞寺研究专辑，具有很高的史料价值。

中华人民共和国成立后，对拉卜楞寺的保护、研究、利用工作逐年开展并不断深入。20 世纪 60 年代，著名学者史理、建筑师邓延复等人对拉卜楞寺重点殿堂实施初步测绘与研究，这是对拉卜楞寺宗教殿堂的首次测绘。1961 年，拉卜楞寺被公布为甘肃省省级文物保护单位。

1980年以来，对拉卜楞寺的调查研究、建筑测绘、保护维修逐步展开，并组建了专业的管理、研究机构，研究成果如雨后春笋般出现。1981年，组建成立拉卜楞寺管理委员会、拉卜楞寺文物管理委员会。1982年公布为全国重点文物保护单位。1984年，以索智仓囊欠为办公地，组建成立甘肃省拉卜楞寺藏书研究所（1990年迁建至拉卜楞镇雅鸽塘，并更名为甘肃省藏学研究所），以拉卜楞寺为依托，对藏经楼保存的各类藏传佛教经典、其他文献以及拉卜楞寺活佛及宗教文化等开展系统性整理研究，并涉及周边地区政治、历史、文化、经济、教育、宗教等，1993年创办《安多研究》（汉、藏语版内刊）。1986年，以索智仓囊欠为校舍，组建成立了甘肃省佛学院（2013年迁往夏河县桑科草原），招收和培养甘肃省内藏传佛教寺院讲修师资力量、管理人才、科研工作者等。这两个机构的专职研究人员、教育工作者积极投入拉卜楞寺研究领域，研究深度、广度逐年拓展，研究水平不断提高，汉、藏文研究成果迅猛增长，先后出版数十部专题研究专著，发表数百篇学术论文，迄今仍在不断增加。同时，国内各地研究人员、高校师生也投入到拉卜楞寺研究大潮之中，持续推动拉卜楞寺研究迈向新台阶。上述研究成果主要集中在以下几个领域：寺院创建发展历史及建筑概况；明清、民国时期河湟地区及拉卜楞寺周边社会形态、民族关系及宗教文化；寺主历世嘉木样活佛及其家族；重要宗教经典诠释注疏；著名活佛（高僧）个人文集译介；寺院活佛转世系统；安多地区传统文化艺术等。《拉卜楞历史档案编目与拉卜楞研究论著目录索引》一书首次系统地整理汇编了1616—2007年间形成的拉卜楞寺各种历史文献、档案资料、研究成果，时间跨度达391年，其中下编"研究论著目录"辑录时间为1912—2007年，内容涵盖政治，经济，历史，地理，宗教，文学，艺术，语言文字，文化教育，风俗习惯，文物考古，人物，医药卫生，科技，书评、译著、古籍整理等 15 类，收录 1230 个篇目，是拉卜楞寺研究成果之集大成者，具有很高的文献学价值。

2010 年，"拉卜楞文化丛书编委会"组织编纂十卷本《拉卜楞文化丛书》，是研究拉卜楞寺历史、宗教、文化、建筑、民俗、政教合一制度等的重要资料。

总之，上述大量研究成果，不乏扛鼎之作，进一步拓展、夯实、丰富了拉卜楞寺（或"拉卜楞学"）的研究基础。但因缺乏建筑工程测绘图，对整个寺院、各建筑组群自身空间格局、结构构造、工艺技术、功能形制等方面的研究显得非常薄弱。

三

现存拉卜楞寺的占地规模、空间形态、建筑分布格局、内外环境与原貌有很大差别。早期，拉卜楞寺占地范围非常广阔，由核心区及外围区两大部分构成。

核心区内主要分布有各宗教殿堂、活佛囊欠、普通僧舍及其他服务性建筑、设施等，保留下来的原建筑有 6 所学院、11 座佛殿、7 座活佛囊欠，另有 1 座佛塔（寺中白塔）、1 座冬季讲经坛、1 座大夏河木桥以及卧象山山脚处部分修行室等。20 世纪 80 年代以来，陆续恢复重建了 9 座佛殿，尚存 9 座遗址；恢复重建了 30 多座活佛囊欠（包括附属佛殿）；所有僧舍院均为重建而成。

外围区主要分布有嘉木样别墅、各静修院、红教寺、学校、保安司令部、尕寺沟以东无名佛殿等。均毁无存，仅存部分遗址。

2009 年，甘肃省人民政府公布《甘肃省拉卜楞寺文物保护总体规划》，以全新的文物保护理念，对拉卜楞寺现存各建筑、相关遗存、非物质文化遗产进行全面认定。文物保护规划的公布，使拉卜楞寺的保护管理、科学研究、开发利用走向正规化、法制化轨道。本规划的主要内容包括物质文化遗产、非物质文化遗产、寺院其他资产、保护管理四个方面。

（1）"物质文化遗产"包括拉卜楞寺历史环境和格局、古建筑群及各类附属文物，其中古建筑群包括原有建筑及 1980 年以来恢复重建的建筑，计有学院 6 所、佛殿 15 座、活佛囊欠 29 座、普通僧舍 500 余院、其他建筑 9 处（包括藏经楼、印经院、转经廊、白塔等）。

（2）"非物质文化遗产"分为 3 大类，包括宗教知识传承体系、宗教法会和节庆活动、藏族传统技艺，共有 32 个子项。

（3）寺院其他资产，包括土地、僧侣、图书文物 3 大类。

（4）划定寺院保护范围。分重点保护区、一般保护区、建设控制地带三个层级。重点保护区即现存寺院核心区，范围东至尕寺沟东边、南至大夏河南边、西至夏河县藏族中学东院墙、北至卧象山山脚下，四边周长约 3950 米，总占地面积 41.5 公顷（按：《规划》统计数据有误，实为 56 公顷）。一般保护区处于核心区外围，四周边界线大致呈竖长方形，南北长 3500 米，东西宽 1000 米，其中西面界线位于蒙古亲王府西侧，大致呈南北走向，即"岗玛后山顶—加日则岗玛—塔洼泽—夏河县藏族中学—唐乃合格尔尕—乙合且山顶"一线；东面界线位于尕寺沟以东 1000 米处，大致呈南北走向，即"龙务囊—曼达尼哈—登志则刚玛—洒乙哈尼—修地山顶"一线；北面界线位于卧象山后部一带，呈东西走向，即"则岗玛后山顶—加吾沟—加吾日召后山顶"一线；南面界线位于寺院南部曼达拉山以南区域，大致呈东西走向，即"乙合且山顶—散木道—修地山顶"一线。建设控制地带处于一般保护区外围，按不同区域的重要程度分为Ⅰ、Ⅱ、Ⅲ级，总占地面积 536.42 公顷，四周边界线大致呈纵长方形。北面、南面边界线与一般保护区边界线重合；西面自一般保护区边界线向西再延伸 300 ~ 1000 米，大致呈南北走向；东面自一般保护区边界线向东再延伸 200 ~ 1000 米，大致呈南北走向。

该规划认定的一般保护区、建设控制地带区即寺院早期形成的外围区。

四

2004—2016 年，夏河县人民政府、夏河县文体广电和旅游局、拉卜楞寺寺管会与文管会，协同省内外专业文物保护机构、高校、测绘部门等，先后对拉卜楞寺开展 4 次大规模现场调研及测绘工作，第一次系某高校配合教学开展的师生实习测绘，共测绘 10 座建筑；第二次是配合《甘肃省拉卜楞寺文物保护总体规划》编制而实施的简单测绘，共测绘 10 座建筑；第三次是为实施全寺重要建筑本体保护维修工程而开展的精细测绘，共测绘 16 座建筑；第四次是为实施重要宗教殿堂油饰彩画保护维修工程而开展的摄影测绘，共测绘 12 座学院、佛殿建筑。通过数次测绘，获得丰富的资料，拍摄了大量照片，所获实测图有：寺院保护范围及建设控制地带内实测地形图；5 所原有学院建筑组群实测图，包括下续部学院（含辩经院与厨房）、上续部学院（含辩经院与厨房）、时轮学院（含厨房）、喜金刚学院、医药学院；11 座原有佛殿建筑实测图，包括弥勒佛殿、夏卜丹殿、寿安寺、释迦牟尼佛殿、嘉木样护法殿、白度母佛殿、白伞盖佛殿、文殊菩萨殿、绿度母佛殿、宗喀巴佛殿、图丹颇章殿；7 座活佛住宅建筑实测图，包括嘉木样寝宫（含亲属居住楼、接待楼、宾客楼、嘉木样会客楼、嘉木样夏季住房、嘉木样冬季住房 6 座建筑）、郭莽仓囊欠、琅仓囊欠、雍增仓囊欠、蒋干仓囊欠、念智仓囊欠、拉科仓囊欠。

在上述调研、测绘资料的基础上，原甘肃省文物保护维修研究所（现为甘肃省文物考古研究所）计划出版"拉卜楞寺建筑考古研究"系列成果，主要研究内容包括拉卜楞寺建筑历史及文化艺术、建筑测绘图集、建筑工程技术、建筑形制与功能、油饰彩画、拉卜楞寺早期图像史等。目前已完成与该研究计划相关的多项国家级、省级科研课题，并于2021年编辑出版《甘肃文物建筑测绘图集·宗教建筑（一）》，首次较全面系统地展示了拉卜楞寺重要宗教殿堂、活佛囊欠的实测图；2022年，笔者在完成国家社科基金项目的基础上出版《拉卜楞寺建筑历史及文化艺术研究》一书，系统地研究了拉卜楞寺各类建筑的创建发展历史、建筑艺术特征等。进一步丰富、深化了拉卜楞寺研究的内容和领域。

2023年笔者完成《拉卜楞寺建筑考古研究》2卷本书稿，由甘肃教育出版社申请并入选"十四五"国家重点出版物出版规划增补项目。该研究成果分上、下两卷，上卷主要研究拉卜楞寺建筑的工程营造技术；下卷主要研究各学院建筑组群的形制、功能及用途等。全书以历史文献、现状照片、实测图、文物保护规划等材料为基础，利用三维图，完整准确地展示拉卜楞寺各类建筑（包括原有建筑及重建建筑）的内外空间构成形态、结构构造特征、营造技术措施、艺术表现方式等，完整地展示各大型宗教殿堂独特的造型美、艺术美，进一步拓展"拉卜楞学"研究领域，为该学科未来不断走向深入贡献一份力量。

本书采用大量文献、照片资料及自己绘制的建筑三维图，作者本人也尽量避免各种疏漏和错误，并及时纠正了已出版作品中的部分错误，但仍感才疏学浅，本书中的疏漏错讹之处肯定难免，尚希同行专家、读者批评指正。

唐晓军

二〇二四年六月

目　录

概　述

一

藏式传统建筑以藏传佛教寺院、王宫、贵族府邸（庄园）等为代表，经历了漫长的发展演变过程，是中华民族传统建筑文化的重要组成部分。公元 10 世纪前后，藏传佛教进入"后弘期"，形成具有西藏地方特色的宁玛、萨迦、噶举、觉囊等派，有严密的寺规组织、学经制度，寺院建筑如雨后春笋般地发展起来，影响所及，甘肃境内河西走廊、甘南地区等地修建了众多的藏传佛教寺院。15世纪，宗喀巴大师创建格鲁派，彻底改变了藏传佛教的发展和传播模式，寺院建筑形制日趋统一。明末，格鲁派在蒙古和硕特部的支持下，在西藏建立了政教合一的地方政权，各地早期寺院纷纷改宗格鲁派，新建、改建、维修早期寺院，蔚然成风，甘肃境内格鲁派势力发展迅速，修建了大量格鲁派寺院，据史料记载，1949 年前，甘肃境内藏传佛教寺院多达 300 余座，以清代创建的居多。拉卜楞寺就是在这种特殊的历史、宗教背景下诞生的。17 世纪末至 18 世纪初，统治青海东部、甘肃西部和西南部的和硕特蒙古前首旗亲王察汗丹津父子多次邀请时在西藏哲蚌寺郭莽学院担任堪布的安多籍高僧一世嘉木样·俄昂宗哲返回家乡创建寺院，俄昂宗哲于 1709 年正式返回家乡创建拉卜楞寺，他们结成牢靠的供施关系，使拉卜楞寺走向成功发展之路。

拉卜楞寺位于甘肃省夏河县拉卜楞镇以西大夏河岸。截至 1949 年，先后修建学院 7 所、独立式大小佛殿 33 座、活佛囊欠 60 多座、藏经楼 1 座、印经院 1座、嘉木样别墅 3 座、露天佛塔 4 座、大夏河木桥 2 座、木构牌坊门 1 座、木构转经廊房 500 多间、僧舍 500 多院，等等。以本寺为宗主寺，统辖属寺达 108座，是一座超大型格鲁派寺院，并发展成为安多地区政治、经济、文化及宗教教

育中心，跻身于藏传佛教格鲁派六大宗主寺之列。发展之快，繁荣之盛，在藏传佛教寺院发展史上是罕见的。

　　拉卜楞寺是一所显、密兼修的宗教大学，它是中华民族集体智慧的伟大成果。自1710年正式创建后，来自全国各地信奉藏传佛教的信众在此修习、研读佛教经典、考取学位。寺院发展鼎盛时期学僧达四千多人。

　　1979年，拉卜楞寺正式对外开放。1982年被确定为全国重点文物保护单位。2009年，甘肃省人民政府公布《甘肃省拉卜楞寺文物保护总体规划》，认定拉卜楞寺的文化遗产包括物质文化遗产、非物质文化遗产、寺院其他资产三大类，其中物质文化遗产包括寺院历史环境和格局、古建筑群及寺院内各种附属文物；非物质文化遗产包括寺院宗教知识传承体系、宗教法会、节庆活动、传统手工艺和技艺等；寺院其他资产包括寺院土地、在册僧侣、图书资料、各殿堂文物等。

　　拉卜楞寺既是一所宗教大学，又是一座超大型藏式建筑博物馆。季羡林先生曾于1984年提出"拉卜楞学"的概念，"拉卜楞学"研究内容广博，涉及建筑、工程技术与艺术、法律道德、知识信仰、风俗习惯以及区域社会信众的人文情怀与精神等诸多领域，是国内外一个热门课题。持续、深入开展拉卜楞寺传统建筑艺术、宗教文化等领域的研究、保护，是我们继承、发扬中华民族优秀传统建筑文化、增强民族文化自信的必由之路。

二

　　学院是藏传佛教寺院非常重要的宗教建筑类型。拉卜楞寺先后修建了7所学院，均由寺院筹资统一修建。根据学僧入学途径、修习内容、所获学位等，学院分显宗、密宗两类。

　　拉卜楞寺的显宗学院共有1所，即闻思学院。创建时间最早，是从两座帐篷式经堂发展而来的。1709年9月，一世嘉木样·俄昂宗哲率领所属人马从西藏哲蚌寺正式启程返回家乡，经与根本施主河南蒙古亲王察汗丹津商议，即以1709年作为拉卜楞寺正式创建之年，1710年3月，察罕丹津亲王出资搭建一座帐篷式显宗经院，俄昂宗哲任法台，标志着拉卜楞寺的正式诞生。1710年7月，俄昂宗哲选定今夏河县拉卜楞镇大夏河北岸扎西奇滩为建寺地址后，察罕丹津亲王又出资在这里搭建一座帐篷，作为显宗学院经堂。1711—1715 年建成石木结构殿堂，建筑体量较小，是 80 根柱子的规模。同时修建的还有厨房院、辩经院等。闻思学院主体建筑经历了三次扩建、重建：第一次发生于 1772—1778 年，由二世嘉木样主持对闻思学院实施全面改扩建工程，建筑规模达 180 根柱子。工程竣工后，乾隆皇帝为大经堂赐写包括汉、藏、满、蒙四种文字的金字匾额，藏文题名"罗赛岭"，汉文题名"慧觉寺"。第二次发生于 1946—1947 年，闻思学院大经堂在二世嘉木样主持改扩建后，一直延续使用到 1946 年，五世嘉木样再次主持实施改扩建工程，1947 年竣工，这次主要改建了学院大门（前殿楼）及诵经廊房，未对主体经堂作结构性改动，只是对室内空间重新划分、装潢，重建了后殿金顶，一直使用到 1985 年失火烧毁。第三次发生于 1985—1989 年，1985 年，闻思学院大经堂失火烧毁后，重建工程得到党和国家各级政府、社会团体、宗教界人士等的高度关注和支持，重建项目主要有大经堂、院落大门（前殿楼）、诵经廊三部分，基本保持原貌形态，其中大经堂承重柱、梁枋、围护墙改为钢筋混凝土浇筑与片石墙混合结构；学院大门（前殿楼）以片石墙与木柱混合结构为主，外观样式发生重大改变。

其他 6 所密宗学院是陆续修建而成的，时间跨度很大。均以修习密宗经典为主。藏传佛教密宗充分结合西藏地区的宗教信仰、文化传统，形成独具地域特征的信仰体系，其中格鲁派尊奉本派创始人宗喀巴大师的学说理论为根本经典，15 世纪时在西藏拉萨修建了密宗学院（下密院和上密院）。拉卜楞寺各密宗学院是对西藏地区密宗教法教义的传承和延续。1716 年，一世嘉木样主持修建下续部学院（1732 年迁建到现位置），主要修习密宗胜乐、密集、大威德等相关经典及仪轨。1763 年，二世嘉木样主持修建了时轮学院，主要修习藏族传统天文历算学及时轮历经典，研究天体运行，编制《藏族气象历书》等。1784 年，二世嘉木样主持修建医药学院，主要修习藏族传统医学经典著作《四部医典》及其他宗教经典等，培养医学人才，还开展采药、制药、诊病治病等活动。1879 年，四世嘉木样主持修建喜金刚学院，1956 年失火烧毁，1957 年重建，主要修习汉历天干地支、阴阳五行推算技术等，以研习传统汉历《时宪历》为主，每年编制一部汉历历法，为本区农牧业生产提供服务。1928—1942年，五世嘉木样主持修建上续部学院，"上续部"是针对"下续部"而言，主要研习、讲修集密、胜乐、大威德金刚等密法，修习内容、供修仪轨、宗教功能和地位与下续部学院一致。1887年，四世嘉木样为长期在拉卜楞寺西部一带活动的宁玛派僧人主持修建一座经堂，称"红教寺"或"宁玛派密乘经院"，标志着红教寺的正式诞生，这是拉卜楞寺的第七座学院和属寺，主要修习藏传佛教宁玛派经典；1946年，五世嘉木样主持对红教寺经堂进行异地改扩建。

拉卜楞寺各学院均为院落式布局，在院落布局规模、建筑样式和形制、内外装饰、空间划分等方面基本一致，仅有大小之别和等级之差。显宗闻思学院是全寺的神圣中心建筑，地位最高，其他学院建筑的规模、形制不得超越它。除红教寺仅有一处院落外，其他6所学院均拥有众多院落及建筑，形成一处规模宏大的建筑群，其中包括经堂院、厨房院、辩经院、护法殿院、公房等，以主体建筑经堂院为核心，其他建筑环绕在经堂院周边，也有相距较远者（如医药学院及其公房、下续部学院及其公房），由此形成各学院学僧相对独立的修习、活动空间，互不干扰。各学院所属建筑的庭院布局，主体建筑内外空间形态、形制样式等大同小异，区别最大的是护法殿，全寺七所学院均有自己的护法殿，其中有些修建于本院经堂后殿内，一般位于西侧，仅下续部学院护法殿位于东侧；有些学院除在本院经堂后殿内辟一间护法殿外，还在经堂院外西侧又修建独门独院式护法殿，如下续部学院、喜金刚学院、红教寺等，这种外部护法殿多与辩经院共用一个院落，但下续部学院是例外，其辩经院、外部护法殿院分别建于经堂院东、西两面。

拉卜楞寺是一所超大规模的宗教大学，各学院各自招收学僧，培养宗教人才，授予相应的学位。寺院初建时，没有设立学位制度，而是选派学僧到西藏哲蚌寺郭莽学院考取学位。1717年，一世嘉木样为本寺设立显宗"然卷巴"学位（相当于中级学士程度），1718年正式授予第一批5位学僧"然卷巴"学位。二世嘉木样时期增设"多然巴"学位，相当于"经硕士"或"经博士"。同时，寺院为显宗闻思学院学僧修习"五部大论"经典达到每个阶段后，分别授予5种具有学位性质的荣誉称号，包括：《因明部》"集类论士"、《般若部》"般若论士"、《中观部》"中观论士"、《俱舍部》"俱舍论士"、《戒律部》"经硕士"，它们均非正式的"格西"学位。6所密宗学院中，仅红教寺没有设立学位，其他5所学院均授予相应的学位，其中下续部学院、上续部学院、喜金刚学院授予密宗"俄然巴"学位；时轮学院对学僧实施特殊的考核方式，不授予正式的学位，仅对学习成绩突出者授予"孜仁巴"名号，是一种荣誉性名号；医药学院的修习课程特殊，以医学实践为主，对修完规定课程并通过考试的最优秀学僧，授予密宗"曼仁巴"学位。

三

佛殿是拉卜楞寺又一非常重要的建筑类型，其功能和用途单一，主要用于供奉佛像、佛经、壁画唐卡等，也可在特定条件下举行特殊的宗教活动。

拉卜楞寺各佛殿的创建具有很大随意性和随机性，任何高僧（包括寺主）、根本施主或经济富实的活佛皆可出资修建佛殿。佛殿的命名，均以供奉的佛、菩萨名为主，佛殿名就是主供佛之名，如弥勒佛殿、白度母佛殿、文殊菩萨殿等。佛殿的功能和用途，大致有两种：一为供公共大众使用者，完全对外开放，如宗喀巴佛殿、弥勒佛殿、白伞盖佛殿、白度母殿等；二为活佛囊欠附属佛殿，仅供活佛自己使用，殿名仍以所供主尊佛命名，仅有少量对外限时开放，如释迦牟尼佛殿（嘉木样寝宫属殿）、文殊菩萨殿（大阿莽仓囊欠属殿）、普祥寺（德哇仓囊欠属殿）等。

拉卜楞寺先后修建众多的佛殿，学界历来有七八座、十多座（十八座）、二十多座、三十多座、四十八座之说等。实际上，拉卜楞寺自1710年创建以来，先后修建的佛殿共有34座。早年，许多佛殿被改作他用或拆除，1980年以来，陆续开展恢复重建工程。截至2024年，全寺现存佛殿共25座（其中16座为原建筑，9座为重建建筑），另有7座佛殿迄今未恢复重建，2座佛殿仅有名称见于历史文献。

根据佛殿的使用功能和性质，16座原有佛殿建筑分为两类：一是纯粹的佛殿，共14座，其中有佛殿正式名者10座，包括弥勒佛殿、白度母佛殿、绿度母佛殿、白伞盖佛殿、夏卜丹殿、宗喀巴佛殿、寿安寺（狮子吼佛殿）、释迦牟尼佛殿（小金瓦寺）、文殊菩萨殿（大阿莽仓囊欠属殿）、郭莽殿（郭莽仓囊欠属殿）；无正式佛殿名者4座，包括蒋干仓囊欠属殿、雍增仓囊欠属殿、念智仓囊欠属殿、琅仓囊欠属殿。二是独立式护法殿，共2座，包括嘉木样寝宫所属嘉木样护法殿、下续部学院所属护法殿。

9座恢复重建的佛殿建筑也分两类：一为纯粹的佛殿，共6座，包括千手千眼观音菩萨殿、马头明王殿、贡唐塔（佛塔佛殿合为一体式建筑）、普祥寺（德哇仓囊欠属殿）、准噶尔堪布仓囊欠属殿、悟真寺（嘉纳华仓囊欠所属）。二为独立式护法殿，共3座，包括寺院总护法殿、喜金刚学院外部护法殿、红教寺外部护法殿。

7座迄今仍未恢复重建的佛殿建筑遗址也分两类：一为纯粹的佛殿，共5座，包括祈福佛殿、红佛殿（塔哇区释迦牟尼佛殿）、寺东救度母佛殿、吉祥仁慈寺（也称"吉慈寺""慈显寺"等）、尕寺沟东面一座无名佛殿。二为活佛囊欠附属佛殿，共2座，包括忏罪佛殿（俄项格拉仓囊欠属殿）、襄佐堪布仓囊欠属殿文殊菩萨殿。

还有2座佛殿的殿名见于历史文献记载，但无法确认其建筑（遗址）位置，包括：蒙古亲王府出资修建的释迦牟尼佛殿、释尊殿（加持威灵殿）。

拉卜楞寺还有许多建筑具有佛殿的部分功能，但不是严格意义上的佛殿，不能计算在佛殿之列，主要有：（1）图丹颇章殿，是寺院政教管理机关所在地，寺主嘉木样的专用宫殿，主要用于办公、发布文告、举行重大宗教典礼等；（2）藏经楼，主要功能是保存、供奉藏传佛教经典等，相当于寺院图书馆；（3）拉卜楞寺7所学院经堂后殿，是学院经堂建筑的组成部分，不是独立式佛殿；（4）普通活佛、其他低级活佛囊欠内活佛自用的佛堂，均没有独立的建筑，虽然也称佛殿，但不是完整意义上的佛殿；（5）寺院核心区外山坳、山巅等处修建的静修院（也称"日朝"）等，虽然建有小型独立或半独立佛堂并供奉很多佛像，但其主要功能是供修习密宗的僧人闭关修行，不能计入佛殿之列。

拉卜楞寺的佛殿建筑，空间形态基本统一，大致分为4种样式：

第一，平面呈倒"凸"字形者，数量最多，包括正殿、前廊、楼梯间三个空间形态，主次分明，其中前廊位置较低且向外凸出，是过渡性空间；主殿宽阔高耸，是核心空间；两侧楼梯间是辅助性空间。多数正殿高3层，室内后部高起，一、二层通高，用于供奉高大的佛像。典型者如宗喀巴佛殿、白度母佛殿、寿安寺等。也有正殿高达5层（含金顶）者，以弥勒佛殿为代表，室内空间形态与其他佛殿完全一致。

第二，平面呈正"凸"字形者，仅释迦牟尼佛殿一例。该佛殿紧靠寺院北部卧象山山脚修建，通过斩削崖壁，形成大小不一、进深不等的3层台地，逐层修建殿堂，"凸"字上部构成后殿，下部构成前殿，主殿堂高两层，第三层为金顶，周边建马头明王殿、僧舍、转经廊等。

第三，平面呈横长方形者。数量较多，以夏卜丹殿、文殊菩萨殿等为代表。外形犹如一个横向长方体，布局规整，无前廊，仅有一小门廊。外形与其他佛殿大同小异，呈三段式构图，中部为殿堂，左、右两侧为楼梯间（库房），高3层。中部殿堂为主空间，占总面积的三分之二，一、二层通高，用于供奉高大的佛像，第三层分隔为各种用途的房屋。两侧楼梯间（库房）为次要空间，占总面积的三分之一。

第四，平面呈正方形者。正方形平面形态与藏传佛教坛城（曼荼罗）代表的空间意象密切相关，它围绕一个共同的中心点，圆形、方形相互套接，构成内接、相切、重叠的几何关系，暗含特定的宗教寓意。在建筑造型上，外部简洁明了，规整方正，没有明显的凸凹部，仅设一个出入门。以白度母佛殿、千手千眼观音菩萨殿为代表，其中白度母佛殿围护墙外侧（北、西、东）三面修建木构转经廊，正面开门。这种佛殿室内空间营造方式与前述几种佛殿一样，高3层，中部为主要空间，一、二层通高；楼梯间设在殿内两侧。

在拉卜楞寺，所有建筑物（包括学院、佛殿、活佛囊欠、普通僧舍、其他建筑等）的管理权归寺主嘉木样所有。就佛殿而言，大致有四种情形：第一，寺院、施主或某高僧筹资修建的独门独院式佛殿，有正式的佛殿名，管理权归寺院，对外完全开放，见于文献记载者有 15 座，今实有 9 座（其中原建筑 7 座、恢复重建 2 座），包括弥勒佛殿、白度母佛殿、绿度母佛殿、白伞盖佛殿、千手千眼观音菩萨殿、夏卜丹殿、马头明王殿、宗喀巴佛殿、寿安寺。第二，寺主或活佛个人筹资修建于其囊欠内的佛殿，这类佛殿也有正式的佛殿名，管理权归活佛私人所有，对外属半开放性质，见于文献记载者有 8 座，今实有 6 座，其中原建筑 2 座，包括释迦牟尼佛殿（属嘉木样寝宫所有）、文殊菩萨殿（属大阿莽仓囊欠所有）；毁后重建者 4 座，包括贡唐塔（属贡唐仓囊欠所有）、普祥寺（属德哇仓囊欠所有）、准噶尔神殿（属准噶尔堪布仓囊欠所有）、悟真寺（属嘉纳华仓囊欠所有）。第三，没有正式的佛殿名、管理权归活佛私人所有的殿堂，不对外开放，但外人可进入参观。据历史文献记载有 5 座，今实有 5 座（均为原建筑），包括郭莽仓囊欠属殿（也称"郭莽殿"）、蒋干仓囊欠属殿、雍增仓囊欠属殿、念智仓囊欠属殿、琅仓囊欠属殿。第四，特殊的外部护法殿。拉卜楞寺各护法殿的管理权均归寺院或各学院所有，从不对外开放，禁止外人进入参观。今实有 5 座，其中原建筑 1 座，即嘉木样护法殿；毁后重建者 4 座，包括寺院总护法殿、下续部学院外部护法殿、喜金刚学院外部护法殿、红教寺护法殿。

四

拉卜楞寺自 1710 年创建，至 20 世纪 40 年代，已发展成一座超大型格鲁派寺院，形成约 108 个活佛转世系统，在寺修习僧侣人数近四千人。

僧侣住宅是拉卜楞寺非常重要的一个建筑类型。在拉卜楞寺修习、供职的僧侣（包括寺主嘉木样）均在寺内修建有自己的住宅。僧侣住宅建筑与僧侣自身等级地位、名位待遇完全相对应，由此形成以寺主嘉木样为核心的等级次序，即嘉木样—赛赤级活佛—堪布级活佛—相当于堪布级活佛—堪布以下侧席以上活佛—侧席活佛—普通低级活佛—普通僧侣。如今，寺院核心区内保存有寺主嘉木样寝宫、各级活佛囊欠 60 多座（包括毁后重建者），普通僧舍 500 多院（多为毁后重建），总占地面积约 51.9 万平方米。僧侣住宅建筑中，活佛住宅建筑等级高，其中又按各活佛的名位待遇，分为多个等级序列。据 2022 年粗略统计，现有活佛住宅（包括嘉木样寝宫）41 处，总占地面积 11.92 万平方米，其中包括三大类：

第一类，寺主嘉木样住宅。历世嘉木样皆是拉卜楞寺寺主，是等级最高的活佛，集寺院管理大权于一身，住宅建筑等级最高。在拉卜楞寺，寺主嘉木样居所有专用名称，其他各级活佛住宅统称"囊欠"，其建筑规模、形制、等级均不得超过寺主嘉木样住宅。史料记载，寺主嘉木样住所有 3 类：第一类为"大囊"，也称"嘉木样拉章宫""嘉木样寝宫"，位于寺院核心区北部卧象山下，是嘉木样常住地，供日常生活及宗教活动使用。第二类为嘉木样宫殿"图丹颇章殿"，位于嘉木样寝宫内，主要用于嘉木样主持寺院重大政教活动，是拉卜楞寺政务管理机构所在地，属居住、办公两用性质。第三类为嘉木样别墅，位于寺院核心区以西一带，包括闹曾胞章宫、扎西拉特别墅、九母山别墅，主要供历世嘉木样本人及其家族成员居住，也用于嘉木样休闲、禅坐、招待社会各界人士等。嘉木样别墅早年被毁，了无痕迹。现存寺院核心区嘉木样寝宫总占地面积 1.3 万平方米（包括嘉木样宫殿），约占全寺各活佛住宅建筑总面积的 10%，分上院（德容宫）与下院（德容秀）两部分，现存原建筑为上院，下院已毁，仅存遗址。

第二类，其他具有特殊名位组织的活佛及其住宅。除寺主嘉木样外，全寺其他活佛共有 6 个等级序列，包括赛赤、堪布、相当于堪布、堪布以下侧席以上、侧席、其他普通活佛，由此形成一个完整的建筑等级序列。拉卜楞寺还有多个特殊的活佛组织名号，构成成员数量不一，主要有"四大赛赤""八大堪布""十八囊欠""享有赛赤待遇者""拉卜楞寺资格最老者"等。这些组织的成员较为特殊，一方面，其自身与各活佛的等级序列相对应，如"四大赛赤"，即其他活佛等级序列的第二级"赛赤"，共 4 人；"八大堪布"，即其他活佛等级序列的第三级"堪布"，共 8 人；"享有赛赤待遇者"，即寺主嘉木样特赐享有"赛赤"待遇的 2 位活佛；"拉卜楞寺资格最老者"，即为拉卜楞寺的创建立有汗马功劳的一世赛仓活佛。另一方面，各等级序列中的活佛又相互穿插、共享，组成一个特殊的名位组织"十八囊欠"，其成员包括"四大赛赤"全部成员、"八大堪布"全部成员、1 位"享有赛赤待遇"的活佛、1 位"本寺资格最老"的活佛、4 位"相当于堪布级"活佛。"十八囊欠"既是对18位大活佛的统一敬称，这些大活佛及其先辈们为寺院政教事业发展做出重大贡献，享有特殊名位和待遇，又是对18位活佛府邸（囊欠）的总称，还是一个特殊的活佛组织，具有相应的功能，可行使部分政教权力，在一些重大政教问题上集体出面参与。"十八囊欠"的18座住宅建筑总占地面积70588平方米，约占全寺各活佛住宅建筑总面积的60%。"十八囊欠"建筑代表了拉卜楞寺活佛住宅建筑艺术的精华，今保留下来的原建筑仅有郭莽仓囊欠，其他17座囊欠均在早年被拆毁，1980年以来陆续重建而成，其中在原址恢复重建的有10座（包括萨木察仓囊欠、霍尔藏仓囊欠、贡唐仓囊欠、德哇仓囊欠、大阿莽仓囊欠、赛仓囊欠、准噶尔堪布仓囊欠、俄项格拉仓囊欠、嘉堪布仓囊欠、德隆巴达仓囊欠）；异地重建的有5座（包括德唐仓囊欠、华锐仓囊欠、火尔仓囊欠、喇嘛彭措仓囊欠、嗟卡哇仓囊欠）；未恢复重建的有1座（襄佐仓囊欠）；未确认是否重建的有1座（嘉夏仲仓囊欠）。原址重建、异地重建的建筑，其建筑规模、形制、建筑材料等与原貌相差甚远。

第三类，其他各级活佛及其住宅。"其他活佛"即除寺主嘉木样及上述各种具有特殊名位的活佛外，各等级序列中剩余的活佛，既包括一些具有特殊名位待遇的活佛，又包括6个等级序列中那些没有列入特殊名位组织的活佛，共89位，包括：（1）1位"享有赛赤待遇者"喇嘛噶绕仓活佛。（2）8位"堪布"级活佛。全寺共有16位堪布级活佛，其中有8位同属"八大堪布"及"十八囊欠"成员。（3）1位"堪布以下侧席以上"级活佛，即拉卜楞寺属寺白石崖寺寺主贡尔仓活佛，系一女性，在拉卜楞寺修建自己的囊欠。（4）39位"相当于堪布"级活佛，全寺共有本等级序列活佛43位，其中4位属"十八囊欠"成员。目前能确认其囊欠者仅13位。（5）20位"侧席"级活佛。目前能确认在寺院建有囊欠者5位；（6）20多位其他普通低级活佛。从理论上讲，上述6个活佛等级序列的89个活佛世系对应着89座囊欠，但因多数囊欠早年被拆毁，保留下来的原建筑仅有6座（包括琅仓囊欠、雍增仓囊欠、念智仓囊欠、索智仓囊欠、然旦加措仓囊欠、蒋干仓囊欠），1980年以来陆续开展恢复重建，其中明确在原址重建者3座，包括喇嘛噶绕仓囊欠、娘藏仓囊欠、郭达仓囊欠；其他明确属异地重建者13座，包括嘉纳华仓囊欠、闹日仓囊欠、小阿莽仓囊欠、智观巴仓囊欠、郭察仓囊欠、麦西木道仓囊欠、江绕仓囊欠、达隆且仓囊欠、拉科仓囊欠、多华尔参巴哇仓囊欠、郭查仓囊欠、夏秀仓囊欠、强木格仓囊欠。这两类有明确位置的囊欠总占地面积约 3.5 万平方米，约占全寺各级活佛住宅建筑总面积的 30%。其他无法确认囊欠建筑位置者约 66 座。从留存下来的原建筑看，有些活佛自身名位较低，但囊欠建筑占地广阔，规模宏大，有佛殿院、居住院、佛堂院、仆人院等，与高级活佛"四大赛赤""八大堪布"及"十八囊欠"不相上下，甚至远远超过高级活佛囊欠，如索智仓囊欠、念智仓囊欠等；有些活佛具有崇高的宗教地位，学问渊博，是一代名师，道德声誉遍及甘青藏广大地区，但其追求简洁的修行生活，囊欠建筑简陋，完全是一座普通僧舍院，如拉科仓活佛。那些原址重建、异地重建的囊欠，在建筑规模、形制、建筑材料等方面，均与原貌相差甚远。

拉卜楞寺僧侣中，低级普通僧侣（包括入寺修习的学僧、各学院佛殿勤务人员、各高级活佛府邸勤务人员等）人数最多，住宅建筑数量最多，但等级地位最低。据 1955 年统计，当时全寺"有僧舍 517 院"。结合早年绘制的"寺院全景布画"分析，至民国晚期，全寺约有普通僧舍院 650 多座，总占地面积约 40 万平方米，占寺院核心区总面积（53.4 万平方米）的 97%。全寺的僧舍建筑分为两类：一是集中连片分布的僧舍建筑群，主要分布于寺院核心区东部、东南部一带，是僧侣自己修建的，有独立的产权；也有少量散布于各高级活佛囊欠院内，产权归活佛所有。二是依附于各宗教殿堂（学院、佛殿、护法殿等）而修建的，产权归寺院所有，仅供值守僧人居住。

藏传佛教教义规定，普通僧人居室只需满足"住、行、坐、卧"等基本生活要求即可，倡导清贫修行的生活方式。拉卜楞寺规定，普通僧舍不得建楼房，不准彩画油漆、栽树、养花等。因此，普通僧舍院建筑非常简陋，一座僧舍院一般占地 100～200 平方米，围墙以夯土或片石砌筑，布局形态千篇一律，院落前部为庭院，其他三面修建单层平顶房，外墙面不开窗。房屋建筑形制与当地传统民居接近，室内设土炕及连锅灶。僧人的起居、习经、休息、饮食、会客均在此举行。近年来，随着现代建筑材料的大量引进，许多僧舍改装了玻璃窗和塑钢窗。

需要指出的是，拉卜楞寺大量低级活佛囊欠建筑，与普通僧舍院基本一致。

五

拉卜楞寺在其 300 多年的发展过程中，除修建众多宗教殿堂、活佛囊欠、普通僧舍外，还修建了大量为广大僧众开展宗教活动提供服务的建筑和设施，主要有露天佛塔、藏经楼、印经院、转经道和转经廊、禅林和静修院、辩经院、展佛台等。

藏经楼与印经院是重要的服务性宗教建筑，二者功能性质一样，用于收藏、刻印宗教典籍。其中藏经楼早年被拆毁，许多图书佚失。现存建筑为 1984—1987 年由甘肃省人民政府拨款重建。藏经楼的藏书，始于二世嘉木样时期。此后，四世、五世嘉木样继续派人到各地访求经籍，丰富和扩大藏书量。至 20 世纪 50 年代，藏经楼保存各类经典 22.8 万余部。重建后的藏经楼实际保存各类经典 6.5 万余部。

印经院是专门刻印图书经籍之所。二世嘉木样时期，将原河南蒙古察汗丹津亲王府改建为印经院，1761 年投入使用。1939 年，五世嘉木样主持对其进行改扩建。现存建筑为原物，弥足珍贵。早年，印经院保存大量木质印版 6.8 万多块，另有难以计数的行法仪轨、佛像和坛城印版等，但因自然损坏及人为破坏，大量木印版灭失。1980 年以来，经多方抢救、回收，得 18216 块，约占原有总量的 30% 左右。

藏式佛塔是藏传佛教寺院非常重要的建筑类型，主要供僧俗信众绕塔礼佛敬佛。拉卜楞寺先后修建了 4 座露天佛塔，包括寺院核心区西、中、东部各 1 座砖石塔，沿寺院北路呈一条线状分布；寺院南部有砖木金属结构贡唐塔，属佛塔与佛殿合一建筑，是贡唐仓囊欠属殿。现存原建筑仅有西部白塔、中部白塔，其余两座佛塔均为 1980 年以来重建。四座佛塔的建筑结构、形制大体相同，均为"如来八塔"造型，每个部位都有特定的象征意义。

转经道与转经廊是藏传佛教寺院必有的礼佛敬佛设施。寺院内外、殿堂周边均设有转经道或转经廊，信众们均按顺时针方向礼佛，一年四季，络绎不绝。拉卜楞寺核心区外围有一条环绕寺院的转经道，其中北部卧象山山脚下转经道一直保持原砂石土路状态，总长1283米，路面未加任何修饰；南部大夏河北岸及寺院东、西两端统一修建石木结构转经长廊，总长1316米。现存各转经廊系20世纪80年代以来多次改扩建而成。转经廊房有两种，一为完全独立式转经廊房，寺院东北部建有6座，西部建有3座，石木结构，建筑体量较大；二为环绕寺院的石木结构转经长廊，每间横宽5至8米，进深3至4米，相互连缀贯通，呈一条线状，环绕在寺院南部、东部及西部，与北部转经道相接。

讲经与辩经是藏传佛教格鲁派僧侣修习、升学考试的唯一方式。除红教寺外，拉卜楞寺其他6所学院均有自己独立的辩经院，其中显宗闻思学院有两处辩经院，一处为冬季辩经院，一处为夏季辩经院。辩经院内北部均建一座亭阁，供主持或讲经者就座。

展佛台是藏传佛教寺院重要的附属建筑，格鲁派著名的六大寺都有展佛台，每年举行自己的展佛节。拉卜楞寺的展佛节为每年农历正月十三，现已发展成为本区各族群众的传统节日。节日期间，寺院将巨幅锦缎织绣的佛像展示在展佛台上，让信众观瞻膜拜。1882年前，拉卜楞寺的展佛台位于寺院北部夏卜丹殿背面山坡上。四世嘉木样时期，将展佛台改建于今位置，地处寺院西南部大夏河南面山坡上，构筑形式简单，在自然坡地上打理出一个坡面，将佛像顺坡面铺开即可。

禅林和静修院是佛教寺院必不可少的附属建筑，汉传佛教、藏传佛教寺院皆有，既为僧众创造了修习坐禅之所，也为寺院增添了绿化景观。拉卜楞寺最大的禅林即寺院南部曼达拉山上的大片松林，绿荫与寺院建筑红墙、白墙、金色金顶交相辉映，是一处绝妙的静修地。静修院主要用于修习密宗的僧人闭关修持，均建于偏僻安静之处。拉卜楞寺先后在核心区外围修建了7处静修院、静修地，其中扎西曲静修院位于寺院西北部九甲乡来周村后山上，约建于1743年，早年被拆除，现仅存部分遗迹；扎西格丕静修院也位于寺院西北山沟里，于1761年由二世嘉木样修建，早年被毁；益噶却增静修院位于寺院东北部孕寺沟内，于1755年由二世贡唐仓修建，今保存较为完整；塔哇泽静修院位于寺院北部卧象

山西北一座小山峰上，二世嘉木样时期修建，现已完全废弃，仅存遗址；曼达拉日朝位于拉卜楞镇北面山顶上，四世嘉木样与三世俄项格拉仓活佛共同创建于 1889 年，颇具规模，1929 年被毁，现仅存遗址；曼荼罗德欠勒峰修行地，位于寺院南部曼达拉山以南一带，于 1772 年由二世华锐仓修建，早年被毁。此外，在下续部学院北部卧象山山脚处修建 17 座独立闭关静修房，主要供本寺僧人闭关静修，建筑体量很小，建筑面积约 4 ~ 5 平方米，仅容一人禅座。

六

拉卜楞寺是一座超大型建筑博物馆，除修建数量庞大的各类宗教殿堂、活佛囊欠、宗教活动服务性建筑和设施外，还修建了相当一部分用于寺院管理、为广大僧俗民众日常生活提供服务的建筑和设施，主要有蒙古亲王府、牌坊门、大夏河木桥、拉卜楞寺保安司令部、拉卜楞寺藏民小学、国立拉卜楞寺青年喇嘛职业学校等。

拉卜楞寺根本施主是青海和硕特部蒙古前首旗亲王察汗丹津家族，他们先后修建了 3 处王府：第一处位于今青海省河南蒙古族自治县宁木特乡"阿登阿拉"地方，1952 年，河南蒙古族自治县解放，末代亲王扎西才让在这里举行欢迎仪式，目前保存状况不详。第二处位于拉卜楞寺内，即今印经院及千手千眼观音菩萨殿，原为亲王府的主殿及家庙，1749 年，三世亲王多杰帕拉木将王府产权捐供给寺院，二世嘉木样主持将其分别改建为印经院和千手千眼观音菩萨殿。第三处即现位置，地处寺院西端卧象山山脚下。第三代亲王把王府捐供给寺院后，随即在这里重建一座王府。1883 年焚毁，后由拉卜楞寺出资重建。原有三座较大的庄廓院并列，总占地面积 6326 平方米，每院内北面建二层或三层主楼，其他三面建单层平顶房。现西院、东院内建筑均被住户改建，面目全非；中院格局尚存，北面主楼高两层，前出廊结构，平面呈倒"凹"字形，建筑面积 409 平方米，其他各面房屋均被改建，原貌无存。

早年，在大夏河上建有 2 座木构悬臂梁桥，修建于拉卜楞寺创建后不久。其中一座位于贡唐塔西南侧，经多次维修和改建，现保存完整；一座位于德哇仓囊欠院门对面，已毁。

民国时期，随着时局的变化及社会的进步，拉卜楞寺先后修建了一些近代新式建筑，今均毁无存，有些尚存遗址。主要有：

拉卜楞寺保安司令部。1928年，拉卜楞寺组建"拉卜楞番兵游击司令部"，后改名为"拉卜楞番兵司令部""拉卜楞保安司令部"，司令部原址位于寺院西部嘉木样别墅附近，两座建筑相邻，早年被拆除，仅存遗址。

1928年，"拉卜楞藏民文化促进会"在夏河县创办了拉卜楞寺藏民小学，校址位于寺院西部嘉木样别墅花园内。1945年3月，经国民政府教育部批准，将拉卜楞寺藏民小学改建为"国立拉卜楞寺青年喇嘛职业学校"，1948年解散。20世纪50年代后，在原校址上建成夏河县藏族中学。2016年后，夏河县藏族中学迁往他处，校址由寺院收回并改建为寺院总护法殿后院，新建一处护法殿，院落式布局，东面建仿古汉式大门，院内西面新建体量巨大的护法殿，其他各面建围墙，围墙四角各建一座角楼。护法殿院后部（西面）建一幢现代二层楼，属管理用房及僧舍。

寺院牌坊门。修建于1944年，位于寺院东端转经廊处，是寺院的东出入口。1944年，国民政府发文表彰嘉奖拉卜楞寺为支援抗战捐款捐物的巨大贡献，特颁发一面"输财卫国"匾额。寺院在东部转经长廊之间修建了这座牌坊门，早年被拆除，匾额不知所踪。

上 篇

显宗学院

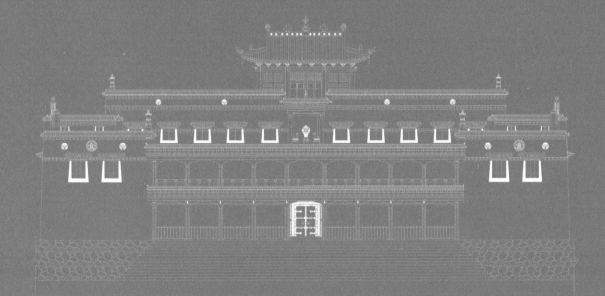

拉卜楞寺位于甘肃省夏河县拉卜楞镇以西大夏河岸，创建于 1710 年，是一所显、密兼修的佛教寺院，供全国各地信奉藏传佛教的民众修习。1979 年，拉卜楞寺正式对外开放。1982 年被确定为全国重点文物保护单位。

藏传佛教寺院中，学院是藏传佛教僧人研习宗教经典的重要场所，也是非常重要的宗教建筑，根据修习途径、所学内容、所获学位类型等，分为显宗学院（授予显宗学位）、密宗学院（授予密宗学位）。拉卜楞寺自正式创建至今，先后修建了 7 所学院，包括：显宗学院 1 所（闻思学院，1711 年修建，1715 年竣工），既是一座独立学院殿堂，供本院僧侣研习显宗教义，又是一所供全寺僧众聚会的殿堂，称"措钦大殿"；6 所密宗学院按创建时间排序，依次为 1716 年创建的下续部学院、1763 年创建的时轮学院、1784 年创建的医药学院、1879 年创建的喜金刚学院、1887 年前后修建的宁玛派密乘院（红教寺）、1942 年创建的上续部学院。

拉卜楞寺的一所学院就是一座规模宏大的建筑组群，包括主体建筑经堂、厨房、辩经院、护法殿、公房①等。主体建筑是经堂，有独立式院落及宽阔的前庭院，庭院东、西、南三面建诵经廊，南面开院门，后部系一处高台，高台中央建经堂；厨房的位置一般在经堂院外西侧 20 余米处，基本固定，这样便于快速给那些在经堂聚会的僧众运送饭食。拉卜楞寺的密宗学院中，仅下续部学院厨房位于经堂院东南角，也是为快速运送饭食而设置的；辩经院一般建于经堂院外围，或在南面（如喜金刚学院），或在东面（如下续部学院），或在西面（如医药

---

① 公房（也作"公堂"），拉卜楞寺核心区内的 6 所显密宗学院都有自己的公房，用于存放物品、供本院僧侣开会或开展其他宗教活动等。核心区西部的宁玛派密乘院没有公房。

学院、时轮学院），多数为独门独院式，且与厨房院并列；全寺学院均有自己的护法殿，大致分两种情况，一是修建于经堂后佛殿内，多数位于西侧，占一间房屋；二是建于经堂院外西侧，多与辩经院、厨房院并列，独门独院式，建筑形制与佛殿大同小异，只是体量很小。此外，红教寺的护法殿建于经堂院内西侧，是一特例。

第一章　藏传佛教格鲁派寺院经堂的发展与演变

经堂是藏传佛教寺院最重要的建筑，主要用于僧侣集会、讲经诵经、聆听堂课，是建筑体量最大的僧众聚会场所，它是随着藏传佛教修习方式的发展演变而形成的。

藏传佛教发展早期，寺院仅有礼拜佛像的佛殿、佛塔等，佛殿的建筑形制、空间形态较为单一，规模很小，仅为一间用四柱围合而成的平面方形或长方形建筑，室内后部设佛龛并供奉各种佛像，前部为供广大信徒礼佛、聚集的空间，殿外两侧及后部有一条环行转经道，供信徒环绕礼佛，前部有一片空场地，用于僧众临时聚集（图1）。

公元10世纪前后，藏传佛教发展进入后弘期，形成多种流派，各派竞争激烈，寺院数量迅速增加，各派的信仰内容、修习方式发生重大变化，建筑类型不

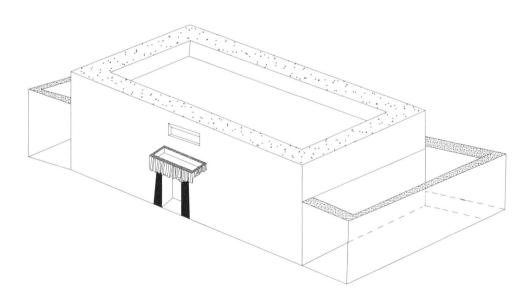

图1　藏传佛教发展早期简单的供奉佛像的殿堂

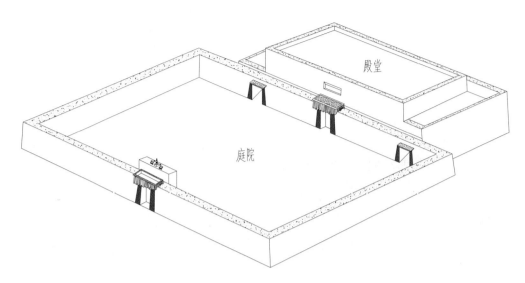

图 2　藏传佛教发展后期殿堂前部形成一处庭院

断增多。

1247 年，萨迦派取得西藏地区政教统治权，建立政教合一制度。政教统治机关以寺院为依托，作为一座寺院，一方面需要容纳更多的僧人同时诵经、修习，另一方面还要承担政教管理方面的工作，原来小规模的殿堂空间无法同时满足宗教活动、政教管理等诸多事务的需要。因此，殿堂建筑形制、空间格局也发生了彻底改变，主要是在早期殿堂的前部空地上修建起围墙或围廊，将佛殿、空地一并围合在一个方形或长方形院落内，前部为廊院，用于僧侣诵经，或供朝拜者聚集、临时歇息、停留等，后部仍为佛殿，用于供奉佛像、礼佛拜佛等。这样，每座建筑中用于信众礼佛敬佛、僧侣修习、寺院政教管理活动的空间逐渐开始分离。随着时代的不断发展和变化，殿堂前部廊院的空间结构、布局形态继续完善，在廊院内栽立木柱，木柱上架设帐幕，逢下雨下雪时，既可阻止雨雪落入庭院，又可供殿堂室内采光通风，是为经堂的雏形（图 2）。

随着时代的进一步发展、建筑工艺技术的不断进步，殿堂前部庭院逐渐演变成一个较大的独立空间，而且在庭院顶部加建木构简易屋面，僧众聚集的场地变得更加舒适，但与佛殿并未完全分离，成为两个前后并列、功能完全不同的空间，且相互贯通（图 3）。这种建筑布局，前部是供僧众聚会的殿堂，后部是佛

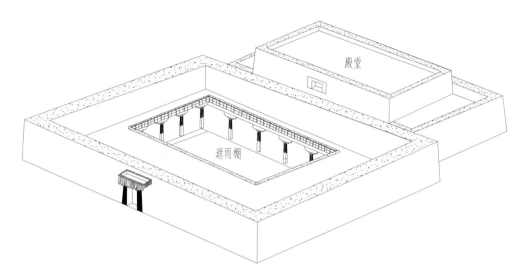

图 3　庭院逐渐演变为遮雨棚（10—13 世纪）

殿。此时，有些寺院将佛殿修建在前部聚会殿外左右两侧，但比较少见。

随着政教合一制度的进一步发展，约 14 世纪末（元末明初），经堂的建筑结构、空间形态继续改进和完善，殿（佛殿）、堂（聚会堂）合一的样式基本固定下来，且发展成为一种定式，特别是供广大僧众聚会的会堂，占地面积比佛殿扩大了很多（图 4），成为一个大型聚会殿。"15 世纪初以前，佛殿前部经堂的面积不大，有和佛堂面积相当者，有超过佛堂数倍者。"[①]此时殿堂的空间形态和建筑形制特征有：

第一，在平面形态上，前室（经堂或聚会堂）与后佛殿在结构上连为一体，但各有独立的功能和用途。这种空间布局可同时满足僧侣礼佛拜佛、修习诵经等各种活动需要。

第二，佛殿前部庭院变为一座僧众聚会堂，纵向（进深）尺度大于横向（面阔），周围砌筑片石墙（承重墙），四面墙上均不开窗，仅正面开殿门。室内立木柱，柱上施纵、横向梁枋，横梁两端头插入承重墙内，梁枋上铺设椽子，屋面铺压砂石土。为有效解决聚会堂内因进深尺度过大而导致室内采光、通风不足等

[①] 陈耀东著：《中国藏族建筑》，中国建筑工业出版社，2007 年，第 205 页。

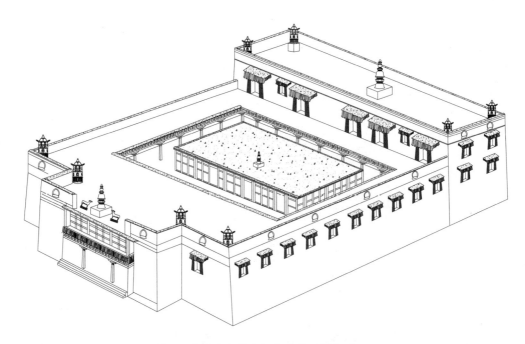

图 4　元明时期学院经堂建筑形制定型化

问题，在室内中央立高起的通柱，柱头上再搭接纵、横向梁枋、椽子等，组成一个凸起的屋顶，也称"吹拔"①，"吹拔"前部开门和窗，用于聚会堂一层室内采光通风。

第三，后部佛殿的功能仍与早期相同，但平面形态由原来的"凸"字形变为横长方形，横向面阔达三间至五间，总面阔与前部殿堂或基本一致，或稍宽一些，或稍短一些，但竖向空间不断增大，高度占两层，用于供奉高大的佛像、高僧灵塔等，室内空间更加高耸，第一层四周不开窗，第二层正面开高侧窗，用于采光、通风，光线从窗子投射在佛像头部及上半身处，借助光影效果营造后殿内神秘神圣的宗教氛围。西藏地区有些经堂后佛殿还保留了早期外部转经道形制。

此外，为满足广大僧俗民众礼佛敬佛的需要，各寺院内又修建众多独立式佛殿，专门用于供置佛像，均为独门独院式，这种佛殿室内空间宽大、高耸，供奉主尊佛像的主殿高达两层，用于供奉高大的佛像，同时，供信众礼佛的空间也很

---

① "吹拔"，指建筑两层或两层以上通高的空间，且顶部屋面向上升起。

大。相比之下，学院经堂后佛殿也供奉体量巨大的佛像或灵塔，但供信众礼佛敬佛的空间很小。

一、格鲁派寺院经堂建筑的主要性质和功能

15世纪初，藏传佛教格鲁派兴起并逐渐成为影响力最大、信众最多的藏传佛教派别，其寺院的整体空间分布格局逐渐定型，建筑类型增多，建筑结构形制日趋完善。

格鲁派发展鼎盛时期，一些影响较大的寺院拥有相当数量的属寺、部落、属民及土地庄园等财产，寺院作为区域性政教管理机构的职能基本被确立下来，与管理机构配套的各种建筑和设施也更加完善，数量不断增加。寺院不仅是僧侣修习诵经、信众礼佛供佛之所，更是集宗教建筑、佛学教育、政教管理、区域社会管理为一体的庞大政教管理组织，寺院内修建大量各类不同性质、用途和功能的建筑组群，寺院的整体布局规模和空间不断发展和扩大，其中最重要的建筑包括：寺主居所；供全寺僧侣集体学经修习的措钦大殿（即大经堂，也称"总聚会殿"）；供修习不同宗教典籍或学科的僧人集中学习的学院（也称"扎仓"，包括显宗和密宗两种）；供各学院学僧做饭的厨房；供信众礼佛的佛殿、佛塔；供各级活佛居住的府邸（其中寺主的居所称"某某宫""寝宫""别墅"或"大囊"，除寺主外的所有活佛居所统称"囊欠"）；供普通僧人居住的僧舍；供僧侣辩经的辩经院（院内有讲经坛）；专门供修习密宗的僧人定期开展闭关修习的静修院（房）；供全寺在特定宗教节日期间开展特殊宗教活动的展佛台（也称"晒佛台"）；有公共活动空间（包括广场、转经廊、转经道等），还有印经院、藏经楼、公房等。

格鲁派寺院的各类宗教建筑，根据其功能、职能、性质，大体分为两种类型：

1. 政教管理机关及相关建筑物

主要为寺主居所。它集宗教活动、办公、居住为一体，是一处规模宏大的建筑组群，有众多的职能部门及办公用房。此外还修建多处供宗教领袖或寺主及其

家族成员居住、接待宾客、举行重大政教活动、开展个人宗教活动的建筑。

2. 用于开展宗教修习、宗教人才培养、文化传承等方面的建筑

（1）措钦大殿

措钦大殿是一所独立的显宗学院，拥有特殊的建筑实体，如拉卜楞寺的措钦大殿即闻思学院大经堂，一方面供修习显宗教义的僧侣聚会使用，另一方面，又供全寺僧侣聚会使用，还具有管理职能，统一管理所有学院的教学事务，建筑的等级、体量、规格等，是全寺各建筑中最高的。

拉卜楞寺规定，寺院总法台必须是闻思学院法台，身兼两职，与其他 5 所密宗学院法台（除红教寺外）形成上下级关系，"除嘉木样活佛之外，法台最具权威，统管全寺及闻思学院的宗教事务，还兼管所辖教区宗教事务"[1]，其他各学院教务工作均受总法台的统一领导和管理。

（2）其他修习密宗的"扎仓"

"扎仓"，系藏语音译，意为"学院"，是藏传佛教寺院非常重要的建筑类型，供僧人学经、考取学位，有独立的组织和管理机构。《格西曲札藏文辞典》称："札仓，僧院，一寺庙中有各个僧院。"[2]《藏汉大辞典》称："札仓，僧院，同一寺庙中依成立时期和所学佛教内容划分的最大僧团。"[3] 一座格鲁派寺院中一般修建多所不同类型的学院，因修习的经典、科目不同，授予的学位不同，其中修习显宗者，均在显宗殿堂内进行，故显宗殿堂也可称"扎仓"，但因其有特殊的功能和身份，一般称之为"措钦大殿"；其他修习密宗者，统称"某扎仓"，仅供本院僧侣修习诵经、考取学位、举行宗教活动，分别设有相应的管理机构，负责本院政教管理等事务。格鲁派发展鼎盛时期，修建了许多大型或超大型寺院，一座寺院内，一般建有多所扎仓，分别以修习内容命名，如显宗学院称"参尼扎仓"，密宗学院称"居巴扎仓"，时轮学院称"丁科尔扎仓"，医药学院称"曼巴

① 洲塔著：《论拉卜楞寺的创建及其六大学院的形成》，甘肃民族出版社，1998 年，第 240 页。

② 格西曲吉札巴著：《格西曲札藏文辞典》，法尊、张克强等译，民族出版社，1957 年，第 128 页。

③ 张怡荪主编：《藏汉大辞典》，民族出版社，1993 年，第 300 页。

扎仓"等。各密宗学院在教务管理权限、建筑体量和规模等方面均不得超越显宗学院"措钦大殿",格鲁派著名的六大寺均属这类情形。

各密宗学院的功能用途非常明确,都有自己的经堂,各自管理本院僧侣的修习、聚会、学位授予等教学事务,同时必须接受闻思学院的业务指导和统一管理。

在西藏地区,学院之下还有"康村"组织,是以僧侣来源地为单位的僧人居住区,"15 世纪之前的寺院没有康村,地域性寺院组织往往以'吉康'的形式出现"[①]。拉卜楞寺没有"康村"组织,僧侣不按来源地划分居住区,无论僧人来自何方,都按其所在学院为单位纳入相应的管理组织和机构中。

那些地处偏远地区的寺院,只有一所学院,供全寺僧人修习、开展宗教活动,且多以学院名为寺院名。

二、经堂建筑空间结构、形态特征

(一)都纲法式特征

经堂是一座藏传佛教寺院非常重要的建筑类型,有基本固定的结构形态和外观样式,这就是藏式传统宗教建筑特有的"都纳法式"制度,是所有经堂、佛殿建筑结构设计、空间布局的基本规范。

殿堂,藏语称"都纲",意为"聚集的房屋"。"都",意为"聚";"纲",意为"房屋"。这种特殊的建筑设计法则是在漫长的历史过程中形成的,主要特征有:

1. 以正方体或长方体累加、拼接,组成各种空间形态

受藏传佛教宗教教义、礼佛敬佛仪轨、建筑材料等条件的制约,藏式传统宗教殿堂建筑的各层平面呈"回"字形,各层室内纵横排列柱子,形成不同尺度的

---

① 魏毅:《藏传佛教寺院地域性组织的研究——以 1959 年以前的康村为中心》,复旦大学硕士学位论文,2008 年。

"间"。又，藏式传统建筑以平顶样式为主，一个单体空间就是一个正方体或长方体，将这种正方体或长方体空间朝前后、左右、上下反复叠加拼接，可构成一座殿堂的整体空间形态，外形可大可小、可长可短、可高可低，是为藏式宗教殿堂的通用样式。建筑的空间形态基本相同，如在一个长方体或正方体空间的外围再加建一段或一圈围廊（门廊或前廊），中间上部加盖木构阁楼，凸起于殿堂屋面，构成一座殿堂内最重要的中心空间形态。一方面，"回"字形平面布局相互套接、叠加后，可形成众多的通道、走廊、房屋等，扩展出很多实用空间，进一步扩大使用功能，可大量安置、供奉、绘制各种佛、菩萨像，如在各种甬道、过廊墙面上绘制壁画、搭建佛龛，每个空间的上部墙面或梁枋上可悬挂唐卡、布画等，下部可安装大小不一的佛龛，最大的空间用于僧侣集体诵经、信徒环绕礼佛拜佛等。另一方面，"回"字形平面还便于开各种出入门，一般开3座门（包括一座正门、两座侧门），以象征宗教教义中的三个"自由之门"。

2. 结构体系类似于汉式抬梁式构架

藏式传统宗教殿堂均有厚重的外围护墙，多以块（片）石砌筑，木梁、木椽两端插入墙体内，木柱、梁枋、墙体共同承重，与汉式传统建筑抬梁式构架有异曲同工之妙。重要的建筑则在平顶屋面上又加建一座汉式单檐或重檐歇山顶金顶。

3. 外部装饰有"千篇一律"之感

藏式传统宗教殿堂外形敦厚稳重，色彩明艳。无论是早期创建或后期改扩建，或现当代重修重建的建筑，外形大体一致。外墙面上开大小一致、排列整齐的竖长方形小窗，有外挑窗檐，窗洞两侧饰黑色梯形窗套。又根据建筑的宗教地位和等级身份，在承重墙顶加一层或两层边玛墙。平顶屋面前部立"二兽听法"饰件，固定组合为一尊法轮，两侧对称各有一只或跪或立的鹿（一雌一雄），寓意"鹿野苑初转法轮"；屋面四角各立一尊铜镏金宝瓶或布织法幢等。

（二）寺院的核心建筑

一座格鲁派寺院的措钦大殿统一管理显宗学院及其他各学院的教务事宜。其他各学院也有自己的经堂,经堂内设本院管理机构,负责本学院教务管理工作。
全寺的教务管理权最终归寺主或宗教领袖掌握。

措钦大殿是一座格鲁派寺院内规模最大、等级最高的建筑,其建筑布局、规模和形制经过漫长的历史演变,最终定型化,是格鲁派寺院核心建筑的固定样式。在全国格鲁派六大寺院中,各措钦大殿的平面布局形态大同小异,一般由前廊、经堂、佛殿三部分组成,如西藏甘丹寺措钦大殿总平面局部较为规矩(图

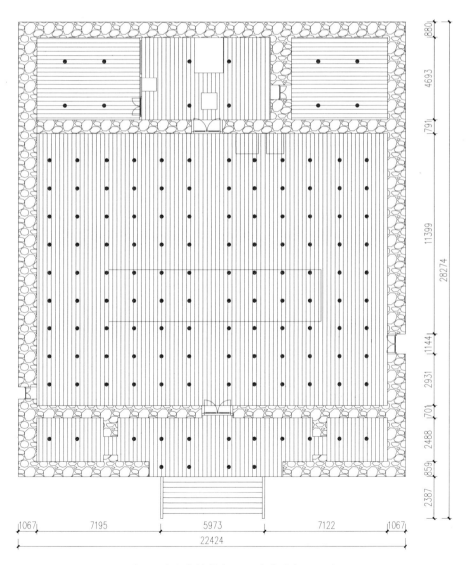

图 5 甘丹寺措钦大殿一层平面(1:100)

5)，前廊第一层立 15 根柱子，分前、后两排（分别为 4 根、11 根）；前殿第一层室内立 108 根柱子（中间上部升起礼佛阁，立两排 14 根通柱），总面阔 13 间，进深 10 间；后殿第一层室内立 12 根柱子，分为三大间，均面阔 3 间，进深 3 间。又，西藏色拉寺措钦大殿总平面局部形态与哲蚌寺措钦大殿基本接近，前廊第一层立 15 根柱子，分前后两排（分别为 5 根、10 根）；前殿第一层室内立 117 根柱子（中间上部升起礼佛阁，立两排 14 根通柱），总面阔 14 间，进深 10 间；后殿第 ·层室内立 17 根柱子（中间佛座处少 1 根柱子），分为大小不一的五

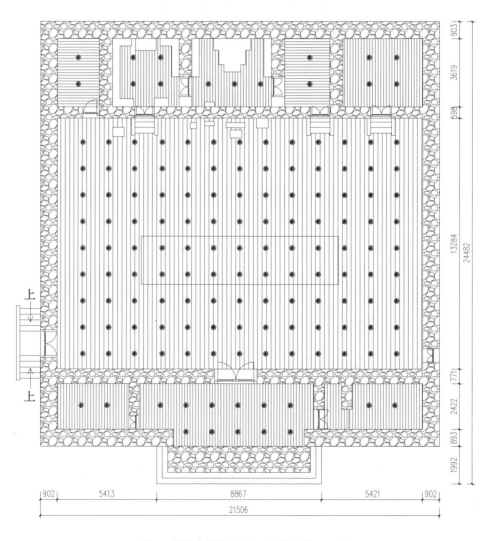

图 6　色拉寺措钦大殿一层平面（1：100）

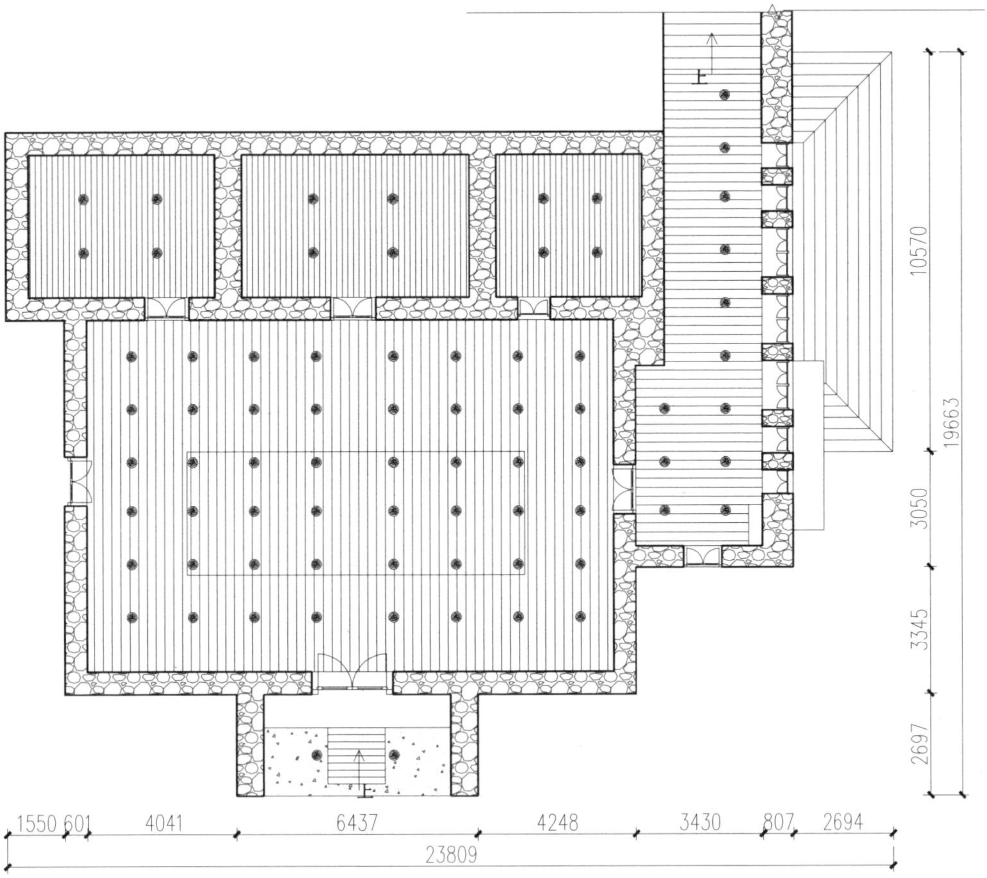

图7 扎什伦布寺措钦大殿一层平面（1:100）

间，最大者面阔4间、进深3间，最小者面阔2间、进深3间（图6）。又，西藏扎什伦布寺措钦大殿的平面布局不甚规矩，大致坐北朝南，在东面、南面各建一处门廊，南门廊第一层立2根柱子，东门廊第一层立两排12根柱子（前排9根、后排3根）；前殿室内立48根柱子（中间上部升起礼佛阁，立三排18根通柱），总面阔9间、进深7间；后殿第一层室内立16根柱子，分为三大间，均面阔9间、进深3间（图7）。又，西藏哲蚌寺措钦大殿总平面也不甚规矩，坐北朝南，第一层室内共立242根柱子（图8），第二层室内立170根柱子（图9），是目前国内已知藏传佛教寺院宗教殿堂体量最大的建筑，第一层东面、南面各建一处门廊，南门廊较大，立8根柱子（面阔7间、进深1间），东门廊较小，立2根柱

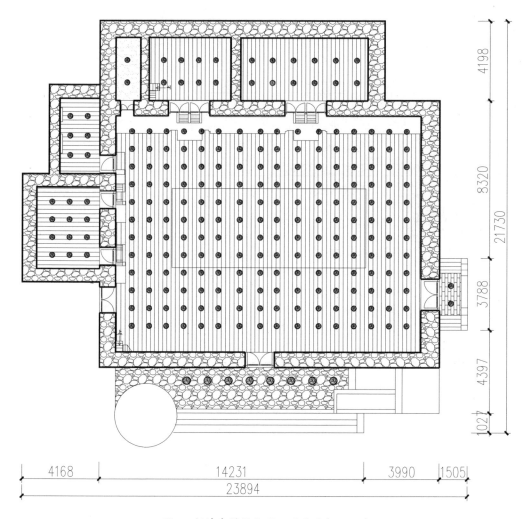

图 8　哲蚌寺措钦大殿一层平面（1:200）

子（面阔 1 间、进深 1 间）；西北角凸出两座佛殿，其中南侧佛殿较大，室内立
12 根柱子，面阔 5 间、进深 4 间，北侧佛殿较小，室内立 6 根柱子，面阔 4 间、
进深 3 间，两座佛殿东侧各开一门，与大殿贯通；前殿室内共立 192 根柱子（中
间上部升起礼佛阁，立 4 排 40 根通柱），总面阔 17 间、进深 13 间；后殿面阔比
正殿小很多，共立两排 22 根柱子，分为大小不一的 3 间，其中最小者面阔 2 间、
进深 3 间，最大者面阔 7 间、进深 3 间。

　　相比之下，在格鲁派六大寺院中，拉卜楞寺的修建时间最晚（图 10），闻思

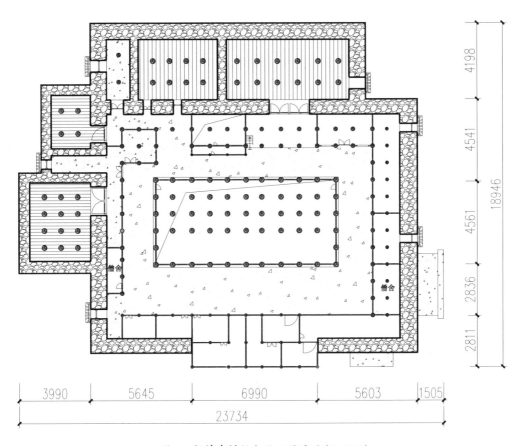

图 9　哲蚌寺措钦大殿二层平面（1∶200）

学院是全寺院的措钦大殿，初建时规模很小，一层室内共有 80 根柱子。1772 年，
二世嘉木样改扩建为 180 根柱子规模。1946 年，五世嘉木样[①]再次主持改建了经
堂后殿金顶及院落大门等。1985 年失火烧毁，1989 年重建，这次重建后的承重
梁枋改为钢筋水泥井桩结构，基本保持二世嘉木样改建后的样式和形制。前廊建
筑面积很小（约占殿堂总面积的 2% 左右），通高两层，第一层面阔 9 间、进深

---

　　① 五世嘉木样（1916—1947），拉卜楞寺第五代寺主，藏语名丹贝坚赞，汉语名黄正光。1916
年，九世班禅大师认定他为四世嘉木样活佛转世灵童，1920 年 9 月被迎入拉卜楞寺坐床即位。
1933 年，国民政府赐予五世嘉木样"辅国阐化禅师嘉木样呼图克图"名号。1937—1940 年，五世
嘉木样赴西藏学法。抗日战争期间，他派拉卜楞寺代表团赴重庆为支援抗战捐款捐物，国民政府
为拉卜楞寺颁赐"输财卫国"匾额一面，并任命五世嘉木样为蒙藏委员会委员。

图10 拉卜楞寺7所学院总分布图(1:10000)

1 间，共立 10 根柱子；第二层室内分隔为多个房间，是本院教务管理机关所在地。前殿面积最大，占经堂总面积的 90% 左右，既是本院僧人修习、讲经说法之地，也用于全寺僧众集体举行宗教活动，通高两层，第一层室内立 140 根柱子（中间上部升起礼佛阁，立两排 12 根通柱），总面阔 15 间、进深 11 间，正面承重墙上开正门，与前廊贯通；室内西南角、东南角各开一侧门；第二层总平面布局呈"回"字形，中央有从第一层向上升起的礼佛阁及屋面，组成"回"字形的内圈，四周围护墙与外承重墙间组成"回"字形的外圈，两圈间建各种大小不一的房屋（包括杂物库、活佛静修室等）；南、北两面各围合成一个天井院。后部佛殿占地面积约为总面积的 8%，横宽比前殿小约 10 米，通高四层（含一层金顶），第一层室内共立三排 30 根柱子，分为大小不一的三个殿堂，西侧为护法殿，中间为佛堂，东侧为灵塔殿。

（三）其他学院经堂建筑

除措钦大殿外，拉卜楞寺还有 6 所密宗学院，均为一处相对独立的建筑组群（包括经堂、厨房、辩经院、公房、外部护法殿等），主体建筑为经堂，其建筑形制、结构构造、内部空间设置、外部装饰形态等，与措钦大殿基本一致，但庭院规模、建筑体量、装饰规格等均不得超过措钦大殿，体现了鲜明的等级特征。

各密宗学院经堂皆有独立的院落，庭院宽阔，正面开正门，侧面开侧门，院落围墙内或修建诵经廊，或无诵经廊。主体殿堂建于后部中央，建筑结构形制与措钦大殿大同小异，由前廊、前殿和后佛殿三部分组成，前廊、前殿外墙面皆涂饰白色，后佛殿外墙面饰红色，有的屋面加建金顶，多数无金顶。

第二章　闻思学院

闻思学院的创建时间最早，是全寺的神圣中心建筑，地位最高，也称"显宗法相学院""佛教哲学学院"，法名"殊优闻思洲"[①]。"闻思"，藏语称"铁桑木"，意为"博学之，审问之，慎思之，明辩之，笃行之"[②]。闻思学院法台由寺主嘉木样任命，本学院法台又是拉卜楞寺总法台，统领除红教寺外的其他 5 所密宗学院教务工作。闻思学院大经堂建筑等级最高，其他学院经堂不可逾越之。闻思学院大经堂还承担全寺僧众举行大型集会活动的任务。

闻思学院专修显宗，修习内容完全承袭拉萨哲蚌寺郭莽学院的教程，以格鲁派"五部大论"为主，从低到高依次为《因明部》《般若部》《中观部》《俱舍部》和《戒律部》，按 13 个学级安排课程，一般需要 16 年才能全部修完。鉴于修习"五部大论"的时间久、难度高，为鼓励学僧们的修习积极性，学院对修至不同课程阶段者直接授予相应的学位性称号，称为"某某论士"等。正式的宗教学位有"然卷巴"和"多然巴"两种，"然卷巴"相当于中级（学士），它并非"格西"学位；"多然巴"是显宗最高"格西"学位，相当于硕士或博士水平，但考取过程非常艰难，需要十多年的苦读和修持。

一、初建时的闻思学院

闻思学院是从 1710 年两次搭建的两座帐篷式经堂发展而来的。1709 年 6 月 17 日，一世嘉木样·俄昂宗哲与随行的 100 多位僧众正式启程返回家乡创建寺院。1710 年 3 月 15 日，察罕丹津亲王出资在夏沃如则多草滩搭建了一座帐篷式

---

① 扎扎著：《佛教文化圣地——拉卜楞寺》，甘肃民族出版社，2010 年，第 6 页。
② 洲塔著：《论拉卜楞寺的创建及其六大学院的形成》，甘肃民族出版社，1998 年，第 80 页。

的显宗经院，俄昂宗哲自任学院法台，与随行的数十名僧众一起开展宗教聚会、讲习仪轨等活动，同时确立了显宗学院的修习规程①。是为拉卜楞寺初创时搭建的第一座帐篷式显宗学院经堂。1710 年 7 月初，俄昂宗哲到达今夏河县拉卜楞镇附近的大夏河北岸扎西奇滩后，选定此处为寺址，并为寺院命名"扎西奇寺"，期间，察汗丹津亲王再次出资搭建了第二座显宗学院经堂，可容纳 800 多人，一直使用到石木结构大经堂建成并投入使用为止（1715 年左右）。

自 1711 年至 1989 年，闻思学院经历了初建、一次改扩建、再次重建过程。

（一）初建过程

1711 年 3 月，石木结构的闻思学院殿堂正式动工修建，一世德哇仓"主持了大经堂的划线定寺址工作。第一代亲王察罕丹津出资举行了隆重的建寺奠基仪式和庆典"②。工程建设期间，亲王察罕丹津家族全力以赴，出人出钱出力，从其管辖的各区域内大规模调集人力、物力和财力，先后参与工程建设的匠人来自各地的藏、蒙、汉、回等族，其中砌筑片石墙的技工就有 20 多人，从事木作的技工有 30 多人③。各工种按地域划分任务，今夏河县境内的卡加六部（包括甘加、南木拉、卡加、扎油、合作、岗察六个部落）民众承担伐运木料任务；今碌曲县境内的西仓、双岔二部落和农区十八族，以及今青海同仁县境内的亚囊、玛囊二部落，循化县境内的道帏、文都二部落等地大量民众承担拉运石料任务；今四川北部擦科、阿坝、然多等地的石匠承担片石墙砌筑任务；今临夏市（河州）的木匠承担木作工程。此外，察汗丹津亲王管辖区外的其他部落头人、王公贵族、地方土官等纷纷倾囊相助，分别奉献了今青海省同仁县境内的宣旁喇嘉、四川省若尔盖县境内的萨茹等地作为寺院教民区，还分别为新建的寺院奉献了大量宗教用品

① （清）智观巴·贡却乎丹巴绕吉著：《安多政教史》，吴均、毛继祖、马世林译，甘肃民族出版社，1989 年，第 355—356 页。

② 二世嘉木样·久美旺布著：《第一世嘉木样传》（藏文），甘肃民族出版社，1987 年，第 169 页。

③ （清）阿莽班智达著：《拉卜楞寺志》，玛钦·诺悟更志、道周译注，甘肃人民出版社，1997 年，第 156 页。

及各种供品供物，为寺主俄昂宗哲及其他僧侣供奉了大量供养财物、用品等①。至1715年底，80根柱子规模的闻思学院大经堂落成并投入使用。据史料记载，施工期间，匠人们热情高涨，俄昂宗哲为所有工匠支付了优厚的薪酬，"从各地汇集而来的民工，没有纠纷，齐心协力，在进行十分艰难的大石头、大木材的运输当中，人和牲畜未曾受到损伤。他们认为'能够参与修建这样的殿堂实属幸运'，不畏困苦，不遗余力，愉快地投身运输"②。

这次建成的闻思学院建筑组群占地规模、各院落分布形态、建筑样式与形制等情况，史料没有详细记载，仅有只言片语。

（二）建筑组群构成

从历史文献的零星记载判断，显宗闻思学院初建时，主要修建了三个院落：主体建筑经堂院、厨房院、辩经院。

1. 主体建筑经堂院

闻思学院经堂院是一处独立式院落，参照1716年建成的下续部学院经堂院布局形态、建筑规模等，可推定，当时修建的闻思学院大经堂为院落式布局，空间布局、建筑形制特征如下：

（1）院落坐北朝南，四周围墙环绕，南围墙上开大门，大门形制简单。院内前部为一处庭院，庭院东、西、南侧没有诵经廊房。院内后部主体建筑大经堂为80根柱子的规模，由前廊、前殿、后殿（含金顶）三部分组成。经堂院外没有现在的广场，此处原是下续部学院所在地，1731年，由一世德哇仓主持将下续部学院迁建到今位置处③。

---

① （清）阿莽班智达著：《拉卜楞寺志》，玛钦·诺悟更志、道周译注，甘肃人民出版社，1997年，第156—157页。

② 二世嘉木样·久美旺布著：《第一世嘉木样传》（藏文），甘肃民族出版社，1987年，第176—177页。

③ （清）阿莽班智达著：《拉卜楞寺志》，玛钦·诺悟更志、道周译注，甘肃人民出版社，1997年，第330—333页。

（2）主体建筑大经堂，即措钦大殿，建筑形制和样式取样于西藏哲蚌寺郭莽学院，而非哲蚌寺措钦大殿。因受当时拉卜楞寺所在地人力、物力和财力的限制，大经堂院落规模小，仅有前庭院，院落大门十分简陋，院内无诵经廊房。哲蚌寺措钦大殿的建筑规模非常宏大，内部空间形态、结构构造非常复杂，仅第一层各门廊、殿堂内栽立的柱子达242根，第二层的空间布局、营造技术更加复杂，需要大量木材，以当时拉卜楞镇的经济发展、材料供应、施工技术等条件，无法实现。相比之下，哲蚌寺郭莽学院经堂的平面布局、空间结构相对简单，体量较小，总平面呈倒"凸"字形，足够容纳当时300多名僧众诵经修习，是最合适的建筑取样对象（图11）。又因一世嘉木样及随行的高僧大德们多数早年在哲蚌寺郭莽学院修习，有深厚的感情，当时在自己家乡修建一座符合现有经济、技术条件的宗教殿堂，又取样于自己熟知的哲蚌寺郭莽学院经堂，最为合情合理。

（3）大经堂是由不同的人在不同时期主持修建而成的。1711年3月至10月，一世德哇仓主持完成前廊及前殿第一层修建工程，1712年春季至秋季，又完成前殿第二层修建工程。参照哲蚌寺郭莽学院的平面形态和空间布局样式，可以肯定，经堂前廊通高两层，横向宽度比正殿小，第一层为8根柱子规模，柱子分前、后两排，每排4根柱子，面阔5间，进深2间；第二层空间形态与下层基本一致。前殿通高两层，第一层为60根柱子规模，柱子分为10排，总面阔7间，进深11间；第二层总平面呈"回"字形，中部有高起的礼佛阁，南、北两面各有一处天井院，东、西两侧围护墙内侧建有走廊、各种小房屋等。

后殿及金顶建设工程于1713年春动工，至1715年6月完成主体建筑土石方及木作工程，同时聘请40多名画工，实施各木构件油饰彩绘及壁画绘制工程。第一层为12根柱子规模，柱子分前后2排，总面阔7间，进深3间，又以分隔墙分为东、西两大间，其中东面一间为护法殿（后来改为灵塔殿），西面一间为弥勒佛殿（后来改为护法殿）。1721年，一世嘉木样圆寂后，一世赛仓主持召集广大僧俗信众，筹措白银1000余两，特聘请尼泊尔工匠为一世嘉木样遗体建造一座菩提灵塔，供养在后殿东室内，该房屋被改称"灵塔殿"。1722年，一世赛仓自己出资，将后殿西面一大门分隔为两间，西端一间为护法殿，中间一间为弥

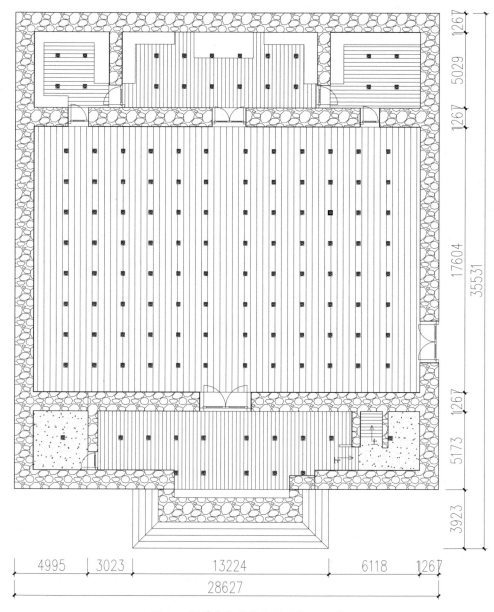

图 11　哲蚌寺郭莽扎仓平面(1:100)

勒佛殿，同时为西面护法殿铸造供奉了大威德金刚、怙主、法王 3 尊护法神像，
还补绘了剩余的其他 3 间房屋的室内壁画；1729 年，他再次筹资，为后殿中间
的弥勒佛殿铸造供奉了铜镏金弥勒佛像、八大菩萨像（高 2 米）以及燃灯佛、宗
喀巴佛像等；1733 年，他又敦请河南蒙古亲王府出资白银 2000 两，特从西藏订

制一尊铜镏金释迦牟尼佛像,供奉在前殿后部中央。1735年,河南蒙古亲王察汗丹津去世后,一世赛仓主持为其建造灵塔,供奉于后殿东面灵塔殿内,后来,亲王妃南佳卓玛去世,寺院主持为其打造一座灵塔,也供奉于此殿内①。

1715年,一世赛仓邀请三名尼泊尔工匠,为大经堂后殿屋面加建一座汉式单檐歇山顶金顶,初建的金顶屋面覆盖青灰瓦。1729—1733年,一世赛仓出资黄金60两,又召集河南蒙古亲王府及本区广大僧俗民众出资,聘请尼泊尔工匠将后殿金顶所有瓦件、脊饰件改为铜镏金材料。

2. 厨房院

厨房,藏语称"荣康",是藏传佛教寺院非常重要的宗教殿堂附属建筑。藏传佛教寺院厨房的位置颇有讲究,一般建于经堂院外之西面,如拉卜楞寺闻思学院、上续部学院、喜金刚学院、医药学院等厨房均如此布局;也有建于院落正门外者,如时轮学院厨房;也有建于院内者,如下续部学院厨房。厨房的正门(称"茶门"),均朝向经堂院的西侧门,也有朝向正门者(如时轮学院厨房)。两门相对,则形成最短的直线距离,一般在10米以内,距离最短者为下续部学院厨房,距离大殿2.6米,如此可快捷、方便地将饭食、茶水等运送到大殿内。古代藏传佛教寺院各学院的厨房与经堂大殿的间距设计为一"董"②,该距离也充分考虑到若厨房发生火灾,可在一定程度上避免殃及大殿。

拉卜楞寺最早修建的厨房即显宗闻思学院厨房,与大经堂同时修建,后屡经维修和改扩建,初建的闻思学院厨房非常简陋,曾经一度出现本地区僧俗民众主食酥油、糌粑等短缺的现象,《拉卜楞寺志》记载:1731年,一世德哇仓准备迁建密宗下续部学院,但当时寺院经济非常困难,"一度时期,茶叶、酥油等相当缺乏,负责工程的金巴向德赤仁博琪说:'在没有物质保障的情况下,最好再不要施工了。'"③

---

① 扎扎著:《拉卜楞寺活佛世系》,甘肃民族出版社,2000年,第201页。

② 古代藏族的长度计量单位,一董一般长3米左右。据说是以佛祖双臂张开的长度为准。(东噶·洛桑赤列编纂:《东噶藏学大辞典》,中国藏学出版社,2002年,第1920页。)

③ (清)阿莽班智达著:《拉卜楞寺志》,玛钦·诺悟更志、道周译注,甘肃人民出版社,1997年,第331页。

闻思学院初建时，厨房院即修建在经堂院外西侧，建筑规模、样式和形制等史料缺载。随着寺院的发展，原来简陋的厨房无法满足为全寺僧众开展各种法会、聚会等活动期间提供饮食的需要。1772年，二世嘉木样对闻思学院主体殿堂进行改扩建，可以肯定，当时对学院厨房也进行了全面改扩建，增加厨具设施等。二世嘉木样晚期至三世嘉木样时期，对学院厨房实施过数次改扩建工程，一直使用到1946年五世嘉木样再次对厨房实施维修或改建。

3. 辩经院

开展露天辩经、考试是格鲁派寺院僧侣非常重要的修习方式。拉卜楞寺是显密兼修的格鲁派寺院，显宗、密宗修习内容不同，需要独立的讲、辩教学场所，故修建了多处具有不同功能的辩经院和讲经坛。入寺修习的任何僧侣，除个人刻苦诵读经典外，必须参加经论讲辩活动。这也是提高僧人逻辑思维能力、激发思想创见的最有效方法。

辩经院、讲经坛是拉卜楞寺非常重要的一种建筑类型，是一处露天场地和附属建筑。寺院初创时，没有建立学僧学位制度，只派遣本寺僧侣到西藏著名大寺修习、考取学位，但已经修建了4处修习讲辩场地，供广大僧侣们一年四季轮流使用，并定期邀请高僧大德登台讲经说法，开展讲辩实践。二世嘉木样先后主持修建了两所密宗学院（时轮学院、医药学院），占用了两处辩经院场地，至1865年，闻思学院的辩经院保留了两处（即夏季辩经院和冬季辩经院）[1]。至此，寺院每年固定举行的辩讲法会共有九次[2]，时间最长的是每年每季举行的一次大型辩经会，为期一个月之久。

拉卜楞寺的辩经场地有两种：一是露天广场式，全寺有冬季辩经院、闻思学院前广场两处；二是院落式，实际也是露天式，但有独立的庭院，如夏季辩经

---

① （清）智观巴·贡却乎丹巴绕吉著：《安多政教史》，吴均、毛继祖、马世林译，甘肃民族出版社，1989年，第355—356页；第五世嘉木样治丧委员会编：《辅国阐化正觉禅师第五世嘉木样呼图克图纪念集》（汉藏文版），1948年，第51页。

② （清）智观巴·贡却乎丹巴绕吉著：《安多政教史》，吴均、毛继祖、马世林译，甘肃民族出版社，1989年，第366页。

院、各密宗学院辩经院均为这种布局形态。无论哪种形态，均在场地内正位处（北面中央）建一高台（坛），台（坛）上建一亭阁，称"讲经坛"或"讲经台"，建筑样式大同小异，高一层，面阔3间，进深1间，藏式平顶结构，背面依靠墙体，其他三面开敞，室内置供桌、座椅等，供主持者或讲经者就座。

（1）冬季辩经院

也称"大经堂冬季讲经坛"，一世嘉木样时期修建。位于弥勒佛殿（大金瓦寺）西院墙与释迦牟尼佛殿（小金瓦寺）东院墙之间，坐北向南，没有围墙，是一处空旷场地，南北长48米，东西宽37米，占地面积1700余平方米。主要用于本寺各高级活佛、外请高僧大德举办讲经活动，也用于其他学院僧侣开展考试辩经活动等。北面中央修建一座石木结构亭阁（讲经坛），依卧象山山脚而建。自寺院创建至今，该辩经院、讲经坛的平面布局形态、周边环境、建筑样式虽历经多次变迁，但整体格局基本没有变化。

（2）夏季辩经院

也称"僧居园"，一世嘉木样时期修建。位于寺院中部索智仓囊欠东面，坐北向南，庭院式布局，四周建围墙，南面开正门。园内北面中央建一座藏式平顶亭阁（讲经坛）。这是一处完全意义上的园林式讲辩场地，供全寺僧侣集会时使用。早年，因拓宽寺内道路，该辩经院周边建筑大部被拆除或改作他用，院落围墙、大门也被拆除。1980年以来陆续恢复重建，但庭院占地面积比原来小了很多，现存庭院东西长117米，南北宽79米，占地面积约9200平方米。

二、闻思学院第一次改扩建工程

二世嘉木样（1728—1791）时期，拉卜楞寺政教事业稳步发展，先后修建了医药学院、时轮学院及弥勒佛殿等大型宗教殿堂及其他服务性建筑、设施等，跻身于安多地区格鲁派大型寺院之列。随着僧人数量的增加，大经堂等许多建筑急需扩建。为此，二世嘉木样主持对闻思学院实施整体改扩建工程，这次改扩建工程范围以主体经堂院为主，对此，史料有明确记载。根据木结构建筑的使用年限、建筑材料老化程度、闻思学院管理用房亟需扩大等情况判断，这次改扩建工

程范围包括经堂院、厨房院、冬季辩经院讲经坛、夏季辩经院讲经坛,增建了闻思学院公房。

(一)经堂院改扩建工程效果

1772—1778年,二世嘉木样主持对闻思学院实施全面改扩建工程,共花费白银1.53万两。1777年,在工程接近尾声时,乾隆皇帝为大经堂赐写了包括汉、藏、满、蒙四种文字的金字匾额,藏文题名"罗赛岭",汉文题名"慧觉寺"[1],匾额悬挂于大经堂前殿一层后部中央横梁上,后于1985年失火烧毁,迄今未恢复。据史料记载,当时乾隆皇帝题写了两面藏文匾额,一面是为西藏某寺院题写的"罗赛岭",一面是为拉卜楞寺闻思学院大经堂题写的"脱尚岭",但差役将这两幅匾额运送到西安后,负责分送的官员误将拉卜楞寺的"脱尚岭"匾运送到西藏,而将西藏的"罗赛岭"匾送到拉卜楞寺,因误就误,相延至今[2]。

本次改扩建工程后,闻思学院主体经堂、各附属建筑位置及方向仍保持原状,但经堂院的占地规模、建筑体量和外观发生很大变化,一直延续使用到1946年,五世嘉木样再次实施改扩建工程。因缺乏二世嘉木样主持改扩建工程量等方面的文献记载,很多工程内容无从知晓。民国时期,许多外国传教士、国内学者、旅行家等拍摄了大量拉卜楞寺建筑照片,从不同角度、范围、场景表现了二世嘉木样主持改扩建后的闻思学院的建筑外貌、内部结构状况等,部分国内学者还撰写了多篇有关拉卜楞寺建筑历史等方面的调查研究文章、报告等。清末民国时期,在拉卜楞寺修行的僧人还绘制了两幅"寺院全景布画",非常完整、直观地表现了1830—1930年间拉卜楞寺核心区各建筑分布全貌形态,是研究拉卜楞寺早期建筑分布状况、建筑形制的重要资料。目前,我们只能根据这两幅"寺院全景布画"、民国时期的照片及少量文字记录,推断二世嘉木样改扩建后

---

① 贡唐·贡曲乎丹贝仲美著:《三世诸佛共相至尊贡曲乎晋美昂吾传·佛子海之道》(藏文),甘肃民族出版社,1990年,第261页。

② 苗滋庶、李耕、曲又新等编:《拉卜楞寺概况》,甘肃民族出版社,1987年,第6页。

闻思学院建筑组群的空间分布格局、建筑样式及形制等。

1. 文献记载

（1）外国传教士、探险家等人的书写

1909 年，俄罗斯探险家彼·库·柯兹洛夫（1863—1935）来到拉卜楞寺，对寺院建筑、僧侣生活、修习制度等进行考察，拍摄了许多照片，后撰《蒙古、安多和死城哈喇浩特》一书，用较长篇幅记述了闻思学院大经堂等 17 座学院、佛殿的基本情况，配有部分照片，称闻思学院大经堂是"拉卜楞寺僧众聚会的场所。殿内有 165 根柱子，因为收藏有千佛和隆多喇嘛的金像而惹人注目"[①]。［按：柯兹洛夫称闻思学院大经堂为"165 根柱子"规模，实误。一世嘉木样初建的闻思学院大经堂为 80 根柱子规模，二世嘉木样改建后，成为 180 根柱子规模（包括前廊 10 根，前殿 140 根，后殿 30 根），不是 165 根柱子的规模。］柯兹洛夫还拍摄了一张大经堂照片，整体轮廓较清晰，院落大门（前殿楼）较低矮，后殿金顶很小，院外东侧没有白塔，1920 年后拍摄的寺院全景照片上，此处有一座白塔。

美国传教士格里贝诺（Marion Grant Griebenow，1899—1972）曾于 20 世纪 20 年代到夏河县境内传教，历时 20 多年，1949 年离开。其间撰写了大量有关本区域民族文化、历史、建筑等方面的调查报告。格里贝诺去世后，其好友保尔·聂图普斯基（Paul Nietupski）将其平生积累下来的有关拉卜楞寺历史文化、民族建筑方面的报告汇集起来，于 1999 年整理出版了《拉卜楞寺：一座四大文明交汇处的藏传佛教大寺》（*Labrang*：*A Tibetan Buddhist Monastery at the Crossroads of Four Civilization*）[②]一书，这是一部从历史学、民族学、宗教学等多角度研究拉卜楞寺建筑、民族文化等的著作，极具史料价值，有学者称之为"民国时期拉卜楞

---

① ［俄］彼·库·柯兹洛夫著：《蒙古、安多和死城哈喇浩特》，王希隆、丁淑琴译，兰州大学出版社，2011 年，第 299 页。

② Paul Nietupski. *Labrang*：*A Tibetan Buddhist Monastery at the Crossroads of Four Civilization*. Ithaca. New York：Snow Lion Publication，1999.

寺的一部图史"①。其中对闻思学院大经堂建筑组群的描述较多，配有非常珍贵的照片，包括1946年五世嘉木样主持改扩建之前和之后的各种照片。

（2）国内史学家、学者、旅行家们的书写

清末时期，拉卜楞寺高僧相继撰写《拉卜楞寺志》《安多政教史》等史学著作，对1800至1865年间拉卜楞寺各建筑创建的历史过程、建筑规模、保存情况等有很多记载和细节描述，如：成书于1800年的《拉卜楞寺志》记载：闻思学院大经堂"是拉卜楞寺的中枢建筑，围绕它建有许多佛殿。第一世嘉木样初建了有八十根柱子的大经堂及其内殿；至第二世嘉木样时，鉴于僧侣数量剧增，经堂无法容纳四方投奔而来的僧众，他出资万两白银，将大经堂扩建成有一百四十根柱子的大经堂。其造型美观，色泽艳丽，庄严巍峨。大经堂的正殿供奉的佛像最多，两侧配有东内殿和西内殿……护法神殿位于大经堂的右侧，内供诸护法神像"②。成书于1865年的《安多政教史》记载：一世嘉木样建立了"四季讲辩的四处讲经院，每处都埋了法物伏藏珍宝……现在，只有春秋两季的讲经院两处。春季讲经院法台座位的后面，华热哇·赤钦·官却德钦塑了宗喀巴大师的像"③。

有些史料记载了闻思学院大经堂各房屋的命名及使用情况，如：1801年，三世贡唐仓出资2000多两白银，在大经堂二楼设置寺主嘉木样世系的"本生殿"，建造嘉木样应化史铜镏金像13尊，殿内配置华盖、柱幡、供器④；二世大阿莽仓·贡曲乎坚赞（1764—1853）在1804—1809年任寺院总法台期间，在大经堂二楼设立一座"噶当佛殿"，供奉大量造像、供物及法器⑤。

民国时期，很多国内学者、记者、旅行家到拉卜楞寺调研、考察，据统

---

① 妥超群：《汉藏交界地带的徘徊者——近现代在安多（Amdo）的西方人及其旅行书写》，兰州大学博士学位论文，2012年，第127页。

② （清）阿莽班智达著：《拉卜楞寺志》，玛钦·诺悟更志、道周译注，甘肃人民出版社，1997年，第537—539页。

③ （清）智观巴·贡却乎丹巴绕吉著：《安多政教史》，吴均、毛继祖、马世林译，甘肃民族出版社，1989年，第357页。

④ 扎扎著：《拉卜楞寺活佛世系》，甘肃民族出版社，2000年，第21页。

⑤ 扎扎著：《拉卜楞寺活佛世系》，甘肃民族出版社，2000年，第172页。

计，1931 年至 1949 年，到访拉卜楞的国内学者、旅行者、政府官员 30 多人①。自 1914 年至 1949 年，国内期刊、报纸、杂志刊载的有关拉卜楞寺的调研报告、通讯、新闻消息、散文随笔、摄影作品等 215 件（篇）②，很多作品涉及拉卜楞寺各类建筑（包括闻思学院建筑组群），多配有从不同角度拍摄的照片。这些史料"对现阶段研究拉卜楞仍然有弥足珍贵的学科价值"③。其中记述闻思学院的作品主要有：

1934 年，著名记者文萱撰《西记考察记及拉卜楞寺纪游》④一文，对闻思学院的分布规模、建筑形制、修习制度等予以简单描述，文章配有一幅题名"跳神逐鬼图之一"的照片，系从闻思学院南面医药学院屋顶向北俯瞰拍摄，学院大门（前殿楼）、主体经堂、周边各建筑一览无余，其中大门高两层，第一层为藏式平顶结构，第二层属"中央主楼＋两侧边楼"样式，主楼为汉式单檐悬山顶结构，两侧边楼为藏式平顶结构（图 12）；另一幅照片题名"喇嘛们到大经堂里去做日课"，主要表现了大经堂前廊、石台阶现状，庭院片石铺设，前廊石阶破损严重，表现了当时拉卜楞寺经历青海马氏军阀"宁海军"长期占领，许多建筑遭破坏的情景。

1936 年，任美锷、李玉林撰《拉卜楞寺院之建筑》一文，对闻思学院大经堂建筑规模、文物珍藏等情况有较详细记述："大经堂，藏语'梯桑浪哇札仓'，意为佛学院……经堂正殿中悬乾隆钦赐匾额，汉文'慧觉寺'。大经堂规模宏大，宽百公尺，深七十公尺，可容四千喇嘛同时诵经。有柱一百四十，皆大可合抱，粉彩雕绘，备见匠心。正殿中设两座，磋经堪布（即五院总院长）据前座，嘉样

① 王兰：《20 世纪 40 年代初拉卜楞藏民社会——以马无忌〈甘肃夏河县藏民调查记〉为中心的考察》，《三峡大学学报》（人文社会科学版），2009 年第 31 卷，第 129 页。
② 资料来源："大成老旧期刊全文数据库"（http://www.dachengdata.com）；张福强：《民国时期甘青藏区调查研究综论（1931—1949）》，中南民族大学硕士学位论文，2015 年；丹曲、祁晓萍编：《拉卜楞历史档案编目与拉卜楞研究论著目录索引》，甘肃民族出版社，2008 年。
③ 杨才让塔：《民国时期拉卜楞研究集成〈甘南史料丛编·拉卜楞部分〉及其学术价值》，《西藏民族大学学报》（哲学社会科学版）2015 年第 6 期，第 125 页。
④ 文萱：《西记考察记及拉卜楞寺纪游》，《开发西北》1934 年第 2 卷第 5 期。

图 12　1934 年拍摄的闻思学院全貌

协巴据后座，两旁各供佛像十余，并有经橱若干，陈列左右，贮《丹珠》《甘珠》等藏经甚夥。正殿顶幂蟒龙缎袍，地铺氆氇坐垫，四壁彩绘各种神将，形状不一。殿柱上悬湘绣佛像，金黄紫蓝，各色齐映。正殿之后，别有小屋三楹，是为后殿。后殿右（西）为武备护法殿，左（东）为宝塔殿。宝塔殿供古代高僧及先贤肉身宝塔十四座，除嘉样协巴一、二、三、四世外，余为历代黄河南亲王肉身宝塔九座、沙沟寺赛仓活佛佛骨塔一座，塔皆银制，高至二三丈至丈许不等，上嵌珍珠玛瑙珊瑚等宝。大经堂屋顶平坦，宽阔如操场，上置金宝瓶、金羊、金轮等饰物十四。"①（按：此文称闻思学院大经堂"有柱一百四十"，不确，1772 年，二世嘉木样主持扩建后，总布局为 180 根柱，包括前廊 10 柱、前殿 140 柱、后殿 30 柱。又称大经堂平顶屋面"上置金宝瓶、金羊"，不妥，藏传佛教寺院宗教殿堂平顶屋面供置的法器皆为固定搭配，其中前部为法轮与双鹿，寓意"二兽听法""鹿野苑说法"等，"双鹿"也称"阴阳鹿"，不是"金羊"）。

　　1936 年，国民政府要员马鹤天因公寓居拉卜楞寺，详细参观考察过闻思学

　　① 任美锷、李玉林：《拉卜楞寺院之建筑》，原载《方志》1936 年第 3、4 期合刊，甘肃省图书馆编：《西北民族宗教史料文摘——甘肃分册》，1984 年，第 597 页、第 598—599 页。

院大经堂等重要殿堂，后著《甘青藏边区考察记》一书，对当时闻思学院的建筑形制、室内外装饰、供品供物等皆有详细记述："大经堂即'铁桑郎瓦札仓'，亦五大札仓之一，即佛学院。上有主顶，殿前有清乾隆赐'慧觉寺'匾额，实当时为西藏'慧觉寺'所赐者，误送于此，而此寺之匾送于拉萨，即因之未更易。现又有戴传贤[①]先生所赠'重兴正法'及宋子文先生所赠'法法如是'各一匾。此殿依山而筑，阶数十级，堂数十间，长十三间[②]，内铺垫成行，可容三四千人。满壁彩画佛像，正面有铜佛数十尊，有大象牙一对，长约四尺，直径约六寸。殿后里屋有历代嘉木样肉身塔四座，愈近世者愈高大，而宝石亦愈多。殿旁屋有大铜锅五，直径约九尺，深六七尺，为全体喇嘛念经熬茶之用。"[③]

民国著名学者张其昀1939年撰《甘肃省夏河县志略》记载：拉卜楞寺经堂"为全寺之中心，藏名'札仓'。五'札仓'，汉译为佛学院、密宗院、佛事院、法事院、医学院。其中佛学院规模最大，喇嘛最多，地位亦最高，其院址即在大经堂内。大经堂，藏名'磋经'，为寺之中枢。仿之大学学制，五'札仓'犹五院。'磋经'，犹校本部也"[④]。

2.照片资料

（1）外国人拍摄的照片

清末、民国时期（1946年前），到访拉卜楞寺的外国传教士、探险家、摄影师、记者等拍摄了很多表现二世嘉木样主持改扩建后的闻思学院建筑组群的寺院全景、局部建筑组群及特写照等，主要有：

---

① 戴传贤（1891—1949），即戴季陶，名良弼、传贤，字季陶。原籍浙江吴兴（今浙江省湖州），中国国民党元老之一，中国近代思想家、理论家和著名政治人物。早年留学日本，参加同盟会。辛亥革命后，追随孙中山先生参加二次革命、护法战争等，担任黄埔军校政治部主任、国立中山大学校长、国民党中央宣传部部长、考试院院长等职。

② 文中称殿堂"长十三间"，不确，大经堂面阔应为十五间，横向一排14根柱子构成13间，再加上两端柱子与围护墙形成的2间，共15间。

③ 马鹤天：《甘青藏边区考察记》，中国西北文献丛书编辑委员会编：《中国西北文献丛书》第四辑《西北民俗文献》第二十卷，兰州古籍书店1990年影印版，第68页。

④ 原载《方志》1939年第9卷第3、4期合刊，甘肃省图书馆编：《西北民族宗教史料文摘——甘肃分册》，1984年，第105—112页。

俄罗斯探险家柯兹洛夫 1909 年考察拉卜楞寺期间拍摄了很多寺院建筑照片，其《蒙古、安多和死城哈喇浩特》一书附一张闻思学院全貌照片[①]，建筑轮廓清晰。

美国传教士格里贝诺 1932 年绘制的"寺院总平面示意图"[②]（图 13）将闻思学院标注为"Assembly Hall"（大礼堂）。1934 年，他还拍摄了一张表现闻思学院前殿楼的正面照[③]，照片题注"Marion Griebenow wrote an extensive description *The Alliance Weekly*（22 September 1934）"，系从前殿楼外东南角（今然旦加措仓囊欠屋面）向西北拍摄，完整地展示了二世嘉木样扩建后闻思学院大门的空间形态、建筑形制及门外广场法舞表演的盛况。大门为汉藏结合式风格，通高 2 层，上下层均面阔 9 间，进深 3 间，正面出廊一间，上下层前廊立 10 根檐柱，均露明，其中第一层金柱间通装隔扇门、隔扇墙；第二层中间 6 根柱子承托上部单檐歇山顶式殿堂，金柱间装隔扇门、隔扇窗等，面阔 5 间，进深未详（推测应为 3 间，前后各出廊 1 间，中部殿堂进深 1 间），屋面覆盖灰筒板瓦，正脊、垂脊、戗脊均用瓦条垒砌，正脊中央饰灰陶宝瓶，两端饰灰陶吻兽；中部殿堂两侧各有两间边楼，对称布局，藏式平顶结构，面阔 2 间，进深 3 间，正面出廊 1 间，背面情况未详。中部殿堂屋面檐口高度与两侧边楼屋面基本一致，仅两侧翼角起翘，形成两条对称的弧线。边楼两外侧分别与院落围墙相接，围墙用片石砌筑，墙顶加一层边玛墙，墙内修建平顶式诵经廊，平顶屋面上有观看法舞表演的人群（图 14）。

美国植物学家、探险家约瑟夫·洛克[④]（1884—1962）于 1924—1932 年间多次到达拉卜楞寺，拍摄了 60 多张表现寺院全景、局部建筑组群、部分单体建筑及

① [俄]彼·库·柯兹洛夫著：《蒙古、安多和死城哈喇浩特》，王希隆、丁淑琴译，兰州大学出版社，2011 年，第 1 页。

② Paul Nietupski. *Labrang: A Tibetan Buddhist Monastery at the Crossroads of Four Civilization*, Ithaca, New York: Snow Lion Publication, p20, 1999.

③ Paul Nietupski. *Labrang: A Tibetan Buddhist Monastery at the Crossroads of Four Civilization*. Ithaca, New York: Snow Lion Publication, 1999.

④ 20 世纪 20 年代，约瑟夫·洛克以美国《国家地理》杂志编辑部、美国国家农业部、美国哈佛大学植物研究所等机构专职探险家、撰稿人、摄影家等身份来到中国，先后在云南、四川、甘肃等地进行科学考察和探险活动。

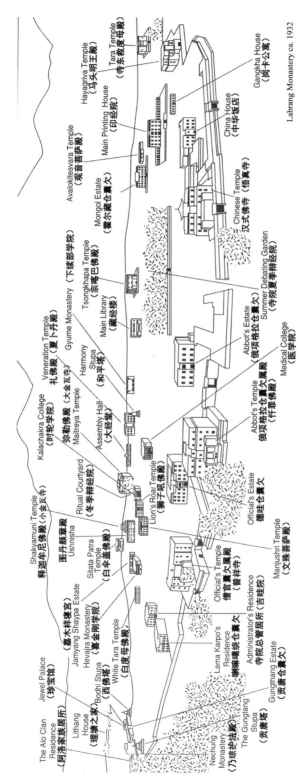

图 13 格里贝诺 1932 年绘 "寺院总平面示意图" 中的闻思学院位置

图14　格里贝诺拍摄的闻思学院正面全貌
（1934年，自东南向西北）

图15　洛克拍摄的闻思学院大经堂西侧全貌
（1926年4月，自西北向东南）

僧侣生活等方面的照片，其中表现闻思学院各建筑组群的照片有：

①表现闻思学院建筑组群分布情景的照片有两张。第一张拍摄于1926年4月，系从闻思学院西北方向拍摄，完整地表现了闻思学院大经堂前殿西侧及后殿整体面貌（图15），照片显示，学院四周围墙环绕，北面围墙上开一侧门，西面围墙不完整，整个殿堂尽现眼前，其中后殿西端比前殿少一间，据对称布局形态推测，东端也少一间，通高四层（含一层金顶），第一层四面不开窗，第二、三层西墙上各开3个窗子，后墙面凸起一个墩台（专用卫生间，内部分层设置，供高僧修行时使用），外墙砌筑方式同殿堂围护墙。前殿通高两层，第一层西面不开窗，但在西南角开一侧门，第二层西面开9个窗子，背面东、西两侧各开1个窗子。第二张拍摄于20世纪30年代，系从寺院北部卧象山坡向东南俯瞰拍摄，非常完整、清晰地表现了寺院核心区东部（北起卧象山山脚，南至大夏河南岸，东至夏河县城）一带各建筑的位置与分布情况、相互交接关系等。其中闻思学院厨房院建于经堂院外西南角，分南、北两个小院，厨房院位于北面，东侧开门，与经堂院之西侧门相对；南面有一小院，为库房及僧舍院。冬季辩经院和讲经坛位于弥勒佛殿院外西面，是一处占地面积较大的广场，场地北面依靠卧象山修建一座藏式单层平顶亭阁。夏季辩经院

图 16 洛克拍摄的寺院东部全貌俯瞰（20世纪30年代，自西北向东南）

位于学院大门外广场东南面，占地面积很大，院内古木参天，绿树成荫。闻思学院公房位于夏季辩经院西面，是一处独立式院落，院内北面建主殿堂。主体建筑大经堂院落式布局，占地面积很大，院落大门（前殿楼）高两层，第二层为"中央歇山顶式殿堂＋两侧藏式平顶边楼"布局形态，门外有宽阔的广场，周围被众多建筑簇拥（图 16）。

②特写照共 3 张。第一张为大门（前殿楼）正面特写照，拍摄于 1923 年，以表现前广场法舞表演为主，但也拍到大门东半部建筑形制。照片显示，大门外广场地面用砂石土铺设，大门高两层，第一层为藏式平顶结构，前出廊一间；第二层由汉式单檐歇山顶结构的中央主楼与藏式平顶结构的两侧边楼组合而成（图17）。第二张拍摄于 1926 年，系从前庭院内向东北方向拍摄，表现了大经堂前廊与十三级台阶的正面结构和样式，前庭院地面用片石铺设，后部为一高台，前部砌筑 13 级（寓意藏传佛教"十三天"）条石如意式踏步；前廊通高 2 层，第一层面阔 9 间，进深 1 间，10 根廊柱露明，后部为前殿南承重墙，墙体中央开门洞，门洞两侧墙面以间为单位，均绘壁画；第二层面阔 9 间，进深不详，廊柱下部装扶手栏杆，上部悬挂遮阳布帘，藏式平顶屋面前部置一尊铜镏金宝瓶（图

图 17　洛克拍摄的闻思学院广场法舞表演
（1923 年，自西南向东北）

图 18　洛克 1926 年拍摄的闻思学院大经堂前廊正面

18）。第三张也拍摄于 1926 年，主要表现了大经堂前殿室内空间形态、通柱与围合柱样式、柱子梁枋搭接关系，以及殿堂后部法座、供桌、佛龛，地面僧侣禅坐垫子等（图 19）。

美国作家、战地记者、探险家哈里森·福尔曼（Harrison Forman，1904—1978）于 1932—1937 年三次前往青海及甘南藏族聚居区考察佛教建筑、宗教活动等，拍摄了大量照片，其中一张表现了闻思学院前庭院、西侧门的建筑形制样式以及厨房门与学院的位置关系等，照片显示，庭院西侧门为汉式双面坡悬山顶样式，正脊以青砖瓦条垒砌，屋面覆盖灰筒板瓦（图 20）。根据对称性原理，东侧门应与西侧门对称布局，建筑形制一样。

美国传教士卡特·霍尔顿（Carter Holton，1901—1973）长期在甘肃临夏、青海循化等地传教，1940 年到访拉卜楞寺，拍摄了很多宗教建筑、寺院市场贸易活动方面的照片[①]，其中一张照片主要表现闻思学院前庭院内举行法舞表演的情景，但也清

———————————

① 王建平：《海映光牧师年谱》，《青海民族研究》2014 年第 2 期。

图 19　洛克拍摄的闻思学院大经堂前殿室内柱子梁枋（1926 年）

图 20　福尔曼 1936 年拍摄的闻思学院局部

图 21　霍尔顿 1940 年拍摄的闻思学院前庭院

晰地显示出当时前庭院东北角一带大经堂前廊条石踏步与东诵经廊、东侧门间的位置关系，非常珍贵（图 21）。

（2）国内学者拍摄的照片

在 1946 年五世嘉木样主持改扩建闻思学院之前，许多国内学者、旅行家、记者纷纷到访拉卜楞寺，撰写了大量考察报告、日记、研究著作，拍摄了大量表现寺院建筑、人物、宗教活动等方面的照片，其中表现闻思学院相关建筑的照片有：

任美锷、李玉林撰《拉卜楞寺院之建筑》一文附多张表现闻思学院大经堂、前殿楼及院落围墙的照片 [①]，其中一张题名为"慧觉寺大经堂"，系从大门外广场西南角向东北拍摄，清晰、完整地展示了二世嘉木样改建后的大门（前殿楼）全貌（图 22）；另一张题名为"乾隆朝敕赐慧觉寺匾额"的照片表现了 1777 年闻思

——————

① 任美锷、李玉林：《拉卜楞寺院之建筑》，《方志》1936 年第 3、4 期合刊插图。

图 22　民国时期拍摄的闻思学院前殿楼样式
（1936 年，自西南向东北）

图 23　1936 年拍摄的乾隆御赐闻思学院匾额

学院大经堂改建工程竣工时乾隆皇帝用藏、汉、满、蒙四种文字题写的院名匾额，运送到拉卜楞寺后，一直悬挂在经堂前殿内后部明间横梁之下（图 23），1985 年失火烧毁，迄今未恢复。

1947 年《旅行杂志》刊载著名学者何正璜[①]拍摄的多幅拉卜楞寺建筑照片[②]。从她到访拉卜楞寺的时间推断，这些照片应拍摄于 1943 年前后。其中一幅题名"拉卜楞全景"的照片完整地表现了闻思学院的整体面貌，大门（前殿楼）呈"中央歇山顶殿堂 + 两侧藏式平顶边楼"形态，是为二世嘉木样时期改建后的样式；一幅题名"本文作者摄于嘉木样活佛之大经堂外"的照片（图 24），完整拍摄了大经堂前廊及十三级条石踏步现状，前廊总面阔 9 间，廊内墙面以间为单元，均绘壁画，壁画墙面下部装木护栏。可与前述洛克、霍尔顿及中国学者在 1923—1937 年拍摄的照片互相印证补充，说明闻思学院大经堂自 1772 年

---

① 何正璜（1914—1994），湖北武昌人，1934 年毕业于湖北武昌艺术专科学校，曾留学日本。抗日战争时期，在重庆国民政府教育部门工作，是"抢救西北非敌占区古代艺术文物工作组"成员，先后在川、陕、甘、青等地拍摄大量文物及古建筑照片（包括拉卜楞寺），在《旅行杂志》发表多篇考察报告等。1949 年后，在西安碑林、陕西省博物馆工作。

② 何正璜：《东方的梵谛岗——拉卜楞》，《旅行杂志》1947 年第 21 卷第 6 期插图。

二世嘉木样主持改扩建后，至1946年前，一直没有发生变化。

3. 早期绘"寺院全景布画"中的闻思学院

今俄罗斯布里亚特历史博物馆、美国纽约鲁宾艺术博物馆各保存一幅"寺院全景布画"，前者绘制于1882

图24　1943年拍摄的闻思学院大经堂前廊正面（自南向北）

年之前（图25），后者绘制于20世纪20年代末（图26）。两幅布画疑出自同一个模板或底稿，在构图方式、表现范围、重要建筑的位置及建筑形制等方面大同小异，仅局部表现的人物活动场景、建筑位置有所差别，非常真实、准确地描绘

图25　俄罗斯布里亚特历史博物馆藏"寺院全景画"中的闻思学院建筑组群构成及分布状况

图26 美国纽约鲁宾艺术博物馆藏"寺院全景布画"中的闻思学院建筑组群构成及分布状况

了早期拉卜楞寺核心区各建筑的分布状况，其中对二世嘉木样改扩建后的闻思学院有完整的表现。由此说明，二世嘉木样主持改扩建后，闻思学院成为一个大型建筑组群。

（1）经堂院

闻思学院经堂院地处寺院核心区中央偏北位置，西面有弥勒佛殿及冬季辩经院，北面有夏卜丹殿，东面有下续部学院及护法殿，南面有宽阔的广场及医药学院等，独门独院式布局，由前广场、正门（前殿楼）、庭院及大经堂组成。这两幅"寺院全景布画"对大经堂的外观样式、建筑形制、空间关系等细节表现得较为清晰，与民国时期拍摄的各种照片可互为补充印证。

①前广场。院落正门外广场占地面积很大，四周有众多建筑簇拥并围合，西面有时轮学院、寿安寺等，东面有密集的僧舍，南面有医药学院等。画面表现的是广场上举行法舞表演的情景。

②正门（前殿楼）。画面表现的是二世嘉木样1772年改扩建后的样式，其

中俄罗斯布里亚特历史博物馆藏布画完整地表现了该建筑全貌，通高两层，上下层均面阔5间，正面出廊1间，6根廊柱露明；第一层金柱明间开出入门，两侧不开门，两端与院落围墙相接；第二层中间为一座汉式单檐歇山顶殿堂，两侧各建一座藏式平顶房，整体呈"中央主楼＋两侧边楼"造型。美国纽约鲁宾艺术博物馆藏布画上，仅完整表现出门楼第一层面貌，与俄罗斯布里亚特历史博物馆藏布画表现的结构形态完全一致，但第二层正面悬挂一幅大型唐卡画，遮挡了建筑面貌。两幅布画表现的门楼样式与1946年五世嘉木样改扩建后的样式完全不同。

③ 前庭院。院内前部为宽阔的庭院，东、西、南三面围墙环绕，围墙顶部加一层边玛墙，内侧依靠围墙建有诵经廊。东、西两侧围墙北端各建一座侧门，对称布局，单檐双面坡硬山顶结构，屋面覆盖绿琉璃瓦（图27）。

④ 主体建筑大经堂。建于庭院后部高台上，体量巨大，由前廊、前殿及后殿三部分组成。前廊通高两层，第一层面阔9间，进深1间，10根廊柱露明，三

图27　美国纽约鲁宾艺术博物馆藏"寺院全景布画"中的闻思学院全貌

面无围护墙，廊内后部为前殿承重墙，墙上遍绘壁画，廊柱及挑檐构件用布幔遮盖；第二层面阔9间，进深未详，10根廊柱露明，柱身下部装木构栏杆，柱头梁枋及挑檐构件用布幔遮盖；屋面藏式平顶结构，前部中央立1尊铜镏金宝瓶，两端各立2尊铜镏金法幢，屋面上还立一架铜锣，用途不明。

前殿通高两层，第一层四面以片石墙围合，也作为院落围墙，西墙南端开一侧门，外挑门廊式，门洞外立2根柱子，承托上部单檐单面坡屋面，屋面覆盖绿琉璃瓦，据此推测，东墙上也对称开一侧门；第二层承重墙顶加单层边玛墙，西墙上开9个藏式窗子，东墙开窗数量应与西面对称，南墙左右两端各开2个窗子；屋面藏式平顶结构，前部东、西两端各立1尊铜镏金法幢，后部东、西两端各立1尊黑色布法幢，中央为从第一层延伸上来的礼佛阁，有独立的屋面，高于前殿屋面，屋面中央置1尊铜镏金宝瓶。

后殿与前殿相连。民国时期拍摄的照片显示，后殿的横宽比前殿少2间（东、西两端各少1间），但前述两幅"寺院全景布画"显示，后殿横宽比前殿多2间，足证布画有误。外围砌筑片石墙，通高4层（含金顶1层），墙顶加双层边玛墙，背面西端建一空心墩台，高与殿堂同。第一层外墙面不开窗；第二层东、西墙面上对称各开3个窗子，正面门窗安置情况未详；第三层东、西两面墙上对称各开3个窗子，背面（北面）开5个窗子，（南面）承重墙上对称开3门、8窗，中间正门为外挑式门廊，正面悬挂黑色遮阳布。屋面藏式平顶结构，前部左、右两端各立2尊铜镏金法幢，后部左、右两端各立1尊黑色布法幢。屋面中央建一座金顶，单檐歇山顶结构，面阔3间，进深3间，四周出廊1间；檐下施斗拱，彩画以绿色为主；金柱间装木隔扇门、隔扇墙；屋面覆盖铜镏金瓦，脊饰件均为铜镏金材料。

（二）厨房院改扩建工程效果

拉卜楞寺是一座建筑规模宏大、僧侣众多的格鲁派宗教大学，一年四季举行全寺所有僧侣参加的佛事活动，活动期间，闻思学院厨房承担为全寺僧众供应饭食（称"千僧斋"①）的任务，至今仍保持这一传统。

1. 文献记录

民国时期，许多学者考察过闻思学院厨房院，对其建筑规模、厨具陈设、领取饭食的僧人数量等多有记载，如：

明驼《拉卜楞巡礼记》（1936年）、张元彬《拉卜楞喇嘛之日常生活》（1936年）称，当时全寺僧侣数量在三千至三千六百人之间②；任美锷、李玉林《拉卜楞寺院之建筑》（1936年）一文也记载："大经堂之右为大厨房，内置铁锅五，径可盈丈，深亦如之。全寺喇嘛三千之饮食，均可供给。"③1948年版《辅国阐化正觉禅师第五世嘉木样呼图克图纪念集》称，1940年左右，拉卜楞寺寺僧"总数超过四千"④；大经堂厨房"位于正殿右侧，内有大锅五口，径可盈丈，深亦如之。外镌各种花纹，遇有集会，全寺三千余喇嘛之饮食，均在此置办"⑤。由此推测，每次举行全寺僧众大型聚会活动期间，领取饭食僧人之规模，厨房供应饭食任务之重。

国民政府要员绳景信对拉卜楞寺的调查研究非常详细，后著《甘南藏区纪行》，称20世纪30年代，闻思学院大经堂"供全寺喇嘛念经之用……念大经时将近三千人"；大经堂"西侧有灶房一处，内有四个大锅，每锅直经三米多，深约四丈，为厚铁片钉成，锅底下边用木柴烧火，每锅做饭时用大米两千多斤，牛羊肉一千多斤，酥油几百斤，新疆葡萄干及杏干几百斤，每锅饭足够念大经的喇嘛及有关人员吃一顿。这一大锅饭吃完，等锅凉了，放下长梯入内洗刷，下顿饭

---

① 苗滋庶、李耕、曲又新等编：《拉卜楞寺概况》，甘肃民族出版社，1987年，第7页。

② 明驼：《拉卜楞巡礼记》，《新中华》1936年第4卷第14、15期；张元彬：《拉卜楞喇嘛之日常生活》，《方志》1936年第9卷第3、4期合刊；高一涵：《拉卜楞寺一瞥》，《新西北》1941年第5卷第1、2期。

③ 任美锷、李玉林：《拉卜楞寺院之建筑》，甘肃省图书馆编：《西北民族宗教史料文摘——甘肃分册》，1984年，第598—599页。

④《拉卜楞大寺现状》，第五世嘉木样治丧委员会编：《辅国阐化正觉禅师第五世嘉木样呼图克图纪念集》（汉藏文版），1948年，第53页。

⑤《拉卜楞大寺现状》，第五世嘉木样治丧委员会编：《辅国阐化正觉禅师第五世嘉木样呼图克图纪念集》（汉藏文版），1948年，第48页。

图 28　洛克拍摄的厨房内景之一（1926 年）　　　图 29　洛克拍摄的厨房内景之二（1926 年）

另用别的大锅，轮流使用。该灶房管理森严，闲杂人员及寺内无关的喇嘛严禁入内，保障安全"。[1]

2. 照片资料

民国时期拍摄的闻思学院厨房照片较少，美国探险家洛克 1926 年拍摄的照片有 3 张，其中一张为闻思学院全貌鸟瞰照（见图 16），对厨房的位置、建筑形制有较完整的表现，地处经堂院西面，独门独院式，北面建主体建筑，东北角开正门，与大经堂前殿西侧门形成直线最短距离；南面建一小院，有僧舍及储物间等。厨房高两层，第一层墙顶加一圈边玛墙，藏式平顶屋面，屋面顶部中央凸起天窗（"杜空"），双面坡人字结构。另两张分别表现了厨房的内部结构、厨具陈设以及从事饭食茶水供应的僧人等（图 28、图 29），有 3 座灶台、3 口巨大的做饭锅、若干个用于背水的水桶，其中一口铁锅是早年从印度购买的，铸造工艺较精，周身雕刻花纹，另两口铜锅为本地工匠铸造。

此外，美国传教士霍尔顿 1932 年拍摄了一张闻思学院厨房特写照，从西北向东南拍摄，厨房院坐北朝南，厨房南面建一座小院落。厨房的东北角开正门，距大经堂前殿西侧门一步之遥，可快速将饭食运送到大经堂内，四周围护墙片石砌筑，墙顶加一圈边玛墙，通高两层，藏式平顶屋面，屋面顶部中央凸起一座天

① 绳景信：《甘南藏区纪行》，政协甘肃省委员会文史资料委员会编：《甘肃文史资料选辑》第三十一辑《民族宗教专辑》，甘肃人民出版社，1990 年，第 1—24 页。

窗，系用木柱、椽子望板搭
建的单檐双面坡悬山顶亭阁，
屋面坡度很缓，横向面阔3
间，纵向进深2间，外檐柱
下部装木板，围合一圈，上
部装横枋及竖向棂条，用于
通风和排烟。东、西两山面
椽子外挑端头处悬挂博缝板
（图30）。

图30　霍尔顿拍摄的厨房（1932年，自西北向东南）

3. 早期绘制的"寺院全景布画"

前述保存于俄罗斯布里亚特历史博物馆、美国纽约鲁宾艺术博物馆的"寺院全景布画"对厨房院位置、院落形态、建筑形制有清楚的表现。结合前述各种民国时期照片及相关文献记载，厨房院的主要建筑特征有：

第一，厨房院位于经堂院外西南侧，独门独院式，呈南北向纵长方形，南面建一座小院，供厨房工作人员临时休息、存放柴火等。主体建筑建于北面，东、西、北三面围墙作为院落围墙，北墙东端开正门；南面围墙上开一门，与前院贯通。

第二，主体建筑厨房为藏式两层平顶结构，墙顶加一层边玛墙。第一层室内地面通铺片石，立10多根木柱支撑上部屋面，柱下皆置石柱础，以防木柱根糟朽；中央砌土坯、块石结构灶台3座，靠近灶台的木柱下端置高大的石柱础，且高于灶台，以防灶火引燃柱子。灶台大小不一，长5~6米、宽3~4米、高1~1.5米，四角处置石柱，设2~5个灶口，灶口宽2~3米，锅有铸铁或铜质两种，直径最大者3米，最小者1米，深度最大者1.5米，最小者0.6米。灶台正后部设一小密室，称龙王殿（藏语称"鲁康"），内供龙王。室内四周依靠墙面装木柜，供本院学僧放置餐具。

第二层为亭阁式天窗。面阔3间，进深2间，构筑方式为：在灶台周边木柱上方装置两根横梁，其上再对称立4根柱子，柱头伸出厨房屋面外约2~2.5米，柱头上置梁枋、椽子、栈棍等，组成一个双面坡亭阁，在亭阁外侧三面底部依柱子各建一排低矮的房子，宽约 0.5 米。关于"杜空"底部三面低矮房子的功能用途，学界有两种说法，一说认为供值守僧人居住；一说认为用于避免强烈阳光直射到厨房内，具有"隔热箱"的作用，能有效阻止热量向室内传递[①]。"杜空"上部各面檐口下开多个窗口，用于排放室内烟雾水汽，还具有采光功能。

此外，藏传佛教寺院厨房炊具、餐具的功能用途，与世俗家庭大同小异，厨房厨具的数量多少，与在寺僧人的数量有关，如西藏色拉寺厨房有大铁锅 5 个、铜勺 8 个、茶勺 120 个、盛饭桶 110 个；哲蚌寺厨房有大铁锅 8 个、铜勺 47 个、茶勺 100 个、盛饭桶 100 个；拉卜楞寺闻思学院厨房有大锅 4 口、铜勺 12 把、木勺 4 把、小茶勺 145 个、盛饭桶 180 个[②]。

（三）辩经院改扩建工程效果

拉卜楞寺创建初期，一世嘉木样主持修建了 4 处辩经院，其中属于闻思学院的有 2 处（冬季辩经院和夏季辩经院），从寺院创建迄今为止（2024 年）的 320 多年里，这两处辩经院的位置一直未变，但早期的布局样式、占地规模、场地内建筑状况，史料缺载，无法考证。清末民国时期，对这两处辩经院多有文字描述和照片记录，如：

成书于 1865 年的《安多政教史》记述了四世嘉木样时期两座辩经院的使用情况："在夏季辩经学期和冬季辩经学期授予学位的大会上，由门仁巴和林赛、噶居四人各按自己所学的经论立宗辩论。在秋季辩经学期和春季辩经学期上，石阶然绛巴依《五部大论》立宗辩论"[③]。

民国学者张其昀著《甘肃省夏河县志略》称拉卜楞寺"讲经坛，又分二处，即冬季讲经堂与夏季讲经花园"[④]。前述保存于俄罗斯布里亚特历史博物馆、美国

① 索朗卓玛：《拉萨色拉寺与哲蚌寺荣康的比较研究》，《法音》2013 年第 3 期，第 46 页。

② 索朗卓玛：《拉萨色拉寺与哲蚌寺荣康的比较研究》，《法音》2013 年第 3 期，第 47 页。

③ （清）智观巴·贡却乎丹巴绕古著：《安多政教史》，吴均、毛继祖、马世林译，甘肃民族出版社，1989 年，第 367 页。

④ 原载《方志》1939 年第 9 卷第 3、4 期合刊，甘肃省图书馆编：《西北民族宗教史料文摘——甘肃分册》，1984 年，第 105—112 页。

纽约鲁宾艺术博物馆的"寺院全景布画"对两处辩经院的位置、场地规模和形态、与周边建筑的交接关系、主体建筑讲经坛等有清晰的表现。

1. 冬季辩经院及讲经坛

冬季辩经院地处弥勒佛殿院外西南部，嘉木样寝宫院落东面，场地规模较大，坐北朝南，北面依靠卧象山山脚修建一座讲经坛，后部依靠山体修建一堵挡土墙，墙顶加三层边玛墙，挡土墙前部建讲经坛，亭阁式建筑，藏式平顶结构，面阔 3 间，进深不详，4 根檐柱露明，柱头梁枋用彩色布幔遮盖，室内中央端坐一高僧讲经说法。讲经坛南部为宽阔的广场，有众多僧人围坐聆听，东南角建一处小园林（图 31）。

约在 20 世纪 20 年代初，寺院出资对冬季辩经院、讲经坛实施了一次较大规模的改扩建工程，项目包括：第一，明确了辩经院广场与弥勒佛殿院外场地的界

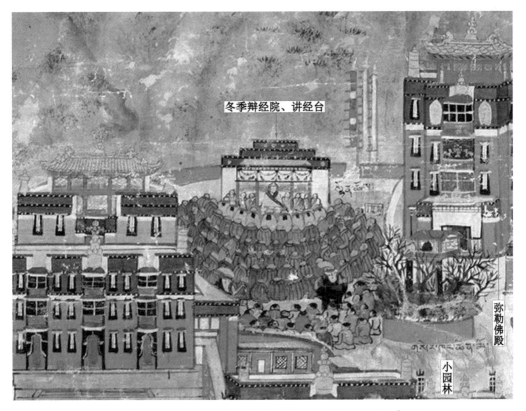

图 31　美国纽约鲁宾艺术博物馆藏"寺院全景布画"中的冬季辩经院

线，两者之间形成一个 0.3 米的高差，对辩经院广场整体用块石铺设，弥勒佛殿院门外场地仍保持自然砂石土斜坡状，一直延伸到闻思学院厨房处。第二，在南面与嘉木样寝宫院交界处边沿一带修建一堵挡墙，辩经院的空间界面更加清晰。第三，改建讲经坛，在藏式平顶屋面上加建一座汉式单檐歇山顶金顶，屋面覆盖铜镏金瓦和各种脊饰件。表现这次冬季辩经院和讲经坛改扩建后的照片资料、文献记录有：

美国探险家洛克 1925 年拍摄了一张表现释迦牟尼佛殿、弥勒佛殿的全貌照，

图 32　洛克 1925 年拍摄的冬季辩经院及讲经台

正好拍摄到处于这两座建筑之间的冬季辩经院和讲经坛，照片显示，讲经坛建于一座片石砌筑的台基上，面阔 3 间，前檐柱间装木栅栏，藏式平顶结构，屋面上建一座单檐歇山顶铜镏金瓦金顶（图 32）。

美国传教士霍尔顿 1932 年拍摄的闻思学院厨房特写照附带拍到冬季辩经院讲经坛西南角（见图 30），讲经坛坐北朝南，底部有条石垒砌的台阶，檐柱呈方形，柱头雕刻柱幔，上部置兰扎枋、莲瓣枋和蜂窝枋等。檐柱间装木棍条栏杆。屋面藏式平顶结构。讲经坛前面为宽阔的广场，有僧人围成一圈就座聆听高僧讲经说法。照片显示，该广场是一处修整过的高台地，西面地面用块石铺设，东面、东南面一带生长杂草。

任美锷、李玉林 1936 年撰《拉卜楞寺院之建筑》一文记载："冬季讲经堂小屋一楹，上覆金瓦，中设两座。每年一月十五日及二月初八日，嘉样协巴必莅此讲经，而嗟经堪布（五院总方丈）则常莅临宣讲。堂前广场极大，可容千人。"[1]

① 任美锷、李玉林：《拉卜楞寺院之建筑》，原载《方志》1936 年第 3、4 期合刊，甘肃省图书馆编：《西北民族宗教史料文摘——甘肃分册》，1984 年，第 599 页。

明驼先生 1936 年撰《拉卜楞寺巡礼记》附一幅题名"露天经台"的照片①，系从冬季辩经院东南角向西北拍摄，完整地展示了经过整修后的辩经院布局形态、讲经坛面貌（图 33）。与前述两幅"寺院全景布画"表现的情景相差甚远，首先，辩经院与弥勒佛殿院门外广场有明确的高低分界线，辩经院位于高处，地面通体片石铺设，又

图 33　1936 年拍摄的冬季辩经院及讲经坛

以片石砌筑一道与弥勒佛殿门外广场间的挡墙；其次，辩经院后部讲经坛建于片石砌筑的三层台基上，面阔 3 间，进深 1 间，高一层，外檐一圈装木栏杆，藏式平顶结构。平顶屋面中央加建一座汉式单檐歇山顶金顶，面阔 3 间，进深 1 间，四周无廊，屋面覆盖铜镏金瓦及各种脊饰件。

经这次改扩建后，冬季辩经院占地规模、建筑形制至今再没有发生很大改变。2004 年以来，对讲经坛又实施多次维修及重绘油饰彩画工程。

2. 夏季辩经院

清末民国时期，国内很多学者及外国传教士等撰写的各种著述、游记、论文、调查报告等均提及夏季辩经院的情况，如"夏季讲经花园，嘉木成荫，浓翠一碧，清幽绝俗，为讲经佳处"②。

民国时期，不同人拍摄了大量拉卜楞寺建筑照片，或全景、或局部地表现了

---

① 明驼：《拉卜楞寺巡礼记》，《新中华》1936 年第 4 卷第 14 期，第 14 页插图。
② 任美锷、李玉林：《拉卜楞寺院之建筑》，原载《方志》1936 年第 3、4 期合刊，甘肃省图书馆编：《西北民族宗教史料文摘——甘肃分册》，1984 年，第 599 页。

下续部学院　藏经楼　宗喀巴佛殿　霍尔藏仓囊欠　印经院　寺东度母殿　白塔

夏季辩经院

俄项格拉仓囊欠　悟真寺

图 34　洛克 1925 年拍摄的拉卜楞寺东部全貌

夏季辩经院的位置、场地规模、与周边建筑和街巷的交接关系等，但没有单独表现夏季辩经院者，其中最完整表现夏季辩经院全貌者为美国人洛克 1925 年 11 月拍摄的一张照片，系从寺院南山向北俯瞰拍摄（图 34），完整清晰地表现了夏季辩经院院落规模、主体建筑讲经坛等，辩经院四周有低矮的围墙，南面开正门，院内古木参天，绿荫翳翳，后部中央有一座亭阁（讲经坛），西围墙外建筑密集，自北而南有索智仓囊欠、华锐仓囊欠（已毁无存）、祈福佛殿（已毁无存）等。

　　其他表现夏季辩经院的重要照片有：1934 年《海潮音》杂志刊一张题名"甘肃拉卜楞寺全景下半图"（了空居士提供）照片 [①]，也完整地表现了当时夏季辩经院的整体面貌；1934 年《北洋画报》刊"甘肃拉卜楞寺全景" [②]（式如拍摄）；1934年，明驼先生撰《拉卜楞寺巡礼记》一文附"拉卜楞寺全景"照 [③]；1936 年《西陲宣化使公署月刊》刊"拉卜楞寺全景（在甘肃夏河县）"照 [④]，等等，表现夏季辩经院的情景大同小异。寺院文物陈列馆保存一幅寺院全景照（拍摄于 1949 年前

① "甘肃拉卜楞寺全景下半图"（了空居士提供），《海潮音》1934 年第 15 卷第 5 期。
② "甘肃拉卜楞寺全景"，《北洋画报》1934 年第 23 卷第 1143 期，第 3 页。
③ 明驼：《拉卜楞寺巡礼记》，《新中华》1936 年第 4 卷第 14 期，第 13 页。
④ 《西陲宣化使公署月刊》1936 年第 1 卷第 6 期插图，照片未署名。

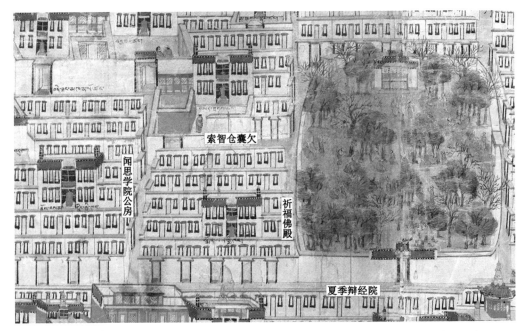

图 35 美国纽约鲁宾艺术博物馆藏"寺院全景布画"中的夏季辩经院、闻思学院公房

后)①，以俯瞰形式表现了夏季辩经院及周边环境特征，别具特色和价值。

保存于俄罗斯布里亚特历史博物馆、美国纽约鲁宾艺术博物馆的两幅"寺院全景布画"表现了 20 世纪 30 年代之前夏季辩经院的整体分布面貌及特征（图35）。辩经院位于索智仓囊欠、祈福佛殿东侧，坐北朝南，南围墙上开正门，门洞两侧墙顶加一层边玛墙，屋面后部又砌一段边玛墙。院内树木林立，绿草如茵，树荫下有 8 组僧侣们相互指手画脚地展开辩经，每组约三五人。院内后部中央建一讲经坛，背面依靠院落围墙建后檐墙，墙顶加三层边玛墙，讲经坛为藏式平顶结构亭阁式建筑，面阔 3 间，进深不详，4 根檐柱露明。

夏季辩经院主要用于闻思学院或全寺僧侣集体聚会、讲经说法、僧侣辩经活动。1936 年 6 月 9 日，国民政府要员马鹤天曾受邀参加了一场夏季辩经院辩经活动，亲眼目睹了当时夏季辩经院的场地规模、建筑形制、全寺僧侣辩经的盛况，其《甘青藏边区考察记》一书对此有详细记述："（夏季）辩经会场在广约十

---

① 该照片现悬挂于寺院文物陈列馆墙上。根据寺院建筑分布情况，应拍摄于 1949 年前后。

余亩之大园内，园中杨、柏矗立，大者数围，北面张一大幕，可容千余人。幕上蓝花，周围垂黄红布缘，中悬彩幡数十，华美庄严，下有数柱支之。分座位为四区，纵横有路，上面有屋有台，设高座及数垫，有高僧数人在台上，下有喇嘛千余人，就地对坐，各披红毡氆斗蓬。全体口中喃喃，似高僧领导诵经，约数十分钟，宣告终止，群争奔出，其声若雷，如学校学生之下课然。群将斗蓬、高帽放于地上，奔至帐外林间，分数区坐，五六人或十余人一团……未几复集帐下如前坐，但非诵经，一人起立站正中面台上，口中滔滔不绝，手之舞之，频自击掌有声，群相呼噪，或鼓掌，或举手，亦有时发出嗤声，如演说场之情状……台上有一着五彩绣履、衣金丝边坎肩者，每出面巡视一周，始稍安静……台上数人如教师，如评判员，有肩用厚垫张成方形，如戏剧中判官者，有时嘉木样亦至场……盖寺院对佛学之研究辩论，一如学校之上课考试，颇为严格。"[①]

（四）闻思学院公房的创建

拉卜楞寺自 1711 年开始修建第一座学院建筑起，截至 1942 年，先后共修建了 7 所学院（闻思学院、下续部学院、时轮学院、医药学院、上续部学院、红教寺）。每所学院是一个完全独立的建筑组群，每个建筑组群内又包括多座院落及建筑，主要有经堂院（主体建筑为经堂）、厨房院（主体建筑为厨房）、讲经院或辩经院（主体建筑为讲经坛）、外部护法殿院（主体建筑为护法殿）、公房院（主体建筑为殿堂）等。

通过对闻思学院创建以来各种历史文献、照片资料分析，可以肯定，一世嘉木样 1711 年正式修建闻思学院期间，未修建公房。闻思学院公房的最早影像资料是前述保存于俄罗斯布里亚特历史博物馆藏"寺院全景布画"，据此推断，闻思学院公房应修建于二世嘉木样时期。美国纽约鲁宾艺术博物馆藏"寺院全景布画"也非常清楚地表现了闻思学院公房的位置、院落规模、主体建筑形制及与

---

① 马鹤天：《甘青藏边区考察记》，中国西北文献丛书编辑委员会编：《中国西北文献丛书》第四辑《西北民俗文献》第二十卷，兰州古籍书店 1990 年影印，第 80 页。

周边建筑的关系，位于夏季辩经院西面、医药学院南面，此时的公房没有修建院落，仅有一座藏式平顶二层楼，外墙面涂饰白色，墙顶加一层边玛墙（见图27），犹如一座平面长方形佛殿。

民国时期，国内外学者、传教士、探险家等拍摄了大量拉卜楞寺建筑照片，多数照片拍摄到闻思学院公房的正立面形态，照片显示，此时公房有完整的院落，南面开正门，院内后部为主殿堂。主要有：林竞《甘肃拉卜楞寺纪游》（1930年）一文附"拉卜楞寺全景"照[①]、1931年《时事月报》刊"青海黄教重要寺院——拉卜楞寺全景"照[②]、1932年《天津商报画刊》刊"拉卜楞寺之全景"照[③]，此外，美国传教士格里贝诺1948年曾拍摄一张寺院全景照[④]，景深很大，范围很广，真实、完整地表现了闻思学院公房、夏季辩经院及周边建筑的分布情景、环境状况等（图36）。这些照片均清楚地显示，闻思学院公房东面有祈福佛殿，相距不远，公房有院落围墙，庭院内东、西两侧各建一排僧舍，后部主殿堂为藏式平顶结构，外形犹如一座小佛殿，通高2层，各层均面阔5间，第一、二层正面中央设外挑门廊，左、右对称各开2个窗子，外墙通体涂饰白色。建筑形制与前述"寺院全景布画"表现的形态不一致，说明布画有误。

总之，闻思学院建筑组群最早由一世嘉木样于1711年主持创建，先后完成的建筑有经堂院、厨房院、夏季辩经院、冬季辩经院4处。1772—1778年，二世嘉木样主持对闻思学院实施大规模改扩建，修建了学院公房并改扩建经堂院。这次改扩建后，经堂院有了完整的院落，依自然地形坡度自前（南面）向后（北面）渐次抬高，最南端扩建一处大广场。主要建筑特征有：

1. 院落前部为宽阔的庭院，东、西、南三面建围墙，东北角、西北角各开一

---

① 林竞：《甘肃拉卜楞寺纪游》，《中华图画杂志》1930年第2期，第23页。

② 《时事月报》1931年第5卷第1期。

③ 《天津商报画刊》1932年第5卷第48期（照片题名"西北佛教策源地青海拉卜楞寺之伟大建筑"，永清拍摄）。

④ Paul Nietupski. *Labrang: A Tibetan Buddhist Monastery at the Crossroads of Four Civilization*. Ithaca, New York: Snow Lion Publication, p20, 1999. 按：该照片题名虽称拍摄于1932年，但根据寺院建筑分布情况判断，应拍摄于1948年左右。

图 36　格里贝诺1948年拍摄的闻思学院公房及夏季辩经院全貌（自南向北）

侧门，建筑形制为汉式单檐悬山顶式。

2.院落围墙内侧三面建诵经廊，南围墙中央开大门（前殿楼）。大门为砖土木结构二层楼，第一层藏式平顶结构，面阔9间，进深3间；第二层呈"两侧边楼＋中央主楼"布局形式，中间为汉式单檐歇山顶式建筑，面阔5间，进深3间，前、后均出廊，屋面覆盖灰筒板瓦；东、西两侧各建一座藏式平顶式边楼，均面阔2间、进深3间，高一层，前、后均出廊。

3.主体建筑大经堂建于庭院后部台基上，台基前部以条石砌筑13级台阶。整体呈三段式布局（包括前廊、前殿、后殿），其中前廊、前殿高2层，后殿高4层（含金顶一层）。第一层为180根柱子规模，面阔15间，进深11间，比初建时的面积增大了40%，四周以片石墙围合。前廊三面开敞，后部承重墙中央开殿堂正门。前殿东、西山墙之南端各开一侧门（外挑门廊式）。后殿室内划分为左（东面）、右（西面）两大间，左面为灵塔殿，供奉一世嘉木样、其他活佛及施主河南亲王家族成员等人的灵塔；右殿内供奉铜镏金弥勒佛等。金顶建于后殿平顶屋面中央，汉式单檐歇山顶结构，面阔5间，进深3间，四周出廊1间，屋面覆盖铜镏金瓦及各种脊饰件。

三、闻思学院第二次改扩建工程

闻思学院于 1778 年由二世嘉木样主持完成改扩建后，直到 1946 年五世嘉木样再次主持实施改扩建工程前，延续使用了 167 年之久。在这段历史时期内，未发现任何有关闻思学院发生大规模改扩建活动的记载，但有零星增建活动，如四世嘉木样时期（1879 年），一世喇嘛噶绕仓·贤巴图道根噶坚赞（1835—1895）曾为四世嘉木样许愿，将为闻思学院大经堂屋面增建一座飞檐[1]，但后来是否实施，已无从考证。闻思学院公房约在二世嘉木样晚期（1791 年）至三世嘉木样晚期（1856 年）修建，但没有见到相关文献记载。根据民国时期不同年代拍摄的照片推断，五世嘉木样时期（20 世纪 20 年代），实施了冬季辩经院广场整修、地面铺装、讲经坛翻修工程，也不见于文献记载。

（一）改扩建工程缘起

1916 年至 1928 年间，拉卜楞寺历经青海马氏军阀"宁海军"的占领和破坏。1920 年，五世嘉木样主政，但时值政局动荡，寺院经济非常困难，管理混乱。1927 年，青海"宁海军"撤出拉卜楞寺，寺主五世嘉木样返回寺院主政。1928 年，甘肃、青海分省，拉卜楞寺归甘肃省管辖。此后，在国民政府及社会各界的支持下，寺院管理逐渐恢复正常。五世嘉木样励精图治，数年之内，寺院逐渐恢复元气，政教事业稳步发展，经济实力日渐雄厚，新建了许多宗教殿堂，很快成为安多地区规模最大的寺院，跻身于藏传佛教格鲁派六大寺院之一，前来本寺修习、学经的人数不断增加。闻思学院作为全寺的神圣中心，在 1778 年完成改扩建后，至此已连续使用 160 多年，自然损坏现象严重，又在青海"宁海军"占领期间遭严重破坏，破旧不堪，作为寺院神圣中心建筑的门面，它已不能充分显示此时拉卜楞寺的地位。时至 1946 年，拉卜楞寺已拥有足够的物力、财力实施重大工程建设，为此，"五世嘉木样敦请堪布二世拉高仓（拉科仓）活佛主持再次扩建（闻

---

[1] 甘南州政协文史资料委员会编：《喇嘛噶绕活佛传略》，1990 年。

思学院），占地面积达到十余亩之多。大经堂不仅历史已久，规模宏大，而且外观壮丽，文物宝藏尤多。除供奉的多尊佛像外，一至五世嘉木样活佛的遗体、灵骨就保存在这里。三楼的展览室更陈列着全寺的许多文物和奇珍异宝"[①]。这次改扩建工程时间较短，仅一年时间即完成。

（二）改扩建工程范围

根据清末至1949年国内外传教士、政府官员、学者等拍摄的大量拉卜楞寺建筑照片以及寺院文物陈列馆藏"寺院全景布画"（表现了20世纪50年代初寺院核心区建筑分布全貌）等资料分析判断，五世嘉木样主持的这次为期一年的改扩建工程内容较少，仅包括闻思学院院落大门（前殿楼）、院落围墙及后殿金顶、厨房院，未涉及主体建筑大经堂及辩经院、公房等。因改扩建工程始于1946年，竣工于1947年，在很短时间内无法完成大规模改扩建工程。又因1947年五世嘉木样活佛突然圆寂，是否对工程带来影响，不得而知。

闻思学院是一处规模宏大的建筑组群（包括经堂院、厨房院、冬季辩经院、夏季辩经院、闻思学院公房5个建筑单元）。清末至1985年闻思学院大经堂失火烧毁前，留存大量不同时期的照片、三幅"寺院全景布画"以及各种文献资料表现和描述的建筑组群分布情况、建筑形制样式等，以1946年为界，大致分为两个时间段：

1.记录二世嘉木样主持闻思学院建筑组群改扩建后的照片及其他文献资料

目前所见拉卜楞寺建筑照片，最早者为1909年俄国人柯兹洛夫拍摄，最晚者为1948年或1949年美国传教士格里贝诺拍摄，另有保存于俄罗斯布里亚特历史博物馆、美国纽约鲁宾艺术博物馆的2幅"寺院全景布画"。这些照片、布画资料及其他文献记录中的闻思学院5处建筑组群面貌是二世嘉木样1772年主持改扩建后的状态。在此期间，仅20世纪20年代对冬季辩经院、讲经坛实施过全

①《拉卜楞寺大经堂重修纪实》，陈中义、洲塔主编：《拉卜楞寺与黄氏家族》，甘肃民族出版社，1995年，第208页。

面整修、重建。

2. 记录五世嘉木样主持改扩建闻思学院建筑组群后的照片及其他文献资料

时间跨度从 1946 年至 1985 年大经堂失火烧毁为止。因特殊的历史、社会环境变化等因素的影响，1946—1985 年内拍摄的表现寺院全景、局部建筑组群分布、单体建筑特写等方面的照片很少，大致分两个阶段：

（1）1950 年之前。仅有美国传教士格里贝诺 1947—1948 年拍摄的为数不多的几幅照片，包括寺院全景、大经堂特写照等。

（2）中华人民共和国成立之后至 1985 年大经堂烧毁前的照片、资料等。主要有：寺院文物陈列馆藏"寺院全景布画"（绘制于 1985 年左右），完整地表现了 20 世纪 50 年代初寺院核心区建筑分布情景，其中闻思学院各建筑组群是五世嘉木样 1946 年主持改扩建后的面貌；著名学者史理先生 1961 年考察拉卜楞寺期间拍摄的照片，同时绘制了闻思学院大经堂测绘图；1981—1985 年，甘肃省著名建筑师邓延复先生拍摄的寺院全景、局部建筑组群分布、单体建筑特写及闻思学院失火烧毁后的照片；1983—1984 年，寺管会、文管会与甘肃省文物考古研究所合作，对 20 世纪 50—70 年代留存下来的原学院、佛殿、活佛囊欠及重要宗教殿堂内供奉的佛教文物等进行系统拍摄，1989 年整理出版《拉卜楞寺》（汉藏文版）一书①，收录各种彩色照片 148 幅，特别是拍摄了很多闻思学院大经堂 1985 年失火烧毁前的建筑形制及殿内大量名贵造像、活佛灵塔、唐卡、壁画、匾额等照片，非常珍贵。

通过对上述不同时期的照片对比分析，可以肯定，五世嘉木样主持的这次改扩建工程范围仅包括学院大门（前殿楼）、围墙、庭院、诵经廊及厨房院、大经堂后殿金顶，不包括主体建筑大经堂、夏季辩经院、闻思学院公房。同时，对大经堂后殿各层室内重新油饰彩画，对此，扎扎先生称：1947 年，"拉科仓二世晋美称勒嘉措（1866—1948 年）出资扩建了拉卜楞寺大经堂的后殿，重新彩绘了整

---

① 甘肃省文物考古研究所、拉卜楞寺文物管理委员会：《拉卜楞寺》，文物出版社，1989 年。

个经堂，为拉卜楞寺大僧会布施钱财，捐赠基金"①。（按：此说称这次"扩建了大经堂后殿"，不确，实际上，只是对后殿室内重新装饰和彩绘，并非对建筑结构进行改变。）他在另一著作中又称："1948年，鉴于嘉木样五世上年圆寂，为了供置灵塔，寺院对后殿再次做了适度扩建。"②（按：此说较符合实情，不是对灵塔殿的改建，只是对室内空间的重新布置。）

再从建筑施工所需时间、场地等因素分析，这次根本不可能实施大经堂改扩建工程。原因有：第一，闻思学院大经堂规模巨大，体量宏伟，要在一两年内完成主体结构构造的改扩建，几乎是不可能的。但后殿及屋面金顶具有相对独立性，在不涉及后殿建筑结构构造的情况下，完全可实施室内空间分隔、装修等工程；金顶完全独立存在于后殿屋面，屋面场地宽阔，金顶建筑体量很小，完全满足落架维修或改建的条件。第二，学院大门（前殿楼）及两侧围墙、诵经廊房、厨房在空间位置上是完全独立的建筑单元，主体建筑大经堂前部宽阔的庭院、院外宽大的广场完全能满足施工场地需要，可同时开展任何一个建筑单元的改扩建工程，且互不干扰，用一年左右的时间完成改扩建工程，已是很了不起的壮举。第三，对厨房院实施扩建或维修是必然的，因厨房的主要建筑材料是片石、木材及边玛草等，考虑到厨房频繁使用的状况、室内木材长期受烟火熏烤而老化等因素，这次改扩建工程肯定包括厨房院，属原地翻修，建筑规模、形制未发生改变。第四，闻思学院公房距离经堂院较远，有独立的庭院，如果这次一并实施维修或改扩建，也完全能满足同时施工的各种条件。

迄今为止，未发现任何史料直接证明五世嘉木样主持的这次改扩建工程涉及大经堂主体结构构造、空间形态、外部造型改变等情况，如1948年版《辅国阐化正觉禅师第五世嘉木样呼图克图纪念集》收录阴景元先生撰《拉卜楞大寺现状》③一文，主要内容参考民国学者任美锷、李玉林《拉卜楞寺院之建筑》（1936

---

① 扎扎著：《拉卜楞寺活佛世系》，甘肃民族出版社，2000年，第404—407页。

② 扎扎著：《佛教文化圣地——拉卜楞寺》，甘肃民族出版社，2010年，第143页。

③《拉卜楞大寺现状》，第五世嘉木样治丧委员会编：《辅国阐化正觉禅师第五世嘉木样呼图克图纪念集》（汉藏文版），1948年，第45—63页。

年）、马鹤天《甘青藏边区考察记》（1936年）、格桑泽仁《拉章扎西溪概况》（1936年）、明驼《拉卜楞巡礼记》（1936年）等文，未提及五世嘉木样改扩建大经堂之事。

（三）改扩建工程效果

1.相关文献记载

1948年版《辅国阐化正觉禅师第五世嘉木样呼图克图纪念集》[①] 较详细地记述了1946年五世嘉木样主持改建后闻思学院的总体布局、大门及主体建筑形制、室内布局、供奉佛像等，特别重点记述了重新装饰的后殿灵塔殿以及供奉五世嘉木样灵塔之事，说明此文撰于五世嘉木样圆寂（1947年）后。所述主要内容有：

（1）闻思学院大经堂的空间格局、建筑规模和形制、室内装修及陈设等。称"闻思学院为全寺之中枢，规模最为宏大，喇嘛人数及学级亦较其余五者为特多。房屋计分前殿、正殿、后殿三大部。前殿、正殿间有广大庭院，系本扎仓僧徒辩经场所，四周有厢房卅余间，绘制《释迦佛应化史迹》"；又称"正殿门前有巨匾二方：一为戴院长传贤赠，文为'重兴正法'；一为宋主席子文赠，文为'法法如是'。正殿内悬有乾隆御赐匾额，汉文为'慧觉寺'，藏文为'罗赛岭'，并有满文、蒙文。据云：'罗赛岭'本系西藏大寺，因两匾同时运至西安，为使者误易，将'脱尚岭'匾额运往西藏，'罗赛岭'匾额运至本寺，因误就误，相沿至今。正殿东西计十四间，南北计十一间，可容四千余喇嘛同时诵经。内有喇嘛坐垫四百条，寺主及法台宝座各一，宝座左右供有历辈嘉木样大师塑像及其他佛像，并有经橱。柱上悬有精美绣佛及幢幡宝盖等，顶幂缀以蟒龙缎袍，四壁绘有护法，极其庄严伟大，惟以除正门及左右旁门外，别无窗牖，光线不甚充足。正殿与后殿仅隔一墙，有门可通，左为宝塔殿，内供嘉佛宝塔五座及施主河南亲王夫妇宝塔六座。右为护法殿"。（按：此文称"正殿东西计十四"之说有误，大

---

① 《拉卜楞大寺现状》，第五世嘉木样治丧委员会编：《辅国阐化正觉禅师第五世嘉木样呼图克图纪念集》（汉藏文版），1948年，第45—63页。

经堂前殿实际面阔 15 间。）此文又称大经堂前庭院内"四周有厢房卅余间，绘制《释迦佛应化史迹》"，足以说明五世嘉木样对庭院围墙、诵经廊实施改扩建、绘制壁画的事实，因为二世嘉木样时期修建的诵经廊内墙面无壁画。

（2）学院大门及室内空间布局特征。称"前殿有楼，楼上供有藏王松赞冈（干）布像，前廊为寺主及大法台与各活佛各执事僧参观每年正月十四、七月初八两法会会景之所"。

（3）厨房院。称"正殿右侧为大厨房"。（按："右侧"即学院围墙外西侧，此文未提是否维修或改建事。）

（4）两处辩经院的情况。称拉卜楞寺共有辩经院（含讲经坛）7 处，其中"脱尚岭（大经堂）有二所外，其余五札仓各有一所"。（按：拉卜楞寺核心区内 6 所学院均有自己独立的辩经院和讲经坛。）辩经院和讲经坛的功能性质、场地建设情景完全相同，多数辩经院内建有独立的讲经坛，仅下续部学院、医药学院有辩经院与讲经坛两个场地，各修建一处院落。被称为"拉卜楞寺第七大学院——大密咒学院"的红教寺没有辩经院和讲经坛。

总之，上述文献记述的闻思学院主体建筑大经堂室内空间布局形态、装修装饰、佛像供置等，仍然是二世嘉木样时期已形成的情景，说明五世嘉木样这次主持的改扩建工程未涉及大经堂主体结构构造、外部形态，只对后殿室内空间布局作了调整，并重绘了壁画。

今人在论及五世嘉木样主持实施闻思学院改扩建工程时，称经过本次改扩建后，闻思学院经堂院的"占地面积达到十余亩之多"[1]（约 6600 平方米）。扎扎《拉卜楞寺活佛世系》记载，五世嘉木样主持改扩建闻思学院后，四世索智仓·噶藏索南嘉措（1919—1959）曾为大经堂二楼"勒玛佛殿"（意为"纯铜佛像殿"）供奉了多尊铜佛像[2]。

---

[1] 陈中义：《拉卜楞寺大经堂重修纪实》，陈中义、洲塔主编：《拉卜楞寺与黄氏家族》，甘肃民族出版社，1995 年，第 208 页。

[2] 扎扎著：《拉卜楞寺活佛世系》，甘肃民族出版社，2000 年，第 357 页。

2. 照片资料

（1）美国传教士格里贝诺拍摄的照片

五世嘉木样对闻思学院实施改扩建工程始于 1946 年。1946—1949 年时值解放战争。1947 年，年轻的五世嘉木样突然圆寂，一时之间，新寺主难以确立，夏河县境内时局不稳。在当时特殊的社会环境下，到拉卜楞寺调查研究的国内人员很少，相关研究成果更少，滞留在拉卜楞寺的美国传教士格里贝诺亲眼目睹了五世嘉木样主持对闻思学院改扩建的全过程，拍摄了很多当时闻思学院大经堂、院落大门、诵经廊等建筑照片，与 1946 年改建前的照片相比，大经堂本体没有发生变化，仅后殿金顶有变化。变化最大的是院落大门、诵经廊、厨房。

目前所见格里贝诺 1948—1949 年拍摄的众多照片中，有 5 张表现五世嘉木样主持改扩建后的闻思学院大经堂、大门（前殿楼）、厨房状况的照片，包括 1 张黑白照、4 张彩色照①：

第一张为黑白照，题名"寺院全景照（1932 年）"（按：原照片题名有误，根据寺院核心区建筑分布变化情况，该照片应拍摄于 1948 或 1949 年），系从寺院南山上向北俯瞰拍摄而成，完整地表现了寺院核心区内各建筑分布空间形态，其中闻思学院 5 处建筑组群较为清楚，院落大门（前殿楼）是五世嘉木样主持改建后的样式，整体改建为一座单檐歇山顶二层楼阁建筑（见图 36）。

第二张为彩色照，题名"Looking over the monastery wall from the outside"（庭院围墙外鸟瞰大经堂），系从大经堂前庭院东面向院内拍摄，完整地表现了这次改建后的学院大门（前殿楼）东立面、背立面、院落围墙、庭院围墙和西诵经廊、西侧门、诵经廊屋面上的一座侧门、大经堂前廊、厨房第一、二层的状况，西诵经廊屋面北端建一座侧门，单檐悬山顶式，仅供高级僧侣出入（图 37）。

第三张为彩色照，题名"A'chams dance in the courtyard of the Main Assembly Hall"（大经堂前广场羌姆法舞表演）。以表现闻思学院广场法舞表演为主，较清

① Paul Nietupski. *Labrang: A Tibetan Buddhist Monastery at the Crossroads of Four Civilization*. Ithaca, New York: Snow Lion Publication, 1999.

图 37　格里贝诺 1948 年拍摄的前殿楼及诵经廊（自东向西）

晰、完整地表现了院落围墙、前殿楼前廊一二层廊柱、挑檐结构、隔扇门形制样式、前檐廊心墙砖雕、院外东北角白塔等情况，是研究大经堂早期空间布局、建筑形制的重要资料（图 38）。

第四张是彩色照，题名"The community gathers for a ritual performance in the courtyard of the Main Assembly Hall"（僧众聚于大经堂前广场观看法舞）。照片非常完整、清晰地表现了学院大门（前殿楼）重建后的正立面结构形态及样式，经这次改扩建，学院大门整体变为一座单檐歇山顶二层楼阁，两层均面阔 9 间，进深 3 间，前、

图 38　格里贝诺 1948 年拍摄的前殿楼局部（自南向北）

后檐均出廊1间，10根廊柱露明在外；第一层正面东、西两侧山墙与院落围墙相接，廊心墙内侧及正面均施砖雕图；第二层前、后檐廊柱间装木栏杆，后廊屋面与东、西两侧诵经廊屋面贯通（图39）。

图39 格里贝诺1948年拍摄的前殿楼全貌（自南向北）

第五张也是彩色照，题名"A view of the CMA mission in the foreground, with Labrang Monastery in the distance"（以寺院为背景的基督堂传教点），系从拉卜楞寺东部宣道会基督堂以东更远处向西拍摄，前景为美国宣道会传教点，有一座基督教堂，远景为前殿楼东立面。因取景距离太远，闻思学院只能看到学院大门、主体建筑大经堂上半部及金顶轮廓，细节较模糊（图40）。

（2）国内学者拍摄的照片

1948年，国民政府组织编纂的《辅国阐化正觉禅师第五世嘉木样呼图克图纪念集》中收录多幅表现闻思学院建筑组群的照片，多为1946—1948年间拍摄的，

图40 格里贝诺1948年拍摄的寺院东部全景（自东向西）

图 41　20 世纪 40 年代拍摄的闻思学院前殿楼（自南向北）

其中有一张学院大门（前殿楼）正立面局部特写照①，表现的是五世嘉木样改建后的情景。照片也清楚地显示，主体建筑大经堂的建筑形制、样式与 1946 以前拍摄的照片完全一致（图 41）。

今夏河县黄正清将军纪念馆展出一幅题名"1937 年拍摄的拉卜楞寺全景图"照片（实际拍摄于 1948 年之后）②，系从寺院东南山坡处向北俯瞰拍摄，是目前所见早期照片中表现拉卜楞寺分布范围最广的照片，东至尕寺沟（今排洪沟），西达嘉木样别墅以西，北面拍到卧象山全貌，南至南山森林处。对闻思学院建筑组群的表现较为清楚，照片显示，闻思学院 5 处建筑组群的院落布局、建筑形态和样式与早期照片表现的情景一致，仅学院大门（前殿楼）为五世嘉木样主持改建后的样式（图 42）。

今寺院文物陈列馆保存一幅"寺院全景照"③，拍摄范围与上述照片大同小异，仅取景角度和范围不同，东至转经长廊及牌坊门，西面远及西部嘉木样别墅、拉卜楞寺保安司令部等，完整准确地表现了寺院核心区及周边建筑分布形态、大型建筑组群的外观样式、道路街巷布局等。根据照片表现的重要建筑组群的位置、空间分布及寺院周边环境状况，应拍摄于 20 世纪 50 年代初。对闻思学院建筑组群中的各建筑表现较为清晰，其中：夏季辩经院的占地规模很大，院内古木参

---

①　第五世嘉木样治丧委员会编：《辅国阐化正觉禅师第五世嘉木样呼图克图纪念集》（汉藏文版）"照片部分"，1948 年。

②　此照片题名时间有误，闻思学院大门（前殿楼）的建筑形制是五世嘉木样主持改建后的样式，故该照片应拍摄于 1948 年左右。

③　此照片现存于拉卜楞寺文物陈列馆（绿度母佛殿）内。

图 42　民国时期拍摄的闻思学院建筑组群全貌鸟瞰（自南向北）

图 43　寺院文物陈列馆藏"寺院全景照"中的闻思学院建筑组群（20世纪50年代）

天，荫翳蔽日；公房的院落很小，建筑形制与前述保存于俄罗斯、美国的"寺院全景布画"表现的样式完全一致；学院大门（前殿楼）整体为一座单檐二层歇山顶式楼阁；厨房、冬季辩经院和讲经坛较为模糊，轮廓可见（图43）。

1961年，著名学者史理、甘肃省著名建筑师邓延复等人开展对拉卜楞寺的

图 44　史理先生拍摄的寺院全貌（1961 年，自南向北）

调查研究，史理撰《甘南藏族寺院建筑》[①]一文，文中附一幅寺院全景照，是中华人民共和国成立后拍摄的唯一一幅表现寺院核心区建筑全貌的照片，系从贡唐塔南面山坡上向东北拍摄，取景范围西起西白塔，东至德哇仓囊欠属殿，远景处建筑细节难以辨认，但闻思学院各建筑组群庭院及主体建筑轮廓基本可见（图 44）。

　　1979 年，拉卜楞寺正式对外开放。寺院前任寺管会主任智华喇嘛保存了一张拍摄于 1979 年的彩色照片。据他讲，是他的师父赠予的，何人拍摄，已无从知晓。照片为闻思学院大经堂特写照，系从医药学院后殿屋面上向北俯瞰拍摄而成，表现内容有：完整的大经堂后殿第三层正面门窗数量、样式及金顶正立面样式；前殿正立面西端边玛墙及两个窗子；前廊西端正立面；庭院西面诵经廊及屋面上的一座侧门；院落大门（前殿楼）正立面全貌及门外广场；附带拍摄到夏卜丹殿第二层、下续部学院经堂及院外护法殿全貌、寺院中部白塔等，非常珍贵，其中前殿楼正是五世嘉木样主持改建后的形制和样式，整体为一座单檐二层歇山顶式殿堂（图 45）。

　　1981 年，在党和国家的支持下，拉卜楞寺开展第一轮大规模保护维修、重建工程。1982 年，拉卜楞寺被公布为第一批全国重点文物保护单位。就在此时，甘肃省著名建筑师邓延复先生多次到拉卜楞寺考察调研，拍摄了很多寺院核心区内建筑的照片，其中一张全貌照完整地显示了寺院南部大夏河北岸东西长约 1000 余米、南北宽约 200 余米范围内多数建筑被拆除或改建，新建红砖红瓦房鳞次栉比的现象，很多院落被开辟为耕地和林地，保留下来的原建筑最多者集中分

　　① 史理：《甘南藏族寺院建筑》，《文物》1961 年第 3 期。

布在寺院北路北侧一带，大部介于上续部学院至下续部学院之间（图46），也拍摄了很多单体宗教殿堂、活佛囊欠及其他佛殿室内装饰物、壁画、造像等照片，绘制了多幅表现寺院整体空间分布、重要建筑外观样式水彩画、钢笔画、素描速写、测绘图

图45 1979年拍摄的闻思学院大经堂全貌特写（自南向北）

等，是研究拉卜楞寺早期空间格局发展演变、建筑形制、结构构造的重要资料。其中单独表现闻思学院建筑组群的照片、画作也不少，特别是拍摄了闻思学院失火烧毁后的现场及重建过程照片，非常珍贵。

邓延复拍摄的照片准确地表现了五世嘉木样主持改扩建后闻思学院大门（前

图46 邓延复拍摄的寺院核心区西部一带建筑及遗址分布状况（1981年，自南向北）

图 47　邓延复拍摄的闻思学院前殿楼正面全貌照　图 48　邓延复拍摄的闻思学院经堂院全貌之一
　　　　（1981 年，自南向北）　　　　　　　　　　　　　（1981 年，自东南向西北）

图 49　邓延复拍摄的闻思学院经堂院全貌之二（1981 年，自东向西）

殿楼）、庭院围墙及侧门、后殿金顶、厨房院的面貌，可与民国时期拍摄的照片
对比研究。主要有：1 张闻思学院前殿楼正立面照（图 47）；2 张大经堂东面全
貌照（图 48、图 49）、1 张大经堂后殿全貌照（图 50）、1 张大经堂后殿与前殿局
部鸟瞰照（图 51）、1 张大经堂西面全貌照（图 52）；2 张不同角度的厨房院全貌
照（图 53、图 54），等等。

　　1961—1962 年、1981—1989 年，邓延复先生数次前往拉卜楞寺考察调研，
其间除了拍摄照片外，还创作了不少表现当时寺院核心区建筑分布全貌、单体建
筑院落的水彩画及各种速写画，其中表现闻思学院建筑组群相关建筑的画作有两

图 50　邓延复拍摄的大经堂后殿全貌（1981年，自西向东）

图 51　邓延复拍摄的大经堂前殿与后殿局部鸟瞰（1981年，自西向东）

图 52　邓延复拍摄的闻思学院西面全貌（1981年，自西南向东北）

图 53　邓延复拍摄的大经堂及厨房院正面（1981年，自南向北）

图 54　邓延复拍摄的闻思学院厨房全貌（1981年，自南向北）

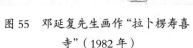
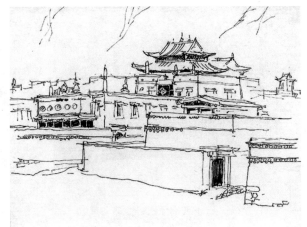

图 55　邓延复先生画作"拉卜楞寿喜
　　　寺"（1982 年）　　　　　

图 56　邓延复先生画作"时轮学院"（1982 年）

幅钢笔速写：一幅题款"拉卜楞寿喜寺（1982.6 夏河行）"，钤"老邓"印章，视角独特，从大经堂前殿楼西南角向北远望，表现了弥勒佛殿、大经堂厨房、大经堂前殿楼三者的空间关系（图 55）；另一幅钢笔速写"小金瓦寺"（图 56）。无题款，画面表现了从闻思学院前广场向西北远望，由近及远看到的闻思学院厨房、时轮学院、释迦牟尼佛殿（小金瓦寺）的情景。

　　1989 年版《拉卜楞寺》收录多幅表现 1985 年失火烧毁前的闻思学院主体建筑大经堂外貌、室内柱子梁枋、造像壁画装饰等照片[①]，其中一幅表现大经堂前廊的照片，系从庭院西南角向东北角拍摄，较完整地展示了当时前廊 10 根廊柱、13 级条石踏步及前庭院、庭院东侧门、诵经廊等状况（图 57）；另有一幅 1777 年大经堂改扩建竣工后乾隆皇帝为闻思学院御笔题写的汉、藏、满、蒙四种文字匾额，汉语名"慧觉寺"（图 58），1985 年失火烧毁，尚未恢复；还有多幅表现前殿、后殿室内空间形态、柱子梁枋结构、油饰彩画的照片（图 59、图 60、图 61），与民国时期（1946 年前）拍摄的同类照片相比，大经堂前廊、前殿、后殿的室内空间布局、主要装饰内容没有变化。另有很多大经堂前殿、后殿内供奉的佛菩萨尊像、高僧灵塔、蒙古亲王家族成员灵塔等照片（图 62、图 63）。这些情况

---

① 甘肃省文物考古研究所、拉卜楞寺文物管理委员会：《拉卜楞寺》，文物出版社，1989 年。

图57 1983年拍摄的闻思学院大经堂前廊正
　　　立面(自西南向东北)

图58 乾隆皇帝为闻思学院御题的匾额

图59 闻思学院大经堂前殿后部柱子梁枋组成的空间(1983年,自西向东)

足以说明,五世嘉木样1946年主持闻思学院改扩建工程不包括主体建筑大经堂。

3. 寺院文物陈列馆藏"寺院全景布画"

此画绘制于1985年左右,由拉卜楞寺上续部学院、喜金刚学院僧人及其他
活佛、僧侣等共同参与完成,无作者及年月日落款,现收藏于拉卜楞寺文物陈
列馆,画面主要表现了20世纪50年代初寺院核心区内各建筑、道路、园林等整

图 60　闻思学院大经堂前殿室内空间形态　　　图 61　闻思学院大经堂前殿室内柱
　　　（1983 年，自东南向西北）　　　　　　　　子梁枋油饰彩画（1983 年）

图 62　闻思学院大经堂前殿后部佛像组合　　　图 63　大经堂前殿供奉
　　　　　　　　　　　　　　　　　　　　　檀香木雕千手千眼观音像

体分布的全貌，画面表现的范围西起蒙古亲王府院落东侧，东至尕寺沟（今排洪
沟），南至大夏河南岸，北至卧象山顶，不包括核心区外建筑。值得一提的是，
与其他各学院建筑组群相比，早年闻思学院建筑组群受影响最大的是夏季辩经院
和公房两处建筑，其他各院落、建筑保存基本完整。闻思学院建筑组群展现的都
是五世嘉木样主持改扩建后的状况（图 64），包括：

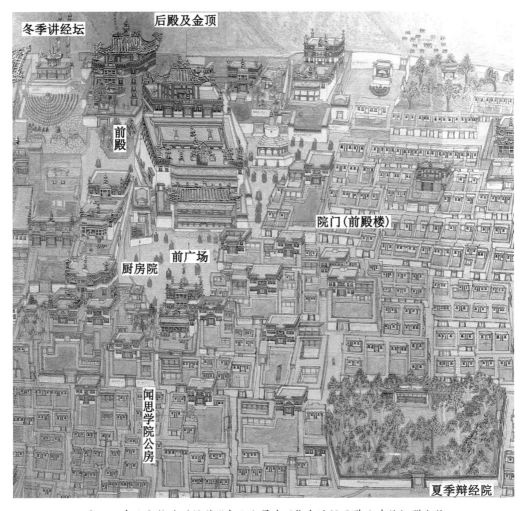

冬季讲经坛　　　后殿及金顶

前殿

院门（前殿楼）

前广场

厨房院

闻思学院公房

夏季辩经院

图 64　寺院文物陈列馆藏"寺院全景布画"中的闻思学院建筑组群全貌

（1）经堂院及前广场

经堂院包括大门（前殿楼）和广场、庭院围墙和诵经廊、主体大经堂三部分（图 65）：

①前广场范围、边界、形态等非常清晰。与前述保存于俄罗斯和美国的两幅"寺院全景布画"以及 1946 年之前拍摄的照片相比，占地面积明显大很多，广场南侧有医药学院、德唐仓囊欠等；东侧有然旦加错仓囊欠、蒋干仓囊欠以及白塔，白塔周围有一个小广场，与闻思学院前广场贯通；西南角有本学院厨房院及时轮学院等。南围墙正中开大门（前殿楼），建筑样式、结构构造与前述俄罗斯

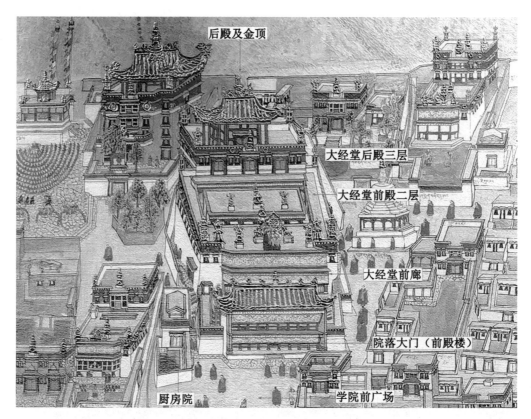

图 65　寺院文物陈列馆藏"寺院全景布画"中的闻思学院经堂院全貌

布里亚特历史博物馆、美国纽约鲁宾艺术博物馆保存的两幅"寺院全景布画"表现的样式、形态完全不同，整体为一座汉藏结合式砖木结构单檐歇山顶二层楼，底部台基片石砌筑，正面中间设3级条石踏步，上、下层均面阔9间，进深3间，东、西两侧青砖砌筑廊心墙。第二层前、后廊柱间装木护栏。屋面覆盖青灰筒板瓦，正脊、垂脊、戗脊均用瓦条垒砌，正脊中央饰镏金宝瓶，两端饰灰陶吻兽，垂脊端部有垂兽，角梁上饰套兽。

②庭院围墙片石砌筑，围墙顶加一层边玛墙，东、西、南三面墙体内侧依靠围墙建诵经廊。庭院东、西两侧北端各开一侧门，西侧门通向外面的厨房院，东侧门通向寺中白塔和广场。西诵经廊的平顶屋面北端建一座小侧门，单檐悬山顶式，屋面覆盖灰筒板瓦。

③主休建筑大经堂建于庭院后部一座墩台上，由前廊、前殿、后殿组成。

（2）冬季辩经院与讲经坛

布画表现了在辩经院内讲经说法的场面（图66）。场地地面通体片石铺设，北面靠卧象山山脚处砌筑一堵挡土墙，墙外侧竖立两根高大的经幡，内侧建一座高三层的墩台，墩台中央建一木构亭阁，面阔3间，进深1间，室内设法台（或寺主）的座位，藏式平顶结构，平顶屋面又建一汉式单檐歇山顶金顶，屋面覆盖铜镏金瓦和脊饰件。亭阁前部围坐一群僧侣，呈半圆状，后部中央有一高僧讲经说法。亭阁东侧设三级踏步。据前述20世纪30年代拍摄的冬季辩经院照片分析，该辩经场地、讲经坛在20世纪20年代实施大规模重建，一直沿用至今。五世嘉木样改扩建闻思学院时，未对冬季辩经院作任何改动。现存状况与布画表现的场地规模、空间格局完全一致，仅讲经坛已实施过多次维修，建筑形制、样式基本保持原貌。

（3）闻思学院公房

民国时期拍摄的众多照片及保存于俄罗斯、美国的两幅"寺院全景布画"均对该建筑有不同程度的表现。闻思学院公房位于夏季辩经院西面，院落式布局，东面有华锐仓囊欠，北面有德唐仓囊欠。院落很小，院内后部建主殿，藏式平顶二层楼，面阔5间，进深不详。寺院文物陈列馆藏"寺院全景布画"显示，该公房有很大的庭院，与现存状况一致（图67）。

（4）夏季辩经院

此布画表现的夏季辩经院与前述保存于俄罗斯、美国的"寺院全景布画"相比，位置、空间格局、院落规模大致相同，但院内讲经坛建筑、大门样式及

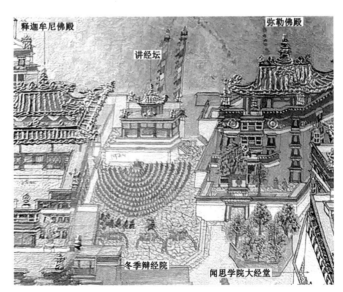

图66　寺院文物陈列馆藏"寺院全景布画"中的
冬季辩经院及讲经坛

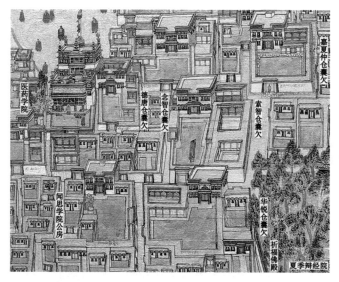

图 67 寺院文物陈列馆藏"寺院全景布画"中的闻思学院公房

场地辩经活动情景等不同。该布画上，院落围墙顶部加一层边玛墙，大门原为藏式平顶结构，此时被改为单檐歇山顶样式，门额上部左、右各加一层边玛墙。院内古木参天，俨然一派僧居园景象，没有僧侣辩经的场面，后部中央建一座讲经坛，面阔 3 间，进深未详，藏式单层平顶结构，屋面前部供置铜镏金"二兽听法"饰件（见图 64）。

（5）厨房院

位于大经堂院外西南角，时轮学院东面。分前、后两院：前院内堆放柴禾，西北角有一口水井，东围墙南端开一侧门，通向前广场；后院为厨房，南墙上开一门，通向前院，东面开一门，与大经堂前庭院西侧门相对。厨房的建筑形制与前述保存于俄罗斯、美国的"寺院全景布画"以及民国时期拍摄众多照片表现的样式完全一致（图68）。根据寺院自身发展历史及厨房建筑的使用年限，可以肯定，五世嘉木样时期对闻思学院厨房实施过较大规模的维修或改建。

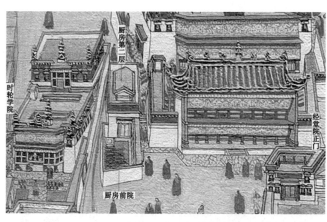

图 68 寺院文物陈列馆藏"寺院全景布画中"的闻思学院厨房

4. 建筑测绘图

1961 年，我国著名学者史理先生考察调研拉卜楞寺期间，绘制了闻思学院经堂院的平面、剖面图等①。这是闻思学院 1711 年正式修建以来的第一份测绘图，非常珍贵。本图准确、细致地表现了 1946 年五世嘉木样改建后的闻思学院经堂院总平面形态及主体建筑大经堂的剖面结构（图 69、图 70）②。

综合上述，仔细研究闻思学院在 1946 年五世嘉木样主持改扩建后至 1985 年失火烧毁前的各种照片、测绘图等，可得出如下结论：这次改扩建工程主要涉及经堂院大门（前殿楼）、院落围墙、院内诵经廊、厨房、主体建筑大经堂后殿室内装修及金顶维修，一直使用到 1985 年失火烧毁为止。

（1）学院大门（前殿楼）。通过这次改扩建，整体变为一座单檐二层歇山顶殿堂，外形更加规整，坐北朝南，前、后檐均出廊一间，突出了汉藏结合式风格，通高两层，建于高 0.5 米的台基上，台基中央设三级条石踏步。笔者根据早期图像资料，绘制出五世嘉木样主持改建后前殿楼的正立面、横剖及侧立面图（图 71、图 72、图 73），由此可领略到早年闻思学院前殿楼的恢弘气势和汉式传统建筑与藏式建筑文化充分融合的景象：

第一层面阔 9 间，进深 3 间，前檐 10 根柱子为藏式拼合柱，柱头上叠置多层梁枋，遍饰彩画，10 根金柱间通装藏式木板门、木隔扇墙，没有壁画；后檐 10 根金柱部分包裹在承重墙内，部分露明在外，中部三间为门洞，装藏式双扇木板门；东、西两侧山墙青砖砌筑，与院落围墙连接，廊心墙及墀头均饰砖雕图。庭院内东、西、南三面依靠院落围墙建诵经廊，廊内墙面绘《释迦佛应化史迹》壁画。

第二层的结构构造更加简洁明了，二世嘉木样时期改建为"两侧边楼＋中央主楼"的形制和样式，这次整体改为纯粹的汉式歇山顶屋面，面阔 9 间，进深 3 间，前、后各出廊一间，10 根廊柱外露，平板枋上施三踩单翘斗拱，檐柱间通体装木护栏。前廊内按各高级活佛的身份等级设专用座位，供各活佛观看院外广场法舞表演时就座。以五架梁、三架梁、踩步梁、脊檩和金檩等共同承托四面坡歇山顶屋面，梁枋遍绘彩画。室内墙面绘《藏王松赞干布》《西游记》故事情节等

① 史理：《甘南藏族寺院建筑》，《文物》1961 年第 3 期，第 52 页插图。
② 原图为手工绘制，清晰度不佳，笔者采用此二图时，用绘图软件予以处理。

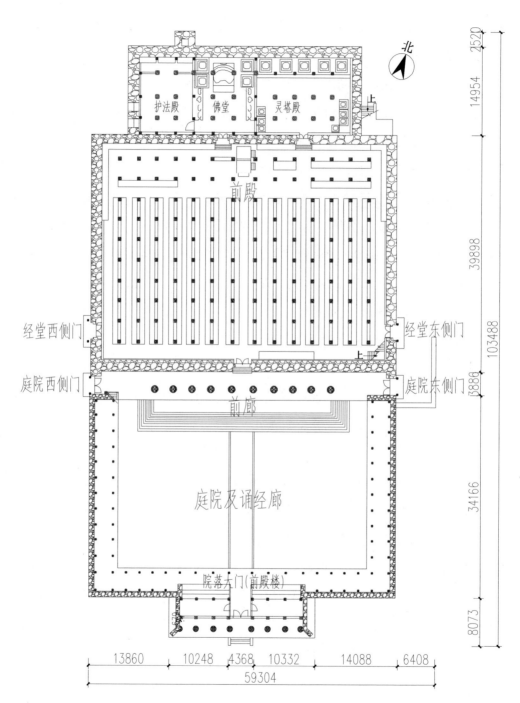

图 69　史理 1961 年绘制的经堂院总平面（1:200）

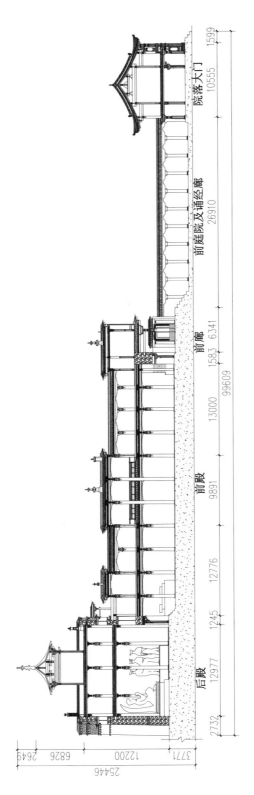

图 70 史理 1961 年绘制的经堂总院总剖面结构（1∶200）

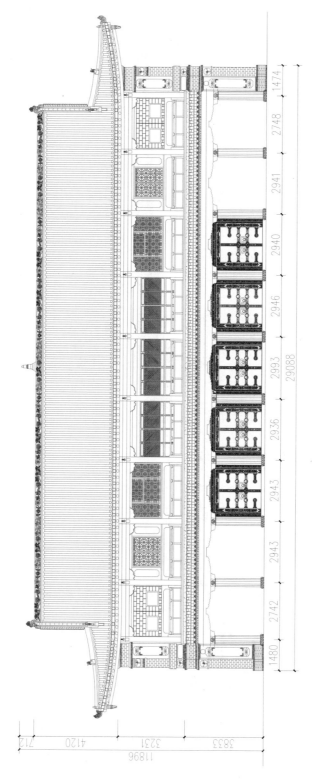

图 71 1946 年改建后的前殿楼正立面结构（1∶200）

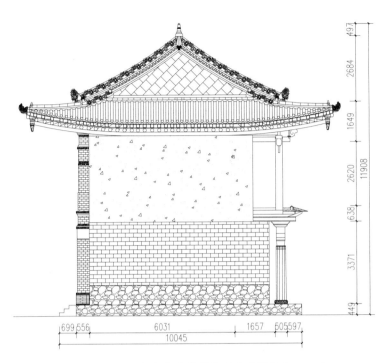

图 72　1946 年改建的前殿楼西立面结构（1:100）

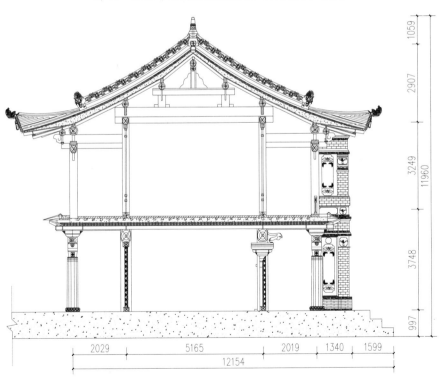

图 73　1946 年改建的前殿楼横剖结构（1:100）

壁画，并供奉部分佛像。四个屋面覆盖灰筒板瓦，勾头滴水俱全，正脊、垂脊、戗脊均为灰陶雕花脊筒子垒砌，正脊中央置铜镏金宝瓶，两端置灰陶龙吻，垂脊、戗脊端部施垂兽、戗兽，角梁有套兽，山花墙用青砖砌筑，青砖拨檐。

（2）院落围墙、院内诵经廊。结合1946年前拍摄的各种院落围墙及诵经廊照片判断，五世嘉木样时期，对诵经廊主体结构未作较大改动，只是翻修和维修，重绘廊内墙面壁画；对东、西围墙北端的两座侧门予以揭顶维修，保持原单檐悬山顶形制；对西诵经廊屋面北端的一座侧门，也予以揭顶维修，保持原样。

（3）主体建筑大经堂。外观样式、结构构造仍保持二世嘉木样1772年主持改扩建后的形态。建于庭院后部台地上，由前廊、前殿、后殿三部分构成，通高四层（含金顶一层）。前廊外有13级条石踏步，东、西两侧山墙既是殿堂围护墙，又是院落围墙。这次只对后殿室内陈设、装修、隔断作了小规模改动、重绘壁画和彩绘；对金顶进行全面翻修。

前廊通高两层。第一层面阔9间，进深2间，正面10根檐柱外露；第二层屋面藏式平顶结构，前部供置铜镏金"二兽听法"、法幢等。

前殿通高两层，外墙面饰白色，墙顶加一层边玛墙。第一层正面中间开正门，两侧墙面均绘壁画，题材为拉卜楞寺各宗教殿堂共有的"四大天王""生死流转图"等；东、西两面山墙南端各开一侧门；后檐墙开两门，分别通向后殿中部佛堂、东侧灵塔殿。室内柱头林立，中央有两排通柱向上升起，组成一个独立空间礼佛阁，屋面藏式平顶结构。通柱四周的围合柱纵横交错，相互交接，形成巨大的圈梁构造，共同承托上部楼面（第二层地面），通柱、四周承重柱上部梁枋层油饰彩画非常丰富；又在柱头、梁枋、墙面上悬挂各种宗教装饰物及唐卡，墙面遍绘壁画；室内后部设多个供桌、供台和寺主嘉木样及本院法台座位、佛龛等，供奉大量名贵佛菩萨尊像，共同营造出一派天宫玉楼的景象。

第二层总体布局呈多个"回"字形，中央有凸起的礼佛阁及独立屋面（吹拔），屋面中部置3尊铜镏金宝瓶、法幢；南、北两面形成两个天井院，有走道相互贯通，其中北天井院北侧的一排房屋高起，形成一个独立空间（吹拔），南天井院南侧为前廊第二层，屋面高起，前部置铜镏金宝瓶、法幢等。两天井院的东、西两侧各建大小不一的房屋，对称布局。正面围护墙东、西两端各开 2 个藏式窗子，东、西两山墙上各开 9 个藏式窗子。

后殿通高四层（含屋面金顶），总面宽比前殿小 2 间（约 7 米），四周围护墙顶加双层边玛墙。

第一层室内分为三大间，西面一间为护法殿，有第二层，室内立 6 根承重柱、9 根扶壁柱，面阔 3 间，进深 4 间，东南角开侧门通向中部佛堂，禁止外人进入；中央为佛堂，面阔 3 间，进深 4 间，一、二层贯通，立 12 根通柱、4 根扶壁柱，南面开正门，通向前殿，室内后部供奉各种大型佛菩萨造像；东面一间为灵塔殿，面阔 5 间，进深 4 间，一、二层贯通，立 12 根通柱，无扶壁柱，南面开正门，通向前殿，室内后部及东西两面供台上供奉一至五世嘉木样灵塔、部分河南蒙古亲王、王妃灵塔以及本寺其他高僧大德灵塔等。后殿第一层四周墙上不开窗。

西面护法殿第二层西墙、东面灵塔层第二层东墙上对称各开 3 个藏式窗子；后殿第二层南承重墙上开多个门窗，供一层室内采光通风，又在采光门窗外建一排房子，与北天井院贯通，屋面高起。

第三层室内空间划分情况未详。民国时期至 20 世纪 80 年代初拍摄的照片显示，第三层南（正面）承重墙中间设一外挑门廊，左、右两侧各有 5 个窗子，东、西两山墙上各开 3 个窗子，是为二世嘉木样主持改扩建后的样式，一直使用到 1985 年。但前述 3 幅不同时期绘制的"寺院全景布画"显示，后殿三层正面总共有 3 个挑檐门廊、6 个窗子，足证前述 3 幅布画皆误。

金顶建于后殿三层屋面中央，汉式单檐歇山顶亭阁式建筑，面阔 3 间，进深 3 间，四面各出廊一间，屋面覆盖铜镏金瓦。对 1985 年之前拍摄的各种照片资料、寺院全景画对比分析发现，1946 年五世嘉木样主持改扩建闻思学院时，翻修或重建了后殿金顶，保持和延续了二世嘉木样时期改建后的艺术特征，故有学者认为，后殿金顶是"尼泊尔工匠设计建造的"[①]，所指即五世嘉木样时期改建后

---

① 董玉祥：《拉卜楞寺及其佛教艺术》，甘肃省文物考古研究所、拉卜楞寺文物管理委员会：《拉卜楞寺》，文物出版社，1989 年，第 6 页。按：作者董玉祥先生见到的金顶应是 1985 年大经堂火灾烧毁前的样式，五世嘉木样曾邀请尼泊尔工匠制作了后殿金顶镏金饰件。

的建筑样式。1985 年失火烧毁，1989 年重建时，外观造型改为四周无廊式。

总之，五世嘉木样主持闻思学院改扩建工程后，前殿楼突出汉式传统殿阁式建筑元素，举架抬高，屋面陡峻，气势宏伟，一改早期沉闷压抑的气象，外部造型古朴庄严，飞檐翘角，轮廓边线更加简洁、清晰，形成向上升腾的力量，内外柱子、梁枋、栏板、椽头彩画鲜艳明快，突出藏式传统装饰文化元素。

四、闻思学院第三次重建（修复）工程

1985 年，闻思学院失火烧毁，后在甘肃省委、省政府的支持下，1985—1989 年实施重建（修复）工程，重建内容有两部分：一为经堂院，包括院落大门及围墙、前庭院及诵经廊、庭院两侧的侧门、主体建筑大经堂；二为厨房院。

（一）闻思学院失火烧毁

闻思学院经堂院、厨房院在 1946—1947 年完成改扩建工程后，一直使用到 1985 年 4 月 7 日失火烧毁，造成很大损失，据当年参与在大经堂废墟中抢救遭毁坏名贵文物的高级活佛撰写的回忆录（藏文手写稿）记述："在挖找一至五世嘉木样大师的舍利灵塔时，一、二、三世嘉木样遗体是肉身，四世、五世是骨灰。二世灵塔已倒塌，遗体大部未受损，只是头有点耷拉。三世灵塔最完整，衣服都未烧着。一世灵塔里面的遗体已经火化。四世灵塔基本完好。五世舍利灵塔用银皮包裹，门是纯金做的，四周镶嵌珊瑚、玛瑙、珍珠、琥珀、子母绿宝石、金刚石、松耳石、翡翠等珍珠宝石万余件，大火已将金银溶化，最后拾到约 500 公斤银子，金子只有 7 两。"但该回忆录未提及学院大门（前殿楼）、庭院诵经廊、厨房是否受损等情况。后在重建时，对前殿楼、前庭院及诵经廊均实施重建，"至 1986 年 10 月 20 日，基本完成廊院片石墙砌筑工程。至 1987 年 12 月，前殿楼油饰彩画工程量的 90% 已完成，并完成绘制壁画 43 幅……至 1989 年 10 月底，前殿楼及庭院廊庑建设工程全部结束"①。

大经堂失火烧毁后，邓延复先生作为大经堂灾后重建工程设计专家组成员，多次来到现场调研，拍摄了灾后现场及重建过程照片，照片显示，大经堂前廊、前殿及后殿梁枋木构件被烧毁后，墙体完全倒塌，前廊柱尚存；前庭院内东面诵经廊房尚存北端数间（图74）；重建现场的一张照片清楚地显示，院外西南角的厨房没有受损，基本保留原状（图75）。

图74 大经堂烧毁后的情景（1985年，自西南向东北）

图75 大经堂重建现场（1986年，自东向西）

（二）灾后重建设计图分析

闻思学院大经堂失火烧毁后，中共甘肃省委、甘肃省人民政府高度重视，及时作出了关于重建大经堂的决定，并提出对大经堂"不仅要修复，而且要修得比以前更好"②的重建计划和部署，同时组建成立"拉卜楞寺大经堂修复委员会"，统筹落实重建工程前期勘察测绘及图纸设计等事。

从当时的设计图纸及后期施工效果来看，主体建筑大经堂、院落大门（前殿

---

①陈中义：《拉卜楞寺大经堂重修纪实》，陈中义、洲塔主编：《拉卜楞寺与黄氏家族》，甘肃民族出版社，1995年，第212—214页。

②陈中义：《拉卜楞寺大经堂重修纪实》，陈中义、洲塔主编：《拉卜楞寺与黄氏家族》，甘肃民族出版社，1995年，第209页。

楼）完全属"重建"性质；前庭院诵经廊、厨房等属修复（维修）性质。"拉卜楞寺大经堂修复委员会"认为，这次建设工程"属修复性质，要保留藏式建筑风格和规模，（在）保留原貌不变又要坚固耐用的前提下，适当作些修改，坚持采用新的结构、新的材料、新的设备"的设计施工路线①。甘肃省第七建筑工程公司承建钢筋混凝土主体工程，永靖县民间工匠承担木构件雕刻、安装工程，青海省循化县民间工匠承担石材打制、雕刻、石墙砌筑等工程。其中前殿楼"第三层歇山单檐琉璃瓦屋面和（大经堂）后殿歇山重檐金瓦屋面，是由甘肃永靖县民间工匠按地方做法建造的。……白玛草墙、馏金铜瓦和铜饰、殿内丝织经、油漆彩画等，分别是由西藏、青海和甘南等地的藏族工匠施工或制作"②。1986年6月10日正式开工，在3年内共浇灌水泥井桩264孔，采集块石约1300立方米，砌筑片石墙约3200立方米，绘制壁画43幅③。1989年10月底，前殿楼及庭院诵经廊、大经堂重建工程全部竣工④。1990年4月25日举行开光仪轨，5月26日，"拉卜楞寺大经堂修复委员会"将重建后的大经堂交付给拉卜楞寺寺院管理委员会并投入使用⑤。

重建设计方案由甘肃省建筑设计研究院承担，仅针对闻思学院经堂院各建筑（包括前殿楼、院落围墙和诵经廊、大经堂三部分），不包括厨房院、夏季辩经院、冬季辩经院及学院公房。在具体施工过程中，对前殿楼、大经堂局部结构进行改变和调整。这次设计的主要特点有：

1. 前庭院与诵经廊

前庭院与诵经廊主要用于全寺僧侣集会、辩经、考试，是拉卜楞寺核心区

---

① 陈中义：《拉卜楞寺大经堂重修纪实》，陈中义、洲塔主编：《拉卜楞寺与黄氏家族》，甘肃民族出版社，1995年，第210页。

② 何如朴：《论甘肃传统建筑技术》，《建筑学报》1996年第1期。

③ 陈中义：《拉卜楞寺大经堂重修纪实》，陈中义、洲塔主编：《拉卜楞寺与黄氏家族》，甘肃民族出版社，1995年，第212页。

④ 陈中义：《拉卜楞寺大经堂重修纪实》，陈中义、洲塔主编：《拉卜楞寺与黄氏家族》，甘肃民族出版社，1995年，第214页。

⑤ 《由国家拨款经五年重建更加完美拉卜楞寺隆重举行大经堂开光庆典》，《甘肃日报》1990年7月27日。

内 6 所学院中最大的。与早期建筑的规模相比，本次设计的前庭院占地面积有所缩小，恢复片石铺设样式，东、西、南三面诵经廊大致按原样恢复，依靠院落围墙而建，藏式平顶结构，其中东、西两面各 10 间，总长 29.25 米，每间进深 2.4 米；南面共 17 间，总长 40 米，中央 1 间为前殿楼第一层后廊（图 76）。院落围墙片石砌筑，厚 1.1 米，墙顶加单层边玛墙。主要变化有：

第一，与原状相比，这次设计的东、西、南三面诵经廊各减少了 1 间。

第二，从二世嘉木样至五世嘉木样时期，庭院东北角、西北角的两座侧门为汉式双面坡悬山顶结构，一直保持这种样式，五世嘉木样时期予以维修。1981 年，邓延复先生曾拍摄过这两座侧门的照片（图 77、图 78）。这次设计时，改建为藏式平顶结构，外部挑出门廊，以突出建筑的等级地位。

第三，五世嘉木样改建后，前庭院西诵经廊屋面北端还有一座侧门，供高级

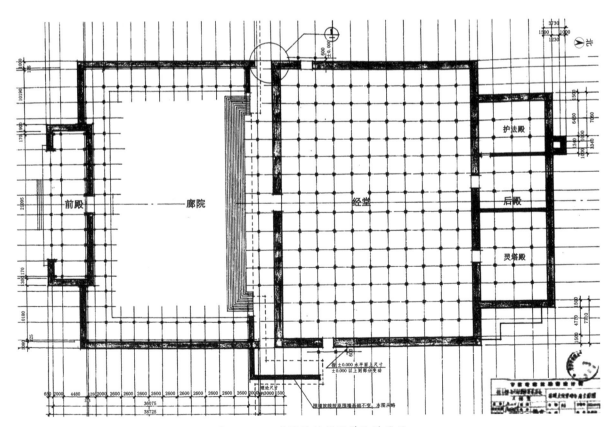

图 76　1985 年设计的闻思学院总平面

图 77 二世嘉木样改建的庭院西侧门
（1981 年，自南向北）

图 78 二世嘉木样改建的庭院东侧门
（1981 年，自东南向西北）

活佛出入前殿楼使用，早期的照片对此有清楚的表现（见图 37）。这次设计时予以取消。

2. 前殿楼

这次重建设计的前殿楼，外部造型借用了二世嘉木样 1772—1778 年改建后的"中央主楼 + 两侧边楼"风格，二世嘉木样改建的前殿楼仅第二层为这种样式，这次重建设计时，将第一、二层整体改为"两侧边楼 + 中央主楼"样式，主楼屋面与边楼屋面处于同一平面上。又保留了部分汉式建筑元素。

第一，中央主楼本体高两层，第一、二层整体为一座木构藏式平顶殿堂，均面阔 7 间（22 米），进深 3 间（10.2 米），含前、后各出廊 1 间（廊深 2 米），主楼第二层平顶屋面建一座体量较小的汉式单檐歇山顶式金顶（图 79、图 80），面阔 3 间，进深 4 间，高 9 米（屋面至正脊顶部），屋面覆盖绿琉璃筒板瓦，脊饰件、宝瓶、山花墙、角梁套兽等皆采用特制的绿琉璃构件。主楼两侧各建一座片石砌筑的边楼，高两层，各面阔 3.7 米（外墙净尺寸），边楼左、右两端分别连接院落围墙（各长 11.7 米）。这样，前殿楼的总面阔由原来的 9 间减少为 7 间，另两间分别为主楼两侧的边楼，总面阔 29 米（两边楼东西两山墙外侧之间的

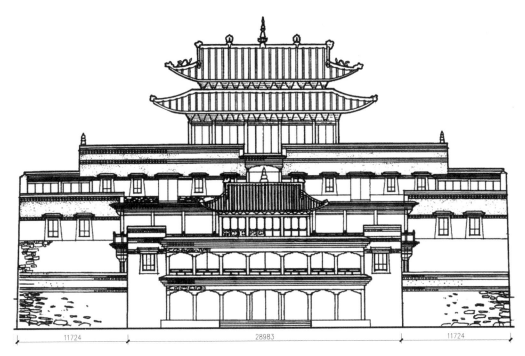

图 79　1985 年设计的闻思学院正立面（1:200）

尺寸）。

　　第二，前殿楼两侧的院落围墙片石砌筑，厚 1.3 米，高 1.6 米，墙顶加一层边玛墙。后在具体施工中，对相关设计尺寸做了调整，建成后的前殿楼尺寸与原设计尺寸不一致。

　　3. 主体建筑大经堂

　　建于高 2.2 米的台基上，台基前部砌筑 13 级条石须弥座。殿堂通高四层（含一层金顶），总高 26.8 米（院外前广场地面至金顶宝瓶顶端的距离），由前廊、前殿、后殿三部分组成。主体结构改动较大，主要有：

　　（1）整个殿堂四周围护墙均为钢筋混凝土浇筑的承重柱与片石墙混合构筑，上部砌单层或双层边玛墙；室内承重梁、柱、枋也用钢筋混凝土浇筑，承重柱断面呈方形，边长 1.5 米，底部埋深尺寸最大者 3.7 米，最小者 2 米。

　　（2）前廊、前殿基本保持原结构样式。主要变化有：

　　第一，二世嘉木样改扩建后的前殿二层有两个高起的屋面，如 1961 年史理

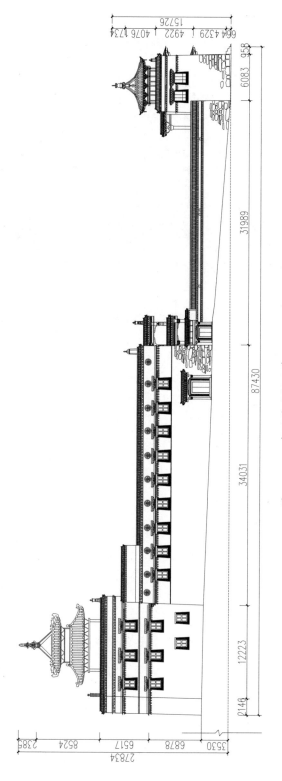

图 80 1985 年设计的闻思学院西立面（1:200）

先生绘制的大经堂剖面图上，前殿二层有前、后两座凸起的屋面（见图70），同样，邓延复先生1981年拍摄的大经堂后殿照片也显示，前殿二层礼佛回廊屋面、北天井院后部（北侧）一排小殿堂屋面均高高凸起（见图51）。这次重建设计图上仍保持原结构形态（图81），但在具体施工时，取消了北面一排小殿堂屋面凸起部分，与东、西两侧房屋屋面处于同一平面，相互贯通，小殿堂屋面变成一处露台，东、西两端各建一座楼梯间。仅保留了礼佛阁高起的屋面。南、北两个天井院空间形态基本对称。这一变化使前殿二层整体结构比原来简化，屋面相互贯通，布局更加简洁。

第二，前殿东、西面两个侧门发生重大变化。前述1985年之前拍摄的照片、3幅"寺院全景布画"均显示，大经堂前殿东、西两面承重墙南端各开一个侧门，体量较小，门洞外立两根柱子，上部梁枋承托单坡硬山顶屋面，其中西侧门与厨房东门相对，如此可快速将茶饭运送到殿堂内。这次设计时，将两座侧门均改为藏式平顶结构，外侧挑出门廊，屋面覆盖黄琉璃瓦，强化了大经堂的等级地位。

（3）后殿外观样式基本按原样恢复，面阔11间，进深4间，高4层（含一层

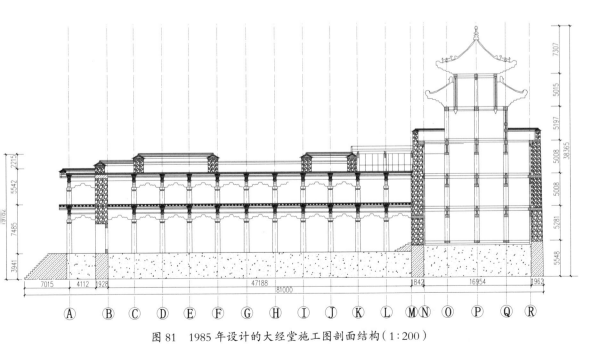

图81　1985年设计的大经堂施工图剖面结构（1:200）

金顶）。主要变化有：

第一，前述保存于俄罗斯、美国的两幅"寺院全景布画"、1946年前拍摄的照片等显示的是二世嘉木样主持改扩建后的闻思学院大经堂面貌，第三层正面共开3个外挑门廊、8个窗子，以中央外挑门廊为轴线，左右对称布局，门廊外有一狭窄的露台，露台东、西两端各建一座小楼梯间。五世嘉木样主持改建后，取消了西面的楼梯间，仅有东面一座楼梯间（见图51）。这次重建设计时，恢复了西楼梯间。

第二，原金顶为汉式单檐歇山顶结构，面阔3间，进深3间，含四周各出廊1间。本次重建设计图纸为两层重檐歇山顶结构，面阔5间，进深3间，四周出廊间，上、下檐均施三踩单翘斗拱，上下屋面通体覆盖铜镏金瓦及脊饰件。但在具体施工过程中，因工程建设成本过高，又改为单檐歇山顶造型，体量缩小，面阔3间，进深2间，四周无廊结构，屋面覆盖铜镏金瓦件和脊饰件。

总之，这次的设计图，因皆为手工制图，局部结构表达不清楚、不完整，如后殿后部墩台（活佛自用卫生间），侧立面图上显示有墩台，横长3.34米、纵宽2.23米，墙厚1米，顶部加双层边玛墙，但剖面图显示无墩台。

4.其他未设计的建筑物

闻思学院建筑组群共有5个相对独立的建筑单元，本次重建的重点是经堂院（包括前殿楼、庭院和诵经廊、大经堂三部分），同时，对厨房院也实施维修（局部重建），但未作设计图。夏季辩经院讲经坛、冬季辩经院讲经坛、公房均未包括。

（三）重建后的效果及现存状况

1.经堂院

1989年重建后的经堂院基本按原样恢复，院落南北总长97.3米（前殿楼前檐墙至后殿外墙，包括后殿外凸出墩台进深2.2米），东西总宽54.5米（东围墙外侧至西围墙外侧），前庭院的面积比原来有所缩小，外形如一座小城堡（图82、图83），整体空间形态、布局样式，蕴含藏传佛教寺院"曼荼罗"构图意象。

整个院落由大门（前殿楼）、庭院及诵经廊、大经堂三部分组成（图84），均按中轴对称布局，自南（院外前广场地面）而北（后殿地面）逐级升高，南北高差5米。院落围墙按原样式重建，南面大门（前殿楼）两侧各有一段围墙，东、西两面围墙内侧建诵经廊，北端各开一侧门，通向院外。主体建筑大经堂的北、东、西三面以自身承重墙为院落围墙。在立面、剖面构图上形成分明的层次，序列感非常强烈（图85、图86、图87）。经堂围护墙外不设转经道，相比之下，拉卜楞寺其他5所密宗学院（红教寺除外）的经堂本体周边均设转经道，院落围墙外再环绕一周转经道。

图82　1989年建闻思学院全貌（2011年）

图83　1989年建闻思学院全貌鸟瞰（2020年）

（1）院落大门

学院大门（前殿楼）突出汉藏结合式风格，外形整体呈"中央主楼+两侧边楼"样式。中央主楼建于高0.8米的块石砌筑台基上，横宽29.5米，通高17米（图88、图89、图90、图91）。

第一层面阔7间（22米），进深3间（12米），高4.8米（院外广场地面至第二层地面），前后均出廊式，廊内地面片石铺设。前廊立檐柱一排共8根，藏式拼合柱断面方形，柱础雕饰莲瓣纹。前檐金柱中部5间均装藏式双扇木板门，门框为三套件式（边框、莲瓣枋、蜂窝枋），属拉卜楞寺等级最高的殿堂大门，仅

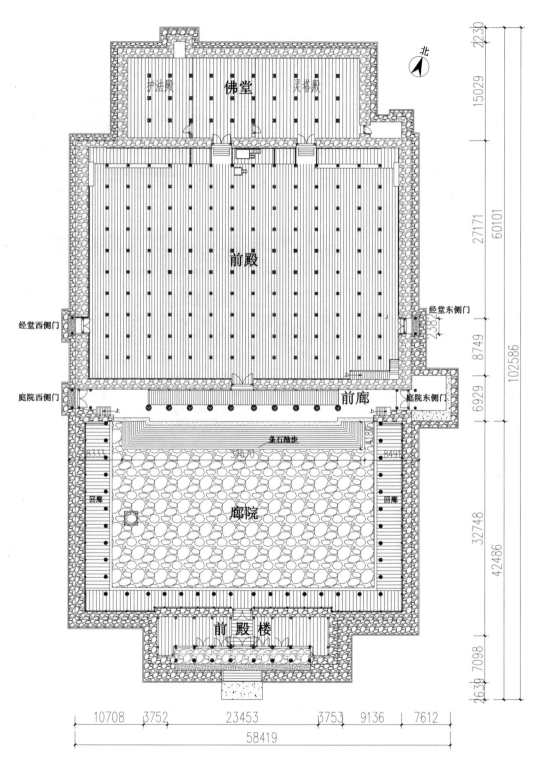

图84　1989年建闻思学院经堂院总平面（1:200）

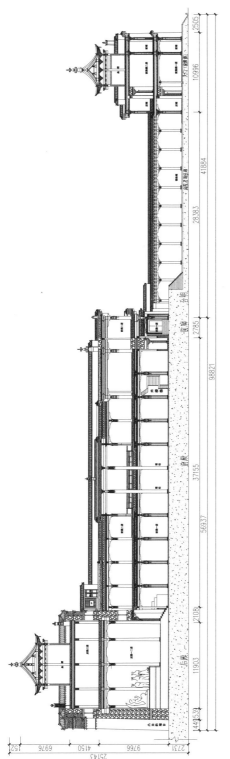

图 85 1989 年建闻思学院经堂院总剖面（1:200）

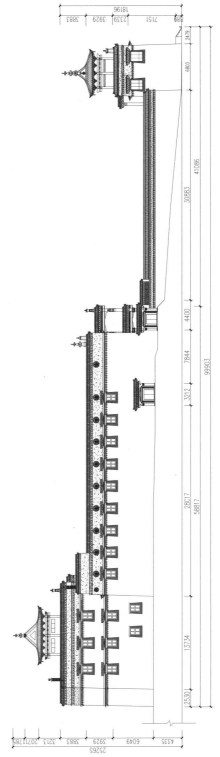

图 86 1989 年建闻思学院经堂院西立面（1:200）

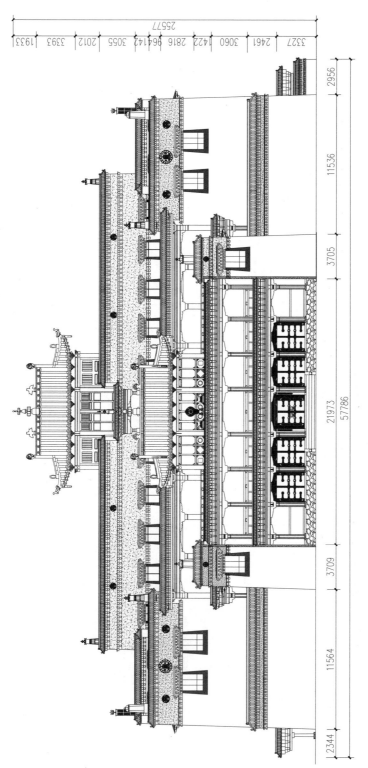

图 87 1989 年建闻思学院正立面结构样式（1 : 200）

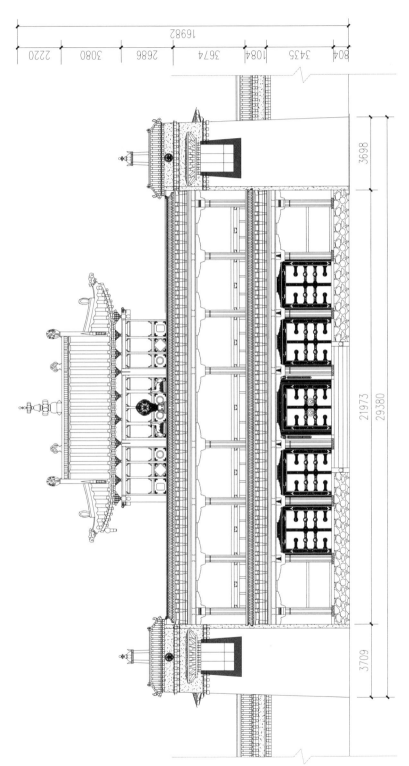

图 88　1989 年建阔思学院大门正立面结构（1∶100）

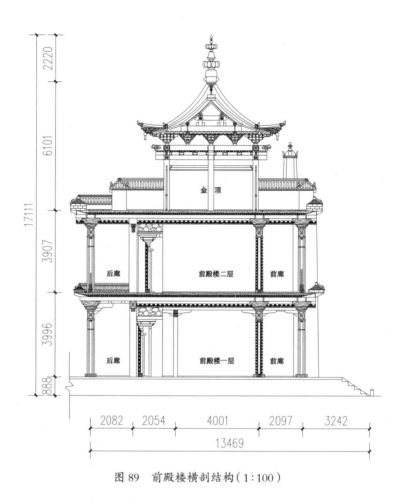

图 89　前殿楼横剖结构（1:100）

中间开一门，通向内院；次间、梢间正面装藏式双扇木板门，不开启；两端尽间
各砌筑槛墙，墙面下部青砖砌筑，上部绘《西游记》连环画，两墙面各有 18 幅，
共绘 36 回故事情节，画面大小不一，每幅画面均有楷体墨书题记（包括画师姓
名、《西游记》章回名，落款为 1989 年），西墙画面大致按章回次序自下而上布
局（图 92），但有左右穿插现象，从最底部一行开始，自左而右包括第十九回至
第二十四回，第二行又按自右而左排序，包括第二十五回至第三十回，顶部第三
行又自左向右排序（包括第三十一回至第三十六回）；东墙统一按自左而右、自
上而下顺序布局，如第一回始于左上角，第十八回终于右下角，分 3 行排列，每
行 6 幅（图 93）。部分画面将《西游记》章回名写错，如西壁右下角画面表现的
是孙悟空与猪八戒大战妖魔情节，属第六十三回"二僧荡怪闹龙宫，群圣除邪获

图90 1989年建前殿楼正面全貌形态
（2016年，自南向北）

图91 1989年建闻思学院前殿楼背立面全貌形
态（2016年，自北向南）

图92 西檐墙壁画《西游记》（2016年）

图93 东檐墙壁画《西游记》（2016年）

宝贝"，误题为"第二十四回"；第二十四回应为"万寿山大仙留故友，五庄观行者窃人参"。画面也题错，西壁上部中央一幅表现的是第九十八回唐僧师徒四人历经九九八十一难，终见佛祖并取得真经的情节，但画面题为"第三十三回：念念在心求正果，今朝始得见如来"。背面通体为17间诵经廊，又与庭院内东、西两侧诵经廊贯通，是整个诵经廊的一部分。

第二层通高3.9米（室内地面至平顶屋面高度），前后出廊结构，形制同第一层，廊内铺设木地板，廊柱间装木栏杆。前檐金柱间装汉式六抹隔扇门，皆可开启，门框、门扇木雕彩绘非常丰富，门框多为三套件式，裙板、隔心均绘藏式"朗久旺丹"图、汉式吉祥图案等，廊内设有坐席，供高级活佛观看广场演出时就座。后檐廊内地面片石铺设，廊柱间装木护栏，与东、西两侧诵经廊屋面处于同一平面，相互贯通。室内分隔为不同的殿堂，或供奉佛像，或用于储存宗教法

图 94 1989 年建成的前殿楼金顶全貌（2011 年）

器等，墙面均绘壁画或悬挂唐卡等。

第三层为金顶，位于二层平顶屋面中央，面阔三间（9.4 米），进深两间（5.6 米），通高 9.1 米（二层屋面至正脊高度），五架梁单檐歇山顶结构。结构构造特征有：① 在平顶屋面椽子上置一圈地栿（断面 35 厘米），犹如地圈梁，其上立一周共 10 根圆柱（柱径 33 厘米），高 2.8 米，柱头上叠置额枋、花墩、平板枋等，交接成一圈，其上共置七踩重翘斗拱 24 攒（图 94、图 95、图 96、图 97）。② 柱子饰红色，彩绘柱幔，平板枋绘三段式汉式红地旋子

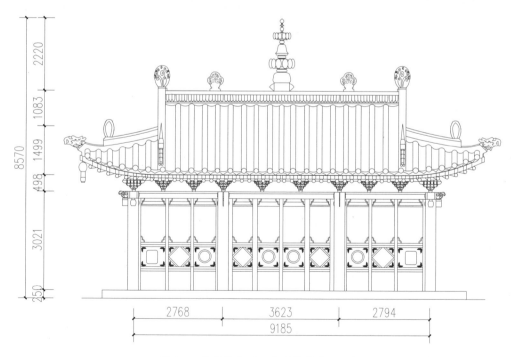

图 95 前殿楼金顶正立面结构（1∶50）

120

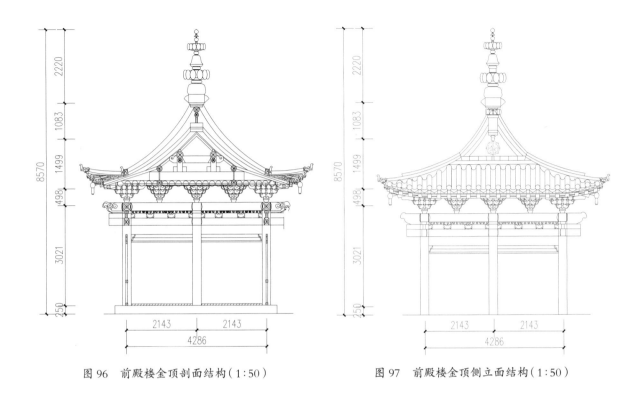

图96 前殿楼金顶剖面结构（1:50） 图97 前殿楼金顶侧立面结构（1:50）

彩画，枋心图案以缠枝卷草纹为主；额枋绘三段式汉式旋子彩画，图案很不统一，以绿、黄、白色为地，拱眼板均绘佛像、佛八宝图等。正面明间装六抹隔扇门，两次间装六抹隔扇墙，其他各面均装木隔扇墙。③室内四角置抹角梁，其上立童柱（瓜柱）承托上部檩子。④屋面覆盖绿琉璃瓦，正脊以特制的雕花绿琉璃脊筒子垒砌，花纹以菩提树、吉祥八宝图为主，中央饰巨大的铜镏金宝瓶，通高1.6米，宝瓶底部为特制绿琉璃基座；宝瓶两侧对称置4尊特制绿琉璃菩提树，无正吻，两端以勾头收边；垂脊、戗脊也以特制绿琉璃脊筒子垒砌，施绿琉璃垂兽；四角角梁头饰绿琉璃套兽；山花墙系特制绿琉璃印花砖砌筑，正面拼合成一幅法轮图。

两侧边楼结构构造完全一致，对称布局。底部没有台基，从主楼台基外沿向后退进1米，在平面构图上，中部主楼台基呈向外凸状态。四周围护墙片石砌筑，均高两层，藏式平顶结构，外形如一座碉楼，每座横宽3.7米，进深8米，通高10.3米（院外广场地面至墙帽顶）。第一层四面不开窗，外墙面涂饰白色。

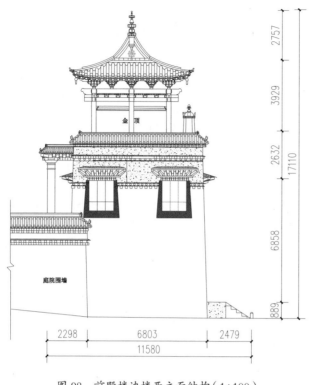

图 98　前殿楼边楼西立面结构（1:100）

第二层正、背面各开一窗子，东、西两侧各开两个窗子。墙顶砌双层边玛墙，正面悬挂一枚铜镏金"朗久旺丹"饰件，墙帽为双面坡歇山顶形式，覆盖绿琉璃瓦（图 98），表示建筑等级较低。

（2）前庭院及诵经廊

庭院位于大门（前殿楼）和正殿之间，主要用于本学院僧侣辩经、考试等。庭院内没有任何绿化，地面通体片石铺设，西南角处置一白色煨桑炉。总横宽 53.8 米，总进深 30 米，东北角、西北角各开一侧门，对称布局，西侧门通向院外厨房，东侧门通向院外白塔。

早期的这两座侧门为汉式单檐悬山顶双面坡形制，外檐柱露明，重建时均改为藏式平顶外出廊式结构，对称布局，比其他宗教殿堂院侧门的等级更高，面阔 1 间（2.7 米），进深 3 间（2.9 米），前后各以两柱承挑上部屋面，柱头上饰坐斗、两层弓木，其上为兰扎枋、莲瓣枋、蜂窝枋及一层堆经枋，挑出椽子、飞椽构件，木构件均饰藏式彩画，兰扎枋饰蓝地贴金兰扎文，装三套门框、藏式双扇木板门，门扇周边饰藏银打制的看叶、金刚杵等装饰。屋面四周砌挡水墙，单面坡歇山顶样式，墙帽覆盖黄琉璃瓦，合角兽、垂兽皆用黄琉璃瓦烧制（图 99），屋面挑檐装饰样式与大经堂前廊、前殿、后殿挑檐装饰保持风格的统一。

诵经廊依靠院落围墙（厚 1.6 米）而建。东、西两侧各 10 间，南面 17 间（含 1 间前殿楼门洞），比原诵经廊少 1 间。建筑形制统一，系"采用当地汉、回族的建筑形制做法，这是甘肃、青海一带藏族寺院的典型做法，和西藏地区不

图 99　1989年建庭院东侧门
（2016年，自东向西）

图 100　1989年建诵经廊结构形态及
廊内墙面壁画（2016年）

同"[①]，每间面阔一间（2.6米），进深一间（3.3米），每间的正面朝向院内，左、右相互贯通，室内铺木地板，供本院学僧诵经、禅坐（图100）。屋面藏式平顶结构，正、背面均砌筑绿琉璃瓦墙帽，以显示该建筑等级较低。因三面诵经廊相互贯通，在屋面顶部形成一条倒凹字形走道。内墙面按原样通体重绘《佛祖释迦牟尼应化史迹》壁画（图101）。

早期，西诵经廊屋面北端建有一座侧门，坐北朝南，单檐双面坡悬山顶形制，两侧墙体用青砖砌筑，屋面覆盖灰筒板瓦。1989年重建后，取消了此门。

（3）主体建筑大经堂

闻思学院大经堂建于庭院后部一台基上，台基正面及两侧砌筑13级条石踏步（高3.9米），呈须弥座式，与五世嘉木样扩建后的形制一致，是拉卜楞寺体量最大、地位最高的建筑，今人将闻思学院称为"大经堂"。拉卜楞寺其他6所

---

① 陈耀东著：《中国藏族建筑》，中国建筑工业出版社，2007年，第314页。

图 101 诵经廊壁画《佛祖释迦牟尼应化史迹》之一（2016 年）

密宗学院（包括红教寺）的经堂仅供本院学僧聚会修习、讲经说法，闻思学院大经堂除供本院僧侣专用外，还供全寺僧侣们集体讲经说法、举行礼佛敬佛仪轨等。建筑空间布局、结构构造完全按照藏传佛教"三界空间观"思想营造，由前廊、前殿、后殿三部分构成，前廊处于最南端，第一层为敞廊式建筑，寓意"欲界"；前殿是本院和全寺僧侣聚会修习处。第一层室内空间密闭，中央用通柱升起一座礼佛阁，四面不开窗，外墙面涂饰白色，寓意"色界"；后殿为佛殿，是神圣之地，专门用于供奉本院护法神、其他佛、菩萨尊像以及本寺高僧大德灵塔等，寓意"无色界"，外墙面涂饰红色。

这次重建后的大经堂，四周围护墙均用钢筋混凝土柱子与片石混合砌筑，周长 357 米，围墙内占地面积 4610 平方米，东、西、北三面围护墙为院落围墙，地势自南而北渐次抬高（图 102、图 103、图 104），墙帽均覆盖黄琉璃瓦，以显示最尊贵的建筑等级。

因所有的柱子、梁枋为钢筋混凝土浇筑，外表包木装饰，2009 年公布的《甘肃省拉卜楞寺文物保护总体规划》将屋面认定为"水泥结构"及"石混结构"，在"屋面、结构、墙体残损评估"方面，将其定性为"严重"①。多年来，大经堂屋面渗漏问题一直存在，已实施多次维修，近年来情况有所改善。

① 前廊

前廊是一处过渡空间，通高两层（10.4 米）。

_____

① 《甘肃省拉卜楞寺文物保护总体规划·图纸》"屋面材料区分图""结构材料分布图""屋面、结构、墙体残损评估图"，甘肃省人民政府 2009 年公布。

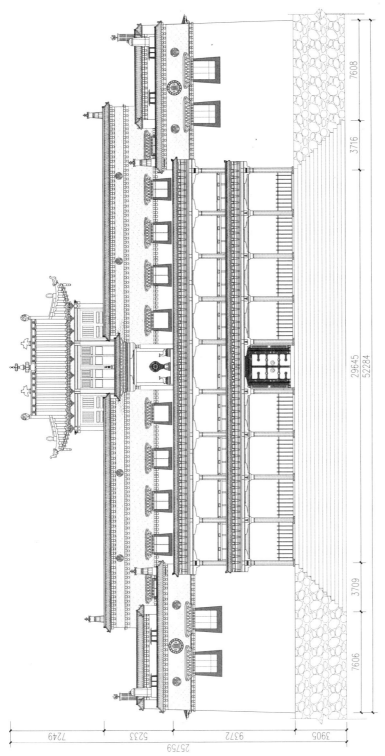

图 102 1989 年建大经堂正立面结构（1∶200）

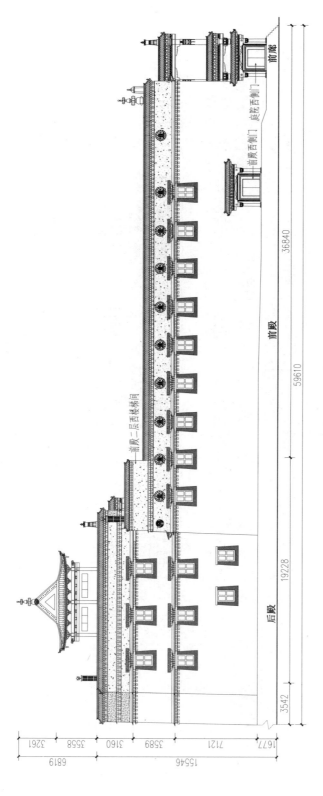

图 103 1989 年建大经堂西面结构（1:200）

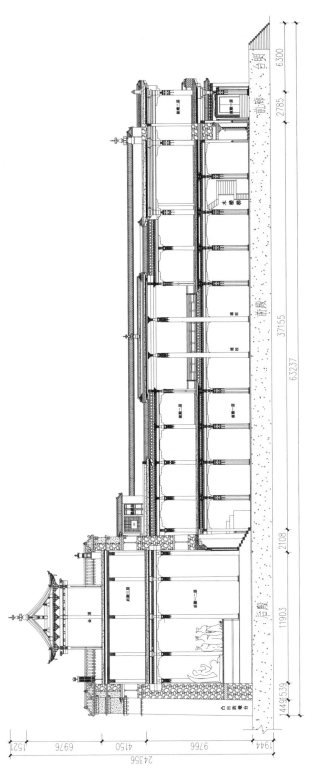

图 104　1989 年建大经堂堂剖面结构（1∶200）

图105 1989年建大经堂前殿正门
（2016年，自南向北）

图106 大经堂前廊一层壁画之一（2016年）

第一层面阔9间（29.5米），进深1间（2.8米），高5.2米（地面至二层地面的距离），无围护墙，10根廊柱外露，一字形排开，柱下置圆形石柱础，地面片石铺设，与庭院东、西两座侧门贯通。廊柱系藏式拼合木柱，断面呈十二角形。廊内后墙为前殿围护墙，墙体中央开门洞，是为前殿正门，门洞内装三套门，突出建筑的等级制度和防卫功能，其中外门等级最高，门框三套件式，门额上部供置7尊绿毛狮头、2尊白象头，其上又绘7尊护法神壁画（图105）；中间门等级较低，门洞左右立两根木柱，上部承托坐斗、双层弓木、兰扎枋、莲瓣枋、蜂窝枋、堆经枋等，上铺椽子望板等，构成第二层地面，该门无门扇；内门的结构、样式与外门基本一致，但门额上方无狮头象头等雕饰品，装三套门框、藏式双扇木板门。外门门洞外左、右两侧墙面分为8间，分别绘"四大天王""生死流转图""时轮宇宙图"等壁画（图106、图107），是为拉卜楞寺各宗教殿堂前廊内固定的壁画题材。

第二层平面布局同第一层，四周有围护墙，室内柱子上下对位。面阔9间（29米），进深3间（11米），前、后均出廊1间，前廊柱外砌一道挡墙，犹如一道护栏，墙帽砌成歇山顶样式，覆盖黄琉璃瓦和脊饰件；金柱间通装六抹隔扇门，门框、门扇均施木雕彩绘，图案有藏八宝、各种吉祥纹等。后檐廊柱外露，柱间装木护栏，金柱间通装六抹隔扇门、隔扇窗，通向前殿二层南天井院。外围的围护墙下部以钢筋水泥浇筑，上部以边玛草、片石砌筑，墙帽砌成歇山顶样式，通体铺黄色琉璃瓦和特制黄琉璃脊饰件，色彩与前殿楼各屋面绿琉璃瓦饰件形成鲜明对比（图108），

图107 大经堂前廊一层壁画之二（2016年）

2013年又重新铺设。屋面藏式平顶结构，南、北两面挑出檐口，边沿处砌筑挡水墙，厚0.7米，高0.5米，墙帽为双面坡式，外侧覆盖黄琉璃饰件，内侧为水泥砂浆敷抹，无瓦件。1989年建成时，屋面铺缸砖（红瓦），2006年改为水泥砂浆抹面，2013年又改铺砂石土。屋面前部中央置铜镏金"二兽听法"饰件，后部置一尊铜镏金钟形宝瓶。

1989年大经堂建成后，墙顶边玛墙帽、屋面边沿处挡水墙帽均为片石、青砖青瓦垒砌，没有歇山式造型。2012年后均改为歇山式造型，局部墙帽的正面改铺黄琉璃瓦，背面为水泥砂浆敷抹，呈慢坡状，通过装饰用材和色彩突出该建筑的宗教地位和等级，没有任何结构意义。

图108 闻思学院前殿楼与经堂屋面装饰色彩形成鲜明对比
（2013年，自南向北）

② 前殿

总占地面积 2010.4 平方米，通高两层（11.3 米）。

第一层主要用于本院或全寺院学僧学经、讲经说法、修习等。室内柱头林立，共立 140 根柱子，面阔 15 间（48.3 米），进深 11 间（35.3 米），净面积 1705 平方米。围护墙原设计厚 1.5 米，建成后的前、后墙厚 1.5 米，东、西两山墙厚 2 米。室内净高 4.5 米（木地板至椽子木底皮），柱子、梁枋（包括大斗、大小弓木、莲瓣枋、蜂窝枋、堆经枋等）均为钢筋混凝土浇筑而成，形成一个稳定的框架，各构件表面包镶各种木装修。柱子平面呈方形，边长 45 厘米，柱间距 3.5 ~ 4.5 米，柱底部为井桩结构，没有柱础。外墙面通体涂饰白色。室内屋面用缎幂遮盖，地面通铺木地板，地板上纵向摆放 13 列坐垫、小木桌，供僧人诵经时就座、用餐。东南角、西南角各开一侧门，东南角置一木楼梯，供登上第二层。后部有一道片石墙，将前殿与后殿分开，墙上开两门，一门通向后殿中间佛堂，一门通向后殿灵塔殿，后墙正面依墙安置高低、大小不一的供台、供桌、佛龛等，供奉各种佛像、供品。东、西、南三面内墙根处留一通道，供信徒顺时针环绕礼佛。各墙面遍绘壁画、悬挂唐卡。

为实现室内采光和通风，本层中央立 12 根通柱（呈两行六列布局形态），上部梁枋层独立组成礼佛阁屋面，通柱上部（第二层地面处）周边又栽立一圈柱子，环绕在通柱四周，柱子间装隔扇门、隔扇墙等，用于一层室内采光通风。礼佛阁南、北两侧各形成一个天井院。

第二层四面围护墙、室内柱子梁枋构造方式、形态同第一层。四周围护承重墙顶砌一层边玛墙，东、西、南外墙面上均悬挂铜镏金"朗久旺丹"饰件，其中东、西两山墙上各开 9 个藏式窗子，南墙左、右两端各开 2 个藏式窗子，北墙东、西两端各开 1 个窗子。在拉卜楞寺各学院经堂中，前殿后檐墙开窗子者仅此一例。围护墙内形成多个"回"字形空间形态（图 109），自北向南依次有：

第一个为北天井院。由后殿二层前廊、礼佛阁后檐墙及东、西两面承重墙共同围合而成。后殿二层前廊为储藏室等，分隔为 3 大间，进深 1 间，藏式平顶结构，屋面东、西两端各建一座楼梯间，又与礼佛阁东、西两侧的房屋屋面贯通。

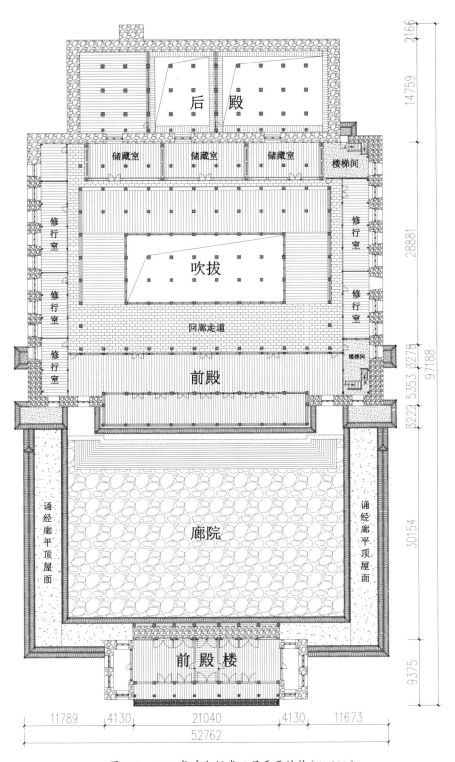

图 109　1989 年建大经堂二层平面结构（1∶200）

两楼梯间大小一致，均面阔 2 间，进深 1 间，室内净面积 38 平方米，正面（南面）均开两窗，东、西两侧背面砌单层边玛墙，室内置木楼梯。

第二个为中央礼佛阁。凸起于前殿二层屋面，又组成自身独立的屋面，前部立 3 尊铜镏金宝瓶，东南角、西南角各立 2 尊铜镏金法幢。

第三个为南天井院。由前廊二层后檐墙、礼佛阁前檐墙及东、西两面承重墙共同围合而成。

第四个为东、西承重墙内侧房屋。共两列，依承重墙而建，两面对称布局，每列房屋大小不一，高 4 米（木地板至椽子木底皮），低于礼佛阁屋面 0.5 米。前部留有走道，将南、北两天井院贯通。藏式平顶屋面，且均处于同一平面，相互贯通。两列房屋功能用途多样，早年有活佛修行室、储藏室、佛殿、文物珍藏室等，1985 年失火期间，这里的文物损失较大，后将抢救出来的文物统一存放在寺院文物陈列馆（原绿度母佛殿）内。现作为活佛修行室及宗教法器库房使用。

第五个为前廊第二层屋面，自身独立，藏式平顶结构，又与礼佛阁东、西两侧房屋屋面贯通。屋面前部立一组铜镏金"二兽听法"饰件，东、西两端各立 2 尊铜镏金法幢。

大经堂自重建以来，前殿二层礼佛阁屋面、天井院内走道地面铺装形式多次改变，最早铺缸砖，后多次改铺，或用砂石土，或用机红砖，或用水泥砂浆，现铺砂石土。

③ 后殿

后殿主要用于供奉本院护法神、佛像，本寺高僧大德及河南蒙古亲王家族成员的灵塔等。

第一层总面宽（外墙面至外墙面）41.5 米，比前殿短 11 米，呈向后凸出状，围护墙顶加双层边玛墙，外墙面饰红色。后承重墙外西端砌筑一个墩台，横长 3.34 米、纵深 2.23 米，有特殊的功能和用途，具有增强后墙稳固性的作用（图 110、图 111）。拉卜楞寺多座学院经堂后殿、独立式佛殿后部有这一附属建筑。

本层室内共立 30 根柱子，面阔 11 间（36 米），进深 4 间（12.2 米），净面积 443 平方米，通高 4 层（含一层金顶），总高 21 米（室内地面至金顶正脊宝瓶顶，若从前殿楼前广场地面算起，则通高25.6米），柱子、梁枋、围护墙结构构造同前殿，方柱边长0.5米，无柱础，通铺木地板。以木隔扇墙分为三大间：中间为佛堂，面阔3间，进深4间，第一、二层上下贯通，通柱高6.8米，柱头梁枋层高1.4米，殿内主供大型铜镏金弥勒佛等；西面一间为护法殿，面阔3间，进深4间，主供本学院护法神等，禁止外人进入；东面为灵塔殿，第一、二层上下贯通，面阔5间，进深4间，供奉历世嘉木样、本寺高级活佛、河南蒙古亲王家族成员灵塔、佛像等。

图110　1989年建大经堂前殿西立面（2016年，自西向东）

图111　1989年建大经堂后殿背面
（2016年，自西北向东南）

一层各房屋四周墙面不开窗，遍绘壁画、悬挂唐卡等。护法殿有第二层，西墙外侧开两个假窗。

护法殿有第二层。三间殿堂第二层正面（南侧）承重墙上均开门窗，供一层室内通风和采光，自然光从门窗投射进来，落在佛像、灵塔重要部位，形成神奇的光影效果。门窗外又建一排小殿堂，朝向北天井院。本层东、西两山墙上对称各开3个窗子。

第三层总面阔11间，进深4间，室内梁枋结构构造同第一层，以木隔扇墙分隔为三大间，分别供置佛像、坛城，存放宗教法器等，也有活佛自用的修行室（图112）。四周围护墙顶（包括后部墩台）砌双层边玛墙，墙帽做法与前廊、前

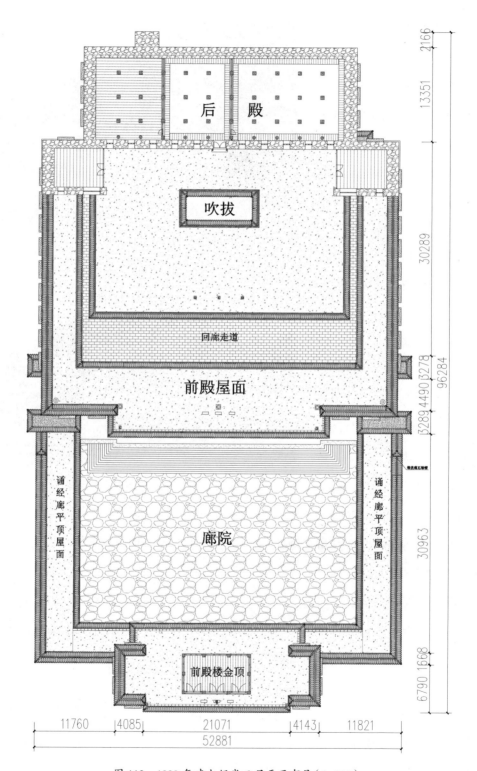

图 112　1989 年建大经堂三层平面布局（1∶200）

134

殿相同，歇山顶式造型，双面坡均铺黄琉璃瓦，勾头、滴水、合角吻兽、戗兽皆为黄琉璃构件。东、西两山墙上各开 3 个窗子，对称布局，背面共开 5 个窗子。在拉卜楞寺各学院经堂中，后殿后墙面上开窗子者，仅此一例；南承重墙中央开 1 座木构挑檐门廊，两侧对称各开 5 个藏式窗子、悬挂 4 个铜镏金"朗久旺丹"饰件。中部门廊面阔一间（3.2 米），进深两间（2.5 米），门洞内装双扇木板门，外立柱上置多层木枋（包括弓木、兰扎枋、莲瓣枋、蜂窝枋），承托上部椽子及屋面，椽子后尾插入承重墙内，屋面外沿挡水墙帽覆盖黄琉璃瓦，比后殿边玛墙墙帽低 0.95 米，在立面形态上形成两根平行线条，增强了后殿正面造型的立体感。屋面平顶结构，1989 年建成时，铺设缸砖，后因渗漏问题严重，多次改动，现为水泥砂浆抹面。前部左、右两端各置 1 尊铜镏金法幢，后部左、右两端各置 1 尊黑牛毛编织的法幢。

第四层为金顶，位于三层屋面中央，单檐歇山顶式，四周无廊（图 113）。面阔 3 间（8.7 米），进深 2 间（5.6 米），通高 8.7 米，三架梁结构。主要建筑特征有：① 在三层屋面椽子上置一横长方形地栿（断面 30 厘米），其上立 10 根圆柱（柱径 28 厘米），高 3.1 米，柱子饰红色，彩绘柱幔，柱头上叠置额枋、花墩、平板枋，相互交接组成一个圈梁，其上置七踩斗拱共 30 攒（图 114、图 115）。梁枋外表绘汉藏结合式彩画，拱眼板均绘佛像、佛八宝图等；内侧遍绘土红地水云纹。正面明间装六抹隔扇门，两次间装六抹隔扇墙，其他各面均装木隔扇墙，绘黄地藏八宝图，上部绘红色边框的假窗。② 室内三架梁结构，四角置抹角梁，其上立童柱（瓜柱）承托上部檩子。③ 屋面通铺铜镏金瓦，勾头、滴水俱全，滴水正面印藏式吉祥纹。正脊、垂脊、戗脊以特制铜镏金脊筒子

图 113　大经堂后殿金顶全貌（2011 年，自西北向东南）

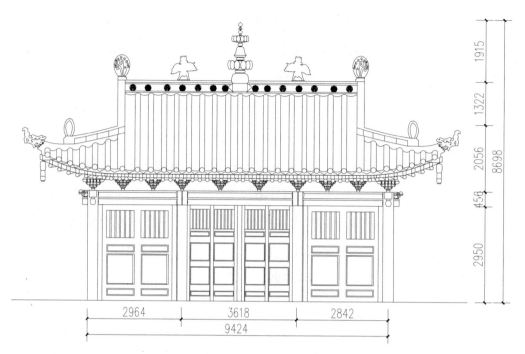

图114 大经堂后殿金顶正立面结构(1:50)

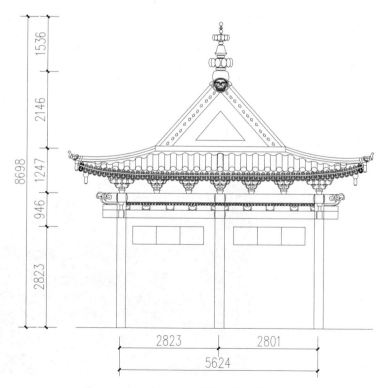

图115 大经堂后殿金顶侧立面结构(1:50)

整体打制，两侧面均饰莲花纹，正脊中央置一巨大钟形铜镏金宝瓶，高1.5米，瓶座与正脊浇铸在一起，宝瓶两侧对称置2尊铜镏金命命鸟，两端对称置铜镏金摩尼宝珠、菩提叶，无垂兽、戗兽。四角角梁头饰铜镏金鳌头。山花墙系一片特制的铜镏金印花板，中央印"朗久旺丹"图。2017—2018年实施全面维修。

2. 厨房院

现存闻思学院厨房院位于原位置。1985年大经堂失火烧毁后的现场照片显示，厨房尚存（见图75）。后在重建大经堂及前殿楼期间，对厨房院实施翻修，2010年以来又实施多次维修。院落形态、主体建筑形制基本保存原格局和样式。院落占地面积662平方米，分南、北两院（图116）：

（1）南院。占地面积较小，院内四面依靠围墙建藏式平顶僧舍，西僧舍屋面上堆放柴火，东南角开一出入门。

（2）北院。仅有主体建筑厨房，平面呈纵长方形，面阔4间（20米），进深3间（18米），高7米，藏式二层平顶结构，四周围护墙片石砌筑，墙顶加一层边玛墙。第一层东、北、南三面各开一门，其中东面为正门，外挑门廊式，与经堂院西侧门相对；南门通向前院；北面开一门，通向冬季辩经院。第二层为排放烟气的"杜空"，面阔5间，进深2间，单檐悬山顶形制，屋面坡度较缓，四周立木柱及梁枋，承载上部屋面，屋面砂石土碾压而成，四周边沿砌

图116　闻思学院厨房现状（2014年，自西向东）

图117　闻思学院厨房全貌鸟瞰（2014年，自北向南）

图 118　冬季辩经院场地及辩经现场（2014 年，自北向南）

筑挡水墙（图 117）。厨房内设 3 座砖石灶台（8 米 × 8 米 × 2 米），有铜锅 4 口、铁锅 2 口。

3. 冬季辩经院

也称"大经堂冬季讲经坛"，属讲经、辩经合用形式，辩经广场在五世嘉木样时期予以改扩建，占地面积约 2000 平方米，迄今再未维修，片石铺设的地面保持原状（图 118）。讲经坛经过多次维修、重绘彩画，主要建筑特征有：

（1）亭阁结构形态。坐北朝南，建于卧象山山脚南侧，山脚下为寺院北面转经道。讲经坛底部建一座台基，高 3 级，四周铺设条石踏步。藏式平顶亭阁屋顶加一座单檐歇山顶金顶，以突显该建筑的等级地位（图 119、图 120）。亭阁东、西、南三面开敞，北面建一堵片石挡土墙，墙顶加双层边玛墙。面阔 3 间，进深 1 间，室内中央置座椅和桌案。柱子为藏式拼合方柱，柱头雕饰柱幔，其上置栌斗、两层弓木及兰扎枋、莲瓣枋、蜂窝枋，挑出椽子飞椽。前檐及东、西两面柱

图 119　冬季讲经坛正立面
（2019 年，自南向北）

图 120　冬季讲经坛西立面
（2019 年，自西向东）

图121 冬季讲经坛室内柱子梁枋及天花彩画
（2019年）

图122 冬季讲经坛室内墙面壁画之一
（2019年）

子外侧立小木柱及护栏，上部悬挂遮阳席子；后檐柱间墙面遍绘壁画，题材以宗喀巴说法图为主，柱头前装置一条木雕装饰带，犹如帐幕，长同面阔，高40厘米，雕饰图案繁缛，题材有二龙献宝、塌鼻兽、命命鸟等；屋面装天花板，方格内遍绘藏式传统吉祥图（图121、图122）。屋面前部置一组"二兽听法"饰件，四角各立1尊铜镏金法幢。

（2）金顶结构。建于亭阁平顶屋面中央，汉式单檐歇山顶形制，面阔3间，进深1间，四周柱头彩绘柱幔，上承两层额枋，绘旋子彩画；挑檐檩绘旋子彩画，檩下饰透雕花板，雕饰题材有寿桃、蝙蝠、白海螺等。屋面通铺铜镏金瓦、脊饰件，正脊、垂脊、戗脊以特制铜镏金脊筒子整体打制，正脊中央置一巨大的钟形铜镏金宝瓶，瓶座与正脊浇铸在一起，两侧对称置2尊铜镏金命命鸟，两端对称置铜镏金鳌头；无垂兽、戗兽；四角角梁头饰铜镏金鳌头；山花墙系一片特制的铜镏金印花板，中央印"朗久旺丹"饰件（图123）。

4. 夏季辩经院

也称"僧居园"，是一处独立露天辩经院。据前述清末民国时期的照片资料及3

图123 冬季讲经坛金顶背面（2013年，自北向南）

幅"寺院全景布画"判断，早年，夏季辩经院占地规模比现在大很多，院落周边簇拥众多的活佛囊欠、佛殿、僧舍等，交接关系清楚。院内讲经坛建筑体量也比现在大，可从许多民国时期拍摄的寺院全景照、寺院文物陈列馆藏"寺院全景照"[①]以及前述3幅"寺院全景布画"上得到验证。辩经院西围墙外自南而北分布有祈福佛殿、华锐仓囊欠、索智仓囊欠、念智仓囊欠，这列建筑组群再向西，自南而北有闻思学院公房、德唐仓囊欠与医药学院等；辩经院西北角有火尔仓囊欠与嘉夏仲仓囊欠并列，等等。周边建筑组群的分布范围、相互间位置关系、院落规模、建筑形制等较为清楚（图124）。

图124　寺院文物陈列馆"寺院全景照"中的闻思学院建筑组群鸟瞰（1949年，自南向北）

1958年，在改扩建寺院中路（寺院通往县城的主干道）的同时，拓宽了寺院中路至闻思学院前广场的支干道，拆除了沿途众多建筑，彻底改变了夏季辩经院的占地规模、周边各建筑组群分布格局，包括：占用了夏季辩经院南部大片林地；拆除、改建的辩经院西面建筑包括德唐仓囊欠、闻思学院公房、华锐仓囊欠、祈福佛殿、三木卡丁科尔仓囊欠等，仅索智仓囊欠佛堂得以保留。1980年以来，寺院组织陆续恢复、重建夏季辩经院及周边部分活佛囊欠等，但重建的很多建筑不在原位置，发生偏移，还有许多建筑原址无存，被近年新建的现代建

---

①该照片现存寺院文物陈列馆，无拍摄者姓名。根据照片表现的建筑情景，应拍摄于1949年左右。

筑完全淹没。从 2004 年迄今，笔者连续 20 年持续关注该区域内重建建筑空间格局、建筑样式的变化过程，2006 年、2018 年、2023 年拍摄的本区域全貌照充分表现了这一过程（图 125、图 126、图 127），近年又新建一些大型现代楼房（办公用房），整体空间格局与原貌相去甚远。

图 125 2006 年拍摄的夏季辩经院周边建筑分布状况（自南向北）

图 126 2017 年航拍夏季辩经院周边建筑分布状况

图 127　2023 年航拍夏季辩经院周边建筑分布状况

　　重建后的夏季辩经院占地面积 9762 平方米，院落围墙片石砌筑，墙顶加一层边玛墙，南围墙与寺院主干道相连，院内种植树木，后部建一横长方形廊厅，建筑面积 70 平方米，藏式平顶结构，廊内设活佛、堪布主持辩经或讲经的法座。院落大门藏式平顶结构，门额两端各加一段边玛墙，门洞内装藏式双扇木板门（图 128）。院内讲经坛体量缩小，建筑形制并非原样。

图 128　夏季辩经院与寺院主干道交接关系现状
（2013 年，自东向西）

5. 闻思学院公房

　　位于夏季辩经院西侧，院落式布局，坐北朝南。民国时期拍摄的照片及"寺院全景布画"显示，公房院占地规模小，院内后部建主殿，藏式平顶二层楼，面阔 5 间，进深不详。早年，在改扩建寺院中路时，拆除了沿途所有建筑，包括闻思学院公房。

1980年以来重建闻思学院公房，院落占地面积比原来扩大很多，南北长58米，东西宽37米，占地面积2146平方米，院内东、西、南三面均建仿古藏式平顶房，南面一排房屋中间为院落正门（图129），又在东北角开一侧门，属拉卜楞寺宗教殿堂

图129 重建闻思学院公房院落布局形态（2016年，自北向南）

院门常见的样式，前、后各立二柱，柱上叠置多层雕饰繁缛的额枋、垫板等，雕饰图案有绿毛狮子、命命鸟、吉祥动物等，挑檐檩上挑出椽子和飞椽，藏式平顶结构（图130）。

主殿堂建于院内北面中央，藏式平顶楼房，高两层，围护墙片石砌筑，墙顶加一层边玛墙，一层占地面积304平方米，前述清末民国时期照片、"寺院全景布画"显示，该建筑高两层，面阔5间（即正面开1个门廊、4个窗子），重建后改为面阔7间（即正面开1个门廊、6个窗子），现为闻思学院图书馆、会议室等（图131）。

图130 新建闻思学院公房北侧门
（2016年，自北向南）

图131 重建后的闻思学院公房主殿
（2016年，自南向北）

（四）重建后的闻思学院大经堂建筑艺术特征

1985—1989 年重建（修复）的闻思学院大经堂充分继承、保留了二世嘉木样、五世嘉木样改扩建后的艺术风格，又结合实际需要加以调整，在建筑材料、施工技术、艺术风格方面体现了时代特征。

1. 结构构造特征

闻思学院大经堂重建期间，专门成立了"拉卜楞寺大经堂修复委员会"，将本次重建工程定性为"修复工程"，提出"坚持采用新的结构、新的材料、新的设备"[①] 的修复思路，主要建筑特征有：

第一，院落大门（前殿楼）、厨房为藏式传统石木结构。

第二，前庭院、诵经廊均采用藏式传统石木结构。

第三，大经堂大部分承重柱、大跨度梁枋均采用钢筋混凝土现浇井桩结构，共 264 孔，部分楼面为预制板，部分构件采用木料，木椽搭在混凝土预制梁（枋）上。前廊柱采用木柱，下置圆形柱础。四周围护墙、室内隔断墙大部分为混凝土承重柱与片石墙混合构筑，部分为片石砌筑，围护墙厚 1.3 ~ 2 米，隔断墙厚 1.5 ~ 1.6 米，在观感上基本符合藏式传统片石砌墙文化特征。钢筋混凝土现浇前殿、后殿柱子及梁枋外表贴木板装饰，基本保持藏式拼合柱及"柱式"组合形制特征。门窗及小型横梁、椽子飞椽、望板栈棍等采用木料，部分木构件仅有装饰功能，没有承重功能。大经堂建成后，屋面均铺缸砖，防渗效果不理想，后期维修时多次改动，现大部分改为传统砂石土或水泥砂浆抹面。

金顶结构构造均采用木材，屋面瓦件、脊饰件均采用特制的铜镏金材料。

2. 空间构图艺术

重建后的闻思学院整体空间构图艺术非常完美，主要体现在以下几个方面：

（1）前殿楼

重建后的学院大门（前殿楼）外部造型兼具二世嘉木样、五世嘉木样两次改

---

① 陈中义：《拉卜楞寺大经堂重修纪实》，陈中义、洲塔主编：《拉卜楞寺与黄氏家族》，甘肃民族出版社，1995 年，第 210 页。

扩建后的风格特征。中央建砖木结构两层平顶式主楼，两侧各加一座藏式二层平顶结构边楼，主楼、边楼的屋面处于同一平面上。主楼面阔由9间变为7间，进深未变，第二层平顶屋面中央加建一座单檐歇山顶金顶，面阔3间，进深2间；两侧边楼各面阔1间，左右对称，围护墙顶部加双层边玛墙，与院落围墙顶部单层边玛墙形成多层次变化，既避免了二世嘉木样改建后，仅第二层营造"中央主楼＋两侧边楼"造型，在视觉上易产生屋面金顶"陷入"两边楼之间的现象，又避免了五世嘉木样改建后，前殿楼整体变成一座歇山顶式超大屋顶，在视觉上易产生不稳定感等现象。如此将两者结合，整体空间突出了建筑的整体稳健、敦厚感。

主楼和边楼屋面挑檐结构、装饰完全相同，空间界面更加规整。第一层楼面、第二层屋面挡水墙墙帽均为歇山顶式，铺绿琉璃瓦，筒瓦扣脊收顶，檐口形成上、下两条完美的横向线条，立面层次感突出。第二层屋面前部置铜镏金"二兽听法"饰件，金顶正脊饰铜镏金、绿琉璃饰件，产生强烈的色彩对比效果。

（2）大经堂

大经堂由前廊、前殿、后殿三部分组成，前后高差达17米，各屋面边玛墙墙帽、挡水墙墙帽、挑檐墙帽皆覆盖黄琉璃瓦，由此形成多个横向线条，包括：前廊一层、二层屋面挑檐墙帽；前殿两座侧门屋面挡水墙墙帽，前殿二层屋面挑檐墙帽，前殿二层后部屋面上的两座楼梯间屋面挡水墙墙帽；后殿正面中央挑檐门廊屋面挡水墙墙帽，殿堂承重墙顶墙帽；金顶铜镏金瓦檐口及正脊，等等。如此众多的檐口、墙帽长短不一，互不重叠，高低错落，繁而不乱，无论从正立面或侧立面看，上述几种线条相互平行而不重叠，互为补充，勾勒出殿堂的外轮廓，产生特殊的韵律感（图132）。

大经堂体量巨大、高耸，通过各面琉璃瓦墙帽与边玛墙、窗洞的相互交融、映衬，有效减弱了后殿的高耸感，增强了稳健感。艺术处理手法有：

第一，后佛殿三层正面中央设挑檐门廊，门廊屋面檐口覆盖黄琉璃瓦，檐口长5.1米，两侧承重墙顶边玛墙总长39米，挑檐门廊屋面檐口的琉璃瓦线条似乎嵌入在边玛墙带中，弱化了视觉上的突兀感。

图 132　1989 年建大经堂全貌鸟瞰（2012 年，自北向南）

第二，后殿二层前廊的处理。该前廊二层屋面东、西两端各依靠两侧的承重墙建一座楼梯间，屋面挡水墙砌筑黄琉璃瓦，檐口各长 7.6 米，与后殿自身墙顶的双层边玛墙形成明显的对比关系，色彩醒目，突出了横向稳健感。又因后殿总面阔比前殿短 10 余米，在正立面上，这两座楼梯间屋面黄色琉璃瓦线条正好补充了后殿面阔的不足，进一步增强了整个殿堂的稳健感。

第三，殿堂四周的白色、红色片石墙面、黑色窗套、边玛墙形成丰富的色彩图案又有机地搭配在一起，琉璃瓦线条高低不一，相互错位、补充，对不同形态的空间边界、线条既打破又补充，在横向、竖向上形成强烈的张力，突出了殿堂的厚实、稳健感（图 133、图 134）。

虽然闻思学院经堂院占地广阔，体量巨大，有高耸入云之感，但这不是建筑艺术追求的唯一效果，而是通过多种艺术化手段和措施，实现整体的宽阔、敦厚、稳重，从而获得各空间、界面恰当、舒适的比例关系。经堂院整体表现出如下特征：

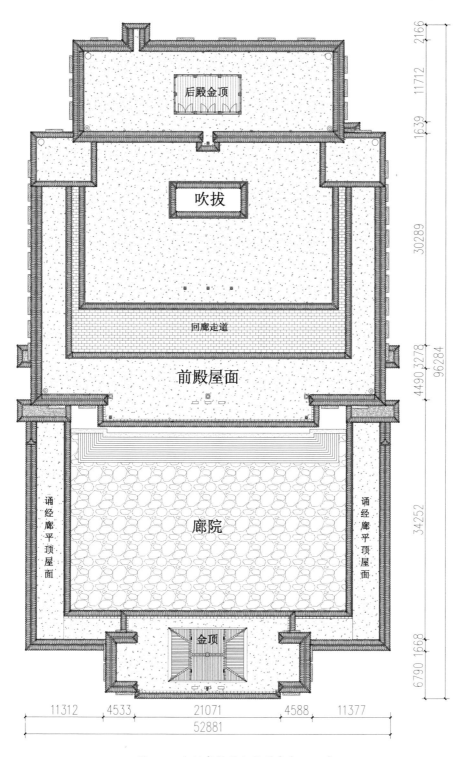

后殿金顶

吹拔

回廊走道

前殿屋面

廊院

诵经廊平顶屋面

诵经廊平顶屋面

金顶

2166
11712
1639
30289
3278
4490
96284
34252
6790 1668

11312 4533 21071 4588 11377
52881

图133 大经堂屋面全貌形态（1:200）

图 134　重建后的闻思学院经堂院整体空间构图艺术（2017 年）

　　在竖向构图上，前庭院地面比院外广场高 0.8 米，大经堂后殿净高 21 米（地面至金顶宝瓶），金顶宝瓶至庭院地面 25.6 米，至前殿屋面 12 米，至前廊屋面墙帽 13 米，至诵经廊屋面墙帽 20 米，等等，这一系列数值之间形成合理、恰当的比例关系。

　　在横向构图上，前殿楼、庭院和大经堂之间形成一系列有趣的尺度关系，如：院落围墙外部总宽 54.5 米，院内净宽 51 米；前殿楼横宽 29.4 米，高 17 米。又，大经堂前廊横宽 29.5 米，高 10.4 米；前殿横宽 52.3 米，高 11.3 米；后殿横宽 41.5 米，高 21 米。由此可得出如下比值：前廊高宽比为 0.35∶1；前廊总宽与后殿总高比为 1.4∶1；前殿总宽与后殿总高比为 1∶0.4，另有室内柱子、柱头梁枋层之间的比值关系，等等。这是一系列具有建筑美学意义的比值。黑格尔认为，在古代建筑中，"宽对长和高的比例关系，柱子的高对粗的比例关系，柱子之间的间隔和数目，装饰的简单或繁复，在如此等类的一切比例关系上，古代建筑都隐含着一种和谐"①。因此，这种引人入胜的建筑比例关系，产生了神奇的效果，从任何角度欣赏闻思学院经堂院整体或主体建筑大经堂，既不感到空间的局促，又能充分感受到主体殿堂自身的雄壮、敦厚（附表1）。

总之，1989年重建的闻思学院经堂院，基本保持了原有布局形态和造型特征，外形犹如一座坚固的城堡，尺度感巨大，空间界面变化多样，实现了建筑艺术美与实用功能的完美结合，既满足了僧众修习宗教经典、礼佛拜佛的需求，也符合藏传佛教殿堂特有的"曼荼罗"空间意象。

五、闻思学院的功能和社会地位

闻思学院主要供广大僧侣修习显宗教义，考取显宗学位，培养专业宗教人才。

（一）修习方式及主要内容

拉卜楞寺建寺之初，即确定了显密兼修的修习发展方向。一般情况下，学僧正式入寺修习时，必须首先在闻思学院修习显宗，后修密宗，显密结合，循序渐进。在闻思学院，先学字母，后学经典，以藏传佛教"五部大论"为根本，学院制定了"五部大论"修习时间表②，学习方法主要有背诵经典、辩论义理，以辩论为主。

辩论（辩经）是闻思学院学僧们的主要学习方式。全寺每年举行9次辩讲法会③，包括：一年四季各1次大型辩经会；每年春季第二学期、秋季第二学期各有1次辩经会；每年春季第三学期、宗喀巴大师忌日"五供祭"节、七月又各有1次辩经会。僧侣讲习辩论有三种形式：（1）本院内进行，一般为高年级、低年

---

① [德]黑格尔著：《美学》第三卷（上册），朱光潜译，商务印书馆，1996年，第64页。
② 洲塔著：《论拉卜楞寺的创建及其六大学院的形成》，甘肃民族出版社，1998年，第236页。
③ （清）智观巴·贡却乎丹巴绕吉著：《安多政教史》，吴均、毛继祖、马世林译，甘肃民族出版社，1989年，第366页。

级学僧间互相辩论，或部分学僧组织的小型立宗辩论[①]，主要目的是强化所学内容。（2）每年"夏季辩经学期和冬季辩经学期授予学位的大会"[②]，相关学僧根据"五部大论"内容开展立宗辩论。（3）在重大喜庆之日举行的表演性辩论。

一世嘉木样创建闻思学院时，就明确规定本学院的修习内容、考核制度完全仿效拉萨哲蚌寺郭莽学院而制定，史料记载："闻思学院的法会诵经方式、韵律、腔调，辩经学期会上的辩论等等均和扎西郭莽经院一模一样，都是因时因地细密地建立起来的。"[③]闻思学院学僧修习的终极目标是通晓藏传佛教五部大论，修习顺序从低到高依次为因明、般若、中观、俱舍和戒律[④]，根据课程难易程度，分为 13 个学级[⑤]，《安多政教史》对闻思学院的修习课程、使用教材、修习方法、答辩内容、考试制度等有较为详细的记载[⑥]。民国时期，李安宅先生考察研究了闻思学院修习制度，认为本院学僧修完 13 个学级的全部课程需要 16 年[⑦]。

（二）学位及授予方式

拉卜楞寺初建时，因学僧数量有限，未建立相应的修习科目考试及学位授予制度。随着僧侣人数的增加，为尽快培养自己的佛学人才，自 1711 年至 1717 年，一世嘉木样每年从本寺挑选优秀学僧到西藏哲蚌寺郭莽学院深造并考取学位。1717 年，一世嘉木样根据本寺僧侣来源、修习内容实际，又参照

---

① （清）智观巴·贡却乎丹巴绕吉著：《安多政教史》，吴均、毛继祖、马世林译，甘肃民族出版社，1989 年，第 367 页。

② （清）智观巴·贡却乎丹巴绕吉著：《安多政教史》，吴均、毛继祖、马世林译，甘肃民族出版社，1989 年，第 367 页。

③ （清）智观巴·贡却乎丹巴绕吉著：《安多政教史》，吴均、毛继祖、马世林译，甘肃民族出版社，1989 年，第 365 页。

④ 索代著：《拉卜楞寺佛教文化》（第二版），甘肃民族出版社，1993 年，第 22—24 页。

⑤ 洲塔著：《论拉卜楞寺的创建及其六大学院的形成》，甘肃民族出版社，1998 年，第 64 页。

⑥ （清）智观巴·贡却乎丹巴绕吉著：《安多政教史》，吴均、毛继祖、马世林译，甘肃民族出版社，1989 年，第 366—367 页。

⑦ 李安宅：《西藏系佛教僧侣教育制度——拉卜楞寺大经堂闻思堂的学制》，《李安宅藏学文论选》，中国藏学出版社，1992 年，第 15—27 页。

西藏各大寺的学位考试及授予制度，设立了"然卷巴"学位，相当于中级（学士）程度，其中包括"然卷巴"和"噶居巴"两种称呼。还有一种是学位性荣誉称号，即每个学僧修习完成"五部大论"的每个阶段时，为其授予不同的称号，但不是正式的学位名称。

"然卷巴"学位，也译作"摩兰然卷巴""然坚巴""仁江巴"等，意为"广通经义者"。是显宗学院初级学位，仅表示学僧掌握一定的佛学知识，达到一定的专业水准，获取方式相对容易，在闻思学院属第二等，在格鲁派寺院学位体系中属等级较低者，但仍需刻苦修习十年左右，熟练掌握"五部大论"相应经典、通过辩经考试才可获得。1718年，本寺第一批5位学僧通过"然卷巴"考试，获得该学位[1]。考取这一学位，每年进行两次考试，每次录取2人，一次在农历五月进行，另一次在农历十一月进行，故分别称为"夏天的然卷巴"和"冬天的然卷巴"。"冬天的然卷巴"所获学位又称"噶久哇"[2]，与"夏天的然卷巴"属同一等级。

"多然巴"学位，也译作"多佳然卷巴""多仁巴""道然巴"等，二世嘉木样设立，是拉卜楞寺显宗最高学位，相当于"经硕士"或"经博士"。二世嘉木样时期，拉卜楞寺政教事业迅速发展，原有的学位层次等级过低，无法满足实际需要，更不利于寺院的持久发展和高级人才培养。1760年，二世嘉木样主持设立了显宗"多然巴"高级学位，当年7月即举行了第一场考取"多然巴"学位考试辩经法会，本寺僧人罗藏念智是获得本寺"多然巴"学位的第一人[3]。获得该学位者必须是在闻思学院完整修完"五部大论"、参加每年举行为期5天答辩考试的第一名。拉卜楞寺的"多然巴"是名副其实的"格西"学位，获得该学位的僧侣将成为大学者，身份较自由，可独立收徒传教、著书立说，或进入密宗学

[1] 杨贵明编著：《宗喀巴诞生地塔尔寺文化》，青海人民出版社，1997年，第128—133页。
[2] 周毛塔：《拉卜楞寺教育制度研究》，中央民族大学硕士学位论文，2015年，第41页。
[3] 扎扎编著：《嘉木样呼图克图世系》，甘肃民族出版社，1998年，第47页。

院继续修习，也可被寺院委任为某活佛的经师或某属寺的堪布、僧官等①，还可建立自己的转世系统②，拉卜楞寺有数十个活佛系统即由这类学者转世形成，为本寺的政教事业发展及人才培养打下雄厚的基础。此外，拉卜楞寺对获得"多然巴"学位者给予一定的荣誉和待遇，如举行法会时，他的座次被安排在前排，以示尊崇。

闻思学院修习的"五部大论"学科体系庞大、难度很高，共分十三个学级，修习所需时间长短不一。一般而言，一位僧侣，即使终其一生，也很难全部修完。寺院为鼓励和肯定广大僧侣们在每个阶段取得的修习成果，对达到各阶段的僧侣皆授予相应的学位性荣誉称号，无需参加考试。从低到高依次为：在"因明部"修习1~4年者，可获得"都扎哇"称号（意为"集类论士"）；修习"般若部"者，可获得"帕欣巴"称号（意为"般若论士"）；修习"中观部"者，可获得"乌玛巴"称号（意为"中观论士"）；修习"俱舍部"者，可获得"左巴哇"称号（意为"俱舍论士"）；修习"戒律部"者，可获得"噶仁巴"称号（意为"经硕士"）③。可见，"噶仁巴"是具有学位性质的最高荣誉称号，但仍然不是正规的"格西"学位，因无需参加真正的、严格意义上的学位辩论考试④。其他四种荣誉性称号的等级、份量比较低，不能称作"经硕士"，凡学完"五部大论"的前四部的学僧均可获得。又，显宗闻思学院对学僧的要求也较宽松，若某学僧在修习中途请假离寺，数年后返回寺院，仍可继续加入其原班级，只要修习年限达到"噶仁巴"的要求，仍可获得"噶仁巴"称号⑤。获"噶仁巴"头衔的学僧均可报考正式

---

① 朱解琳：《拉卜楞寺的扎仓及教育制度》，陈中义，洲塔主编：《拉卜楞寺与黄氏家族》，甘肃民族出版社，1995年，第71页。

② 丹曲、于丽萍：《藏传佛教学衔的设定探微》，《西藏民族大学学报》（哲学社会科学版）2016年第6期。

③ 丹曲、于丽萍：《藏传佛教学衔的设定探微》，《西藏民族大学学报》（哲学社会科学版）2016年第6期。

④ 周毛塔：《拉卜楞寺教育制度研究》，中央民族大学硕士学位论文，2015年，第41页。

⑤ 苗滋庶、李耕、曲又新等编：《拉卜楞寺概况》，甘肃民族出版社，1987年，第31页。

的"多然巴"学位，仍然需要再修习十多年，方可达到报考资格和条件[①]，《安多政教史》记载："升入考取噶仁巴等学位时，则有固定的资格排列。"[②]

有学者认为，闻思学院"格西"学位分"然卷巴""俄仁巴""多仁巴"三级[③]。（按：此说有误，"俄仁巴"是拉卜楞寺密宗学院上续部学院和下续部学院的高级学位名称。全寺6所密宗学院中，除红教寺外，其他5所密宗学院每年都各自举行1次最高等级的格西学位考试，每次各录取1名，如：喜金刚学院授予"孜仁巴"学位；时轮学院没有正式的学位考试流程，也不授予正式的学位，但有特殊的考试或考核方式，每年只给一位成绩最优秀者授予"孜仁巴"名号，这也是一种荣誉性名号，并非学位称号；上续部学院和下续部学院均授予"俄仁巴"学位；医药学院授予"曼仁巴"学位[④]。显宗闻思学院的正式学位只有两种，即"然卷巴"和"多然巴"，另有修习"五部大论"期间完成每个阶段课目者，寺院均为其授予相应的5种荣誉性称号，其中包括"噶仁巴"称号，但它不是正式的学位名称。因此，扎扎《嘉木样呼图克图世系》一书认为，拉卜楞寺闻思学院的宗教学位分"然卷巴"和"多仁巴"两种[⑤]，符合实情。）

闻思学院僧侣的考试方式有两种，分别是升级考试和学位考试，两者同等重要。在"五部大论"修习的每个阶段，都要举行考试，其中《现观庄严论》和《入中论》的考试必须合格，"若通不过《现观庄严论》和《入中论》的考试，则不能超越《新论》这一学级"[⑥]。通过这个阶段的考试后，方可修习其他课程，最终必须通过考试获得相应的正式学位。

---

① 丹曲、于丽萍：《藏传佛教学衔的设定探微》，《西藏民族大学学报》（哲学社会科学版）2016年第6期。

② （清）智观巴·贡却乎丹巴绕吉著：《安多政教史》，吴均、毛继祖、马世林译，甘肃民族出版社，1989年，第367页。

③ 索代著：《拉卜楞寺佛教文化》（第二版），甘肃民族出版社，1993年，第24页。

④ 洲塔著：《佛学原理研究：论藏传佛教显宗五部大论》，青海人民出版社，2001年，第16—17页。

⑤ 扎扎编著：《嘉木样呼图克图世系》，甘肃民族出版社，1998年，第70—72页。

⑥ （清）智观巴·贡却乎丹巴绕吉著：《安多政教史》，吴均、毛继祖、马世林译，甘肃民族出版社，1989年，第367页。

附表 1　闻思学院空间构成尺度表

建筑	部位	面积 （m²）	柱数 （根）	柱径 （cm）	柱高 （m）	梁枋层高 （m）	边玛墙层数、高度 （m）
前殿楼	一层	255	16	36	2.8	1.3	无
	二层	298	32	34	2.8	1.3	一层（2.4）
	三层	55	10	44	3.1	0.6	无
诵经廊		354	36	33	2.5	0.8	无
前廊	一层	83	10	63	2.8	1.6	无
	二层	190	22	圆柱 36 方柱 44	2.8	1.3	无
前殿	一层	2016	140	44	普通柱高 3.2 通柱高 7.5	1.1	无
	二层	1939	96	44	2.6	1.3	一层（2.5）
后殿	一层	619	30	53	普通柱高 3.3 通柱高 6.8	1.2	无
	二层	575	40	圆柱 36 方柱 50	圆柱 3 方柱 2.8	圆柱 0.2 方柱 0.6	无
	三层	575	40	圆柱 36	2.5	1.3	两层（3）
	金顶	56	10	44	3.4	1.1	无

注：柱高不包括柱础在内。

下 篇

密宗学院

公7—11世纪，佛教从印度等地大规模传入我国中原和西藏地区，其中传入西藏地区者以密宗为主。密宗以大乘佛教①理论为根本，充分继承发展了古印度的密教学说，结合西藏地区的宗教、文化传统，形成具有地域特征、民族文化特色的信仰，以言传身教的修持方式为主，严格修习次第，拥有特殊的教义传承体系、供修仪轨和讲授方法。

藏传佛教密宗学院最早创建于西藏地区。公元15世纪上半叶，格鲁派在西藏拉萨修建了下密院"桑钦居扎麦巴"，后又在拉萨上部地区修建了"上密院"。这两所密宗学院的修习内容、方式等完全相同，而且"上密院出自下密院系统，同属一个教法传承，学经内容和下密院相同"②。1710年，拉卜楞寺创建之时，即确立了显密兼修的科目设置和长久发展目标。自1716年修建第一所密宗学院，至1942年，先后修建了6所密宗学院，其中有5所修习格鲁派（黄教）教法教义，如上续部、下续部学院主要研习密宗义理、仪轨修持等，许多内容完全借鉴拉萨下密院而来；医药学院主要研习藏族传统文化"大五明"之"医方明"；时轮学院、喜金刚学院主要研习藏族传统文化"小五明"之"工巧明"天文历算学，其中喜金刚学院侧重于研修传统汉历，时轮学院侧重于修习传统藏历。红教寺主要修习宁玛派（红教）教法教义，学僧录取、修习科目、宗教仪轨等，与5所格鲁

---

① 佛教分小乘佛教、大乘佛教两派，二者的本质是一致的，只是在经典理解、修持方法等方面有别。小乘佛教强调修行者个人解脱轮回之苦，大乘佛教致力于使所有众生达到佛陀圆满之境。大乘佛法分显、密两部，"显部"，也称"因乘""经乘""波罗密多乘"等；"密部"，也称"果乘""续乘""秘密乘""金刚乘"等，其中又以修习内容和次第分为"事续""行续""瑜伽续"及"无上瑜伽续"四部。

② 索南才让著：《西藏密教史》，中国社会科学出版社，1998年，第614页。

派密宗学院有很大区别。格鲁派密宗学院的学僧来源有三种：第一，本来就是修习密宗的僧人，从其他寺院的密宗学院中转迁到拉卜楞寺各密宗学院；第二，从小出家入寺的学僧，一般通过考试等方式被分配到相应的密宗学院；第三，从显宗学院毕业并获得"格西"学位的学僧，再转入相应的密宗学院，继续深造。

拉卜楞寺除红教寺外，其他5所密宗学院分别为学僧授予不同的学位，其中上续部学院、下续部学院、喜金刚学院每年各举行一次学位考试，每个学院只授予1名密宗"俄然巴"学位；时轮学院较为特殊，它没有学位考试流程，没有正式的学位名称，每年只给1名学习成绩非常突出的学僧授予"孜然巴"名号；医药学院每年举行1次考试，每次只为1名成绩最优异者授予"曼然巴"学位[①]。获得各密宗学院高级学位的僧侣，可被委派到属寺担任堪布或进入寺院管理机构从事管理工作。

---

① （清）阿莽班智达著：《拉卜楞寺志》，玛钦·诺悟更志、道周译注，甘肃人民出版社，1997年，第297页注[10]。

第三章　下续部学院

　　下续部学院是拉卜楞寺最早创建的一所密宗学院，1716 年由一世嘉木样主持修建。经堂院初建时，不在现位置，建筑体量和规模都很小，1726—1728 年由一世华锐仓活佛主持进行改扩建。约 1731 年，一世德哇仓担任本院法台期间，主持将经堂院迁建到现位置，并将主体经堂由原来的 4 柱规模变为 20 柱规模，后殿由原来的三层变为四层，一直使用到现在。前廊内壁画、室内木构件油饰彩画是拉卜楞寺最早的藏式传统绘画艺术品，十分珍贵。下续部学院由 5 个独立的院落组成建筑组群，包括经堂院、外部护法殿院、厨房院、辩经院、公房。

　　下续部学院是一所纯密宗学院，研习、讲授、修持内容和方法完全承袭西藏拉萨下密院（创建于 1433 年），以勤学、苦修为主，证悟集密、胜乐、大威德等密法教义，充满藏传佛教神秘主义、象征主义色彩。每年只给一名考试合格者授予密宗"俄仁巴"高级学位。

一、学院的创建与发展

　　1709 年，一世嘉木样（1648—1721）开始创建拉卜楞寺，明确本寺院的发展以显密兼修为根本宗旨。1711—1715 年，完成显宗闻思学院大经堂的修建并投入使用。1716 年 3 月 15 日，一世嘉木样在闻思学院大经堂二楼夏瑞殿主持召集全寺首次密宗法会，正式宣布组建下续部学院，随即要求当时参加法会的 13 名僧侣开展殿堂基址的勘测、规划等工作，由一世德哇仓·罗藏东珠负责划线定址等事，全权负责工程建设事宜，并于当天开工。下续部学院修建期间，一世德哇仓任寺院总管（襄佐），负责全寺政务工作，但他"自始至终投入工程之中，不仅建成经堂，还建立了许多佛像，购置了密院所需法器"①。有一说认为，1716 年春，一世嘉木样拟撰写一部密宗论著，"以此作为缘起，发愿组建经院，开展密乘讲习，传承深奥密法，大师亲任首届法台"②。

还有些学者认为下续部学院创建于 1732 年，如扎扎《拉卜楞寺活佛世系》及毛兰木嘉措《拉卜楞寺》等著作称："藏历水鼠年（1732 年，雍正十年，壬子）下续部学院建成。由此而始，密宗金刚乘在拉卜楞寺得以宏扬。"③（按：此说有误。据现有汉藏文史料记载，下续部学院建成后，曾经历过 1 次迁建、2 次改扩建、维修工程，最后一次迁建工程发生于 1732 年。）

从后来发生的下续部学院多次维修、迁建（扩建）史料分析，初建的下续部学院不在现位置，而位于闻思学院对面（今闻思学院前广场处），坐南朝北方向。初建的学院经堂非常简陋，仅有一个殿堂，没有前廊和后殿，也没有院外独立的护法殿，具体建筑规模及样式，未详。

（一）第一次维修（扩建）工程

1728 年左右，对下续部学院经堂实施较大规模的维修（或扩建）工程。当时，一世华锐仓·俄昂华丹④任下续部学院第 4 任法台。史料记载，他担任本学院法台期间，曾"主持兴建并装璜了四柱密殿，在殿内修造了护法大威德神像，塑造了三十二尊金刚持佛像，供在佛龛里。他还修建了善金刚的地祇庙堂，塑绘佛像壁画等，为密宗学院的发展做出了很大贡献"⑤。其间，他还遵照总法台一世赛

---

① 扎扎著：《拉卜楞寺活佛世系》，甘肃民族出版社，2000 年，第 118—119 页。

② 扎扎著：《佛教文化圣地——拉卜楞寺》，甘肃民族出版社，2010 年，第 7—8 页。

③ 毛兰木嘉措著：《拉卜楞寺》，杨占才译，马占明校订，政协甘南藏族自治州委员会文史资料委员会编《甘南文史资料》（第九辑），1991 年，第 3 页；扎扎著：《拉卜楞寺活佛世系》，甘肃民族出版社，2000 年。

④ 一世华锐仓·俄昂华丹（1676—1736）曾在西藏哲蚌寺郭莽学院修习。1709 年他跟随一世嘉木样返回家乡，任司膳长兼祭供长（负责寺主嘉木样的衣食住行、拉章宫祭供等事）。据他担任本学院第 4 任法台的时间推算，此次维修工程发生于 1728 年左右。

⑤ （清）阿莽班智达著：《拉卜楞寺志》第四编《密宗下院法台法嗣史》，玛钦·诺悟更志、道周译注，甘肃人民出版社，1997 年，第 478 页。

仓的授意，为本学院奉立了怙主、法王、大威德三大护法神像，完善了密宗修习内容，建立了本院"夏坐制度"和大威德、集密两本尊"自入修供"仪轨等，促进了拉卜楞寺密宗学说的传承与发展[①]。一世华锐仓主持开展的这次工程建设内容有两项：

第一，增建经堂后殿。史料称他主持"兴建并装潢了四柱密殿"，说明初建的下续部学院经堂没有后佛殿，故有这次增建工程。16世纪以来，藏传佛教寺院各学院经堂建筑基本演变为程式化布局方式，由前廊、前殿、后殿三部分组成，其中前廊是一处过渡性开敞空间，建筑规模较小；前殿用于僧侣修习、集体诵经等活动，一般为10根柱子以上的规模；后殿主要用于供奉佛像，建筑规模较小，一般为4~6根柱子的规模。藏传佛教寺院宗教殿堂规模大小均以"柱"数计算，将四面围合并有屋顶的空间称作一"间"，用一个空间内柱子的数量代指房屋的"间"数，如"一根柱子的房间""两根柱子的房间"等，其中"一柱间即汉族传统建筑的面阔两间、进深两间，用空间模数表示就是2（面阔）×2（进深）×1（高度），两根柱子的房间就是3×2×1，四柱则是3×3×1，六柱厅是3×4×1，八柱厅是5×3×1，十二柱殿是5×4×1等。四柱、两层高的佛殿是3×3×2，四柱、三层即3×3×3。前廊和走道的进深是柱间的距离，长度是柱距的倍数，也和房间的模数相同。建筑无论面积多少和层数若干，都是由一个正立方体模数的倍数组成的"[②]。这次为下续部学院经堂兴建一处"四柱密殿"，即增建经堂的后佛殿，建筑规模为面阔3间、进深3间。藏传佛教学院各宗教殿堂各部位存在一定的比例关系，如拉卜楞寺各学院经堂前殿的占地面积是后殿的2~4倍，前殿的柱数是后殿的5倍左右，如1989年重建后的闻思学院大经堂，前殿占地面积是后殿的4倍；今下续部学院经堂前殿占地面积是后殿的2.8倍，时轮学院经堂前殿占地面积是后殿的2.5倍，医药学院经堂前殿占地面积是后殿的2倍，喜金刚学院经堂（1956年重建）前殿占地面积是后殿的3倍（附表2）。据此，可以推定，1716年初建的下续部学院经堂仅有前殿，这次增建的后殿规

① 扎扎著：《拉卜楞寺活佛世系》，甘肃民族出版社，2000年，第369—370页。

② 陈耀东著：《中国藏族建筑》，中国建筑工业出版社，2007年，第49页。

模为 4 根柱子，而原有的前殿为 10 根柱子左右，是后殿的 2 倍多。

第二，新建一座经堂外护法殿。史料称一世华锐仓主持"修建了善金刚的地祇庙堂，塑绘佛像壁画"，从此说可以肯定，这次新建了一座经堂外护法殿，但占地规模、建筑形制，史料阙载。藏传佛教寺院密宗学院皆有自己的护法殿，并且有三种布局形态：一是修建于主体经堂后部，即占用后殿之西面或东面一间；二是独立修建于经堂院外部，一般均建于院外西侧；三是前述两者皆有。这次"增建护法殿"是在经堂院外修建的，对此，还有其他资料可佐证，如 1772 年，二世华锐仓实施下续部学院经堂外护法殿重建工程①。如今，下续部学院有两处护法殿，一处位于本院经堂后佛殿东侧，一处位于经堂院外西侧。

总之，初建的下续部学院经堂占地规模、建筑空间很小，且"非常简陋"②，1728 年实施的改扩建工程包括增建 1 座经堂后佛殿（4 根柱子的规模）和 1 处经堂院外独立护法殿。

（二）第二次迁建（扩建）工程

成书于 1800 年的《拉卜楞寺志》及成书于 1865 年的《安多政教史》主要记载了拉卜楞寺创建以来寺院发展演变史，内容主要集中记载和描述了历世嘉木样、本寺总法台、各学院法台等人的政教活动、活佛传承世系等，对建筑修建活动记述非常少，仅有零星片段，有些片段非常重要，从中可找到有关下续部学院创建、改扩建的线索，如《拉卜楞寺志》记载：

> "1731 年，德赤仁博琪③出任下密院法台后，鉴于密宗经堂简陋，他有意重建，但由于经济力量所限，一时未能如愿。后来他下定决心改

① 扎扎著：《拉卜楞寺活佛世系》，甘肃民族出版社，2000 年，第 371—372 页。
② （清）阿莽班智达著：《拉卜楞寺志》第四编《本寺历任大法台志乘》，玛钦·诺悟更志、道周译注，甘肃人民出版社，1997 年，第 330—333 页。
③ 即一世德哇仓·罗藏东珠（1673—1746），拉卜楞寺创建后，担任总管"襄佐"、下续部学院法台等职。

建，选了一个良辰吉日，破土动工之际，忽然，从天空传来'扎仓（学院）福德，经堂有望，即时动工，有影无影，都来帮助，六合福照，无往不利'之响亮的声音。农历四月十一日，正准备定址划线时，当时任寺院大法会掌堂师的染坚巴·更嘎扎西和毛兰木东桑二人前来朝见德赤仁博琪，给人以机随人愿、谋事顺通的感觉。德赤仁博琪说：'你俩有吉祥美妙的名字，具有一定的象征意义，所以请二位帮助划线。'当时，密宗学院的一些老僧说，经堂将建在一个小山丘上是好事，颠倒却是个难办的事，该怎么办呢？当他们还在纳闷时，德赤博宝琪说：'老僧我除去那山丘之前没有什么可信服的良策。'于是，从小山丘的四周划线奠基，小山丘正好成了建筑用土，不多也不少，所有的墙角用石也出自小山丘，真是令人惊讶不已……该学院的僧侣们搬运石头时，在石场上虽然没有多少石头，但到了第二天，石料却比第一天要多，就这样源源不断，取之不尽。这一地方的老百姓主动捐献木料，于是，柱、梁、椽等主要建筑材料足而有余。一度时期，茶叶、酥油等相当缺乏，负责工程的金巴向德赤仁博琪说：'在没有物质保障的情况下，最好再不要施工了。'但他没有答应……总之，在德赤仁博琪的亲自主持下，使二十根柱子组成的经堂及内部装潢修饰，内殿四层楼阁的整个建筑及其壁面装饰全部竣工。佛堂左边塑造了大威德及其神妃像，塑有一层楼高的怙主二尊的泥塑像；佛堂右边泥塑了高大的释迦牟尼佛像和五姓补特伽罗及其四妃的半身像；在两面的楼房里添置了《大藏经·甘珠尔》等佛祖身、语、意之珍品，以及各种法品、器具等。（一世）嘉木样大师同德赤仁博琪等师徒们成为整个拉卜楞寺的奠基人，他们制定了讲修、收支等寺规，为拉卜楞寺的政治与宗教的兴旺做出了不懈的努力。因而，不少老僧赞叹说：'德赤仁博琪则是所有法台中对密宗学院最有贡献的法台。'"①

---

① （清）阿莽班智达著：《拉卜楞寺志》第四编《本寺历任大法台志乘》，玛钦·诺悟更志、道周译注，甘肃人民出版社，1997年，第330—333页。

这一记载充分说明以下几个问题：

第一，这是一次迁建和重建并举工程。如前所述，1716年，一世嘉木样命一世德哇仓·洛藏东珠全权负责密宗下续部学院的选址、划线及工程建设等事，但关于选址位置和建筑规模等，均不详。相关史料仅记载，学院建成后，一世德哇仓为本学院经堂供奉了许多佛像，购置了密院殿堂所需法器[①]。上段引文称，一世德哇仓为下续部学院"重新划线"，根据藏传佛教教义，每座宗教殿堂只有在新建、迁建时才会有"重新划线"活动，这足以说明原殿堂不在现位置处，这次是迁建，新选的地址位于一处小山丘上，故出现"从小山丘的四周划线奠基"的情况。

前述引文又称，这次迁建后，学院经堂"将建在一个小山丘上是好事，颠倒却是个难办的事"，说明这次重新选定的地址，在建筑方位、朝向方面与1716年初建的方位、朝向正好相反，故出现方位"颠倒"的情况。如今的下续部学院地址历经300多年的历史变迁、风吹雨打，仍保留高台和小山丘的地形特征，与闻思学院前广场的高差为4~5米。

第二，本次迁建工程历经重大困难和挑战。下续部学院迁建工程进行期间，寺院面临非常困难的经济形势，以致出现"茶叶、酥油等相当缺乏"的现象，工程负责人金巴提出"在没有物质保障的情况下，最好再不要施工"的建议。在面临这些困难和问题时，拉卜楞寺根本施主河南蒙古亲王府、本寺其他著名高僧、周边信民们纷纷表达对迁建工程的支持，当地牧民们"主动捐献木料"、供奉布施，甚至本院僧侣自己动手"搬运石头"。后在各方的共同努力下，终于完成迁建。可见，一世德哇仓为下续部学院的创建、迁建作出殊胜功德，圆寂后，僧众为其制作灵塔，供奉在本院经堂后殿西面的灵塔殿内[②]。1736年，一世赛仓敦促河南蒙古亲王府出资为本院经堂定制并供奉一尊释迦牟尼佛像[③]。

---

① 扎扎著：《拉卜楞寺活佛世系》，甘肃民族出版社，2000年，第118—119页。
② 扎扎著：《拉卜楞寺活佛世系》，甘肃民族出版社，2000年，第121页。
③ 扎扎著：《拉卜楞寺活佛世系》，甘肃民族出版社，2000年，第189—195页。

第三，这次迁建后，经堂的规模扩大了很多。据前述引文分析，初建的下续部学院经堂建筑规模较小，仅有前殿，是 8~10 根柱子的规模。1728 年增建了后殿，为 4 根柱子的规模。1731 年迁建后，将整个前殿变为"二十根柱子"的规模。现存下续部学院经堂前殿为 20 根柱子，面阔 5 间、进深 6 间。据此，前述引文描述的只是前殿第一层的建筑规模，后殿在迁建（重建）后，变为 6 根柱子的规模（不包括后期维修时增加的 10 根扶壁柱），并增高到 4 层。同时增建了前廊，现存前廊为 6 根柱子的规模。整个经堂为 34 根柱子的规模，一直使用到现在。

（三）第三次维修（扩建）工程

这次维修（扩建）工程约发生于 1772 年前后，工程规模较小。当时，二世嘉木样（1728—1791）已全面主持寺院政教事务，拉卜楞寺的经济实力不断增强，有条件、有能力实施下续部学院维修扩建工程。从零星史料的记载推断，这次维修工程是二世华锐仓·贡曲乎德钦（1737—1796）主持实施的，工程内容包括：1772 年，他自己出资对下续部学院经堂室内实施装修，捐置了各种供品；新建了一座学院经堂外部护法殿，奉立了部分护法神像；为本学院修建一所"荣康"（厨房），并购置一口斋食大锅[1]，新建的厨房位于经堂院内东南角。此后，再没有史料记载下续部学院维修或改扩建等事。

（四）早期建筑规模与形制

民国时期，许多学者调查研究了下续部学院，称"下续部学院在脱尚岭之左侧，喇嘛约一百余人，计分上中下三学级，年限无定，视各人之勤惰与智慧而定。正殿计东西五间，南北六间，经堂布置与脱尚岭正殿大致略同。因其规模较小，故光源尚佳。后殿内有大小宝塔共七座，大部为本札仓之高僧。正殿右侧为护法殿。左为厨房，厨房左侧为讲经院。讲经院后山麓有矮小房屋百余处，每年春冬雨季，该扎仓高级僧徒常于清晨静坐于上，观想修持，迫日出即散。此外每

---

[1] 扎扎著：《拉卜楞寺活佛世系》，甘肃民族出版社，2000 年，第 371—372 页。

年三月、八月、九月各有盛大法会一次"[①]。关于本学院建筑组群的分布规模,今保存于俄罗斯布里亚特历史博物馆、美国纽约鲁宾艺术博物馆的两幅寺院全景布画有清楚的表现,共有6处院落,包括外部护法殿院、经堂院、讲经坛、厨房院、辩经院、公房,均处于现在的位置(图135),其中经堂院、外部护法殿院、讲经坛、辩经院、厨房院聚集在一处(图136),外部护法殿院位于经堂院西面;讲经坛位于经堂院东面北侧(该建筑现已不存);厨房院位于经堂院东面南侧;辩经院位于讲经坛东面;公房位于寺院核心区西面嘉木样寝宫南门对面,文殊菩萨殿西面。主要建筑分布规模和特征有:

1.经堂院。坐北朝南,有完整的院落围墙,其中南围墙顶加一层边玛墙,西南角开正门。经堂建于庭院后部中央,三段式构图,包括前廊、前殿和后殿,其中前廊高两层,有6根廊柱外露,与现存建筑形制不同;前殿高两层,围护墙顶加一层边玛墙;后殿高4层,无金顶,围护墙顶加双层边玛墙,其中第三、四层南围墙中间开外挑门廊,左、右两侧对称各开2个窗子。

2.护法殿院。有独立的院落,坐北朝南,布局呈纵长方形,东面砌一堵墙

图135 美国纽约鲁宾艺术博物馆藏"寺院全景布画"中的下续部学院建筑组群分布全貌

---

①《拉卜楞大寺现状》,第五世嘉木样治丧委员会编:《辅国阐化正觉禅师第五世嘉木样呼图克图纪念集》(汉藏文版),1948年,第49—50页。

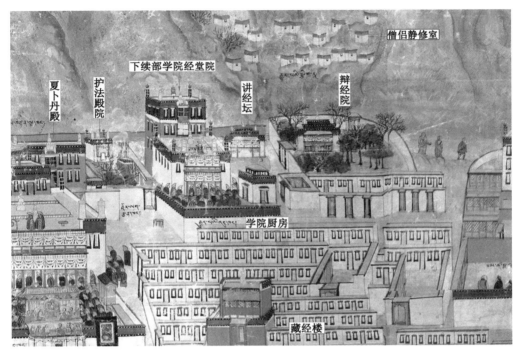

图136　美国纽约鲁宾艺术博物馆藏"寺院全景布画"中的下续部学院建筑组群局部

与经堂院分开，墙体南端开一侧门，通向经堂院；西面砌一堵墙与夏卜丹殿院分开。院内建两座房屋，主体建筑护法殿位于北面中央，藏式单层平顶结构，围护墙顶加一层边玛墙，正面开栅栏门；东面建一小佛殿式建筑，用途不明，外墙面饰红色，墙顶加一层边玛墙。

3. 讲经坛。位于经堂院东围墙外，辩经院西面，坐北朝南，背面依靠卧象山山脚，山脚处建挡土墙，墙顶部加双层边玛墙，墙体内侧建一藏式平顶亭阁，前部有较宽阔的广场。亭阁面阔3间，檐柱露明在外，进深不详，前部有三级片石砌筑的台阶，檐口处悬挂遮阳布帘。

4. 厨房院。位于经堂院外东南角，讲经坛南面。有两座建筑，西面为主体建筑厨房，藏式平顶结构，高两层，顶层为高起的"杜空"，面阔5间，进深3间，西面开正门，南面开侧门；东面为一座小型僧舍院，应是库房类建筑。

5. 辩经院。位于讲经坛东面，北面依靠卧象山山脚及寺院北面转经道，占地面积很大，有完整的院落围墙，西围墙中间开正门；东北角开一侧门，通向寺

院北面转经道；南面依靠僧舍群修建围墙。院内古木参天，北面中央建一座讲经坛，建筑外形、结构与其他学院辩经院内讲经坛大同小异，前檐柱间装木栏杆。

6.公房。位于寺院核心区西部一带琅仓囊欠东面，念智仓囊欠西面（该囊欠后被迁建到闻思学院前广场东面，原场地上修建了喜金刚学院辩经院）。院落式布局，坐北朝南，四周围墙环绕，南围墙中间开院门，院内东面建一排僧舍；西面堆放部分货物；北面建主殿，藏式平顶二层楼，体量较大，第一、二层正面墙体中央有外挑门廊，两侧对称各开3个窗子，东、西两山墙一、二层均开2个窗子。屋面东南角、西南角各立一尊黑色布幢。

寺院文物陈列馆存寺院全景布画（绘制于1985年左右）主要表现了20世纪50年代拉卜楞寺核心区建筑分布情景，与前两幅"寺院全景布画"相比，对下续部学院建筑组群6处建筑的空间形态、建筑形制样式、与周边建筑交接关系等表现得更加完整、清晰，建筑细部更加真实，与现存状态相比，有两个变化：第一，为经堂院东面的讲经坛建起了完整的独立院落；第二，厨房院位于经堂院内东南角。其他建筑分布形态、建筑样式与原貌基本一致（图137）。但该布画有明显的错误，即在经堂院西南角正门外又画出一座正门，两门重叠；又将外部护法殿院画在夏卜丹殿院南面围墙之内。该布画表现的下续部学院各建筑组群主要特征有：

1.主体建筑经堂与前述两幅寺院全景布画表现的情景基本一致。经堂院前部庭院无诵经廊，仅东、西两侧各建一排僧舍，东面为厨房，打断东面院落围墙，厨房一半在庭院内，一半在庭院外；经堂院的东南角建数间僧舍，其间设一侧门通向院外。

2.外部护法殿院落的四周围墙布局清晰，分前、后两院，其中前院开两个门，一门位于东南角，通向中部白塔广场处，一门开在东围墙上，与经堂院贯通；院内遍植林木，中部砌筑台阶，可登向后院。后院高起，背面依靠卧象山山脚，西面与夏卜丹殿院有一墙之隔，院落中部建护法殿，高一层，藏式平顶结构，四周围护墙顶加一层边玛墙，正面（南面）开门。

3.厨房位于经堂院的东南角，整体没有院落，打断了经堂院东围墙南段墙

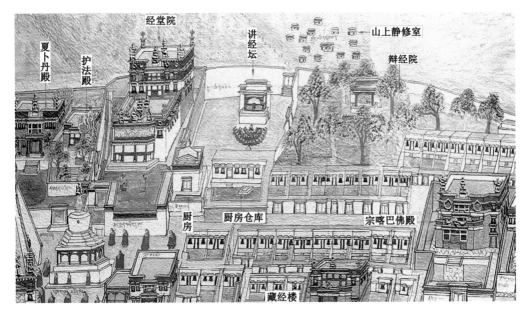

图 137　寺院文物陈列馆藏"寺院全景布画"中的下续部学院主要建筑组群

体。有两个独立小院并列，其南面为寺院北路。其中西院为厨房，是一个小院落，四周没有围墙，西面打断经堂院东围墙后再修建厨房的西墙，墙上开门，南面有一小院；厨房南面开一门，与小院贯通，小院东面又开一门，通向院外。东院为一处独立式僧舍院，院内四面建单层平顶僧舍（或为储物间），院中间有一口水井，西围墙上开门，与厨房院相对。

4. 讲经坛位于经堂院东北角，有宽阔的庭院，北面依靠卧象山山脚建挡土墙；西面与经堂院东围墙共用，墙上开一侧门，相互贯通；东北角开一侧门，通向寺院北面转经道；东面与辩经院有一墙之隔，墙上开侧门，相互贯通；南面无围墙，有厨房和僧舍（仓库）两座建筑。庭院北面砌筑一座高台，其上建一亭阁，藏式平顶结构，三面开敞，正面装木栅栏门，东面砌筑台阶。亭阁前围坐一群僧人聆听高僧讲经说法。

5. 辩经院位于讲经坛东面，总平面呈刀把形，布局形态与前述两幅"寺院全景布画"基本一致，但东北角无侧门。

6. 下续部学院公房的位置没有变化，但与前述两幅"寺院全景布画"相比，公房周边的建筑环境发生天翻地覆的改变（图138、图139）。首先，在寺院北路

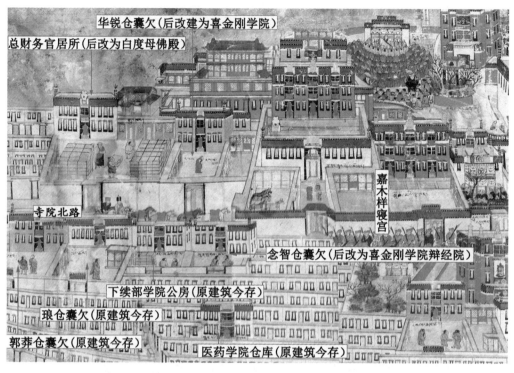

图 138　美国纽约鲁宾艺术博物馆藏"寺院全景布画"中的下续部学院公房及周边建筑分布状况

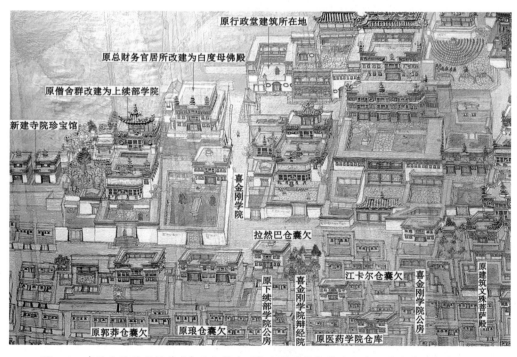

图 139　寺院文物陈列馆藏"寺院全景布画"中的下续部学院公房及周边建筑分布状况

北面自西向东依次修建了上续部学院（原为僧舍建筑群及总财务官居所西院）；白度母佛殿（原为总财务官居所东院及主殿堂）；喜金刚学院经堂及厨房、辩经院等（原为华锐仓囊欠）。其次，在寺院北路南面自西向东的建筑有：郭莽仓囊欠（原建筑）、琅仓囊欠（原建筑）、下续部学院公房（原建筑）、喜金刚学院（原为念智仓囊欠）、医药学院仓库（原建筑），在原大片僧舍建筑群上修建了拉然巴仓囊欠、江卡尔仓囊欠、喜金刚学院公房（也称"嘉朵公房"）等。相比之下，下续部学院公房的庭院布局、主体殿堂建筑形制没有发生变化。

民国时期拍摄的众多拉卜楞寺建筑照片中，完整拍到下续部学院建筑组群部分院落及建筑的照片有：

1925年，美国植物学家洛克到访拉卜楞寺期间，拍摄一张表现寺院核心区中西部区域建筑分布全貌照（图140）[①]，表现了当时下续部学院外部护法殿院、经堂院、厨房院、辩经院4处建筑的分布情景及主要建筑外形特征，与寺院文物陈列馆藏"寺院全景布画"表现的情景完全一致。

图140 洛克拍摄的下续部学院建筑组群全貌（1926年，自南向北）

---

① 该照片现存美国哈佛大学图书馆。

图 141　林竞先生拍摄的下续部学院全貌（1930 年，自南向北）

1930 年，林竞《甘肃拉卜楞寺纪游》一文附一幅"拉卜楞寺全景照（林烈敷摄）"（图 141）[①]，系从寺院南部大夏河对面山坡上向北俯瞰拍摄而成，下续部学院为远景，但能清晰地看到外部护法殿、主体经堂院、厨房院、辩经院 4 处建筑的布局规模、建筑形制。

美国传教士格里贝诺 1932 年绘制的"寺院总平面示意图"[②]将下续部学院标注为"Gyume Monastery"（见图 13），地处寺院中部和平塔东北角。

1934 年《海潮音》杂志刊一幅题名为"甘肃拉卜楞寺全景下半图"（了空居士赠刊）照片[③]，系从寺院南部大夏河对面山坡上向北俯瞰拍摄而成，较完整地展

①林竞：《甘肃拉卜楞寺纪游》，《中华图画杂志》1930 年第 2 期，第 23 页。（按：该照片与 1931 年《时事月报》刊题名"青海黄教重要寺院——拉卜楞寺全景"、1932 年《天津商报画刊》刊题名"拉卜楞寺之全景"（永清拍摄）似乎是同一底片，取景角度和范围完全一致。）

② Paul Nietupski. *Labrang：A Tibetan Buddhist Monastery at the Crossroads of Four Civilization*, Ithaca, New York：Snow Lion Publication, p20, 1999.

③《海潮音》1934 年第 15 卷第 5 期插图"甘肃拉卜楞寺全景下半图"（了空居士赠）。

图 142　民国时期拍摄的下续部学院经堂院等建筑全貌（1947 年，自南向北）

示了下续部学院经堂院、厨房院、讲经坛、辩经院 4 处建筑的分布形态及建筑形制。

1948 年版《辅国阐化正觉禅师第五世嘉木样呼图克图纪念集》刊一张下续部学院建筑组群特写照[①]，根据当时闻思学院前殿楼的建筑形制判断，该照片拍摄于 1947 年，较完整地表现了下续部学院外部护法殿、经堂院、厨房及辩经院的分布状况、建筑形制，因印刷质量不佳，许多建筑细节不清（图 142）。

早年，拉卜楞寺的众多建筑被拆除或改作他用。1981 年，著名建筑师邓延复先生拍摄了多张表现寺院核心区内不同地段各建筑留存及分布状况的照片，其中一张系从闻思学院前广场向东北拍摄，重点表现了留存下来的下续部学院外部护法殿院和经堂院的状况（图 143），与前述几幅"寺院全景布画"表现的情景基本一致；第二张系从寺院北路东面向西拍摄，也非常清楚地展示了当时寺院核心区东北部一带

---

① 第五世嘉木样治丧委员会编：《辅国阐化正觉禅师第五世嘉木样呼图克图纪念集》（汉藏文版）"照片部分——下续部学院"，1948 年。

图 143　1981 年拍摄的下续部学院全貌

建筑的留存状况，其中下续部学院东面讲经坛、辩经院均被拆除，厨房院围墙及僧舍院（仓库）被拆除，留存下来的其他建筑有宗喀巴佛殿、蒋干仓囊欠等（图 144）；第三张拍摄了寺院核心区西部一带建筑的留存情况，其中寺院北路北面的多数建筑得以保存，南面留存的建筑仅有郭莽仓囊欠、琅仓囊欠、医药学院仓库等，大量建筑被拆除或改作他用，仅存遗址，其中包括下续部学院公房（图 145）。

　　2011 年，笔者拍摄了一张下续部学院全貌照（图 146），与前述早期寺院全景布画、照片相比，学院的周边环境状况、4 个院落布局形态及各建筑间相互交接关系等发生较大改变，主要原因是：1980 年以来，拉卜楞寺陆续开展核心区各区域建筑的维修、重建工作，维修、恢复重建的建筑有：中部白塔底座外围广场铺设片石地面及台阶；学院大门外新修 5 级垂带式条石踏步，外部场地更加规整；恢复重建下续部学院讲经坛、辩经院围墙，但将两处建筑合并在一个院落内，恢复重建了侧门，重新栽种树木；恢复了厨房院的围墙，但没有恢复厨房东面附属建筑僧舍院（仓库）；学院南面的蒋干仓囊欠西院佛堂在 20 世纪 80 年代失火烧毁，后恢复重

图 144　1981年拍摄的寺院东北部一带建筑留存情况（自东向西）

图 145　1981年拍摄的下续部学院公房遗址状况（自南向北）

图 146　2011 年拍摄的下续部学院全貌（自南向北）

建；在寺院核心区西部原址恢复重建下续部学院公房。

二、下续部学院的主要功能和社会地位

下续部学院主要用于广大僧侣修习密宗经典教义，培养宗教人才。

本院的学僧来源有两种，"或由闻思学院毕业后转来者，或出家即进入该学院者。修业年限根据个人情况而定"[1]。凡在闻思学院修习完"五部大论"的学僧，不管是否获得闻思学院显宗学位，皆可申请进入下续部学院修习，考取密宗"格西"学位。史料记载，民国时期下续部学院有僧人二百余人[2]。如今，本学院有学僧约百余人，设 3 个学级：初级、中级、高级。本院的修习戒律繁多，教规严格，对僧人的日常生活、言谈举止、吃喝用度等皆有很严格的规定[3]。

---

① 洲塔著：《论拉卜楞寺的创建及其六大学院的形成》，甘肃民族出版社，1998 年，第 226 页。

② 任美锷、李玉林：《拉卜楞寺院之建筑》，原载《方志》1936 年第 3、4 期合刊，甘肃省图书馆编：《西北民族宗教史料文摘——甘肃分册》，1984 年，第 597 页。

③ 甘肃省夏河县志编纂委员会编：《夏河县志》，甘肃文化出版社，1999 年，第 910 页；洲塔著：《论拉卜楞寺的创建及其六大学院的形成》，甘肃民族出版社，1998 年，第 227 页。

《拉卜楞寺志》记载，下续部学院学僧"主修《胜乐》《密集》《大威德》三尊之圣经"[①]。《安多政教史》对下续部学院的修习内容也有较详细的记载[②]。除了修习宗教经典外，本院学僧还学习用彩沙制造坛城模型等技艺。凡完成规定学业的学僧，可参加每年农历二月举行的"俄仁巴"学位辩论考试，每年只授予1人，是拉卜楞寺密宗学院最高学位。

三、现存各建筑组群的规模与形制特征

下续部学院是一处占地规模较大的建筑组群，有5处建筑集中在一地，包括经堂院、厨房院、讲经坛、辩经院、外部护法殿，1处建筑位于寺院核心区西部，即下续部学院公房。下续部学院1716年创建，主体建筑经堂的原址不在现位置，且建筑形制较为简陋。1728年扩建，增建了后佛殿。1731年，整体迁建到现位置。1772年，对护法殿、厨房实施维修、改建。

现留存的原建筑有经堂、厨房（2016年落架大修）、外部护法殿；重建建筑有辩经院和公房，其中将原讲经坛与辩经院合为一个院落。连成一片的建筑有外部护法殿院、经堂院、辩经院、厨房，地处闻思学院东北角一处台地上，北面依靠卧象山，占地规模较大，东西长约140米，南北宽约55米，有各自独立的院落（图147）。单独成院的建筑有公房。

（一）经堂院

经堂院有独立的院落，南北长52米，东西宽42米，占地面积约2180平方米，北面依靠卧象山山脚处崖壁为院落边界，局部构筑夯土围墙。受地形条件限制，院内空间较狭小，大致分前、后两院，主要建筑有经堂、僧舍等，没有诵经廊。四面围墙片石砌筑、夯土构筑而成，东、西两侧墙顶局部加单层边玛墙。南

---

① （清）阿莽班智达著：《拉卜楞寺志》，玛钦·诺悟更志、道周译注，甘肃人民出版社，1997年，第195—196页。

② （清）智观巴·贡却乎丹巴绕吉著：《安多政教史》，吴均、毛继祖、马世林译，甘肃民族出版社，1989年，第368页。

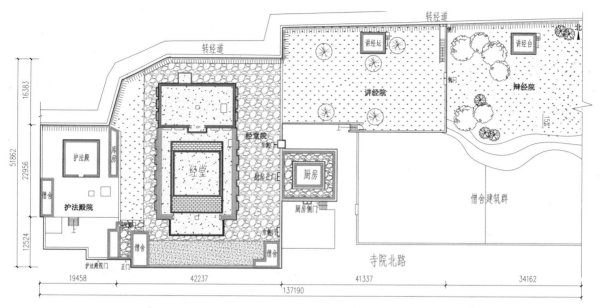

图 147　下续部学院连片的建筑组群总平面（1：200）

围墙外为一陡崖，高约 4 米。院落四周共开 4 个门，西南角为正门，20 世纪 80 年代新建，藏式平顶结构，前后以二柱挑出门廊，柱头上置坐斗、弓木、额枋及斗拱等；门洞内侧墙为树枝编织，表面罩草泥，装藏式双扇木板门；东围墙上开南、北两个侧门，其中北侧门通往辩经院，南侧门通向寺院北路；西围墙南端开一侧门，与护法殿院贯通。

经堂院内建筑有主体建筑经堂及附属建筑僧舍。

图 148　下续部学院经堂正面全貌（2011 年，自南向北）

1. 主体建筑经堂

经堂建于院内后部中央，坐北朝南，南北长 41.8 米，东西宽 20.8 米，围护墙内面积 789 平方米，通高 4 层（21 米），藏式平顶结构（图 148）。围护墙外侧有片石铺设的转经道，供信徒们环绕

经堂各部分功能：

1. 后殿属"无色界"区域。用于供奉佛菩萨尊像、高僧灵塔及本学院护法神。

2. 前殿属"色界"区域。用于本学院学僧集体聚会、修习宗教经典、高僧讲经说法。

3. 前廊属"欲界"区域。用于普天之下僧俗信众礼佛敬佛、磕长头等活动。

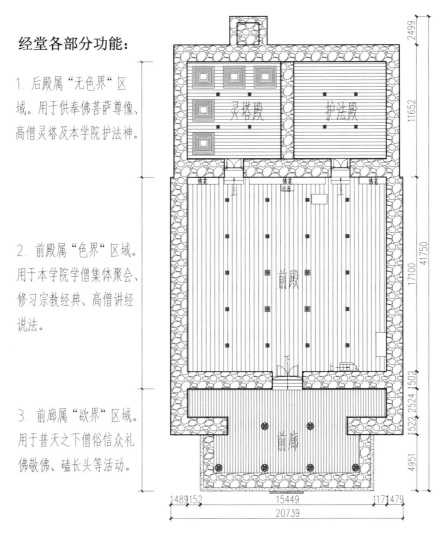

图 149　经堂一层平面及各部分功能图（1：100）

转经（图 149）。

　　经堂主要用于本院僧侣修习经典、讲经说法、举行礼佛敬佛仪轨等，整体空间格局、建筑样式完全按照藏传佛教"三界空间观"思想营造，由前廊、前殿、后殿三个空间构成，按中轴对称布局，地面自南而北渐次升高（图 150）。前廊是一处过渡空间，外部开敞，供僧俗民众礼佛敬佛（磕长头），寓意"欲界"；前殿是本院僧侣聚会修习处，仅正面开殿门，一层四面不开窗，空间密闭，中央上部升起礼佛阁，南面设高侧窗，供一层室内采光通风，外墙面涂饰白色，寓

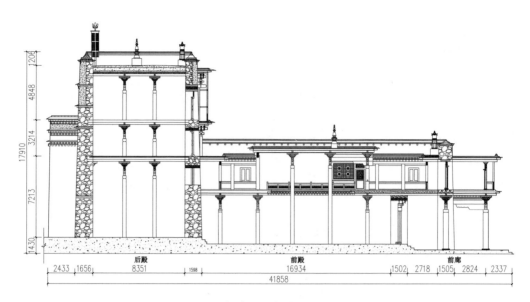

图 150　下续部学院经堂横剖结构（1:100）

意"色界"；后殿为佛殿，分为两大间，西面为灵塔殿，主要供奉本寺及本院已
圆寂高僧大德的灵塔等，东面为护法殿，主要供奉本院护法神及其他神佛菩萨尊
像，外墙面涂饰红色，寓意"无色界"。三者间有特殊的比例关系（附表3）。

（1）前廊

前廊比院落地面高 0.4 米，向外凸出，藏式平顶结构，通高两层（8.5 米，地
面至屋顶挑檐墙帽距离）。

第一层面阔 3 间（12.2 米），进深 2 间（7 米），室内净面积 106 平方米。廊
内立 2 排 6 根柱子（廊柱 4 根，金柱 2 根）承托上部梁枋及楼面，檐口以方椽和
片石挑出（图 151、图 152、图 153）。在空间构造上，前廊三面无围护墙，前排
4 根柱子暴露在外，上部梁枋承挑楼面（二层地面），后排 2 根柱子上部横向梁
枋端头插在两端承重墙内，纵向梁枋的北端插入前殿南承重墙内，整个柱子梁枋
既有承挑屋面的功能，也与承重墙共同组成一个稳定的空间结构。

廊柱为典型的藏式十二角拼合柱，柱径 55 厘米，柱高 3.3 米，底部置石柱
础（高出地面 10 厘米）。柱身通体饰红色，柱幔通体木雕镶贴，雕刻图案、油
饰彩画繁缛，以红、蓝、绿、黄色为主；柱头上置多层梁枋，自下而上为金钱

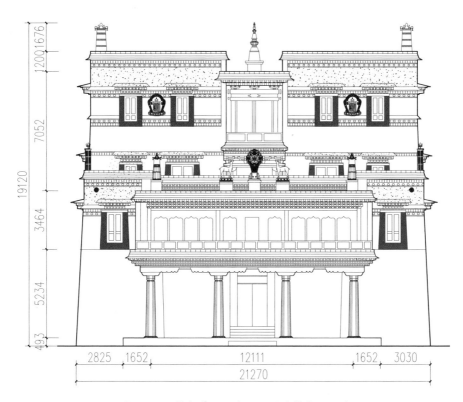

图 151　下续部学院经堂正立面结构（1∶100）

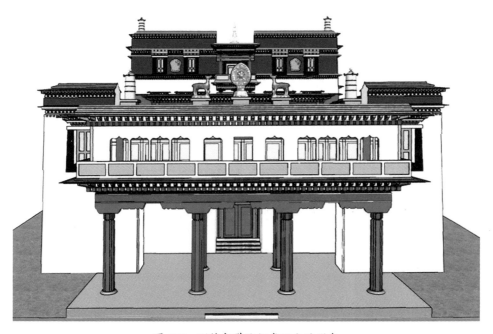

图 152　下续部学院经堂正立面形态

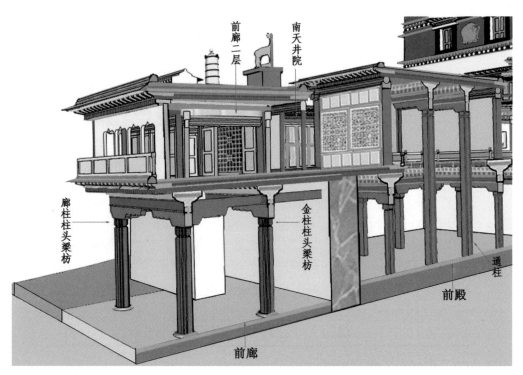

图153　下续部学院经堂前廊剖面透视结构

枋、十二棱形栌斗、短弓、长弓、兰扎枋、莲瓣枋、蜂窝枋等，柱头梁枋组合层高1.5米（大斗底至椽子木上皮），各层梁枋横向用灯笼榫连接，竖向以暗梢固定（图154、图155、图156、图157）；蜂窝枋上铺椽子，断面方形，边长18厘米，椽子上铺栈棍，组成二层楼面。廊内地面四周铺条石，中间铺木地板，供僧众礼佛、本院僧侣举行仪式时就座。廊内北、东、西三面遍绘壁画，主要有"四

图154　前廊金柱及梁枋油饰彩画（2011年）

图155　前廊金柱柱头及梁枋雕饰（2011年）

大天王""生死流转""和气四瑞""金刚宝剑"图等(图158、图159),是拉卜楞寺各宗教殿堂共同绘制的壁画题材。

图156　前廊转角柱头及梁枋雕饰图案(2011年)

第二层建于第一层屋面之上,面阔5间(含左右出廊2间),进深3间(含前后出廊2间),东、西、南面外廊为走道,相互贯通,廊内均铺木地板,外侧边沿处设木护栏扶手;后廊(北面)与南天井院贯通。前檐金柱、后檐柱间均装各种形式的木隔扇门、隔扇墙。室内分隔为大小不一的房间,有本院管理机构办公地、活佛讲经

图157　前廊完整的一组柱头梁枋油饰彩画图案(2011年)

修行室、储藏室等,其中办公用房室内装修华丽,活佛修行室、储藏室内木构件无油饰彩画,这种装饰风格符合藏传佛教修行礼制需要。屋面藏式平顶结构,防

图158　前廊壁画四大天王之一(2011年)

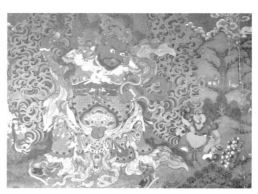

图159　前廊壁画四大天王之二(2011年)

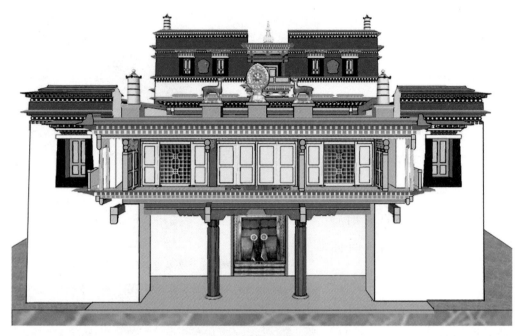

图 160　下续部学院经堂前廊纵剖结构

水层以砂石土碾压而成，前部中央置铜质镏金法轮、"二兽听法"饰件及宝瓶等（图 160、图 161）。

（2）前殿

前殿主要用于本院僧侣开展集体诵经、修习、举行法会活动等。室内地面比前廊高 0.5 米，20 柱结构，面阔 5 间，进深 6 间，通高两层。与前廊间以片石承重墙分隔，墙体中间开正门，是拉卜楞寺宗教殿堂等级最高的门，门框三套件式（大边框、金钱枋、莲瓣枋、蜂窝枋等），正面绘彩画，其中大边框饰贴金宝珠吉祥草纹、贴金二龙献宝卷云纹；莲瓣枋、蜂窝枋、金钱枋为拉卜楞寺宗教殿堂固定的雕饰纹样，构件背面均素面无饰。门框内装藏式双扇木板门，门板正面各饰铜质镏金饰带 4 条，中间装镏金铺首铜环；上槛之上置两层堆经枋、一层额枋，堆经枋饰贴金卷云头纹、几何纹，额枋饰四瓣花卉纹；门额之上供置 9 尊彩绘木雕护法神像，中间 7 尊为绿毛白狮，两端为白象。门楣上方绘一横框，框内彩画佛像 11 尊，框上部又绘一横框，框内彩画 5 尊佛像，均为本学院供奉的主尊佛（图 162）。

第一层室内净面积 338 平方米，通高 4.3 米。共立 20 根柱子，柱子及上部

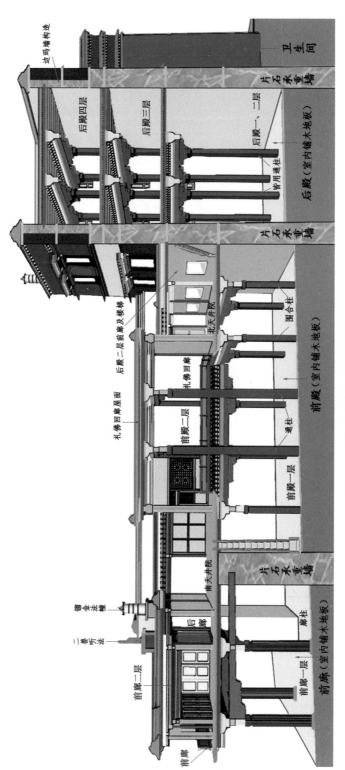

图161 下续部学院经堂横剖结构之一

185

图 162 下续部学院经堂前殿正门全貌（2013 年）

梁枋层共同承挑上部楼面。在空间构造形态上，总体呈"回"字形布局，四周以片石承重墙围合，柱头上横向架设 3 组梁枋组合体（包括大小弓木、兰扎枋、莲瓣枋及蜂窝枋、堆经枋等），左右两侧纵向架设 2 组同样的梁枋组合体，相互交接，围合成由多个"回"字形组成的空间形态。结构构造工艺特征有：

第一，在横向梁枋组合层布置方面。从前向后，第一排的 4 根柱子及上部梁枋层共同承托上部楼面（第二层地面），梁枋层两端插在东、西两侧承重墙内；第二、三排各有 4 根柱子，其中两边柱子承载纵向梁枋组合层，中间 2 根为通柱，上部置横向梁枋组合层，单独承托上部礼佛回廊屋面，梁枋端头暴露在前殿第二层天井院内；第四、五排各有 4 根柱子，其上梁枋组合层承托上部楼面，梁枋两端插在东、西两侧承重墙内。

第二，在纵向梁枋组合层（构件组合方式同横向梁枋）布置方面。从西向东，第 1 列的 5 根柱子及柱头梁枋组合层共同承托上部楼面（第二层地面），仅北端延伸并插入后承重墙内，南端与角柱相交后，暴露在室内；第 2、3 列各有 5 根柱子，其中有 2 根为通柱直接承挑上部礼佛回廊（吹拔）屋面，柱头上无纵向梁枋组合层；第 4 列的 5 根柱子及上部梁枋组合层与第 1 列柱子完全对称。这样，室内柱子、周边围合墙共同组成 3 个大小不一的"口"字形空间形态，内、外相互套接，又整体构成一个更大的"回"字形空间形态，包括：第一个"口"字由中央 4 根通柱组成，通柱向上升起并超过本层楼面（第二层地面），直接承托第二层之上的礼佛阁屋面；第二个"口"字由通柱周围的 16 根柱子及上部梁枋组合层组成，相互交接，环绕一圈，相当于一组圈梁，也共同承托上部楼面（第二层地面）；第三个"口"字形空间形态最大，由前殿一层四周承重墙围合而成，其中第二个"口"字的东、西、北三面梁枋组合层端头又分别插入承重墙内，与承重墙组成一个稳定的整体（图 163、图 164、图 165）。

第三，室内柱子均为藏式拼合方柱。其中：中央 4 根通柱边长 46 厘米，高 6.7 米，柱头上部承托礼佛阁屋面，柱身包裹柱衣，梁枋下悬挂各种彩色布幢、唐卡、其他装饰物等，营造出一种天宫玉楼的景象（图 166）；周围 16 根承重柱形制样式完全统一，边长 32 厘米，高 4.3 米，柱头梁枋层高 1.5 米，围合成一圈，承托上部楼面（即第二层地面），柱式、装饰完全一致，风格统一（图 167、图 168、图 169、图 170）。同时，为便于统一管理僧众聚会活动，在后部两排柱子正中设寺主嘉木样、本院法台的法座，还供置大量佛像，又自第一至第四列柱子之间地面上纵向铺设 6 列座垫和小木桌，供僧人诵经时就座、用餐，这种座位有分明的等级和地位特征，不可随意调换或违规占座。又为便于广大僧俗信众礼佛敬佛，在承重墙内侧四周留一条环形走道，信众只能顺时针环绕礼佛敬佛。殿堂后部依墙装置大量佛龛、佛柜、经书柜等，供奉各种大小不一、材质各异的神佛菩萨尊像、大藏经《甘珠尔》等。殿内东南角设一部木楼梯，可登上二层。

第二层总平面呈"回"字形，承重墙内净面积 360 平方米（横长 18 米，纵宽 20 米）。既与第一层多个"回"字形空间形态形成叠置关系，又在本层形成 4 个相对独立的"回"字形空间形态，相互套接在一起，再组成一个更大的"回"字形空间形态（图 171、图 172）。主要包括：

① 南天井院

平面呈横长方形，占地面积 114 平方米，由前廊二层后檐、中央礼佛阁前檐墙、前殿二层东、西两侧承重墙与房屋等共同围合而成，东北角、西北角通过

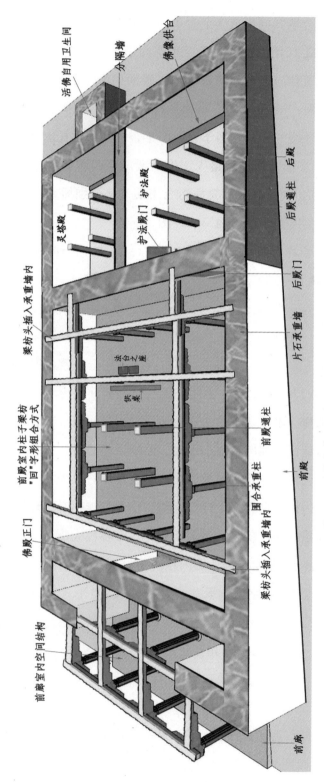

图 163 下续部学院经堂一层室内空间组合形态鸟瞰

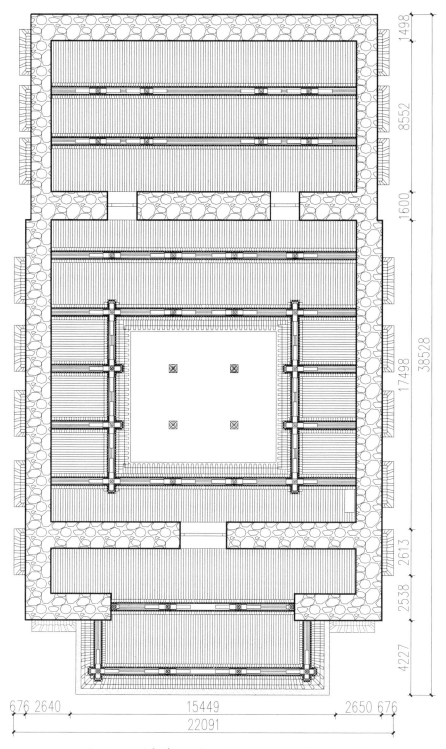

图164 下续部学院经堂一层室内梁架仰视结构（1∶100）

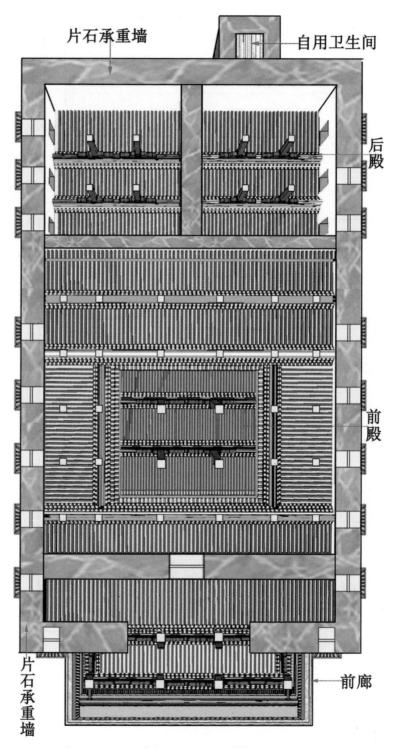

图 165 下续部学院经堂一层室内梁架组合仰视形态

190

图 166　前殿一层室内通柱及上部
梁枋组合层（2013 年，自东向西）

图 167　前殿一层室内柱头梁枋组合层承托楼面仰视
（2013 年）

图 168　前殿一层室内柱头梁枋组合及彩画之一
（2013 年）

图 169　前殿一层室内柱头梁枋组合及彩画之二
（2013 年）

图 170　前殿一层室
内柱头梁枋组合及彩
画之三（2013 年）

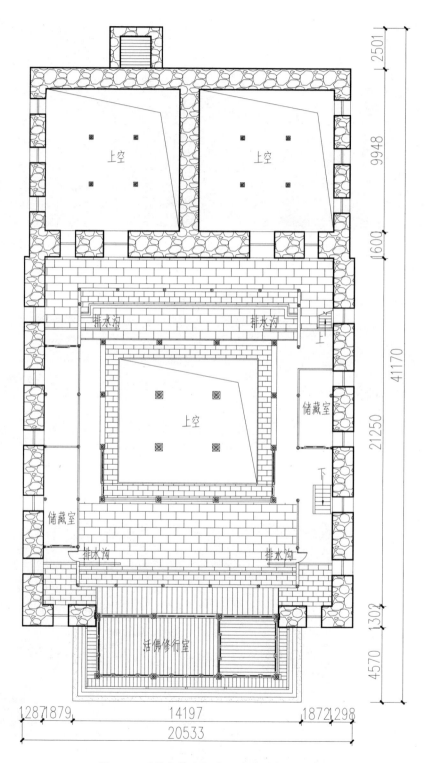

图 171　下续部学院经堂二层平面（1∶100）

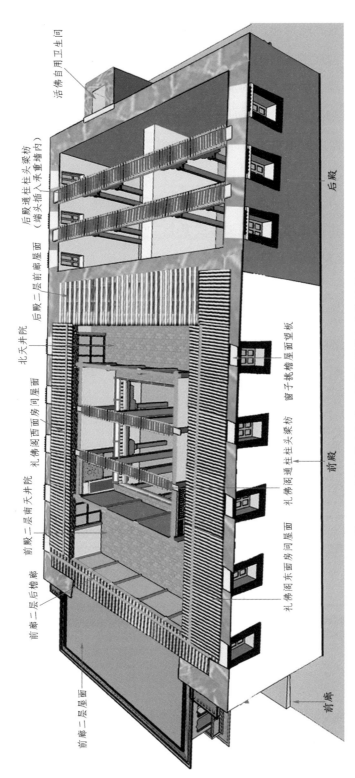

图 172　下结部学院经堂二层梁架结构组合俯视形态

回廊、走道与北天井院贯通。东、西两侧承重墙上各开1个窗子，承重墙内侧依墙建一列房屋，每列房屋面积44平方米，东、西两面大致对称，营造方式一致，以木柱、木隔扇墙分隔为不同的房屋，室内净高2.5米，有储藏室、楼梯间、修行室等（图173、图174）。这两列房屋与礼佛阁各自独立存在，以回廊、走道分隔。天井院东、西两侧承重墙顶部砌单层边玛墙，高一层（2.1米）。

② 礼佛阁

总平面呈正方形，由4根通柱及其上部悬空的回廊、通柱外部一圈12根柱子及柱间装置的木隔扇墙等共同围合成多个"回"字形空间形态，整体又组合成一个"回"字形空间形态，建筑面积109平方米。从地面至屋顶通高8米，其中第二层高3.4米。主要营造特征有：

第一，第一层室内4根通柱及其四面栽立的12根围合柱上部梁枋组合层共同组成一个独立的礼佛阁，这是一个独立的空间，总平面呈方形。南面（正面）围合柱间装木隔扇窗，开侧门，供一层室内采光通风，其他三面围合柱间或砌木骨泥墙，或砌青砖土坯墙，或装木隔扇墙，外墙面均涂饰白色，内墙面均绘大型壁画或悬挂唐卡（图175、图176）。

第二，中央通柱向上升起，与其四周的围合柱上部梁枋层共同承托礼佛阁自

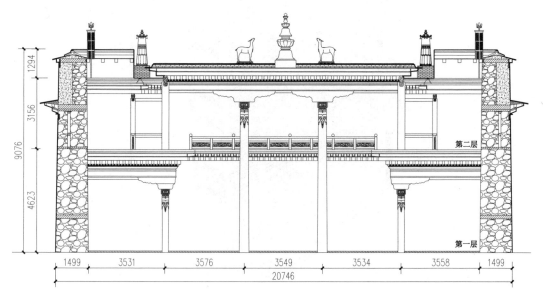

图173　下续部学院经堂前殿纵剖结构（1∶100）

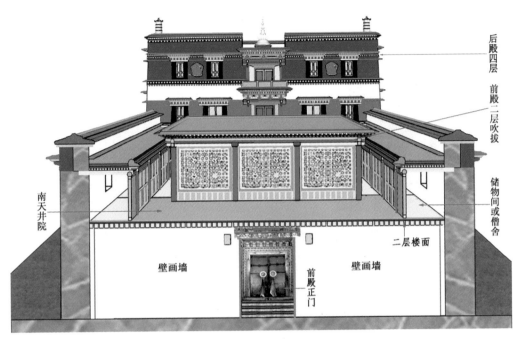

图 174　下续部学院经堂前殿二层南天井院空间形态

身独立的屋面,故前殿第二层地面被通柱打破,形成一个"口"字形空间,造型犹如一个空筒结构(图 177、图 178),但第二层地面又从开口处四周向空筒内延伸 1 米,形成环绕一圈的悬空式走廊(图 179、图 180),内边沿一侧装扶手栏杆及栏板,栏板内侧(即"看面"一侧)绘丰富的彩画,外侧(背面)素面无饰(图 181、图 182、图 183、图 184)。在走廊东、西两面南端各开一侧门,供人出入。

第三,通柱四周的围合柱与第一层室内承重柱上下对位,其中正面(南侧)柱头梁枋组合层油饰彩画图案内、外完全不同,外侧因常年暴露在天井院,受风吹雨淋及紫外线照射等因素的影响,破损、脱落、褪色非常严重,内侧保存非常完整(图 185、图 186、图 187);其他三面柱头梁枋组合层仅室内一侧有彩画,暴露在天井院一侧木构件均无彩画(图 188)。

第四,礼佛阁屋面为藏式平顶结构,结构构造同前廊屋面,比东、西两侧房屋屋面高出 0.4 米。

③北天井院

平面呈横长方形,占地面积 78 平方米。由礼佛阁后檐墙、后殿二层前廊及

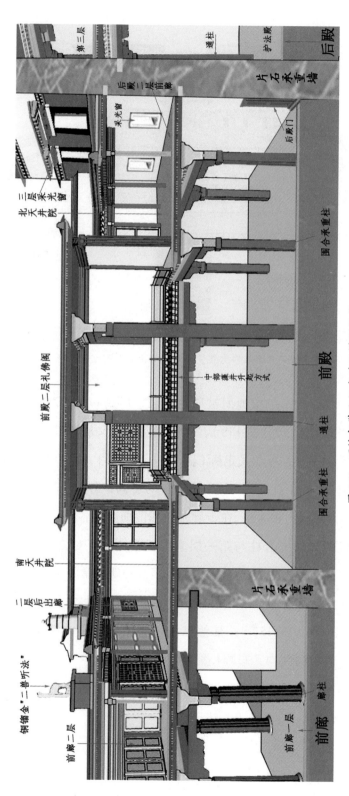

图 175　下续部学院经堂前殿横剖结构

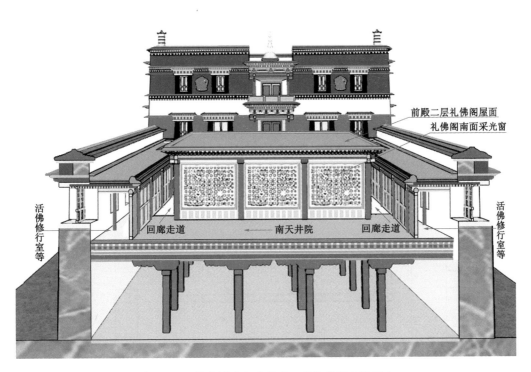

图 176　下续部学院经堂前殿二层礼佛阁空间形态

图 177　前殿礼佛阁内西面两根通柱上部梁枋层
装饰（2013 年，自东向西）

图 178　前殿礼佛阁内四根通柱上部梁枋层装饰
全貌（2013 年，自南向北）

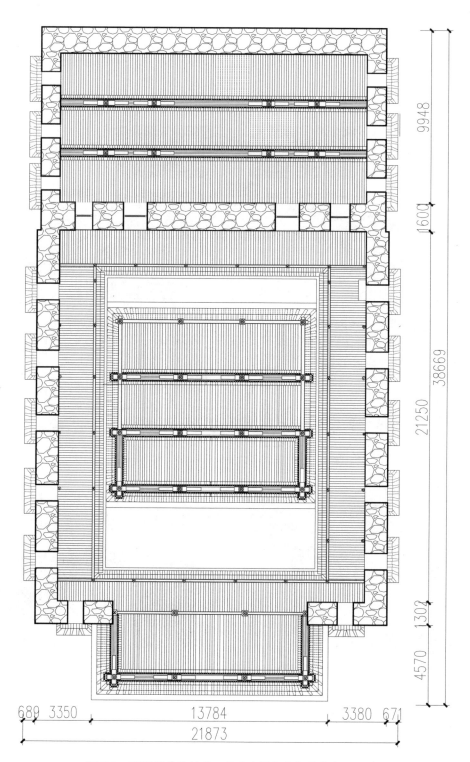

图 179　下续部学院经堂二层室内梁架仰视结构（1∶100）

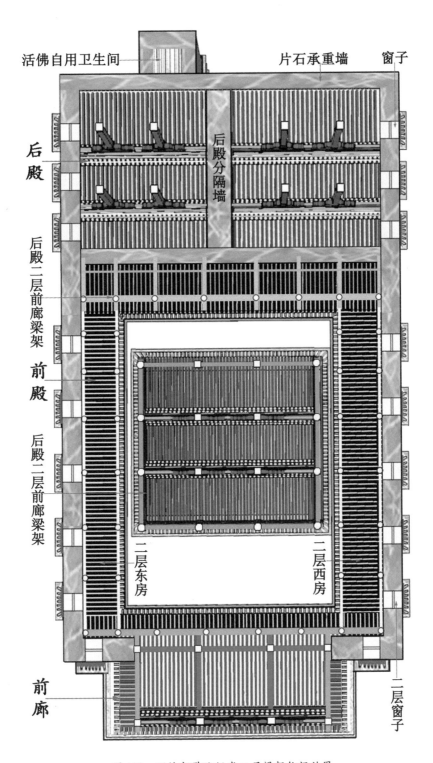

活佛自用卫生间　片石承重墙　窗子

后殿

后殿分隔墙

后殿二层前廊梁架

前殿

后殿二层前廊梁架

二层东房　二层西房

前廊

二层窗子

图 180　下续部学院经堂二层梁架仰视效果

图 181　前殿礼佛阁室内东面悬空走廊及　　　图 182　前殿礼佛阁室内二层通柱外围悬空走廊及墙面壁画之二
墙面壁画之一（2013 年，自南向北）　　　　　　　　　（2013 年，自东向西）

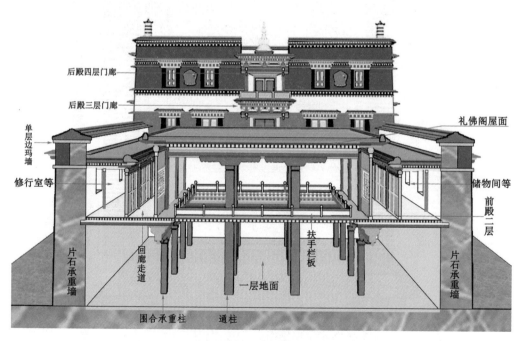

图 183　下续部学院经堂前殿礼佛阁纵剖结构形态之一

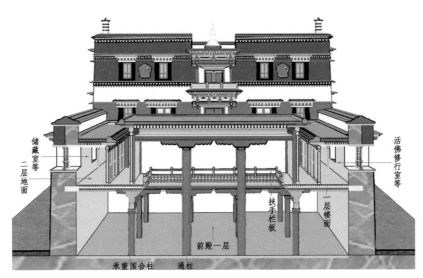

图 184　下续部学院经堂前殿礼佛阁纵剖结构形态之二

图 185　前殿二层礼佛阁前檐柱子梁枋外侧彩画
脱落严重（2013 年，自东南向西北）

图 186　前殿二层礼佛阁前檐柱子梁枋内侧彩画
（2013 年，自北向南）

图 187　前殿二层礼佛阁前檐一组
柱子梁枋内侧彩画图样

图 188　前殿二层礼佛阁后檐柱子梁枋无彩画
（2013 年，自东北向西南）

图 189　前殿二层北天井院空间形态（2013 年，自西向东）

图 190　前殿二层北天井院东面形态（2013 年，自西向东）

前殿二层东、西两侧承重墙与房屋等共同围合而成，东南角、西南角与礼佛阁东、西两侧回廊、走道贯通（图 189、图 190、图 191）。东、西两侧承重墙上各开 1 个窗子。承重墙内侧依墙建一列房屋，有走道、楼梯间等，东、西两面大致对称，营造方式一致，均以木柱、木隔扇墙等分隔为大小不一的房间。

④礼佛阁东、西两侧走道、房屋

位于礼佛阁东、西两侧，依靠承重墙内侧而建，两列房屋呈竖长方形，对称布局，与北天井院内东、西两侧房屋连通，房屋大小不一，正面装各种形式的隔扇门、隔扇墙及槛窗等，室内以隔扇墙分为大小不一的房间。房屋与礼佛阁间留一条宽约 0.5 米的走道，将南、北天井院贯通。每面承重墙上各开 3 个窗子，加上南、北天井院内两侧窗子，前殿二层东、西承重墙上各开 5 个窗子，承重墙顶加一层边玛墙，高 2.1 米（图 192、图 193）。

（3）后殿

后殿位于前殿后部，两者间以片石承重墙分开（图 194、图 195、图 196），前承重墙东端开佛殿正门，门外砌 3 级条石踏步。外墙面通体饰红色。

第一层总平面呈横长方形，分为两大间，中部砌一堵片石墙。东面为护法

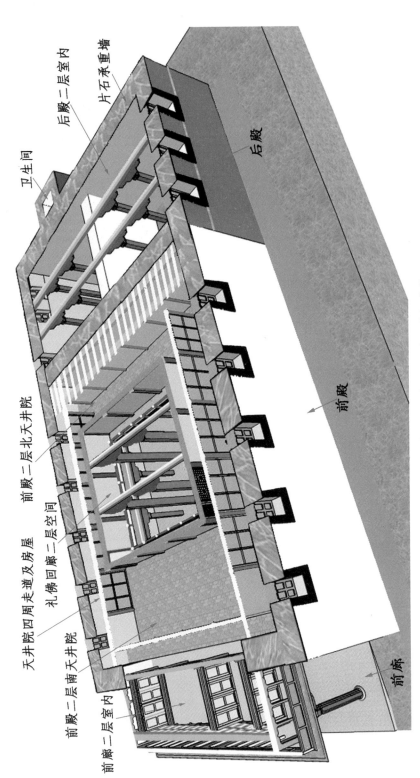

卫生间

后殿二层室内

片石承重墙

天井院四周走道及房屋　前殿二层北天井院

礼佛回廊二层空间

前殿二层南天井院

前廊二层室内

后殿

前殿

前廊

图 191　下续部学院经堂前殿二层空间俯视效果

203

图 192 　下续部学院经堂东立面（2006 年，自东向西）

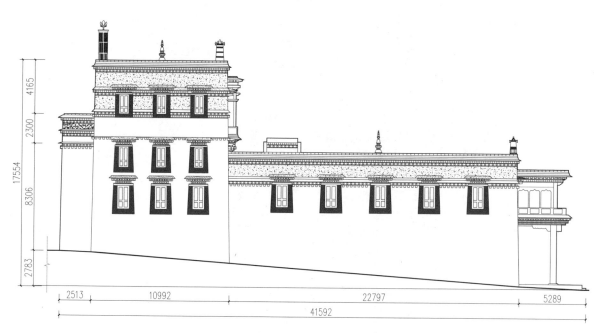

图 193 　下续部学院经堂西立面结构（1:100）

前殿二层礼佛阁

后殿四层门廊

后殿三层门廊

南天井院

北天井院

后殿二层前廊

前廊　前殿　后殿

图 194　下续部学院经堂前殿与后殿交接关系

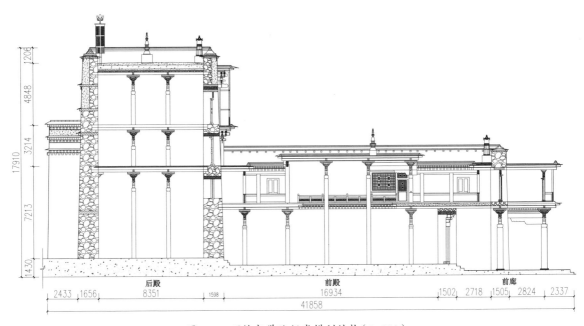

后殿　前殿　前廊

图 195　下续部学院经堂横剖结构（1:100）

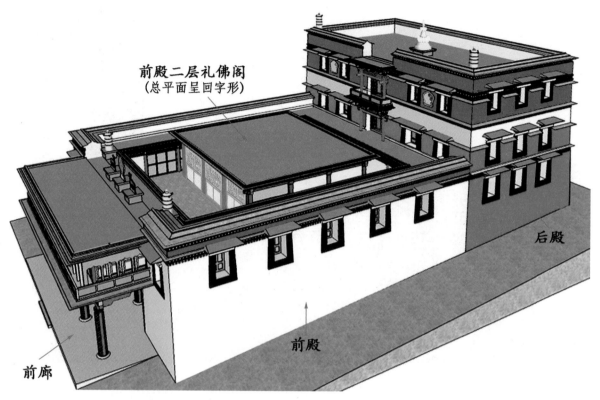

前殿二层礼佛阁
（总平面呈回字形）

后殿

前殿

前廊

图 196　下续部学院经堂全貌鸟瞰

殿；西面为灵塔殿，有第二层，但在结构构造上，不是完全意义上的第二层，而是从承重墙内挑出且环绕在墙面顶部的一圈走廊，供实施高空作业时使用，该殿堂内供奉一世德哇仓等活佛的灵塔 8 座以及其他重要的佛像若干。在空间营造方面，后佛殿犹如两个“回”字形空间并列，每间室内立 4 根通柱，柱高 6.4 米，断面方形，边长 28 厘米，柱头梁枋层高 1.5 米，承托上部楼面（第三层地面），柱式、装饰内容与前殿一样（图 197）。一、二层室内三面墙上不开窗，仅第一层正面东南角开一门，通向前殿；第二层正面承重墙上开采光门窗，供一层室内采光通风。此外，灵塔殿后墙外凸出一个墩台，高度与殿堂第三层墙底齐平（图 198），该墩台具有双重功能，一方面作为后殿后檐墙的扶壁墙，对稳固后檐墙具有一定作用；另一方面作为高级活佛自用的卫生间，修习密宗的高级僧侣需要定期在本佛殿三层或四层修行室内闭关修行。拉卜楞寺部分学院经堂、佛殿后檐

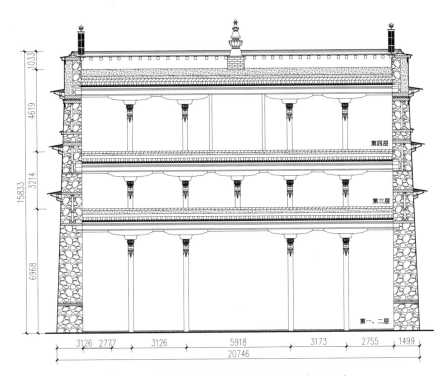

第四层

第三层

第一、二层

图197 下续部学院经堂后殿纵剖结构（1:100）

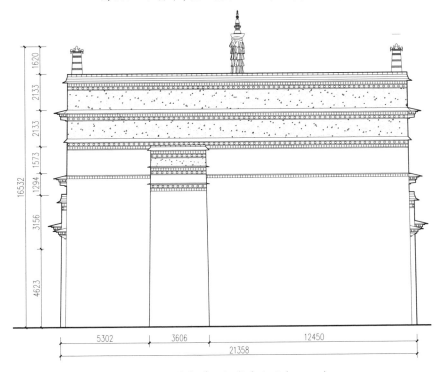

图198 下续部学院经堂背立面（1:100）

墙外也建有这种墩台。

第二层室内空间结构较为简单，仅西面灵塔殿室内上部有一处搭建在墙面上的小平台，环绕局部墙面。东面护法殿无第二层。东、西山墙上各开 3 个窗子，形制完全一致，以椽望、片石挑出遮雨檐（图 199、图 200、图 201）；南承重墙上并列开 1 门、4 窗，供一层室内通风、采光。门窗外搭建一排外廊，外廊的结构特征为：首先，在南承重墙外 2 米处立一排（6 根）圆柱，柱头上纵向置穿插枋，横向置额枋、承椽枋，穿插枋后尾插入承重墙内，前端搭在承椽枋上，其上再布椽子、飞椽，平顶屋面，与天井院东、西两面房屋屋面连为一体，相互贯通，又与礼佛阁后檐结构对称，在底部围合成北天井院，在顶部形成一个相对独立的露台（图 202）。

第三层平面呈横长方形，因四周承重墙自下而上有收分，室内面积略有缩小，净面积 115 平方米，共立 8 根柱子（图 203、图 204），柱子与来自第一层的通柱对位。1980 年以来，寺院对该经堂第三、四层室内进行过维修，沿室内墙

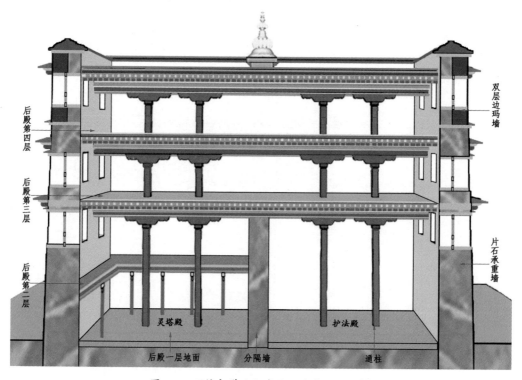

图 199　下续部学院经堂后殿室内纵剖结构

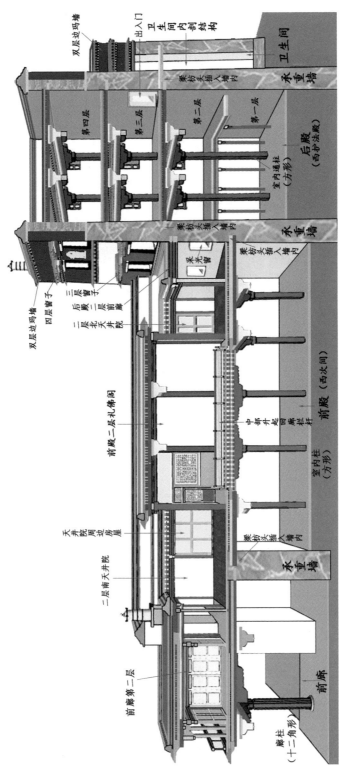

图 200 下续部学院经堂后殿丙次间横剖结构形态

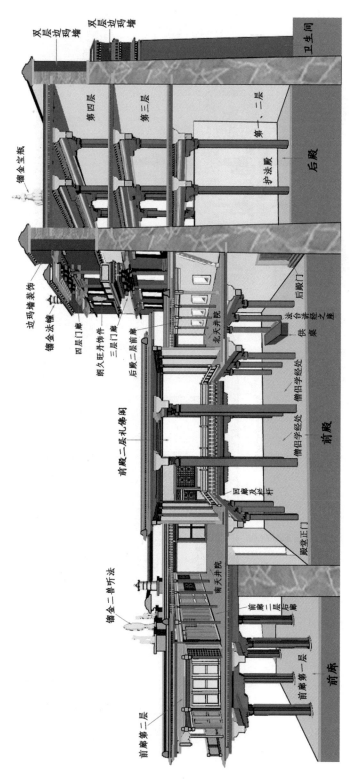

双层边玛墙

双层边玛墙

卫生间

第四层

第三层

第一、二层

第一、二层

护法殿

后殿

镏金宝瓶

边玛墙装饰

镏金法幢

四层门廊

明久旺丹饰件

三层门廊

三层二层前廊

后殿

后殿讲经门

法台讲经之座

供桌

僧侣学经处

僧侣学经处

北天井院

前殿二层礼佛阁

前殿

回廊及栏杆

殿堂正门

镏金二兽听法

南天井院

前廊二层后廊

前廊二层后廊

前廊第一层

前廊第二层

前廊

图 201　下续部学院经堂后殿末间横剖形态

210

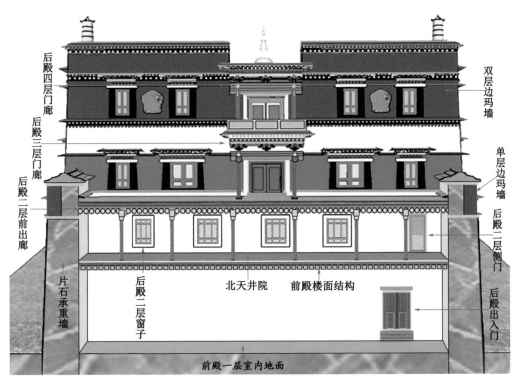

图 202　下续部学院经堂后殿正立面样式

面立多根扶壁柱及上部梁枋层，共同承托上部楼面、屋面（图205、图206）。南承重墙正中设外挑门廊，左、右两侧对称各开2个窗子，门廊结构构造与其他殿堂高层门廊大同小异，但使用典型的清式三踩单翘斗拱，形制完整，绘墨线旋子彩画，在拉卜楞寺各建筑中非常少见。在门洞外左、右两侧各立一柱，柱上施透雕雀替及额枋、平板枋，额枋上施三踩斗拱4攒，在正心拱上逐层叠置横梁，外挑瓜拱承挑檐檩，檩上置椽子，无飞椽，上铺望板，檐口压片石；门洞内装藏式双扇木板门，正面门扇彩画已完全脱落（图207、图208、图209、图210）。东、西两山墙上各开3个窗子。

室内以木隔扇墙分隔为3大间。西房占地面积最小，面阔1间，进深3间，室内存放各种佛塔及宗教用具；中间佛堂占地面积最大，面阔3间，进深3间，前、后立2排共8根柱子，上部梁枋围合成一个木构圈梁，西、北、东三面墙上装置大小不一的木柜、佛龛、供台等，供奉大量佛经、佛像等，俨然一派佛

图203　下续部学院经堂三层平面（1:100）

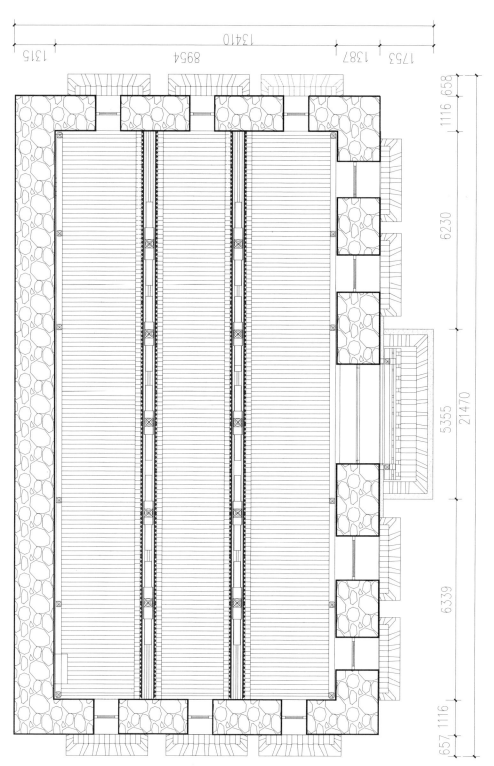

图 204 下续部学院经堂三层室内梁架仰视结构（1:50）

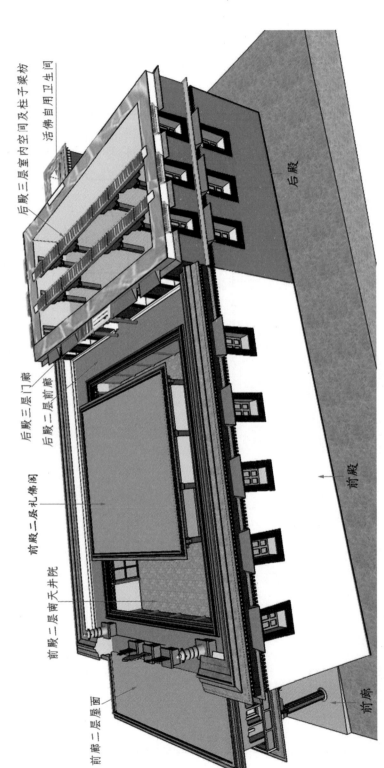

图 205　下续部学院经堂三层室内梁架结构鸟瞰

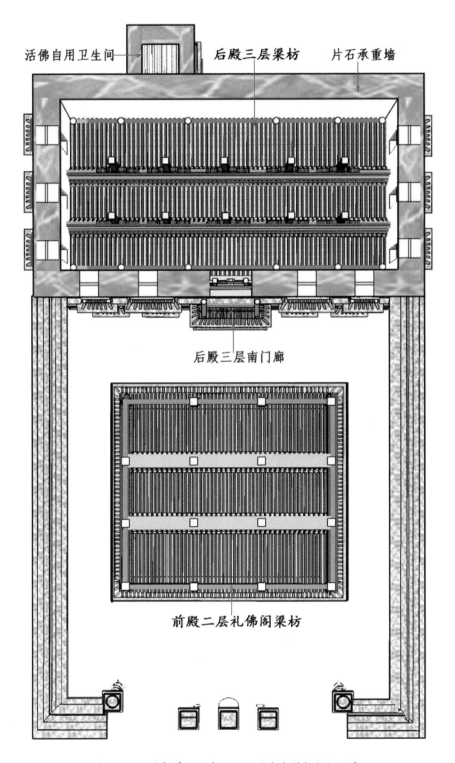

活佛自用卫生间　　后殿三层梁枋　　片石承重墙

后殿三层南门廊

前殿二层礼佛阁梁枋

图206　下续部学院经堂后殿三层室内梁架仰视形态

图 207　下续部学院经堂后殿三层正面门廊及窗子样式

图 208　下续部学院经堂后殿三层门廊正面
（2011 年，自南向北）

图 209　下续部学院经堂后殿三层门廊斗拱之一
（2011 年，自南向北）

国景象（图 211、图 212）；东面 1 间为楼梯间，中部主殿堂的梁枋一直延伸至此房屋内，将楼梯间分为前、后两部分，梁枋下砌一道木骨泥墙，后室为储物间，室内柱子一半露明，一半砌入墙内，该墙的正面绘一幅壁画《蒙人驭虎图》（图 213）；前室为楼梯间，室内置一架木楼梯，可登至第四层。拉卜楞寺各宗教殿堂中，楼梯间内墙面有壁画者，仅此一例。

　　第四层平面形态与第三层基本一致，平面呈横长方形，室内柱网布局与第三

图 210　下续部学院经堂后殿三层门廊斗拱之二
（2011 年，自南向北）

图 211　下续部学院经堂后殿三层佛堂室内装饰
之一

图 212　下续部学院经堂后殿三层佛堂室内装饰
之二（2013 年）

图 213　下续部学院经堂后殿三层东楼梯间内壁
画《蒙人驭虎图》

层基本对应。1980 年以来，对该层实施过维修，增加了扶壁柱，新换了部分梁枋，新换柱子梁枋未油饰彩画。室内共立 3 排 14 根柱子，总面阔 6 间，进深 4 间，净面积 115 平方米（图 214），其中 9 根为藏式拼合方柱，断面 23 厘米，柱头梁枋层组合样式、彩画内容及风格与第三层大同小异（图 215），其他柱子置于拼合方柱之间。以木隔扇墙分隔为 3 大间，其中西面一间为活佛修行室，室内经书柜中存放大量经书；中部 1 大间为佛堂，室内后部立 2 排 4 根圆柱，圆柱上部正面各雕贴一条盘龙，昂首朝向中央（图 216），另保存各种材质的坛城模型 3 座（图 217）；东面 1 间为楼梯间。南承重墙中央设一外挑门廊，结构形制与第三层门廊同，墙外左、右各立一柱，柱头施坐斗、额枋、三踩斗拱、横梁、椽望等，挑出檐口，檐口铺石板，穿插枋后尾插入承重墙内。门廊两侧各开两窗，两窗间墙面上各悬挂一个铜镏金"朗久旺丹"装饰件（图 218、图 219、图 220）。

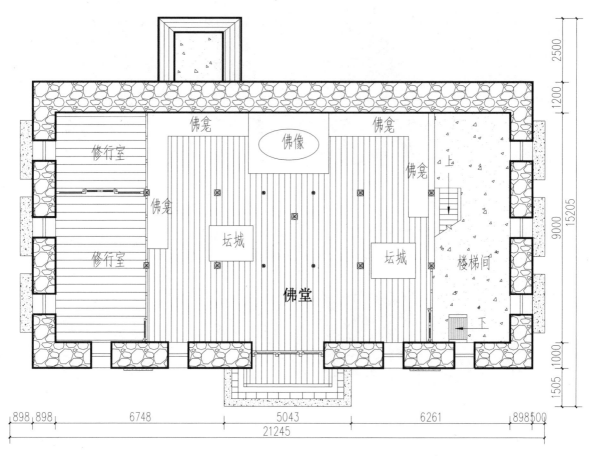

图 214 下续部学院经堂四层平面(1:50)

图 215 下续部学院经堂后殿四层室内藏式柱子梁枋及彩画
(2013 年)

图 216 下续部学院经堂后殿四层佛堂内木柱雕刻盘龙(2013 年)

图 217 后殿四层室内坛城模型之一

图 218 后殿四层正立面（2011 年）

东、西山墙上各开 3 个窗子，对称布局。四周围护墙为双层边玛墙，高 3.8 米。屋面藏式平顶结构，中央立一尊铜镏金宝瓶，东南角、西南角各立一尊铜镏金法幢；东面有一很小的楼梯间（图 221、图 222）。

在结构构造上，下续部学院经堂后佛殿与拉卜楞寺其他 5 座密宗学院（包括时轮学院、医药学院、喜金刚学院、上续部学院、红教寺）有很大区别，主要建筑特征有：

第一，它是拉卜楞寺唯一一座高 4 层的经堂后殿，且屋面没有金顶，但有一座很小的平面方形楼梯间（边长 1.8 米，高 1.5 米），如此，该后殿实际高 5 层。总宽度比前殿短 0.5 米。室内地面比前廊高 1.3 米，净面积 117 平方米，通面阔 6 间，进深 3 间，共分为两大间，四周没有立扶壁柱。相比之下，拉卜楞

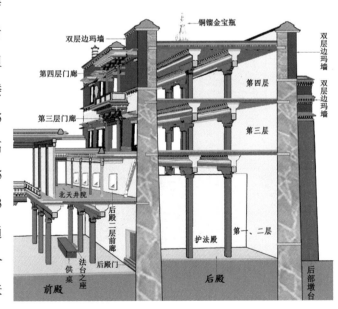

图 219 下续部学院经堂后殿横剖形态

219

拉卜楞寺建筑空间结构研究
Labulengsi Jianzhu Kongjian Jiegou Yanjiu

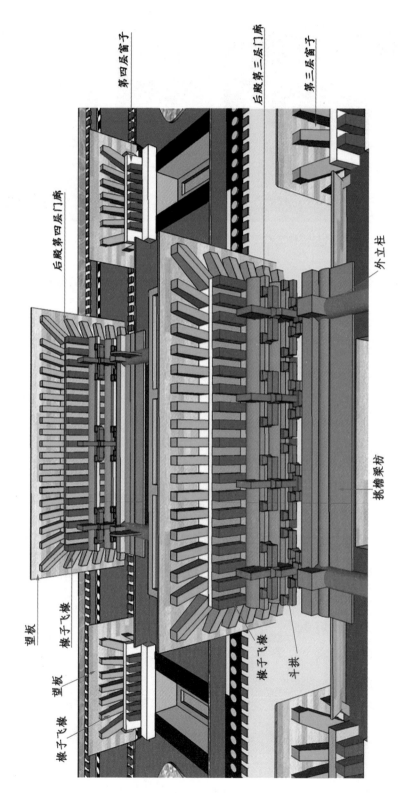

图 220　下续部学院经堂后殿三、四层挑檐门廊仰视形态

220

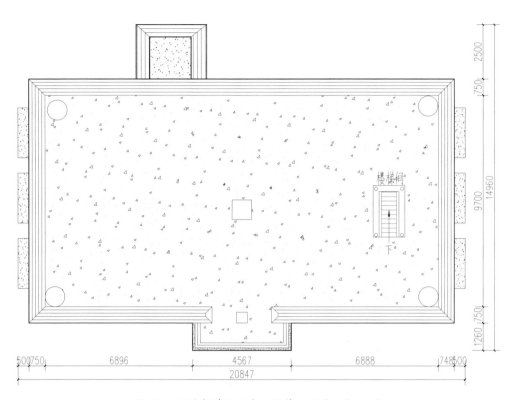

图 221　下续部学院经堂后殿第四层屋面（1∶50）

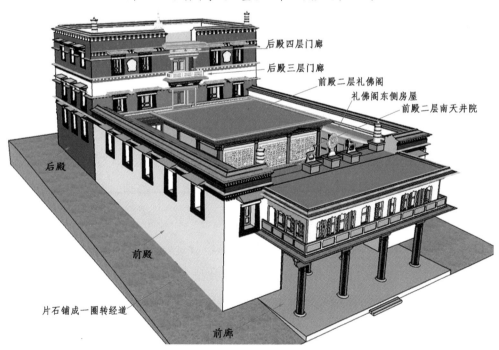

图 222　下续部学院经堂全貌鸟瞰

寺其他各学院经堂后殿均实高 3 层（不含金顶或楼梯间），第一层共分为三大间，如喜金刚学院、上续部学院、闻思学院等，且在后期维修或重建时，在承重墙内壁增加了许多扶壁柱，如时轮学院等。

第二，它是唯一一座在后殿室内立前、后两排共 8 根通柱的殿堂，殿内各层梁枋以横向安置为主，梁枋两端插入承重墙内，暴露在两侧楼梯间、修行室内，没有纵向梁枋，所有的椽子均纵向铺设，部分椽子两端插入南、北两面承重墙内。相比之下，其他 5 所学院经堂后殿均立一排共 2 根通柱，其中红教寺经堂后部为一个半独立空间，通柱周围有多根扶壁柱及上部梁枋层，纵横交错安置，椽子铺设也呈纵横交错状。

第三，殿堂第一层室内功能划分与其他学院不同。后佛殿共分两大间，西面为灵塔殿，东面为护法殿。相比之下，其他各学院经堂后佛殿一般分为三大间，中间为佛殿或佛堂，西面为护法殿，东面为楼梯间，仅闻思学院东面为灵塔殿，红教寺后佛殿仅有一间。

第四，殿堂后檐墙外侧西端建一座空心墩台，实为活佛专用卫生间，片石垒砌，呈方形空筒状，每面边长 2.5 米，室内分层搭有木板，平顶屋面，墙顶加双层边玛墙，但高度仅与佛殿第三层相等。相比之下，其他 5 所密宗学院经堂后佛殿后檐墙外均无这一设施，而显宗闻思学院大经堂后佛殿外有墩台建筑。

上述情况表明，下续部学院经堂是拉卜楞寺现存最早的、较多保存原结构构造、空间形态及样式的殿堂，后期改动较少，弥足珍贵（图 223、图 224）。

总之，下续部学院经堂自 1732 年完成迁建到现位置处，1772 年再次维修后至今，前廊、前殿、后殿一层室内大部分柱子、梁枋、壁画、油饰彩画为原物，是拉卜楞寺保存最早的建筑，保留很多早期建筑文化元素，其他修建得稍晚的学院经堂（时轮学院、医药学院等）壁画艺术风格与下续部学院基本一脉相承，特征明显，色彩浓艳，以蓝、绿色调为主，对比强烈。有学者认为，下续部学院经堂壁画是"根据佛教经典《佛画三百幅》以及中世纪西藏门唐巴画派门拉顿珠

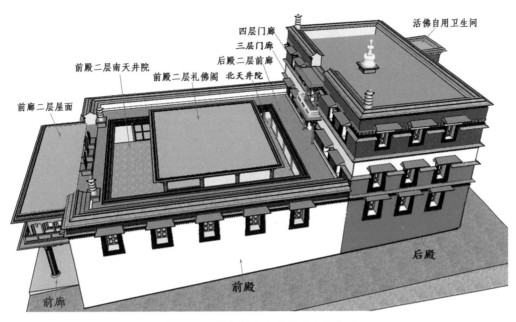

图 223　下续部学院经堂屋面全貌鸟瞰

《造像度量如意宝》等著作对佛像姿态、比例和尺度等方面的规定绘制的"[1]，这种绘画风格主要流行于18世纪中晚期，法度严谨，线条工整，以工笔重彩、白描为主。

2.附属建筑僧舍

经堂院内僧舍有两处：一处位于院内东南角，一处位于西南角。僧舍的建筑形制完全一致，结构非常简陋，藏式平顶式，面阔2~3间，进深1间。供本学院值守僧人居住。

（二）厨房院

厨房院位于经堂院东面，早期没有独立的院落，主体建筑厨房依靠经堂院东围墙修建，正门朝西；附属建筑僧舍（库房）建于厨房东面，有相对独立的院落（见图136、图137）。早年，本区域众多建筑被拆除或改作他用，主体建筑厨房得以留存，僧舍（库房）院被拆除，后未重建。

---

① 散人：《拉卜楞寺，佛画的宝库》，《中国西藏》1999年第5期。

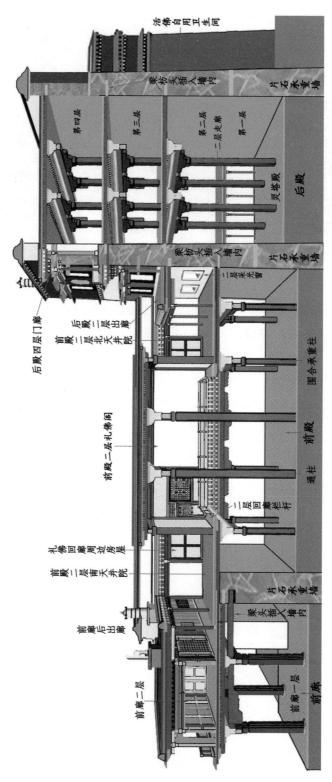

图 224　下续部学院经堂后殿横剖结构形态

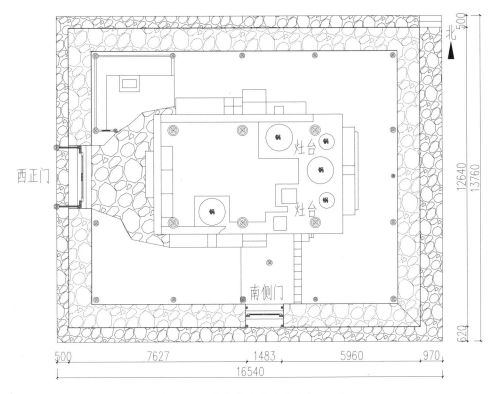

图 225　下续部学院厨房平面（1∶50）

厨房在 1992 年前后进行过全面维修（图 225），四周围护墙片石砌筑，外墙面饰白色，墙顶部加一层边玛墙，面阔三间（15 米），进深四间（12.6 米），总面积 174 平方米，通高 7.6 米，藏式平顶结构，高两层（图 226、图 227、图 228）。正门以二柱挑出门廊，柱间施长弓、小额枋，额枋上施三踩斗拱 3 攒，出卷草麻叶头，斗拱绘简单的蓝黑色卷云纹。门框内藏式双扇木板门，门扇、门框、檐柱均无油饰（图 229、图 230）。

第一层室内地面铺设形式杂乱，有水泥砂浆地面、素土地面、片石地面、木地板等，中央设青砖砌筑的灶台，高 0.4 米，台上置锅 5 口，东墙、南墙处置木柜。第二层为悬山式结构，屋面坡度很缓。结构构造为：在一层上部梁枋上立 8 根柱子，围合成一圈，形成一个面宽 2 间、进深 3 间的空间，各柱头上再置额枋、承椽枋等，各枋木上铺设椽子、边玛草枝，碾压砂石土，形成屋面。同时，在四周柱子间装木栏杆，在木栏杆外侧建一排低矮的房屋，高 0.5 米，进深 0.6

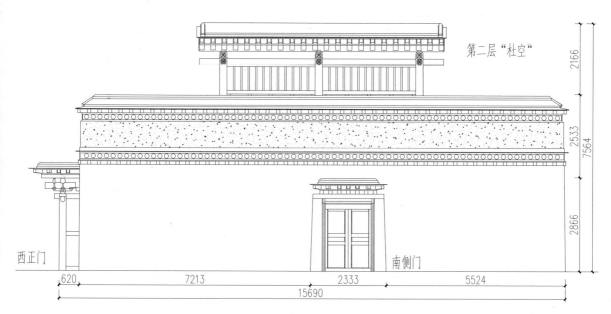

图 226　下续部学院厨房南立面（1:50）

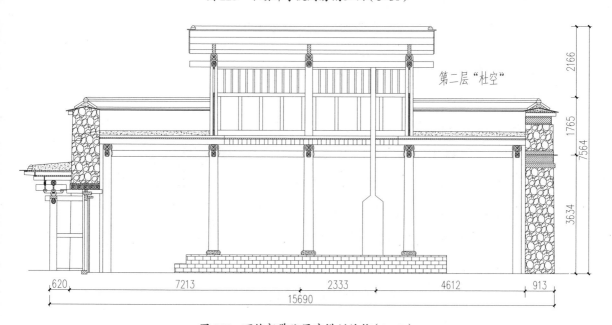

图 227　下续部学院厨房横剖结构（1:50）

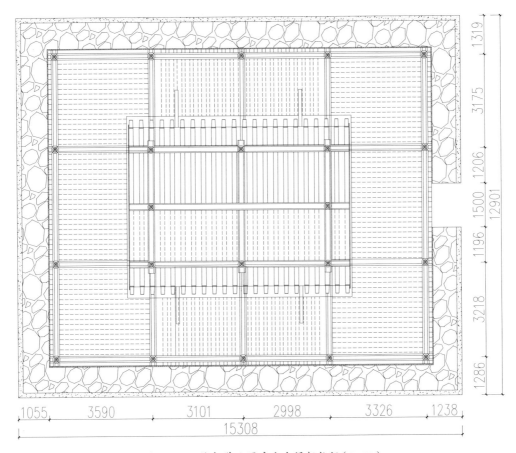

图 228　下续部学院厨房室内梁架仰视（1:50）

米。第二层"杜空"的主要功能是排放室内烟雾，犹如汉式建筑之"天窗"。2016年，对厨房实施落架大修（图231），重砌片石墙、边玛墙，更换糟朽严重的柱子、梁枋及椽望，重铺屋面防水层，对周边环境重新整治。

图 229　下续部学院厨房正面全貌（2011年，自西向东）

227

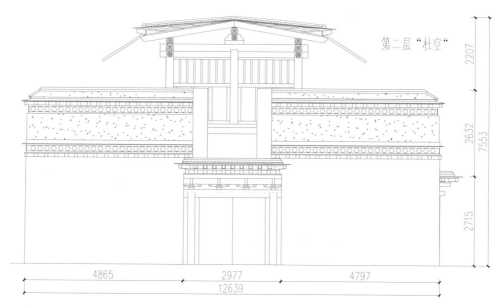

第二层"杜空"

图 230　下续部学院厨房正立面(1:50)

南侧门

图 231　2016 年维修厨房(2016 年,自东南向西北)

(三)护法殿院

　　下续部学院有两处护法殿:一处位于学院经堂后殿东侧,一处为学院外部护法殿。前文已述,学院外部护法殿的创建年代很早,1728年左右,一世华锐仓·俄昂华丹出资修建。1772 年,二世华锐仓·贡曲乎德钦再次出资维修护法殿,塑立殿内神像。

早年,本区域内众多建筑被拆除或改建,该护法殿得以保存下来,非常珍贵。位于经堂院外西侧,独门独院式,坐北朝南,院落四周构筑围墙,局部片石垒砌,局部夯土版筑,高低不等,最高处 3 米,最低处 1.6 米(图 232)。总占地面积622 平方米,分前、后两个小院,一高一低,一大一小,两院间高差 2.4 米。

　　前院约占总面积的三分之一,东面开一侧门,通向经堂院,院内没有建筑物，种植几株松柏，似一座小园林。后院为一处高台，前部砌筑9级条石垂带踏步，近年制作扶手栏杆。院内主要建筑有僧舍、护法殿、库房、煨桑炉等。空间布局如下：

1.西面建一排僧舍，系僧人值班室，面阔三间（10米），进深一间（3.5米），依院落围墙修建，前檐柱间装木隔扇墙、隔扇门，明间开一小门，两次间均装藏式棂条窗。

2.东面建一排库房，藏式平顶结构，外墙面涂饰红色，室内结构不详。主要用于存放护法殿用品等。

3.护法殿位于后院中央，藏式平顶结构出前廊式，总

图232 下续部学院护法殿院鸟瞰

图233 下续部学院护法殿后院正面全貌
（2013年，自南向北）

平面呈正方形，面阔、进深均3间（10.5米），通高一层，外形如一座小佛殿（图233），四周围护墙片石砌成，外墙面涂饰红色，顶部加一层边玛墙，前廊门洞外侧装棂条护栏，悬挂遮阳布幔，布幔上绘护法神像，狰狞恐怖，属密宗禁地，外人不可进入。屋面前部中央立1尊铜镏金宝瓶，左、右两端各立1尊黑牛毛编织的法幢。佛殿前部场地四角又各立1根高大的木经幡，其中两根经幡杆上装黑色牛毛编织的法幢，另两根经幡杆上装铜镏金法幢。

4.东南角处置一白色煨桑炉。

（四）辩经院

下续部学院搬迁重建后，同时修建了讲经院与辩经院，两院并列，以围墙分隔（见图136）。早年，本区域内多数建筑被拆除或改作他用，讲经院与辩经院均被拆除（见图144）。1980年以来，陆续在原址开展重建，将两院整合为一处，恢复重建了院落围墙、两座讲经坛。

现存辩经院坐北朝南，依靠卧象山山脚自然坡地修建，未经人工修饰，总占地面积2161平方米，四周围墙砌筑方式多样，局部片石砌筑，局部土坯砌筑，局部夯土构筑。西面与经堂院共用一堵围墙，围墙中部（厨房北侧）开一侧门，与经堂院贯通，是简易藏式单扇门。北面山脚处为转经道。院内遍植花草树木，环境优雅清净，是一处典型的寺院园林。凡参加辩经、讲经活动的僧人均席地而坐。本院僧人也可在此地独自打坐参禅。

院内共建两座讲经坛，其中西面讲经坛原有独立院落，现与辩经院合为一院，系20世纪80年代重建（图234）。东面辩经院内讲经坛也是20世纪80年代重建（图235）。两座讲经坛的平面布局、建筑形制完全一致，均为四柱长方亭，建于高0.8~1米的块石砌墩台上，北面砌筑片石挡土墙，高4.5米，底厚0.6米，墙顶加一层边玛墙（高0.8米），以青砖、片石、筒瓦垒砌墙帽，其他三面均开敞，墩台外沿近年重铺条石。均面阔三间（6.3米）、进深三间（5.3米），高2.8米，檐柱西面、南面各立一排木栅栏，高1.8米，东面设条石踏步，供上下行走。室内立4根藏式拼合方柱，柱幔雕刻并彩绘藏式吉祥图

图234　辩经院西面讲经坛全貌（2006年，自东向西）

案，其上依次置大斗、长短弓木、兰扎枋、莲瓣枋、蜂窝枋等；柱头梁枋四角相交，组成一个框架，上铺椽子、飞椽，屋面以砂石土碾压而成，前高后低，边沿处砌挡水墙，片石挑出檐口，雨水通过排水槽从后部排入院内。室内地面片石铺设，中央设有法

图 235　辩经院内东面讲经坛正面全貌（2006 年，自南向北）

台（或讲经主持者）座凳，木雕精致，平面横长方形，立面呈须弥座状，正面彩绘绿毛狮子、十字金刚杵图案等（图 236、图 237、图 238、图 239、图 240、图 241）。

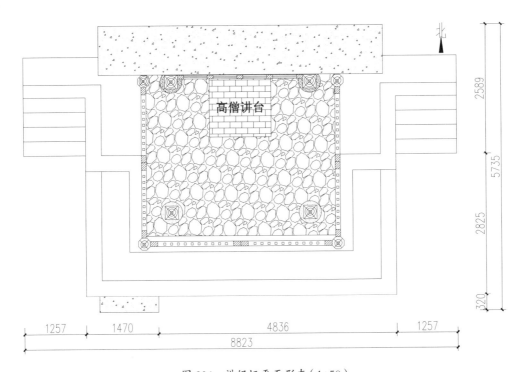

图 236　讲经坛平面形态（1：50）

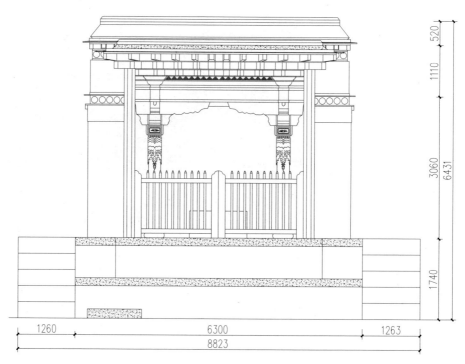

图 237　讲经坛正立面结构(1:50)

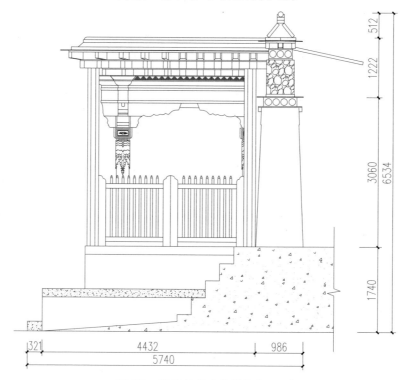

图 238　讲经坛东立面结构(1:50)

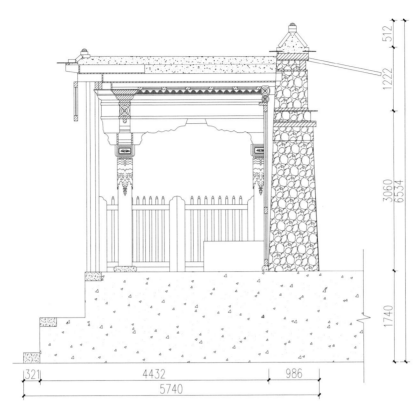

图 239　讲经坛横剖结构（1:50）

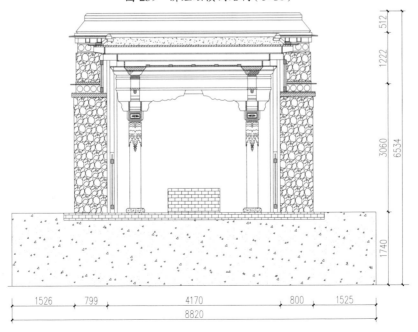

图 240　讲经坛纵剖结构（1:50）

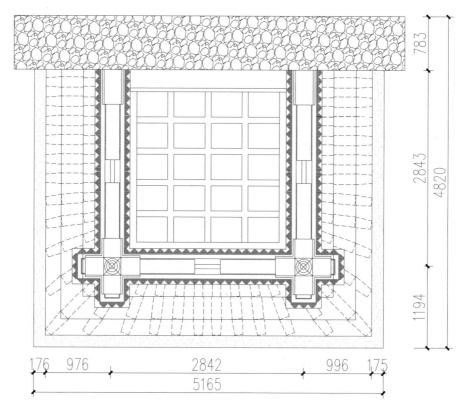

图 241　讲经坛室内梁架仰视结构（1∶50）

（五）公房

　　从早期寺院全景布画、照片、文献资料分析，下续部学院公房应修建于1732年下续部学院经堂、厨房搬迁及改扩建工程期间，位于寺院核心区以西琅仓囊欠东侧。前述保存于俄罗斯布里亚特历史博物馆、美国纽约鲁宾艺术博物馆的两幅"寺院全景布画"描绘的是1882年以前寺院核心区建筑的整体分布情况，画面上均有下续部学院公房（见图135）。清末民国时期，在本区内先后修建的大型建筑组群有喜金刚学院（1881—1882年建成）、白度母佛殿（1940年建成）、上续部学院（1942年建成）等，区域内建筑分布、环境面貌发生彻底改变。对这一变化，1985年前后绘制的"寺院全景布画"有较完整、准确的表现（见图139）。早年，下续部学院公房及周边建筑均被拆除或改作他用（见图145）。

　　现存下续部学院公房为1980年以来在原址恢复重建，与原位置、建筑规模基本一致（图 242、图 243）。独门独院式，坐北朝南，南北长 52 米，东西宽 29 米，占地面积 1508 平方米，院落围墙为片石、夯土混合构筑，南面开正门，是拉卜楞寺各宗教殿堂院落大门通用样式，前后以 4 根柱子挑出门廊，藏式平顶结构，门洞内装藏式双扇木板门，素面无饰。院内东、西、南三面建僧舍，建筑形制简单，总面阔十余间（65 米），进深一间（3 米），单层藏式平顶结构，各房屋以木隔扇墙分隔，正面均装隔扇门、隔扇窗及槛窗。主殿堂建于后部月台上，外形犹如一座小型佛殿，藏式平顶二层楼结构，四周围护墙片石砌筑，顶部加一层边玛墙，面阔达 7 间（19 米），进深 3 间（8 米），建筑面积 152 平方米。第一层南墙中央开外挑门廊，结构构造与拉卜楞寺其他宗教殿堂门廊形制大同小异，门洞外立两根柱子承托上部屋面，柱头上置大小弓木、兰扎枋、莲瓣枋、蜂窝枋

图 242　恢复重建的下续部学院公房位置图（1:1000）

图 243　现存下续部学院公房及周边环境鸟瞰（2016 年）

等，再挑出椽子飞椽，屋面藏式平顶结构，砂石土碾压；门廊两侧各开 3 个藏式窗子。第二层中部凹进一间，形成一个小露台，三面房屋门窗均朝向露台，其中北面檐柱外露，系藏式拼合方柱，上部梁枋组合层同门廊柱式，东、西两侧装隔扇窗。屋面藏式平顶形式，砂石土碾压而成。

四、近年实施的保护维修工程

早在 20 世纪八九十年代，对后殿第三、四层维修加固。

据 2009 年《甘肃省拉卜楞寺文物保护总体规划》[①] 相关内容，2013 年，当地

　　[①]《甘肃省拉卜楞寺文物保护总体规划》第 53 条"文物建筑保护措施"，第 15—18 页，甘肃省人民政府 2009 年公布实施。

政府、寺院管理部门等组织编制了下续部学院保护修缮设计方案，修缮范围包括学院经堂、厨房、两座讲经坛 4 处建筑（不包括学院公房和外部护法殿）。方案于 2015 年获国家文物局批复。设计维修的主要内容有：（1）屋面。揭顶维修，去掉屋面多余的砂石土碾压层，减轻屋面荷载；更换糟朽的椽子、栈棍等。（2）片石围护墙。拆除重砌片石承重墙顶部的边玛墙及墙帽，更换糟朽断裂的相关木构件（穿插枋、月亮枋等），更换糟朽的窗子挑檐构件、窗扇等。（3）木结构修缮措施。嵌补、加固柱子、梁枋、门框的裂缝，更换糟朽、破损的木地板。该维修工程于 2016—2018 年实施。

2014 年，当地政府、寺院管理部门等组织编制了下续部学院经堂壁画保护设计方案。2015 年获国家文物局批复。拟解决的主要病害有：烟渍、油渍、鸟粪、泥水等对画面的污染；画面上的各种划痕；壁画地仗层酥碱、空鼓、裂缝；壁画颜料层变色、起甲、脱落等。该项目迄今未实施。

2015 年，当地政府、寺院管理部门等组织编制了下续部学院油饰彩画保护修缮设计方案，2016 年获国家文物局批复。修缮范围仅限于学院经堂。设计内容主要有：（1）现存油饰彩画的除尘、清洗；（2）补全残缺、损毁的油饰和彩画；（3）按原色重做柱子、椽子飞椽、门窗类木构件的单色油饰。2017 年完成施工。

第四章　时轮学院

时轮学院，二世嘉木样于 1763 年主持修建，建筑规模和样式系仿照西藏扎什伦布寺时轮学院而来。主要修习藏族传统天文历算学，在理论体系上属浦巴派，以《时轮经》为根本经典，研究时轮历中的宇宙、天体、日月星辰构成理论、五行运动及日月食的推算和应用等，兼修藏族传统文化"小五明"中的声明、语法、诗词、彩绘坛城等课目。一般需要 15 年才能修完全部课程。没有学位考试，也不授予正式的学位，通过特殊的考核方式，每年只对一位成绩优秀者授予"孜仁巴"荣誉性名号，并非正式的学位名称。时轮学院每年编制一部以"时轮历"为主的《藏族气象历书》，以指导本区广大农牧民生产生活。

时轮学院也是一处规模较大的建筑组群，有 4 个独立的院落，包括经堂院、厨房院、公房和辩经院。

一、藏族传统天文历算学概况

古代藏族民众在生产生活实践中，通过长期观察日月星辰、动植物、物候变化过程，逐渐总结出一套独具青藏高原地域特色的"物候历"，用于观测天象、推算时历等，被称为"藏历"，实为阴阳历之一种，"公元 9 世纪初已采用。与今夏历基本相同……采用干支纪年，以'阴阳'与'木、火、土、金、水'五行相配代替十天干，以十二生肖代替十二地支……还采用二十四节气，对五大行星运行和日月食也作预报"[①]。

藏族传统天文历算学科属"小五明"之"算明"，主要内容包括天文学、历算

---

① 辞海编辑委员会：《辞海》（1999 年版缩印本），上海辞书出版社，2000 年，第 1758 页。

学、年代学、卜筮占星术、韵律占算和五行占算、纪年法等①，与天文历算学相关的内容被称为"黑算""白算""韵占""汉历"等，其中"黑算"（藏语称"那孜"）也称"五行占"，源自我国中原地区，用于测算吉凶；"白算"（藏语称"盖孜"）源自古印度时轮派历法②，用于推算星宿运动和变化；"韵占"也源自古印度，用于占卜吉凶；"汉历"（藏语称"嘉孜"）即汉族地区的历法，也称"时宪历"或"黄历"③。

藏传佛教天文历算学的理论体系以密宗《时轮根本经》为基础。这部经典著作于1028年传入西藏，《拉卜楞寺志》记载："藏历火兔年（1027年），此为第一绕迥的纪元。同年，《时轮根本经》迎至印度。由此算起的第二年（土龙年），《时轮根本经》被迎至西藏。"④格鲁派时轮学院使用的天文历算学经典教材为《时轮历算精要》，1827年由藏族著名天文历算学家商卓特·桑热编著，内容系摘取第司·桑杰嘉措1687年编著的《白琉璃论》、达摩师利1714年编著的《日光论》两部著作精华而成，一直传承至今。今西藏天文历算研究所、拉卜楞寺时轮学院等机构每年编制藏历时，都以《时轮历算精要》这部著作为蓝本。

"汉历"（也称《时宪历》）是藏族传统历算学的重要组成部分，主要内容包括对太阳、月亮运动方位的推算及日月食天体现象的预报等。传统汉族历法是逐渐传入藏族地区的，首先从北京传到内蒙古、甘肃东北一带，再传入甘肃西南部一带的天堂寺、拉卜楞寺等地⑤。17世纪，西藏地方政府专门派遣大批僧俗学者到清政府钦天监学习《新法历书》，1687年，第司·桑杰嘉措组织人员将其翻译成藏文版，名为《白琉璃论》，成为藏族传统历算学重要经典之一。同时，清政府还组织编纂了一部《康熙御制汉历大全》蒙古文、藏文译本，其中蒙文本

---

① 黄明信著：《藏历漫谈》，中国藏学出版社，1994年，第10页。

②《藏汉大辞典》编写组：《藏汉历算学词典》，四川民族出版社，1985年，第1页。

③ 黄明仪、陈久金：《藏传时宪历源流述略》，《西藏研究》1984年第2期；《藏汉大辞典》编写组：《藏汉历算学词典》，四川民族出版社，1985年，第1—2页。

④（清）阿莽班智达著：《拉卜楞寺志》，玛钦·诺悟更志、道周译注，甘肃人民出版社，1997年，第216页。

⑤ 黄明信著：《西藏的天文历算》，青海人民出版社，2002年，第107—108页。

于 1711 年编成，1713 年从蒙文翻译成藏文①，今拉卜楞寺喜金刚学院保存一部藏文本抄本，系"行书体小字精抄本，870 长条叶，'交食表'已有三卷残缺。现归拉卜楞寺图书馆收藏"②。清中叶直至民国时期，汉族传统历法继续向西藏地区传播，并有大量著作被翻译成藏文，如：天祝藏族自治县天堂寺高僧赛钦·扎巴丹增编著藏文版《汉历发智自在王篇》（手写本，21 叶）、《皇历编制法》（手写木，21 叶）等；拉卜楞寺藏族天文历算学者图登嘉措编撰了很多藏文版汉历著作，如《纯汉历日月食推算法·文殊笑颜篇》（手写本，13 叶）、《历书编制法·文殊供华篇》《醉峰嗡嘈篇》（包括《春牛经》《二十四方位图》《汉历简史》《释迦年代考》《汉蒙对照历法用语》等）、《第十四丁卯周甲子年起六十年（1864—1923）积日表》等③。

在古代社会，许多藏族传统科技文化知识由寺院掌握，并承担研究和传播任务，培养了大量精通天文历算的高僧大德，在传承藏族传统天文历算学方面发挥了重大作用。格鲁派兴起后，许多大型寺院纷纷创建时轮学院，专门研修藏传佛教天文历算学，培养了很多专业技术人才，如青海省同仁县隆务寺于 1713 年创建时轮学院，卓尼县禅定寺于 1752 年创建时轮学院，拉卜楞寺于 1763 年创建时轮学院（1879 年又创建喜金刚学院），青海省化隆县夏琼寺于 1802 年创建时轮学院，青海塔尔寺于 1817 年创建时轮学院，等等。至此，"藏族天文历算教育的中心逐渐由卫藏转移到安多"④。

二、学院的创建与发展

拉卜楞寺创建闻思学院、下续部学院后，成为安多地区名副其实的显、密兼

---

① 黄明信著：《西藏的天文历算》，青海人民出版社，2002 年，第 99—100 页。

② 黄明信著：《西藏的天文历算》，青海人民出版社，2002 年，第 102 页。按：文中所称"拉卜楞寺图书馆"即拉卜楞寺藏经楼。

③ 黄明信著：《西藏的天文历算》，青海人民出版社，2002 年，第 107 页。

④ 张士勤、唐泉：《安多藏传佛教寺院中的时轮学院与天文历算教育》，《西北大学学报》（自然科学版）2005 年第 6 期。

修格鲁派寺院。1731年，时任下续部学院法台的一世德哇仓为进一步扩大本寺密宗修习内容，为学僧增设多项密宗修习科目，并积极推进藏族传统天文历算主要经典《时轮经》相关修习科目和仪轨的讲修工作。1743年，二世嘉木样即位后，一世德哇仓随即向他建议，拟在下续部学院内增设时轮历相关修习科目，获准后，时轮历相关修习科目和仪轨正式展开。此后，一世德哇仓再次向二世嘉木样建议，正式创建一所专门修习时轮历、时轮经的学院，获准，二世嘉木样亲自为学僧制定了相关修习规程。但当时，拉卜楞寺经济处于非常困难时期，无力修建殿堂，故学僧"借用"下续部学院经堂部分房屋，开展相关修习活动。

随着拉卜楞寺社会地位的不断提高，经济实力逐渐增强，修建时轮学院殿堂之事被提上议事日程。乾隆二十八年（1763年），二世嘉木样根据六世班禅华丹益西的授旨，仿照西藏扎什伦布寺时轮学院的样式，正式修建时轮学院[①]，学院取法名"慧乐法轮洲"，二世嘉木样自任本院首任法台，一世觉尔洪·罗藏仁钦（1719—1793）任副法台。经堂建设工程、宗教供品供物筹备等事，均由本寺活佛德唐仓·罗藏云丹、河南蒙古第三代亲王道尔吉帕兰木及本区其他僧俗民众共同出资置办，额尔鲁·塔尔巴为本院学僧修建了僧舍[②]。《安多政教史》记载：拉卜楞寺"时轮学院和医药学院按照布达拉宫的南杰扎仓和嘉日柔谢林（铁山明论洲）新建的，各自制定了清规制度"[③]。（按：此说有误。拉萨布达拉宫有一所密宗修习院，名为"孜南杰扎仓"，属护法学院，主要功能是护法。清乾隆年间，蒙古准噶尔部首领率兵侵入西藏，该学院被毁。雍正年间，改建为格鲁派学院。拉卜楞寺时轮学院是仿照后藏地区扎什伦布寺"孜南杰扎仓"修建的，该扎仓初建于第六世班禅（1738—1780）时期，后毁，20世纪50年代，十世班禅大师（1938—1989）主

① （清）阿莽班智达著：《拉卜楞寺志》，玛钦·诺悟更志、道周译注，甘肃人民出版社，1997年，第588页《附表》；苗滋庶、李耕、曲又新等编：《拉卜楞寺概况》，甘肃民族出版社，1987年，第7页。

② （清）阿莽班智达著：《拉卜楞寺志》，玛钦·诺悟更志、道周译注，甘肃人民出版社，1997年，第235页。

③ （清）智观巴·贡却乎丹巴绕吉著：《安多政教史》，吴均、毛继祖、马世林译，甘肃民族出版社，1989年，第365—366页。

持重建①,2001 年重开天文历算修习活动,特聘拉卜楞寺喜金刚学院桑珠嘉措②讲授藏族传统天文历算学③。因此,拉卜楞寺时轮学院与布达拉宫"孜南杰扎仓"没有任何法缘关系。)

时轮学院建成后,本寺著名活佛四世索智仓·噶藏索南嘉措(1919—1959)曾为该院经堂捐资铸造了一尊与人身等高的铜镏金释迦牟尼佛像④。

史料记载,时轮学院的主要修习内容"以《时轮》《遍知》(释迦牟尼别号)及《大日如来·毗卢遮那现证佛》等内容和仪轨为主,显、密经典与众不同"⑤。该学院的教义传承法统、修习制度与西藏扎囊县敏珠林寺、青海塔尔寺天文历算学科基本一致,属藏族传统天文历算学浦巴派⑥。

拉卜楞寺时轮学院的主要研修内容包括宇宙天体的构成、三种日的观念、日蚀月蚀推算、五星位置、日月食预报等⑦,兼修"小五明"之声明、语法、诗词、彩绘坛城、编修日历等课目,以《时轮历算精要》及本寺活佛桑珠嘉措编撰的《历算运算大全》等经典为主要教材。该学院每年还要编制一部以时轮历为主的《藏族气象历书》,由寺院公布,供甘南藏族自治州等地的牧区群众使用。

拉卜楞寺藏经楼、时轮学院及部分活佛高僧等保存有相当数量的古代藏族天文历算学著作及相关文献,1959 年编《拉卜楞寺藏书总目》收录的汉历典籍文献编号 103 个,因重复者较多,实际数量比 103 个少,如将《康熙御制汉历大全》之三十九卷各编一个号;又将"麦许寺版"的十几种表格、其他附表等均各编一个号,等等。此外,还有十几种图书涉及五行占卜方面的内容,不属于传统天文

---

① 卓嘎:《藏族天文历算传承模式及其变迁研究》,西南大学博士学位论文,2011 年,第 67 页。

② 桑珠嘉措(1921—2006),拉卜楞寺喜金刚学院高僧、西北民族大学教授,著名天文历算学家,精通藏历、时宪历,曾出版过多部藏文天文历算学著作。

③ 卓嘎:《藏族天文历算传承模式及其变迁研究》,西南大学博士学位论文,2011 年,第 67 页。

④ 扎扎著:《拉卜楞寺活佛世系》,甘肃民族出版社,2000 年,第 357 页。

⑤ (清)阿莽班智达著:《拉卜楞寺志》,玛钦·诺悟更志、道周译注,甘肃人民出版社,1997 年,第 213 页。

⑥ 卓嘎:《藏族天文历算传承模式及其变迁研究》,西南大学博士学位论文,2011 年,第 8 页。

⑦ 宗喀·漾正冈布、拉毛吉:《拉卜楞大寺的丁科尔扎仓及其拉卜楞地区的藏传天文历算学传承研究》,《青海民族研究》2012 年第 2 期。

历算学领域[1]。

拉卜楞寺时轮学院和喜金刚学院都研习天文历算，两所学院的修习科目基本一致，但也有不同之处，如：时轮学院主要研习时轮历及日月、五行位置的推算、日月食预报等[2]；喜金刚学院主要研习《时宪历》，以本寺活佛桑珠嘉措编著的《历算运算大全》为主要教材，进一步扩展、丰富了藏族传统天文历算学研习内容。

三、时轮学院的主要功能和社会地位

时轮学院主要继承弘扬藏族传统天文历算学，培养藏族天文历算学人才、编制历书等。

（一）修习科目及主要内容

时轮学院的学僧来源有两种：第一，从小出家即进入时轮学院者；第二，已完成闻思学院显宗课程修习后，转入本学院者，或从其他寺院转入者。

本学院设初、中、高三个学级，在通常情况下，需要15年或更长时间才能完成全部修习课程。初级班学习较简单的佛教经文5部；中级班主修《时轮经》、绘制坛城技法等；高级班主修诗词、天文历算、梵文和藏文正草书法（兰扎文和瓦都文）等[3]。在实际教学过程中，只有进入高级班的学僧，才正式修习天文历算学。"每年农历三月，举行时轮金刚法会一次。六月、八月、九月各有法会一次"[4]。学院有严格的人才培养制度和基本流程[5]，主要有：

---

① 黄明信著：《西藏的天文历算》，青海人民出版社，2002年，第132页。

② 洲塔：《拉卜楞寺六大学院》，甘肃民族出版社，1991年，第293页。

③ 丹曲：《拉卜楞寺时轮学院概述》，《西藏研究》1999年第2期；苗滋庶、李耕等编：《拉卜楞寺概况》，甘肃民族出版社，1987年，第45页、第57—57页；刘洪记、周润年编著：《中国藏族寺院教育》，甘肃教育出版社，1998年，第202页。

④ 《拉卜楞大寺现状》，第五世嘉木样治丧委员会编：《辅国阐化正觉禅师第五世嘉木样呼图克图纪念集》（汉藏文版），1948年，第50页。

⑤ 卓嘎：《藏族天文历算传承模式及其变迁研究》，西南大学博士学位论文，2011年，第75—78页。

1.拜师。进入本院的学僧,或自己拜投声誉良好、学术造诣较深的高僧为师,或由本院堪布安排为其拜师。学院不安排固定的学习时间,完全由老师自己灵活安排,弟子可上门请教,老师的居所就是课堂。老师也偶尔让本院同级全体学僧在经堂内统一听课。

2.课程讲授。《安多政教史》记载:时轮学院从春季讲经学期至秋季讲经学期除了举行与时轮历相关的经典著作讲习活动外,"还传授诵经的音律、腔调、坛城彩粉画规、施食制作法、乐器吹奏法和声明医药历算等传承史"①。修习过程分4个环节:个人背诵本院指定的相关经典;老师分次讲授《时轮经》主要内容以及天体的构成、星宿位置、七耀运行、二十七宿等天文历算概念,然后讲解时轮历的体系流派、七耀位置推算、日月食预报等知识;掌握和使用相关推算方法;要求学僧必须反复进行口算、笔算、沙盘演算等方面的练习和实践。

(二)学位授予

时轮学院授予的学位称"孜然巴",是本院最高的荣誉性名号。与其他学院不同,时轮学院没有学位考试制度,也不授予正式的宗教学位,凡修习成绩突出者,只授予"孜然巴"名号,这是一种特殊的荣誉性称呼,非学位之称。获得此名号者,可担任本院法台或属寺及其他寺院时轮学院堪布等职。学僧若要获得这一荣誉称号,必须参加各种定期考试。大型考试一年四季各有4次,一门课程考试,可连续举行数天,考试方式有背诵经典、写论文、梵文和藏文书法、天文识图、计算等。特别注重学习过程中的考试与考核。首先,平时的考核称"简试",内容包括文化课考核(包括藏文正草书法、声明、诗词、辞藻、历算等);音韵考核也非常重要,内容包括经文背诵和阅读、念诵仪轨规范等;绘图考核也是必须掌握的技能,要熟练掌握绘图技术等。其次,升级考试最为关键,称"详试",

---

① (清)智观巴·贡却乎丹巴绕吉著:《安多政教史》,吴均、毛继祖、马世林译,甘肃民族出版社,1989年,第368页。

根据本院规定的修习内容进行考核①。

（三）历书编制

时轮学院的学僧定期参与藏族历书编制，是本院非常重要的人才培养方式。

拉卜楞寺规定，时轮学院每年要编制一部以"时轮历"为主的《藏族气象历书》，同时，喜金刚学院也要编制一部以"时宪历"为主的历书，分别呈报给寺主嘉木样审阅，提出意见后继续修正，并征求全院僧众的意见，再继续修正后公布。历书编制工作，一般每年由本寺 6 位高僧固定承担，同时吸纳部分学识水平很高的学僧参与②。历书编制完毕，还要与拉萨相关机构编制的历书相参照、对比、勘误，进一步检验、完善。本院编制的历书对安多地区农牧业生产具有重要使用价值，甚至流传到尼泊尔、不丹和印度等国家③。

时轮学院创建至今，先后培养了大批藏族天文历算人才。本院很多高僧编著了相当数量的天文历算学著作④，如：著名高僧智观巴·贡却乎丹巴绕吉（1801—? ）编著旷世之作《安多政教史》，他的另一部著作《历算智者供奉之光》是整个安多地区藏传佛教寺院天文历算学必修教科书；本寺著名学者郎木·慈成木嘉措运用时轮、时宪两种历法，撰《数术释诠·如意藤》一书，是拉卜楞寺时轮、喜金刚两院学僧的主要参考书，他晚年还修订了一部《拉卜楞寺万年历》，是预测天象、日月食的重要文献，被收藏于中国国家天文台⑤；本院高僧西热布曾多次参加本院《藏族气象历书》撰写工作，著有《历算文殊喜著》等。

① 周毛塔：《拉卜楞寺教育制度研究》，中央民族大学硕士学位论文，2015 年，第 50 页。

② 卓嘎：《藏族天文历算传承模式及其变迁研究》，西南大学博士学位论文，2011 年，第 79 页。

③ 丹曲：《拉卜楞寺时轮学院概述》，《西藏研究》1999 年第 2 期。

④ 丹曲：《拉卜楞寺时轮学院概述》，《西藏研究》1999 年第 2 期。

⑤ 洲塔著：《论拉卜楞寺的创建及其六大学院的形成》，甘肃民族出版社，1998 年，第 366 页。

四、建筑规模与形制特征

（一）早期的建筑规模及形制

与拉卜楞寺其他学院一样，时轮学院也是一组规模较大的建筑组群，包括经堂院、厨房院、公房、辩经院4组建筑，互不相连，整体分布较为零乱。

学院自创建迄今，整体空间布局、建筑形制和样式、外部环境基本没有多大变化。今保存于俄罗斯布里亚特历史博物馆、美国纽约鲁宾艺术博物馆及拉卜楞寺文物陈列馆的3幅"寺院全景布画"完整地表现了不同时期时轮学院建筑组群的分布规模、空间形态（图244、图245），包括：① 主体建筑经堂院，是一处独立式院落，位于闻思学院厨房院西南侧约20米，坐北朝南，院门南面有寺院中路；② 厨房院，位于学院大门对面马路南侧，与西侧的寿安寺并列；③ 时轮学院公房，位于文殊菩萨殿院落东面，两座建筑并列，院内后部建一座藏式二层平顶楼房；④ 辩经院，位于文殊菩萨殿院落外西侧，独立式院落，坐北朝南，其西侧与嘉朵公房并列。

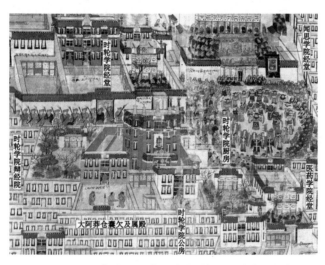

图244　美国纽约鲁宾艺术博物馆藏"寺院全景布画"中的时轮学院建筑组群分布情景

民国时期，许多外国传教士、探险家及国内学者到访拉卜楞寺，其间拍摄了大量照片，其中表现时轮学院建筑组群相关建筑的照片主要有：

20世纪30年代，美国植物学家洛克拍摄了一张表现寺院中东部建筑分布全景俯瞰照[①]，完整地表现了当时时

---

① 该照片现存美国哈佛大学图书馆。

轮学院建筑组群4个院落的
位置、分布形态、建筑形制
等（图246）。

1948年版《辅国阐化正
觉禅师第五世嘉木样呼图克
图纪念集》刊一幅时轮学院
经堂院特写照（图247），另
有一幅题名"拉卜楞寺大襄
佐阿莽仓活佛之佛殿"照，
正好拍到文殊菩萨殿及"时
轮学院公房"上半部①。

早年，因拓宽寺院北路，
本区内很多建筑被拆除，环
境发生很大改变，1981年邓
延复先生拍摄的一幅照片显
示，时轮学院辩经院被完全
拆除，经堂院、厨房院、公
房得以留存，非常珍贵（图
248）；另一张照片表现了寿
安寺东立面全貌，附带拍到
时轮学院厨房院的建筑外观

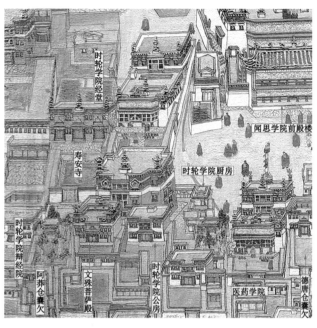

图245　寺院文物陈列馆藏"寺院全景布画"中的时轮学院建
筑组群分布情景

图246　洛克拍摄的时轮学院建筑组群全貌（自西向东）

样式，与现存状况基本一致（图249）。1980年以来，本区内开展大规模恢复重
建工作，其间，保护维修了经堂院内所有建筑，恢复重建了辩经院（图250）。
2004年、2013年，笔者多次拍摄了时轮学院全貌照，照片显示，此时该区域内

---

① 第五世嘉木样治丧委员会编：《辅国阐化正觉禅师第五世嘉木样呼图克图纪念集》（汉藏文
版）"照片部分"，1948年。

许多建筑未恢复重建，整体布局形态并非原貌，建筑形制与早期寺院全景布画、照片表现的情景有很大差别（图251）。2016年以来，国家投入巨资，对拉卜楞寺实施整体保护维修及基础设施建设改造，其间，时轮学院经堂院、厨房院、公房得以再次保护维修，3处院落的布局形态、主体建筑形制基本按原貌维修（图252）。

图247　民国时期拍摄的时轮学院经堂院全貌（自南向北）

（二）经堂院

1. 院落布局形态

经堂院为保存下来的原建筑，非常珍贵。民国时期文献记载，时轮学院"在脱尚岭大厨房之右侧，喇嘛约一百余人，分上中下三学级，修业年限无一定。正殿间数，与居迈巴同，布置亦无悬殊。

图248　1981年拍摄的时轮学院及周边建筑状况（自南向北）

图 249　1981 年拍摄的时轮学院厨房院东立面

后殿有本扎仓之高僧宝塔六座。后殿楼上有雕塑精美之香巴拉模型。正殿之右为护法殿，前为厨房。厨房之左侧有讲经院一所"[1]。（按：①文中所称"讲经院一所"即医药学院辩经院，并非时轮学院辩经院。②文中称"正殿之右为护法殿"，误，时轮学院没有外部独立式护法殿，该经堂院外右侧（西面）为绿度母佛殿，非时轮学院

图 250　现存时轮学院建筑组群分布图（1:500）

①《拉卜楞大寺现状》，第五世嘉木样治丧委员会编：《辅国阐化正觉禅师第五世嘉木样呼图克图纪念集》（汉藏文版），1948 年，第 50 页。

图 251　时轮学院经堂院全貌（2013 年，自东南向西北）

图 252　全面维修后的时轮学院建筑组群鸟瞰（2018 年，自北向南）

护法殿。）

（1）院落及围墙

现存经堂院呈不规则纵长方形，占地面积 1932 平方米，院内净面积 1836 平方米（图 253）。四周围墙片石砌筑，厚度不一，仅前庭院东、西、南三面围墙顶部加一层边玛墙（高 0.8 米）。围墙顶部为片石、青砖垒砌的墙帽，双面坡式。内、外墙面均涂饰白色，外墙脚下有片石铺砌的散水，环绕一周，宽 0.85 米。

南围墙厚 1.3 米，高 3.6 米，中间开院落正门，20 世纪 80 年代以来新建，门两侧墙顶加双层边玛墙，各长 3.5 米，高 0.8 米。门洞面阔 1 间（3.6 米），进深 2 间（4.6 米），藏式平顶结构，前、后各以二柱挑出门廊，前檐柱下施石柱础，柱上施大小额枋 5 层，承挑 2 层透雕花牙垫板，挑檐檩上挑出椽子、飞椽，屋面铺望板，砂石土碾压；后檐柱形制同前檐，挑檐结构简单；门洞内装藏式双扇木板门，门外设垂带式踏步 5 级（图 254）。

东、西两面围墙厚 1.7 米，高 3.6 米，其中东围墙中部开一侧门通向外面，20 世纪 80 年代以来新修。结构形制简单，属本区普通民居院落大门样式，面阔 1 间（2.4 米），进深 2 间（4.2 米），前后各以二柱挑出门廊，柱上施额枋、平板枋，额枋下部两端各施一枚雀替，雕饰如意卷草纹，额枋与平板枋间施木雕荷叶墩、坐斗，斗口内跳出两重拱，斗拱间装透雕花板；挑檐檩上挑出椽子、飞椽，屋面铺望板，砂石土碾压。门洞内地面片石铺设，门框内装藏式双扇木板门。

后墙厚 1.1 米，高 3.2~4.3 米。依靠一处断崖修建，断崖之上为弥勒佛殿前广场。

（2）前庭院及诵经廊

前庭院宽阔，东西宽 31 米，南北长 21 米，总占地面积 651 平方米。地面通铺片石，中间以片石铺一条南北向甬道（宽 2.5 米）。北面通体砌筑条石台阶 5 级。东、西、南三面建有诵经廊，其中东诵经廊总面阔 6 间（16 米），进深 2 间（4.6 米），室内分前、后两部分，前部为诵经廊，进深 2.6 米，廊内通铺木地板，供本院学僧在此禅坐、诵经，后部为存放杂物的库房，实际是诵经廊后墙（木隔扇墙）与院落围墙之间预留的一条通道，又在木隔扇墙上装四抹隔扇门 4 扇，上

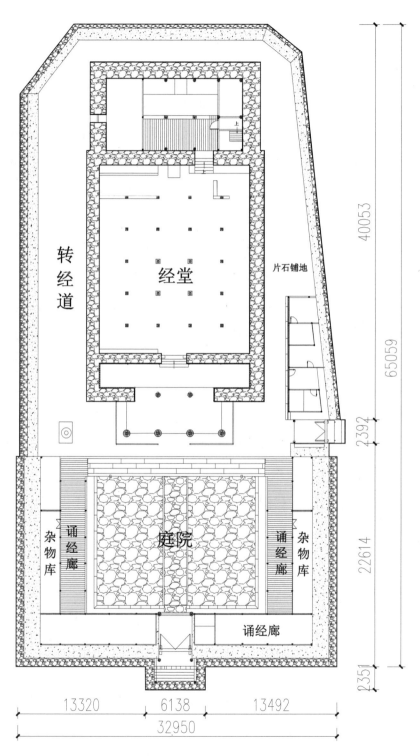

转经道

经堂

片石铺地

上

庭院

杂物库

诵经廊

诵经廊

杂物库

诵经廊

40053

65059

2392

22614

2351

13320

6138

13492

32950

图 253　时轮学院经堂院总平面（1:200）

部开通风口。西诵经廊布局形态、建筑样式与东面对称，总面阔6间（16米），进深2间（4.6米），其中南端3间为僧舍，北端3间为诵经廊，后墙上绘佛像（图255）；南诵经廊总面阔11间（31米），进深1间（3.1米），正中1间为大门，门东侧有2间僧舍、3间诵经廊，与东诵经廊贯通，背面依靠院落围墙，僧舍正面装藏式单扇木板门、棂条窗，木构件均素面无饰，门西侧5间均为诵经廊，与西诵经廊贯通。三面诵经廊、僧舍建筑形制完全一致，藏式平顶结构，屋面比院落围墙低0.5米，后檐设排水口，前檐设挡水墙帽。前檐柱上置额枋和平板枋，承挑椽子、飞椽，屋面铺望板，椽子后尾插入院落围墙内。

2.主体建筑经堂

经堂建于后院高台上，台地高0.73米，台基正面通体用条石砌筑垂带式踏步（图256）。总平面呈纵长方形，占地面积1173平方米，南北长37.7米，东西宽18.3米，通高3层（14.2米），室

图254 时轮学院院落大门（2013年，自南向北）

图255 西面诵经廊及僧舍（2013年，自东向西）

图 256　时轮学院经堂正立面（2013 年，自南向北）

内净面积 675.3 平方米，藏式平顶结构，无金顶。四周围护墙外有片石铺成的转经道。

藏传佛教寺院经堂主要用于僧侣修习经典、讲经说法、举行礼佛敬佛仪轨等，空间营造、建筑样式、外部装饰、内部陈设等，完全按照藏传佛教"三界空间观"的思想营造。本院经堂由前廊、前殿、后殿三个空间构成（图 257），其中前廊是一处过渡空间，外部完全开敞，供僧俗民众礼佛敬佛（磕长头），寓意"欲界"；前殿是本院僧侣聚会修习、讲经说法之处，四周围护墙片石砌筑，外墙面涂饰白色，寓意"色界"，第一层仅正面开殿门，其他各面不开门窗，空间密闭，中央有 4 根通柱向上升起，组成礼佛阁，在二层南面开门窗，供一层室内采光通风；后殿为相对独立的一座佛殿，室内分为 3 大间，分别供奉本院护法神及其他神佛菩萨尊像、本寺高僧大德的灵塔等，外墙面涂饰红色，寓意"无色界"。前廊、前殿和后殿按中轴对称布局（图 258、图 259、图 260），地面自南而北渐次升高，三者间有特殊的比例关系（附表 4）。

（1）前廊

前廊是一处过渡空间，向外凸出，前部完全开敞，后部的三面以片石承重墙围合，室内净面积 81.2 平方米，立 2 排 6 根廊柱，面阔 3 间（9.8 米），进深 2 间（7 米），高两层（9.1 米），藏式平顶结构。正立面呈横长方形（图 261、图 262），高宽之比为 0.93：1，前廊高与殿堂总高之比为 0.64：1。

第一层廊柱前部 4 根，后部 2 根，柱径 55 厘米，柱高 3.2 米，底部置石柱础（高出地面 10 厘米）。柱身通体饰红色，柱幔通体木雕镶贴而成，雕刻图案、油饰彩画均为固定搭配，以红、蓝、绿、黄色为主。柱头梁枋组合层属固定样式，高 1.2 米（栌斗底至椽子木上皮），自下而上为金钱枋、十二棱形栌斗、短

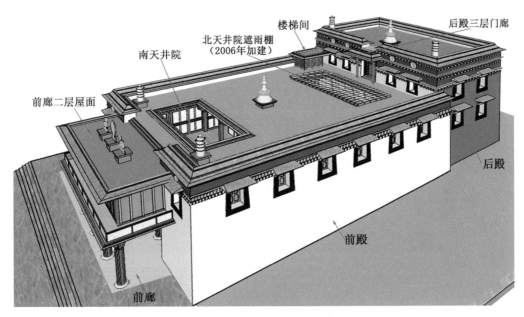

前廊二层屋面

南天井院

北天井院遮雨棚
（2006年加建）

楼梯间

后殿三层门廊

后殿

前殿

前廊

图 257　时轮学院经堂全貌鸟瞰

图 258　时轮学院经堂正立面结构（1:100）

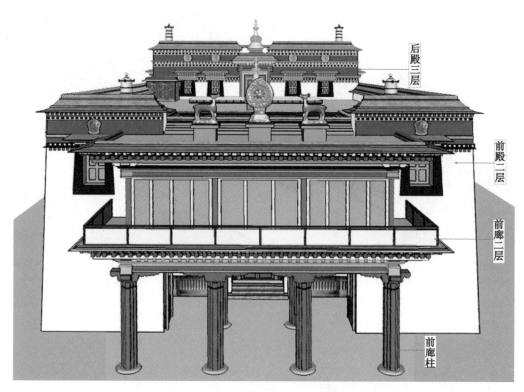

后殿三层

前殿二层

前廊二层

前廊柱

图 259　时轮学院经堂正立面样式

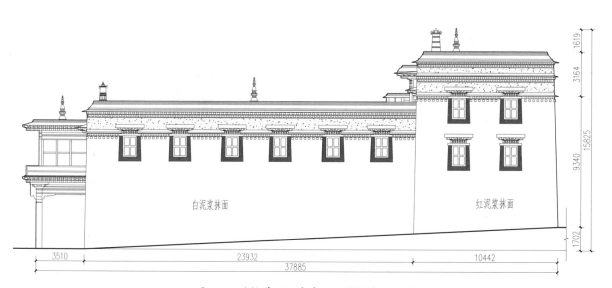

白泥浆抹面

红泥浆抹面

图 260　时轮学院经堂东立面结构（1:100）

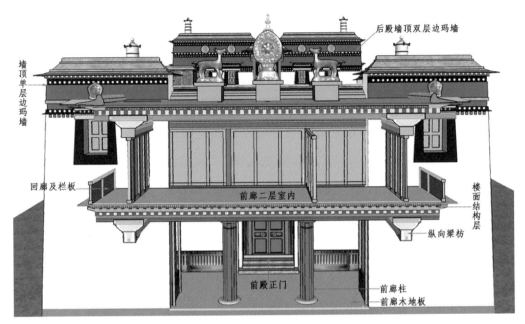

图 261　时轮学院经堂前廊纵剖结构之一

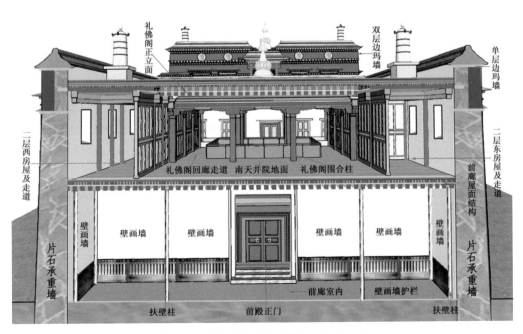

图 262　时轮学院经堂前廊纵剖结构之二

弓、长弓、兰扎枋、莲瓣枋、蜂窝枋等，梁枋横向用灯笼榫连接，竖向以暗梢固定。蜂窝枋上铺设椽子木，断面方形，边长16厘米，椽子木上铺栈棍，其上为二层楼面（图263、图264）。油饰彩画最精致的构件是柱幔、栌斗、短弓、长弓，图案题材有飞龙、塌鼻兽、缠枝卷草纹等，兰扎枋书写贴金兰扎文，蜂窝枋以晕染法绘出三角纹或锯齿纹等（图265、图266）。廊内北、东、西三面墙面遍绘壁画，与其他各学院经堂、佛殿前廊壁画题材大同小异，主要有"四大天王""佛祖说法图""极乐世界""生死流转图""和气四瑞图""宇宙三界图"等（图267、图268、图269），这些壁画题材是拉卜楞寺各学院经堂、佛殿前廊最常见的。室内地面通铺木地板，供信众礼佛使用。

第二层平面柱子布局与第一层对位，面阔五间（12米），通进深三间（6米），室内净面积66平方米。前、后两侧均出廊一间。室内以木隔扇墙分隔为大小不一的房屋，部分房屋为本院管理机构用房，部分房屋为活佛讲经、修行用

图263　前廊柱枋正面彩画（2013年）

图264　前廊柱枋背面彩画（2013年）

图265　前廊东面金柱雕饰及梁枋彩画（2006年）

图266　前廊角柱雕饰及梁枋彩画（2006年）

房，部分为储藏室等。仅办公用房室内装修华丽，其他活佛修行室、储藏室均无装饰。主要建筑特征有：

①南、西、东三面均出廊1间，相互贯通，形成一条走廊。又在廊外（即第一层屋面）立一排短柱，高0.8米，与金柱间以插枋、地栿拉结，短柱间装扶手栏杆。廊内通铺木地板。前檐金柱高3米，柱头梁枋层高0.5米，柱间装各种隔扇门、隔扇墙，门、墙、檩枋及椽飞等构件通体饰汉藏结合式彩画。

图267 时轮学院经堂前廊东壁壁画（2013年）

②后檐出廊1间，与南天井院贯通。廊柱间装木栿条护栏（高0.9米），明间留一开口，供人出入（图270）。檐柱头饰藏式柱幔，柱间装三角形木雕雀替，彩绘藏式贴金飞龙图，额枋饰汉藏结合式旋子彩画，三段

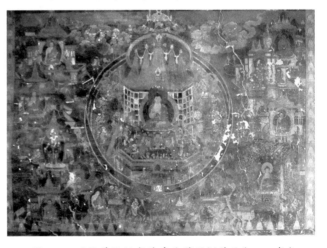

图268 时轮学院经堂前廊北壁西侧壁画（2013年）

式构图，挑檐檩饰汉藏结合式贴金旋子彩画，三段式构图，色调以红、黄、蓝、绿为主，箍头、找头绘旋子和莲瓣，枋心绘红地贴金缠枝纹（图271）。明间金柱间装藏汉结合式四抹隔扇门，门框上部开通宽天窗，其上又装三块走马板，木

图 269 时轮学院经堂前廊北壁东侧壁画（2013年）

图 270 时轮学院经堂前廊二层后檐出廊结构
（2013年，自北向南）

图 271 前廊二层后檐柱头彩画

板内绘传统汉式山水、花鸟鱼虫、博古等画，隔心以木棂条拼接成灯笼锦，裙板饰藏式吉祥草、佛八宝图等；正门两侧为木构槛窗，均以木棂条拼接各种吉祥图案，下部木槛墙上绘藏式吉祥图，余塞板内均绘博古、花瓶、道教人物图等，金檩彩画两段式构图，以旋花为中心，枋心内绘牡丹（图272）。

③东、西两侧建廊心墙，在平面形态上，与后廊隔扇墙、隔扇窗组成倒"凹"字形布局。墙面上有20世纪八九十年代多次维修期间重绘的壁画，内容以水墨人文山水画为主，题材有古树藤条、山水博古等，工笔较为粗陋，系当地民间匠人的作品。廊心墙与南天井院东、西两侧僧舍相连，僧舍背面依靠承重墙，正面装木隔扇墙、隔扇门、木槛窗等，窗子多用木棂条拼接成各种吉祥结、灯笼锦、盘长等图案，两侧余塞板内绘汉式博古、

图 272　时轮学院前廊二层后檐门窗形制（2013 年）

盆景、山水画，窗子上部装走马板，绘汉式花鸟、花草及山水画，下部木槛墙均为木板，涂饰红、绿、白、蓝等底色，中央绘寿字图等（图 273）。其中西僧舍旁有一间楼梯间，与第一层楼梯贯通。

图 273　时轮学院南天井院西僧舍（2013 年）

④ 本层各房屋屋面藏式平顶结构，砂石土碾压而成。檐口以片石、青砖砌筑挡水墙和墙帽。屋面前部置铜镏金八辐法轮、阴阳鹿、宝瓶 1 组，法幢 2 尊，是拉卜楞寺高级宗教殿堂屋面固定装饰件。

（2）前殿

前殿是本院学僧聚会修习、讲经说法处，第一层仅正面开殿门，其他各面不开窗，空间密闭，中央上部升起的礼佛阁南面设门窗，供一层室内采光通风。外墙面涂饰白色，寓意"色界"（图 274）。室内共立 20 根柱子，东西面阔 5 间，南北进深 6 间，高两层。立面略呈正方形，前殿横宽与殿堂总高的比值为 1：0.78。南面承重墙上开经堂正门，属等级最高的藏式门，门框由大边框、金钱枋、莲瓣枋、蜂窝枋等组成。边框正面饰贴金宝珠吉祥草纹、贴金二龙护宝卷云

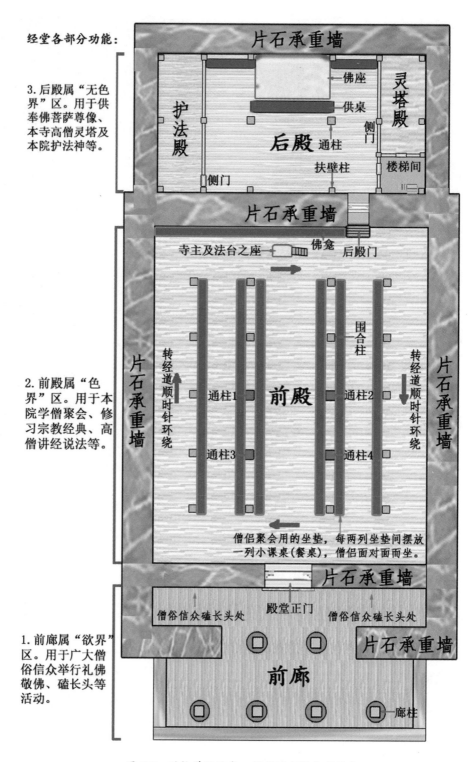

图 274　时轮学院经堂一层平面空间分布形态

262

纹，莲瓣枋、蜂窝枋均为拉卜楞寺宗教殿堂正门固定的雕饰样式。藏式双扇木板门，门板中间挂铜镏金铺首门环。门额上置7尊彩绘木雕护法神像（图275）。

第一层四周以片石承重墙围合，东西宽18.3米，南北长25.5米，室内净面积295平方米（图276）。

室内柱子分两种样式：一为普通柱，共16根，用于承挑屋面，柱径30厘米，柱高2.9米，柱头梁枋组合层高1.5米；柱头梁枋纵横相连，组成一木构圈梁，共同承托屋面及其上的第二层建筑。二为通柱，共4根，柱径35厘米，柱高6.9米，柱头梁枋组合层高1.4米，通柱向上一直延伸到第二层礼佛阁屋面下；又在通柱周围立12根柱子，与上部梁枋组合层围合成一个藻井，柱头梁枋、椽飞等相互搭接，共同承挑上部悬空的回廊，藻井口内四周挑出椽子、飞椽及檐口，檐口上部立一圈扶手栏板。该藻井口结构造型神奇，若从下向上仰视，藻井口完全悬空，若从上向下俯视，则成为环绕在礼佛阁室内上部四周的一圈回廊（图277、图278、图279、图280、图281）。室内柱子、梁枋构件组合形态是拉卜楞寺高级宗教殿堂的固定样式，油饰彩画内容完全一致。柱身通体包裹柱衣，柱衣制作材料不一，或为手工编织，或为现代纺织品，以红、黄色为主；柱幔雕贴红、黄、绿、蓝色晕染的藏式吉祥图案；大斗底部阳刻仰莲瓣，四面阳刻

图275　时轮学院经堂前殿正门

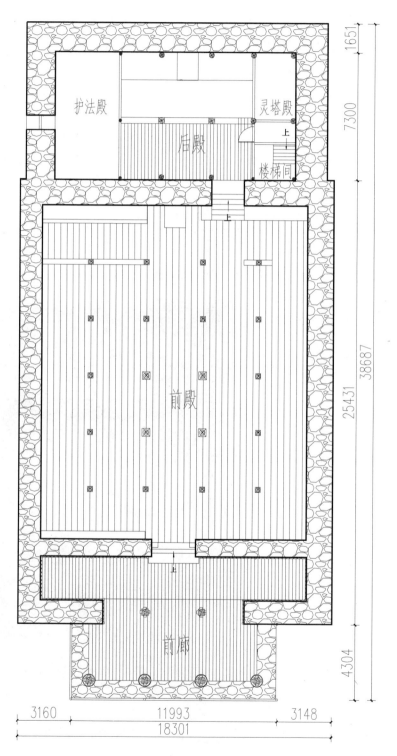

图 276　时轮学院经堂一层平面(1:100)

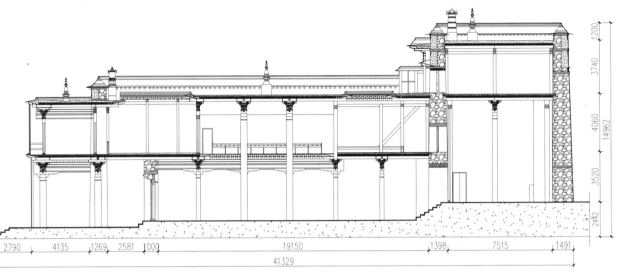

图 277　时轮学院经堂横剖结构（1:100）

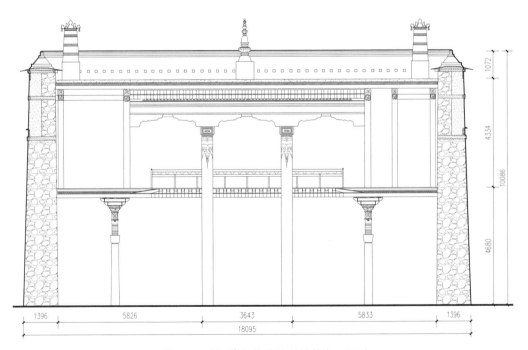

图 278　时轮学院前殿纵剖结构（1:100）

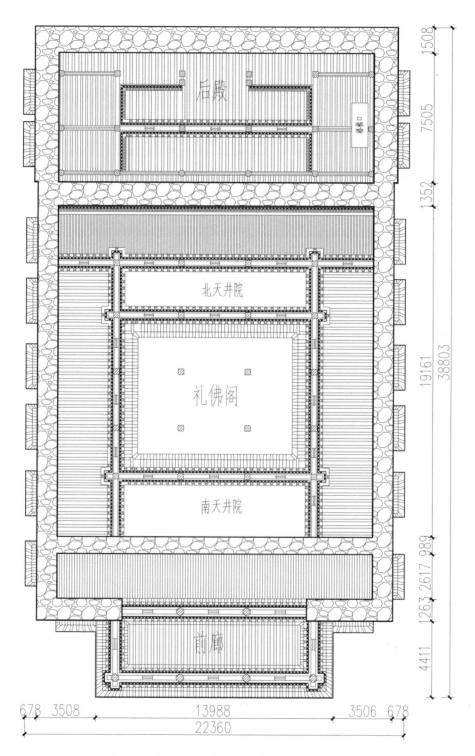

图 279　时轮学院经堂一层梁架结构仰视（1:100）

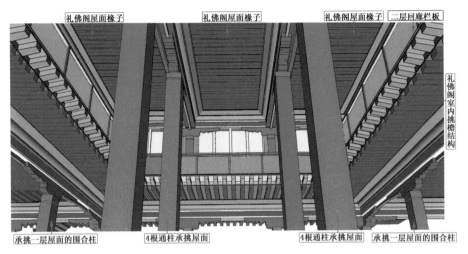

图 280　时轮学院前殿通柱与周围承重柱组成的礼佛阁空间形态

图 281　时轮学院前殿室内藻井结构仰视形态

各种藏式吉祥纹；长弓正、背面雕贴"十相自在"图、吉祥草纹等；弓弦主要用于拉结长弓两端头，也用于悬挂大型布织幢幡等，通体饰绿色或蓝色；兰扎枋正、背面均饰蓝地贴金兰扎文（图 282、图 283、图 284）。室内供品、供物琳琅满目，后部中央设供桌等，供桌前部设有寺主嘉木样及本院法台的法座，周边依墙面装置许多木佛经柜、佛龛等，龛内供本学院本尊佛像及其他各种佛像、大藏经《甘珠尔》《丹珠尔》等；四周墙面遍绘密宗壁画、悬挂各种唐卡等（图 285、图 286、图 287）。为便于本院学僧堂会秩序管理，自第一至第四列柱子间地面

图 282　经堂一层室内两组柱式及彩画之一　　　图 283　经堂一层室内两组柱式及彩画之二

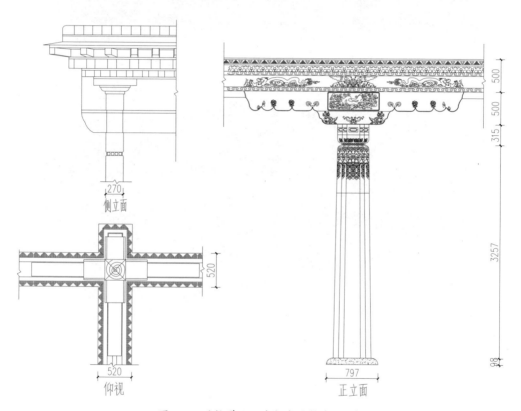

图 284　时轮学院经堂柱式结构（1:20）

上纵向铺设 6 列座垫和小木桌，供僧人诵经时就座、用餐。东南角设一部楼梯，可登上第二层。

第二层地面即第一层屋面或楼面，由第一层各柱头梁枋层及椽子、栈棍层等组成，地面大部分铺木地板，局部铺设砂石土（图 288）。四周围护墙片石砌筑，室内总净面积 357 平方米，空间形态有 5 个，包括：中央礼佛阁、南天井院、北天井院、西房屋及走道、东房屋及走道（图 289、图 290、图 291）。

① 中央礼佛阁。面阔 3 间，进深 3 间，建筑面积 95 平方米，犹如一个竖长方形空筒，矗立在前殿中央。结构构造特征有：

第一，从前殿第一层中央延伸上来的 4 根通柱柱身上部及屋面凸起于第一层屋面之上，凸起高度 2.5 米。通柱及梁枋层结构样式、油饰彩画与第一层柱式完全相同，柱子正面悬挂各种柱面幡、唐卡画，弓弦下悬挂通高的布织幢等（图 292、图 293），各种装饰物充斥整个礼佛阁内，营造一种天宫楼阁的景象（图 294、图 295）。

第二，第一层的屋面即第二层地面，结构层被 4 根通柱形成的藻井打断，各构件环绕、悬挑在通柱周围（悬挑长度 1.4 米）。若从底部向上仰视，则椽子、飞椽、堆经枋层层垒

图 285　经堂前殿后部佛龛及造像之一（2004 年）

图 286　经堂前殿后部佛龛及
造像之二（2004 年）

图 287　经堂前殿后部佛龛及造像之三（2004 年）

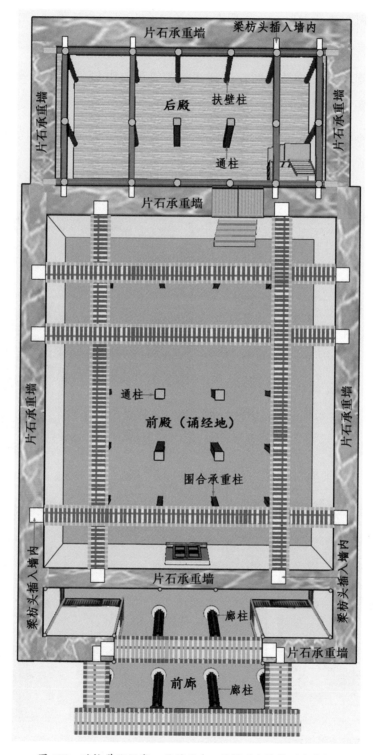

图 288　时轮学院经堂一层屋面(二层楼面)结构形态俯视

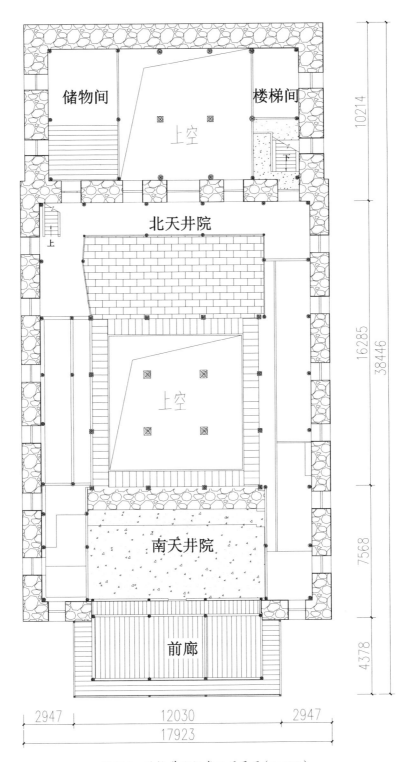

储物间

楼梯间

上空

北天井院

上空

南天井院

前廊

图 289 时轮学院经堂二层平面（1:100）

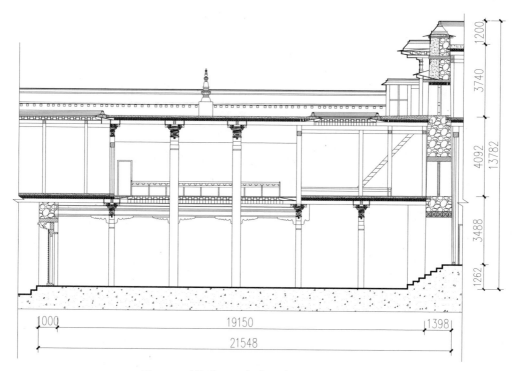

图 290　时轮学院经堂前殿横剖结构（1:100）

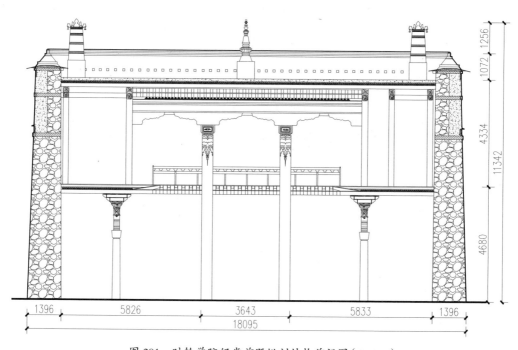

图 291　时轮学院经堂前殿纵剖结构前视图（1:100）

图 292　礼佛阁柱子梁枋及饰物（2013 年）

图 293　礼佛阁内悬挂的各种布幢

图 294　礼佛阁室内天宫玉楼景象之一

图 295　天宫玉楼景象之二

叠，环绕一周，犹如一个藻井口。藻井口顶面形成一圈走廊，地面铺木地板，在内边沿一侧立扶手栏杆。这种结构形态，本身蕴含着特定的宗教寓意，又是非常实用的，完全按藏传佛教殿堂营造艺术的"都纲法式"规则设计和施工，能充分满足第一层室内采光通风的需要。从横剖形态看，通柱向上延伸，承托上部独立的屋面，在其四周形成上下两层围合柱，第一层围合柱立于第一层地面上，上部梁枋层承托上部楼面（即第二层地面），第二层围合柱立于第二层地面上，与通柱一并承托独立式礼佛阁屋面（图296、图297、图298、图299、图300）。

　　第三，礼佛阁第二层四周围护墙由 12 根柱子围合而成一个圈，柱间通装木隔扇门、隔扇墙，外墙面涂饰白色，内侧遍绘壁画，西南角开一单扇出入门。礼

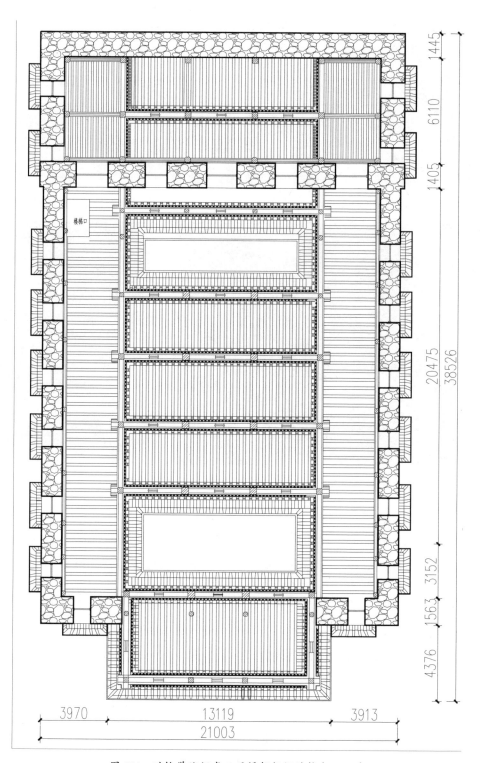

图 296　时轮学院经堂二层梁架仰视结构（1∶100）

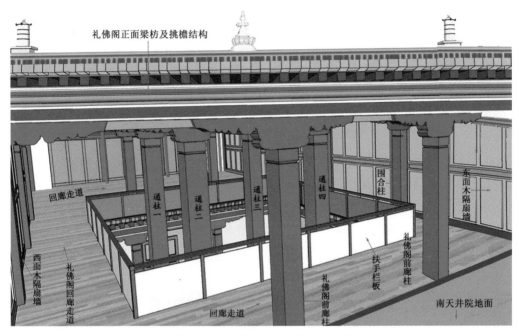

礼佛阁正面梁枋及挑檐结构

回廊走道

西面木隔扇墙

礼佛阁回廊走道

通柱一 通柱二 通柱三 通柱四 围合柱 东面木隔扇墙

扶手栏板

礼佛阁前廊柱

回廊走道 礼佛阁前廊柱

南天井院地面

图 297　时轮学院经堂前殿礼佛阁第二层内部鸟瞰形态

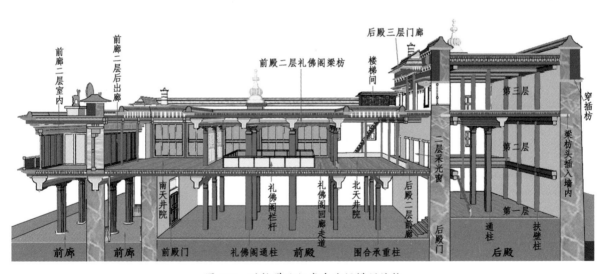

前廊二层室内

前廊二层后出廊

前殿二层礼佛阁梁枋

后殿三层门廊

楼梯间

第三层

二层采光窗

第二层

穿插枋

梁枋头插入墙内

第一层

前廊 前廊

前殿门

南天井院

礼佛阁栏杆

礼佛阁通柱

礼佛阁回廊走道

北天井院

前殿

二层前廊

后殿二层前廊

围合承重柱

后殿门

通柱 扶壁柱

后殿

图 298　时轮学院经堂东次间横剖结构

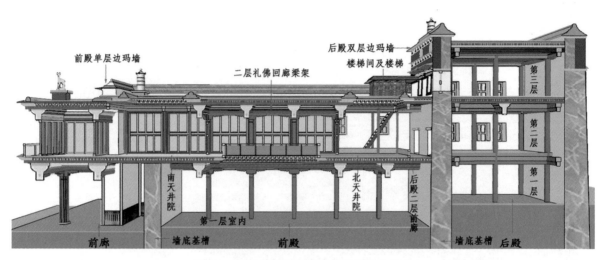

图 299　时轮学院经堂西次间横剖结构形态

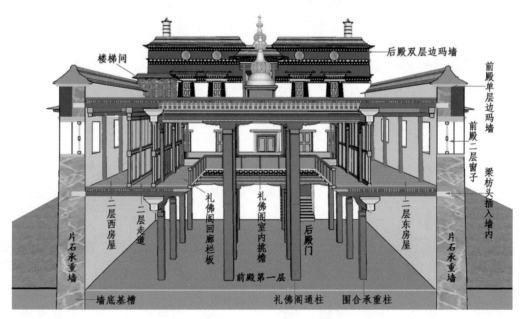

图 300　时轮学院经堂前殿礼佛阁纵剖结构

佛阁前檐4根柱子外露在南天井院内，柱头有原木雕刻的柱幔，上置坐斗及三层横枋（包括兰扎枋、平板枋、挑檐檩），内外均绘汉藏结合式彩画，其中兰扎枋绘蓝地贴金兰扎文；额枋绘汉藏结合式旋子彩画；挑檐檩绘汉藏结合式旋子彩画，枋心绘贴金双龙双凤（图301）。檐柱间装两层藏式棂格窗，系近年改装，

图 301　礼佛阁前檐柱子梁枋（2013 年）

图 302　北天井院空间形态（2013 年，自东向西）

供一层室内采光通风。挑檐檩上挑出椽子、飞椽。屋面藏式平顶结构，四周以片石挑出檐口，再以青砖、片石砌筑挡水墙帽，筒瓦扣顶。

②北天井院。由礼佛阁后檐墙、后殿二层前檐墙、两侧承重墙共同围合，占地面积 95 平方米，东南角、西南角与礼佛阁东西两侧回廊、走道贯通，西北角置一木楼梯（后改为铁楼梯），可登上屋面（图 302、图 303）。

③南天井院。由礼佛阁前檐墙、前廊二层后檐廊柱、两侧房屋及走道等共同围合，占地面积 65 平方米。东北角、西北角与礼佛阁东西两侧回廊、走道贯通（图 304）。

④东侧房屋及走道。前殿二层东面建一列房屋，建筑面积 50 平方米，总面阔 6 间，进深 1 间（2.8 米），室内净高 3 米左右，背面依靠承重墙，柱上置纵向梁枋，梁枋之上横向布椽子，椽子一端悬挑在走道内，其上置飞椽，另一端插入承重墙内，组成屋面。又以木隔扇墙分隔为大小不一的空间，正面装木隔扇门、隔扇墙、隔扇窗等，隔扇门、槛窗均绘世俗题材壁画。屋面藏式平顶结构，屋面低于礼佛阁屋面约 0.4 米。房屋用途多样，或为宗教法器储藏室，或为活佛修行室，或为其他用途等。在房屋正面隔扇墙与礼佛阁东围护墙之间留出宽约 1.1 米的走道，南、北两端与南、北天井院贯通（图 305）。

⑤西侧房屋。总面阔 5 间，建筑面积 52 平方米。平面布局形态、结构构造、功能用途等，与东房屋基本一致。

前廊、前殿第二层东、西、南三面承重墙顶均加一层边玛墙，高 1.9 米，构

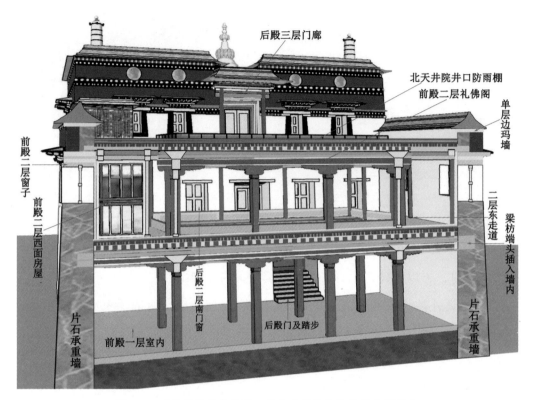

图 303　时轮学院经堂前殿二层北天井院与礼佛阁空间形态

筑方式为拉卜楞寺各宗教殿堂通用的工艺技术，内侧以片石砌筑，外侧以边玛草束砌筑，顶部以青砖、片石砌筑墙帽，片石挑檐，筒瓦收顶。前廊正面左、右边玛墙上各悬挂铜质镏金"朗久旺丹"饰件 1 个，各开 1 个窗子；前殿东、西两山墙上各开 6 个窗子（图 306）。

（3）后殿

后殿位于前殿后部，二者相连，其间以一道片石承重墙分隔。面阔 5 间（14米），进深 2 间（7.3 米），总高 3 层（14.2 米）。一层室内净面积 103 平方米，中部三间为佛堂，两侧各有一间，分别为护法殿和灵塔殿（包括楼梯间）。与拉卜楞寺最早修建的下续部学院经堂后殿营造方式不同，时轮学院经堂后殿室内仅立一排 2 根通柱（图 307、图 308），后檐墙外侧没有凸出的墩台建筑（图 309）。

第一层四周围护墙片石砌筑，室内共立 15 根柱子，根据功能用途，柱子分两种形制：一为通柱，共 2 根，柱高 5.7 米，柱径 36 厘米，柱头梁枋组合层高

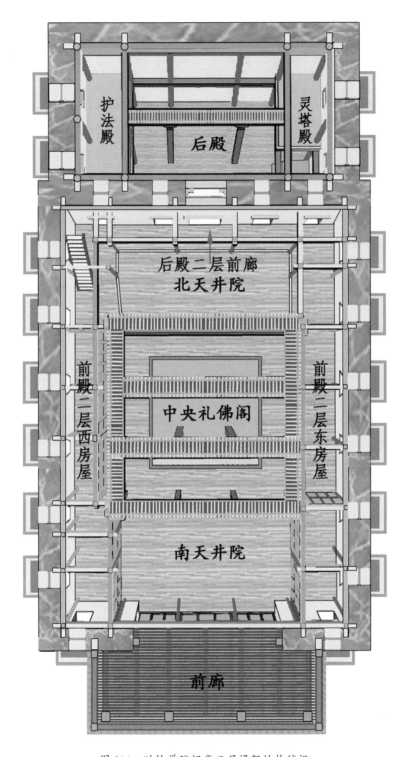

图 304　时轮学院经堂二层梁架结构俯视

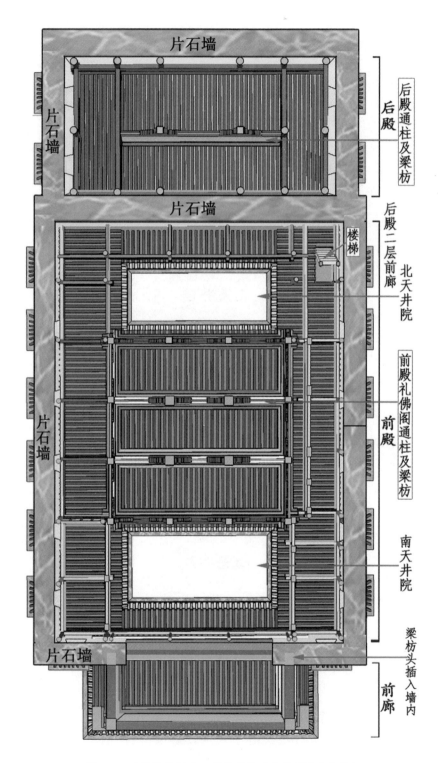

片石墙

后殿

后殿通柱及梁枋

后殿二层前廊

北天井院

楼梯

前殿礼佛阁通柱及梁枋

前殿

南天井院

片石墙

梁枋头插入墙内

前廊

图 305　时轮学院经堂二层屋面椽子布局形态（仰视）

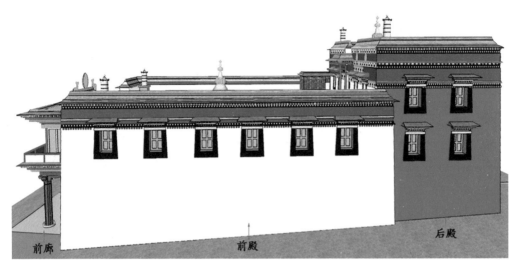

前廊　　　　前殿　　　　后殿

图 306　时轮学院经堂东立面

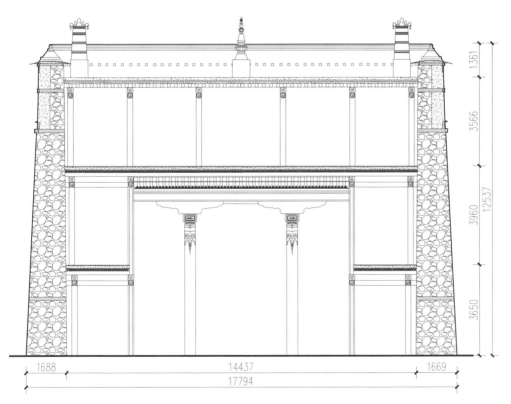

1361

3566

3960　12537

3650

1688　　　14437　　　1669
17794

图 307　时轮学院经堂后殿纵剖后视（1:100）

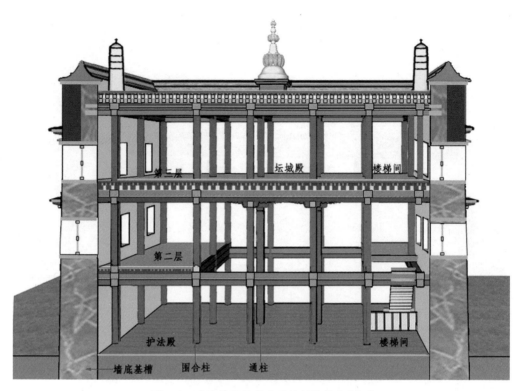

图 308　时轮学院经堂后殿纵剖结构（后视）

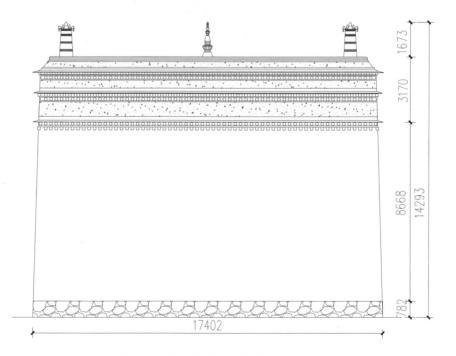

图 309　时轮学院经堂后殿背立面（1∶100）

1.3 米，在短弓的正面悬挂塌鼻兽、彩色柱面幡等，通柱延伸至第三层地面下，通高两层；二为圆柱，环绕在通柱四周，紧靠墙面，柱高 3 米，柱径 26 厘米，柱头梁枋组合层高 0.4 米。东、西两侧梢间均为两层结构，共有 13 根柱子及上部梁枋承挑二层楼面，两侧隔断墙上各开一门，西面为护法殿门，东面为灵塔殿（包括楼梯间）门，门洞内装藏式双扇木板门（图 310、图 311）。室内柱子、梁枋组合层装饰图案与前殿同。中部佛堂后部置高大的供台及供桌，供奉各种大小不一的佛像；灵塔殿内供奉数座高僧灵塔等（图 312）。南承重墙东端开正门，门洞高 2.5 米，宽 2 米，门前有 7 级条石踏步，门洞内装藏式门框、双扇木板门。

受四周承重墙收分的影响，第二层室内面积缩小，面阔 5 间，进深 2 间，净面积 102 平方米，共立 12 根柱子（包括通柱 2 根）承托上部楼面。中间 3 间通高两层（见图 289）。南面承重墙上开 5 个采光门窗，近年改装时换为玻璃窗，又在南承重墙外侧建一排廊房，面阔 5 间、进深 1 间，檐柱头上置穿插枋、额枋、平板枋等，其上再挑出椽子、飞椽，檐口做法同礼佛阁；廊柱下部装木栏板，相互连通；东、西两间各开一入户门，廊内西面置一部楼梯，可登上前殿二层屋面（图 313）。东、西两山墙（承重墙）上各开 2 个藏式窗子。

因四周承重墙有收分，第三层室内面积继续缩小，面阔 5 间，进深 2 间，室内净面积 101 平方米，立前、中、后三排共 18 根柱子，承重墙内侧立一圈扶壁柱，柱头梁枋层简单，仅有额枋、承椽枋，承托上部屋面（图 314、图 315）。室内皆用木隔扇墙、隔扇门、木佛龛及佛经柜等分隔，墙面、佛龛、佛经柜表面遍绘木板画，以世俗题材及吉祥花草为主（图 316、图 317），隔扇墙底部装置各种经书柜、佛像柜、佛教用品柜等，柜内存放大量经书和佛像。中间 3 间存放坛城模型、佛经、佛像等（图 318）；左、右两梢间为储藏室、活佛修行室、楼梯间等。

明间南承重墙中部开一外挑门廊，结构构造、外观样式与拉卜楞寺其他宗教殿堂高层外挑门廊基本一致，门外左、右各立一断面八角形木柱，柱头彩绘柱幔，无大斗，上置两层弓木，其上再置兰扎枋、莲瓣枋、蜂窝枋，上部挑出椽子、飞椽，椽尾插入承重墙内，藏式平顶屋面；门洞内装藏式门框、双扇木板

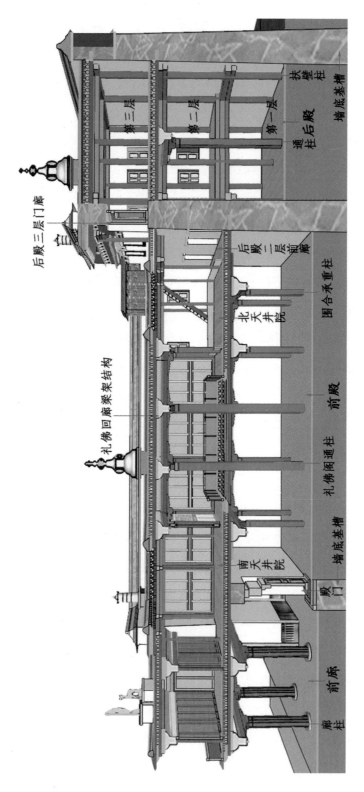

图 310 时轮学院经堂明间横剖结构

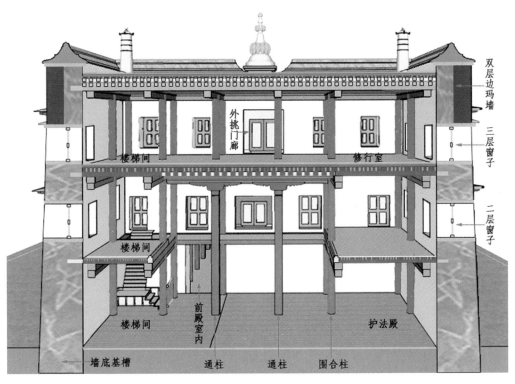

图 311　时轮学院经堂后殿纵剖结构（前视）

双层边玛墙

外挑门廊

三层窗子

楼梯间　　　　　　　修行室

二层窗子

楼梯间

前殿室内　　　　　护法殿

楼梯间

墙底基槽　　　　通柱　　　通柱　　围合柱

图 312　时轮学院经堂后殿通柱梁枋及饰物
（2013 年）

礼佛阁后檐墙

北天井院

后殿前廊

图 313　时轮学院经堂后殿二层前廊与北天井院西端
（2004 年，自东向西）

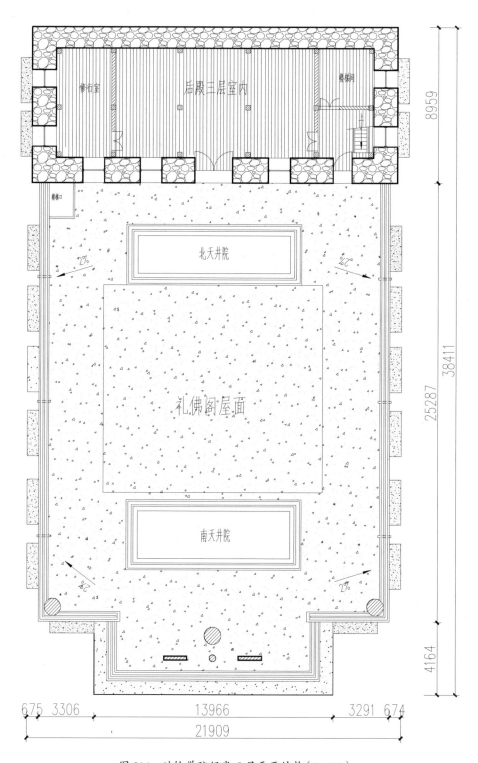

图314 时轮学院经堂三层平面结构（1:100）

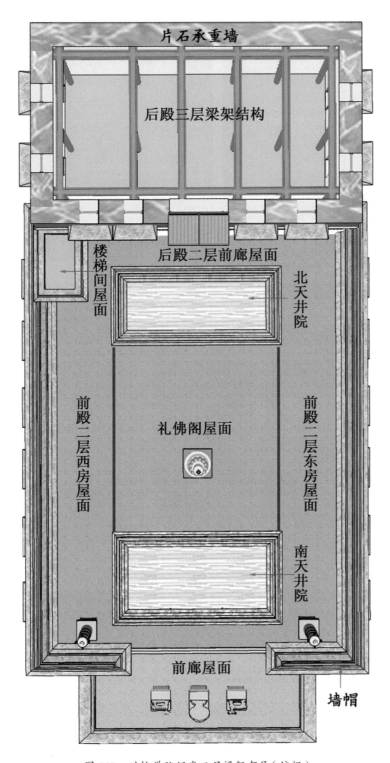

片石承重墙

后殿三层梁架结构

楼梯间屋面

后殿二层前廊屋面

北天井院

前殿二层西房屋面

礼佛阁屋面

前殿二层东房屋面

南天井院

前廊屋面

墙帽

图 315　时轮学院经堂三层梁架布局（俯视）

图 316　后殿三层室内木隔扇墙（2013 年）　　　图 317　后殿三层室内佛龛及经书柜（2013 年）

图 318　后殿三层室内坛城模型　　　　　　　图 319　后殿三层外挑门廊（2013 年）

门，门额上部有三块走马板，绘道教题材画，有绘画者题名和印章，其中一幅
题"佛道须要仿仙天，仙山神仙亲口传"（图 319）；门洞两侧装木构廊心墙，绘
佛教吉祥图及汉式传统山水、花草、盆景画等，系近年维修时当地民间画师所绘
（图 320）。门廊左、右两侧对称各开 2 个藏式木棂条窗。东、西两山墙上各开 2
个藏式窗子，背面无窗。

　　四周承重墙外表涂饰红色，墙顶加双层边玛墙，高 2.8 米，边玛墙帽以青
砖、片石砌筑，正面边玛墙上悬挂铜镏金"朗久旺丹"饰件 4 个。屋顶藏式平顶

结构，无金顶，与前殿、前廊屋面形成层层递进关系，营造出一种特殊的韵律感（图321）。屋面东侧建一小型楼梯间，面阔一间（2.4米），进深一间（1.6米），高1.6米，结构简单，以4根木柱及梁枋支撑椽子，内置一木楼梯，可登上屋顶。

1980年以来，对经堂正门及第二、三层梁枋、屋面、墙帽等实施过多次维修，对第二、三层许多门窗、隔扇墙、梁枋重新油饰彩画。现存前廊、前殿、后殿第一层柱头梁枋油饰彩画为原物，弥足珍贵。

（三）厨房院

图320　后殿三层外挑门廊廊心墙壁画（2013年）

时轮学院厨房位于经堂院正门外马路（寺院北路）南侧，系一独立小院，占地362平方米。平面布局形态、建筑结构和样式与其他学院厨房大同小异。

厨房的修建年代很早，1763年修建学院经堂时同时修建。前述保存于俄罗斯布里亚特历史博物馆、美国纽约鲁宾艺术博物馆"寺院全景布画"均清楚地显示了厨房院的整体布局形态、建筑形制，厨房院的大门朝南开。寺院文物陈列馆藏"寺院全景布画"显示，民国末期，厨房院经过系统改造，呈两个小院南北并列式布局，南院内建有僧舍，南围墙上开院门；北院内为主体建筑厨房。

早年，厨房院南院被拆除，主体建筑厨房破损严重，1981年拍摄的照片表现了这一状况。1980年以来，经过多次维修、重建，形成现在的格局，院落大门朝北开，与经堂院大门相对。院内大致分南、北两部分，南北长24米，东西宽17米，总占地面积408平方米，厨房居北（图322）。2015年对厨房、院落围墙及大门实施揭顶翻修（图323、图324）。厨房面阔三间（10米），进深三间

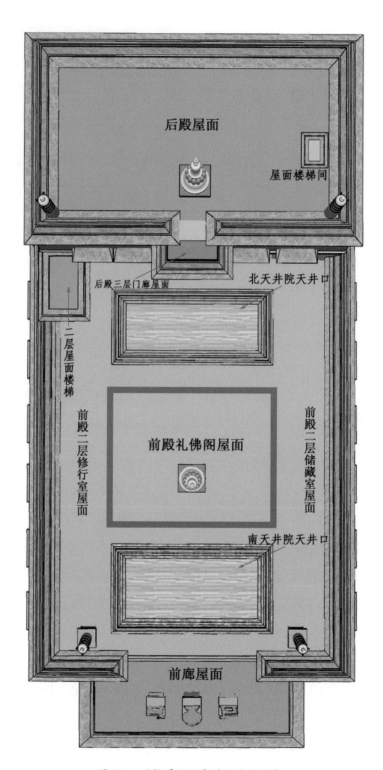

后殿屋面

屋面楼梯间

后殿三层门廊屋面

北天井院天井口

二层屋面楼梯

前殿二层修行室屋面

前殿礼佛阁屋面

前殿二层储藏室屋面

南天井院天井口

前廊屋面

图 321　时轮学院经堂屋面俯视形态

图 322　时轮学院厨房全貌（自北向南）

图 323　时轮学院厨房揭顶维修现状

（10米），高6米，藏式二层平顶结构。第一层四周围护墙片石砌筑，顶部加一层边玛墙。室内立9根柱子承托上部屋面，中央设5米×5米×0.8米的灶台，四周依墙装碗筷架；东墙上开一采光窗；北墙上开出入门，该门既是院落大门，又是厨房

图 324　时轮学院厨房二层维修中

的出入门，结构构造与其他学院厨房院门一致，承重墙外立二柱，挑出门廊，柱间施额枋，门洞内装藏式双扇木板门。第二层是在平顶屋面中央建一座凸起的排烟天窗，面阔3间，进深2间，单檐悬山顶结构，结构简单。首先，在一层明间左、右两根木梁（檩）上部各立3根柱子，其中两侧檐柱高1.7米，中柱高2米，柱径0.3米；其次，在第二层前后檐柱头上横向各置挑檐檩、随檩枋，中柱头上置脊檩及随檩枋，这3条檩子上再纵向铺椽子、望板、边玛草枝等，屋面用砂石土碾压；檩子及随檩枋两端出头处悬挂博风板。

（四）辩经院

辩经院的修建年代较早，位于寿安寺、文殊菩萨殿院落西侧（见图250）。

291

前述保存于俄罗斯布里亚特历史博物馆、美国纽约鲁宾艺术博物馆及寺院文物陈列馆的 3 幅 "寺院全景布画" 均对该辩经院的整体布局形态、建筑形制有表现，独门独院式，坐北朝南，占地面积约 1400 平方米，庭院宽阔，绿树成荫。院内北面中央建讲经坛，建筑结构、样式与其他学院讲经坛一致，面阔 3 间，进深 2 间，藏式平顶结构，后墙顶部加两层边玛墙。

早年，该辩经院被毁。现存辩经院为 1980 年以来在原址重建，占地规模与早期基本一致。

（五）公房

时轮学院公房的修建年代较早，前述保存于俄罗斯布里亚特历史博物馆、美国纽约鲁宾艺术博物馆及寺院文物陈列馆的 3 幅 "寺院全景布画" 均对该公房院落形态、建筑形制等有较完整的表现（见图 244、图 245）。位于大阿莽仓囊欠院东北角、文殊菩萨殿东面（见图 250），独门独院式，坐北朝南，占地面积约 1200 平方米，四周围护墙片石砌筑。院内北面建主殿，东、西两面建僧舍。

早年，本区域内许多建筑被拆除或改作他用（包括大阿莽仓囊欠等），建筑分布区环境发生很大变化（见图 248），但该公房得以留存，非常珍贵，甘肃省人民政府 2009 年公布《拉卜楞寺文物保护总体规划》将 "时轮学院公房" 命名为 "时轮学院属殿"[①]。

图 325　时轮学院公房主殿（2014 年，自南向北）

1. 主殿堂

平面呈横长方形，外形犹如一座佛殿（图 325），东

---

①《甘肃省拉卜楞寺文物保护总体规划·图纸》"宗教功能图"，甘肃省人民政府 2009 年公布实施。

西长18米，面阔达5间，南北宽7米，进深3间，通高3层（含屋面楼梯间），藏式平顶结构，四周围护墙片石砌筑，顶部加一层边玛墙，所有门窗无油饰彩画，正面墙面涂饰白色，东、西、北三面涂饰红色。

图 326　公房主殿二层会议室装修（2014 年）

第一层室内以木隔扇墙分隔为不同的房间，功能多样，有会议室、坛城房、厨房、修行室、卧室、库房等（图326、图327），部分房屋装饰较为精致，部分房屋保持原木色，但木构件油渍烟渍污染严重，各房屋均作为库房使用。地面通铺木地板。南承重墙中央开殿门，

图 327　公房主殿二层坛城房（2014 年）

结构构造与其他宗教殿堂正门基本一致，门洞外立二柱，柱头承托纵、横向梁枋，纵向梁枋尾端插入承重墙内，形成挑檐廊，门洞内装藏式双扇木板门，上槛之上置两层堆经枋，各木构件均素面无饰（图328）。门廊两侧对称各开2个藏式窗子。

第二层室内柱子与第一层上下对位，也以木隔扇墙分隔为不同的房间，使用功能多样。南承重墙中央设一外挑门廊，结构构造同第一层门廊；两侧对称各开2个藏式窗子，其他各面均不开门窗。室内各房屋均铺木地板。屋面藏式平顶结构。

第三层为平顶屋面后部的楼梯间。面阔1间（2米），进深1间（1.4米），结

图 328　时轮学院公房主殿正门
（2014 年，自南向北）

图 329　时轮学院公房维修现场
（2014 年，自南向北）

图 330　时轮学院公房屋面拆除维修现场
（2014 年）

图 331　时轮学院公房边玛墙重砌现场
（2015 年）

构形制非常简单，以 4 根立柱承托上部平顶屋面。2014 年实施全面维修（图 329、图 330、图 331）。

2. 僧舍建筑

公房院内东、西两面均建数量不一的僧舍，其中东面 10 余间，西面七八间，进深均 1 间。建筑形制系夏河县本地传统民居建筑样式，留存下来的部分原建筑正面装木隔扇墙、隔扇门及槛窗，有古意；新建的建筑正面以红砖砌墙，墙上装现代玻璃门窗（图 332）。2014—2015 年实施全面维修。

图 332　时轮学院公房院内东僧舍建筑形制（2014 年）

五、近年实施的保护维修工程

据《甘肃省拉卜楞寺文物保护总体规划》① 相关内容，2013 年，当地政府、寺院管理部门等组织编制了时轮学院保护修缮设计方案，修缮范围包括学院经堂、厨房 2 处建筑，不包括辩经院和公房。方案于 2015 年获国家文物局批复。设计维修的主要内容有：（1）对所有建筑的屋面揭顶维修，去掉屋面多余的砂石土碾压层，减轻屋面荷载；更换糟朽的椽子、栈棍等。（2）片石承重墙。拆除重砌围护墙顶部的边玛墙及墙帽，更换糟朽、断裂的木构件（穿插枋、月亮枋等）；更换糟朽的窗子挑檐构件、窗扇等。（3）木结构修缮。嵌补、加固柱子、梁枋、门框的裂缝；更换糟朽、破损的木地板。该维修工程于 2016—2017 年实施。

2014 年，当地政府、寺院管理部门等组织编制了时轮学院经堂壁画保护修复设计方案。2015 年获国家文物局批复。拟解决的主要病害有：烟渍、油渍、鸟粪、泥水等对画面的污染；画面上的人为划痕；壁画地仗层酥碱、空鼓、裂

① 《甘肃省拉卜楞寺文物保护总体规划》第 53 条"文物建筑保护措施"，第 15—18 页，甘肃省人民政府 2009 年公布实施。

缝；壁画颜料层变色、起甲、脱落等。2019年完成施工。

2016年，当地政府、寺院管理部门等组织编制了时轮学院木构件油饰彩画保护修缮设计方案，2017年获国家文物局批复。修缮范围仅限于学院经堂。设计内容主要有：（1）现存油饰彩画的除尘、清洗；（2）补全残缺、损毁的油饰和彩画；（3）按原色重做柱子、椽子飞椽、门窗类木构件的单色油饰。该工程于2019—2021年实施。

第五章　医药学院

医药学院是 1784 年二世嘉木样主持仿照西藏拉萨药王山寺医学利众院的样式创建的，以培养藏族传统医药学人才为本，每年只给一名考试合格者授予密宗高级学位"曼然巴"。

医药学院的修习科目别具特色，内容广博，在突出密宗修习仪轨的同时，以整理研究、继承弘扬、开发利用传统藏医学科为主，包括：第一，纯粹的宗教经典研读，包括宗喀巴大师著作《菩提道次第广论》等；第二，藏族传统医药学修习，要求学僧系统研读藏族传统医药学经典《四部医典》。特别强调社会实践活动，社会实践的时间长、任务重，从辨认药材一年四季的生长情况、不同阶段的形状和药性开始，到不同季节药材的采摘（挖掘）、保管、炮制方式等，再到具体方剂中的配伍、禁忌、使用量等，还要参与本院开发的各种成药制作等。凡在本院修习的学僧，必须背熟《四部医典》全篇，这也是本院各种法会期间的必考科目。第三，其他属藏族传统科技文化"工巧明"学的部分内容，包括诵经音律、腔调、坛城彩粉画法、乐器吹奏法等。民国学者称医药学院"专攻按脉治病等事"，非常切合实际。医药学院是在密宗神圣光环的照耀下，从事藏族传统医药学理论研究、行医治病实践等的场所。

医药学院是一组规模较大的建筑组群，包括经堂院、厨房院、辩经院及公房，其中医药学院公房是一座制药厂，也是本院学僧的实习基地，研制出以"洁白丸"为代表的许多著名藏药成药等。

一、藏族传统医药学与《四部医典》

藏族传统医药学起源很早。传说很早就出现了医药学著作《医治大全》等，后被演绎注疏成 8 部论著，汇集成《马鸣医学八支大论》[①]。公元 4 世纪，印度医药学传入今西藏地区[②]。吐蕃王朝建立后，藏族传统医药学得到快速发展，《第司藏医史》记载，一位安多地区的阿夏医生用金针为吐蕃第 31 代赞普（松赞干布）的祖父做了先天性盲瞽手术，恢复了视力[③]。唐文成公主入藏时，带去了许多医药学书籍，其中《大药典》等著作被译成藏文，同时，印度、尼泊尔、大食以及吐谷浑等地的名医进入吐蕃地区，交流传播、撰写翻译了各自国家和地区的著名医药学经典[④]。公元 8 世纪末，传统藏医药学传播至敦煌、岷州、宕州等地，同时，吐蕃著名医学家宇妥宁玛·云丹贡布[⑤]（729—854）编著了旷世著作《四部医典》[⑥]，主要内容包括总则部、叙述部、密诀部、后序部，标志着传统藏医药学理论体系正式形成[⑦]。

12 世纪末 13 世纪初，宇妥·云丹贡布的第 13 代孙宇妥萨玛·云丹贡布[⑧]（1126—1203）"为适应当时特殊的历史背景和医理，对有关医学经典进行改译、

[①]（清）阿莽班智达著：《拉卜楞寺志》，玛钦·诺悟更志、道周译注，甘肃人民出版社，1997年，第 240—241 页。

[②]端智：《安多曼巴扎仓研究——以贡本、拉卜楞寺为中心》，兰州大学博士学位论文，2013年，第 24 页。

[③]第司·桑杰嘉措著，青海省藏医药研究所整理：《第司藏医史》（藏文），民族出版社，2004年，第 109 页。

[④]（清）阿莽班智达著：《拉卜楞寺志》，玛钦·诺悟更志、道周译注，甘肃人民出版社，1997年，第 242—243 页。

[⑤]《拉卜楞寺志》称："藏王赤松德赞的保健医生云丹贡布，或称旧玉妥者，继承和发展了《四部医典》重实践的作风，并且将自己的世系宗代严加保密。"[（清）阿莽班智达著：《拉卜楞寺志》，玛钦·诺悟更志、道周译注，甘肃人民出版社，1997 年，第 247 页。]

[⑥]青海省藏医药研究所整理：《宇妥萨玛、宇妥宁玛传》（藏文），民族出版社，2005 年，第 258—259 页；李玲：《藏医大师——宇妥·元丹贡布生平及其医学教育思想》，《中医教育》1994年第 4 期。

[⑦]（清）阿莽班智达著：《拉卜楞寺志》，玛钦·诺悟更志、道周译注，甘肃人民出版社，1997年，第 265 页注[3]。

[⑧]《拉卜楞寺志》称："新玉妥·云丹贡布派将《四部医典》传播得非常广远。"[（清）阿莽班智达著：《拉卜楞寺志》，玛钦·诺悟更志、道周译注，甘肃人民出版社，1997 年，第 247 页。]

校译或整理、改写和扩充"[1]，重新编写、校订了《四部医典》及《讲授法十八则》等，内容更加丰富，实践性更强，主要内容包括基础理论、生理和解剖、诊断疾病的方法、治疗疾病的原则、预防和治病理论、药物及其炮制工艺等。1642年，西藏地区甘丹颇章政权建立后，积极推动发展传统藏医药学，1645年在哲蚌寺建立"医学利众院"，刻印《四部医典》，供僧侣研习。1703年，第司·桑杰嘉措[2]对这部著作再次主持刻印[3]。国内外目前所见的《四部医典》皆为第司·桑杰嘉措1703年刻印本重刊或影印本，主要内容包括：第一部《总则本》，有彩色挂图4幅，概括介绍了人体生理、病理、诊断及一般治疗方面的知识，图文并茂。今拉卜楞寺医药学院诵经廊内墙面绘有壁画《树喻图》，即每幅图绘一棵树的主干、分枝、叶片、花果，分别代表《四部医典》相应的条目，附藏文说明；第二部《论述本》，有彩色挂图35幅，主要介绍人体生理解剖、疾病发生的原因、保健知识、药物功效、诊断方法、治疗原则等；第三部《密诀本》，有彩色挂图16幅，主要论述各种疾病的诊断和治疗；第四部《后续本》，有彩色挂图24幅，主要介绍脉诊和尿诊方法，以及诊断、制剂、药物炮制、针灸、外科手术技艺等。

第司·桑杰嘉措1703年的刊印本有医药挂图79幅，具体刊印了多少，无从知晓。清末民国时期，这套挂图流散各处，沙皇俄国拿走了1套，现藏俄罗斯布里亚特共和国历史博物馆。在国内，原画已无存。20世纪以来，西藏地方政府曾先后于1918、1923、1933年3次组织整理、刊印这套挂图，其中增加了1幅《西藏名医挂图》，挂图总数达80幅。1986年，西藏人民出版社出版发行了《四

---

① （清）阿莽班智达著：《拉卜楞寺志》，玛钦·诺悟更志、道周译注，甘肃人民出版社，1997年，第253页。

② 第司·桑杰嘉措（1653—1705），17世纪末18世纪初西藏地方政府摄政王、政治家、著名学者。1679年任西藏地方政府第巴，期间组织修建布达拉宫红宫。对《四部医典》进行整理校对、修订和注解，在拉萨药王山创建医学利众院，培养了大量藏医学者。他一生著作颇丰，主要有《医学广论药师佛意庄严四续光明蓝琉璃》《医学概论》《黄教史》《法典明鉴》等，涉及藏族历史、宗教、文化、医学、医药、天文、历算、法律等领域。

③ （清）阿莽班智达著：《拉卜楞寺志》，玛钦·诺悟更志、道周译注，甘肃人民出版社，1997年，第248页。

部医典系列挂图全集》①，1988 年又出版发行英文版②。2000 年，西藏人民出版社出版发行一套《西藏唐卡大全》③，其中收录《四部医典》全套挂图（编号第 262—341），共 80 幅。

迄今为止，世界各国相继印刷出版过这部图册，有英国伦敦版（1992 年，两卷本）、俄文版（1994 年）、德文版（1996 年）、意大利文版（2000 年）、日文版（2016 年）等④。这些挂图直接或间接采用了俄罗斯布里亚特共和国历史博物馆所藏原画（共 79 幅）。拉卜楞寺医药学院经堂前殿内曾悬挂这套《四部医典》挂图中的 18 幅⑤，彩色绢画，系复制第司·桑杰嘉措系列挂图而成⑥，何时何地复制，已无从知晓，现收藏于寺院藏经楼内。

15 世纪，藏传佛教格鲁派兴起后，藏族传统医药学在安多地区迅速传播。二世嘉木样坐床即位后，亲赴拉萨哲蚌寺修习，深感拉卜楞寺对传统藏医药研究的紧迫和必要，1784 年创建了医药学院，设置的修习课程多属自然科学范畴，将藏族传统科学思想、文化知识传播给广大藏族民众，医药学院成为当时甘南境内非常重要的藏族传统医药学专业研习机构。同时，本区内其他寺院如卓尼车巴沟寺、碌曲郎木寺等相继创建了医药学院，从医人员由少变多，由弱变强，至此，"甘南藏区藏医事业从原来分散无序的民间医术转入专门医药机构与民间并存的局面"⑦。

① 强巴赤列、王镭：《四部医典系列挂图全集》，西藏人民出版社，1986 年。

② Qyams pa' phrin las, Cai Jingfeng. *Tibetan Medical Thangkhas of the Four Medical Tantras.* Lhasa, People's Publishing House of Tibet, 1988.

③《西藏唐卡大全》，西藏人民出版社、大象出版社，2000 年。

④ 甄艳、蔡景峰：《关于藏医学挂图（曼唐）第 80 幅出处问题的探讨》，《中国中西医结合杂志》，2018 年第 9 期，第 1138 页。

⑤《拉卜楞大寺现状》，第五世嘉木样治丧委员会编：《辅国阐化正觉禅师第五世嘉木样呼图克图纪念集》（汉藏文版），1948 年，第 50 页。

⑥ 苗滋庶、李耕、曲又新等编：《拉卜楞寺概况》，甘肃民族出版社，1987 年，第 8 页。

⑦ 洲塔：《论拉卜楞寺的创建及其六大学院的形成》，甘肃民族出版社，1998 年，第 315 页。

二、医药学院的创建与发展

医药学院，藏语称"曼巴扎仓"，"曼巴"意为"医生"。医药学院是格鲁派寺院研习藏族、蒙古族传统医药学以及培养医生的专门机构，集医药学教育、人才培养、行医治病、采药制药等为一体。

（一）学院创建过程

1763 年，二世嘉木样主持创建时轮学院后，又开始筹建专门研习藏族传统医药学的机构，从时轮学院抽调少数僧侣，组成一个专门研修传统藏族医药学的研修班，特授意本寺其他高僧、部分僧侣在"夏热佛殿"开展医药实践与修习活动①。《拉卜楞寺志》记载：二世嘉木样充分认识到医药学在解救人类病痛方面的巨大作用，决定"在时轮学院某个年级施教医学，但考虑到医学本身有很多实践操作，时轮修习又有许多密宗仪轨，教学和修习同时开展，显然会相互影响，便决定医学院不附设在时轮学院，而另设在本尊神殿，以专修医学。同时，河南蒙古亲王丹津（增）旺秀为了自己的保健需要，曾在拉萨药王山医药学院中物色到从该学院毕业的藏曼·益西桑布医师和迪庆阿阇黎嘉洋拜丹二学者，派五名学僧往投二师门下，全面学习医学"②。至此，拉卜楞寺筹办医药学院的条件已基本成熟。后来，将原设在时轮学院的"医药研修班"重新组建、扩编，又从闻思学院抽调部分僧侣，充实到医药研修班中，正式组建医药学院。

1782 年，二世嘉木样与河南蒙古第二代亲王丹增旺秀亲赴西藏拉萨，向西藏地方政府汇报拉卜楞寺拟创建医药学院事宜，并请求委派拉萨地区藏医药学高僧到拉卜楞寺任教，获准，西藏地方政府"特别委任道吉染坚巴、藏曼·益西桑布及其高徒——五明获得者蒙古麦尔甘艾木琦洛桑达尔吉三人为执教上师，从农历四月起到八月份，给学徒们以标本来讲授和介绍草药的根、叶、籽及其不同的

---

① 丹曲：《拉卜楞寺医药学院概述》，《中国藏学》1990 年第 4 期。

② （清）阿莽班智达著：《拉卜楞寺志》，玛钦·诺悟更志、道周译注，甘肃人民出版社，1997年，第 258 页。

药理作用；九月至十二月专门讲授医学书本理论；次年二、三月份，面授知识，指导实践，使理论与实践相结合，逐步形成了教育体系"①。藏曼·益西桑布在拉卜楞寺医药学院执教期间，为使学僧们准确辨认和掌握各种草药的功效，走遍了卡加地方的山梁沟壑、黄河与大夏河流域的石山草原，悉心指导学僧辨识草药，掌握各种草药的功效及采摘、炮制方法等。

关于医药学院的创建，有学者认为，二世嘉木样首先在时轮学院设立一个研习藏医药学的班级，并聘请曾被西藏地方政府委派给河南蒙古亲王丹增旺秀的3位专职医生（藏曼·益西桑布、道杰然卷巴、蒙古族医生罗藏达尔吉）担任教师，系统地传授藏医藏药基础理论和实践知识②。

1784年，拉卜楞寺正式动工修建医药学院。学院的建筑规模、形制和样式仿照西藏拉萨药王山寺医学利众院而来。工程建设期间，二世嘉木样亲自选定院址、腹测划线、主持奠基仪式，并授意本寺另一高僧土尔扈特·俄昂顿珠负责募集工程建设资金③；本寺另一活佛二世大阿莽仓·贡却坚赞（1764—1853）全权负责工程建设事宜。医药学院经堂建成后，二世大阿莽仓曾"在大殿西建噶当佛堂，内造阿底峡及其库、鄂、仲三弟子像，一对噶当塔及三十余尊鎏金佛像和各种供具，设置了以《甘珠尔》大藏经为主的经籍一千多函"④。工程竣工后，二世嘉木样为学院赐名"医药利民院"，法名"医方明利他洲"，并自任首任法台。

拉卜楞寺医药学院具有良好的社会声誉，培养了大量藏医医学人才，史料记载，本学院培养出来的著名藏医学家有五六十位⑤。拉卜楞寺藏医学还走向世界，

---

① （清）阿莽班智达著：《拉卜楞寺志》，玛钦·诺悟更志、道周译注，甘肃人民出版社，1997年，第258页。

② 扎扎著：《佛教文化圣地：拉卜楞寺》，甘肃民族出版社，2010年，第11页。

③ 贡唐·贡曲乎丹贝仲美：《三世诸佛共相至尊贡曲乎晋美昂吾传·佛子海之道》（藏文），甘肃民族出版社，1990年，第315—316页；扎扎著：《佛教文化圣地——拉卜楞寺》，甘肃民族出版社，2010年，第11页。

④ （清）阿莽班智达著：《拉卜楞寺志》，玛钦·诺悟更志、道周译注，甘肃人民出版社，1997年，第3页。

⑤ 丹曲：《拉卜楞寺医药学院概述》，《中国藏学》1990年第4期。

今俄罗斯布里亚特共和国境内有一座曼巴扎仓（Tsongolsky），创建于 1869 年，是早年在拉卜楞寺修习的布里亚特地区僧侣根据拉卜楞寺医药学院创建的，他们还在贝加尔湖周边地区创建了 Aginsk 和 Atsagat 等医药学院，为当地培养了大量医学人才。19 世纪末，拉卜楞寺藏医学理论还传播到俄罗斯圣彼得堡一带，并继续向西传播到波兰、瑞士等国家和地区[①]。

（二）早期建筑规模与形制

民国时期文献记载："医药学院在脱尚岭（大经堂）之南，正殿南北共六间，东西共五间，布置与丁科札仓等略同。喇嘛一百余人计，分上中下三学级，年限无一定。除诵经外，以研究医药为主。后殿供有药神，右侧为护法殿。前院廊内有图十八幅，均指人体脉络。每年农历三、八、九月各有盛大法会一次。就中以八月中秋前之制药会最为隆重。正殿西侧为厨房及讲经院。"[②] 早期的医药学院建筑影像资料主要有：

今保存于俄罗斯布里亚特历史博物馆、美国纽约鲁宾艺术博物馆及寺院文物陈列馆的 3 幅"寺院全景布画"完整地展示了早期医药学院建筑组群的分布规模、各建筑形制与样式等，经堂院、辩经院、僧舍院布局紧凑，公房位置较远，地处寺院核心区西南一带。其中辩经院与厨房院位于经堂院西侧，经堂院东面与德唐仓囊欠院为邻，南侧与智观巴仓囊欠隔街相望，北面为宽阔的闻思学院前广场（图 333、图 334）。

1948 年版《辅国阐化正觉禅师第五世嘉木样呼图克图纪念集》刊一幅民国晚期拍摄的医药学院全景照[③]，照片显示，院落占地很广，后部主殿堂体量宏大，

---

① Natalia D Boisokhoyeva 著，端智译：《俄罗斯布里亚特地区藏传佛教寺院的曼巴扎仓》，《中国民族医药杂志》2009 年第 4 期。

②《拉卜楞大寺现状》，第五世嘉木样治丧委员会编：《辅国阐化正觉禅师第五世嘉木样呼图克图纪念集》（汉藏文版），1948 年，第 50 页。

③ 第五世嘉木样治丧委员会编：《辅国阐化正觉禅师第五世嘉木样呼图克图纪念集》（汉藏文版）"照片部分·拉卜楞寺医学院"。

图 333　美国纽约鲁宾艺术博物馆藏"寺院全景布画"中的
医药学院建筑组群分布形态

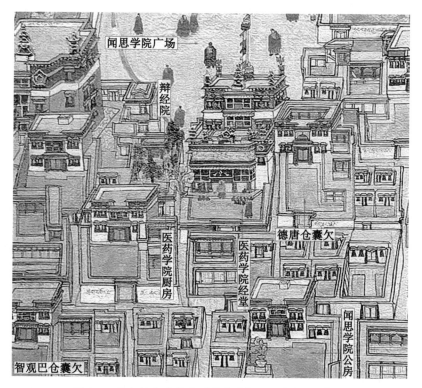

图 334　拉卜楞寺文物陈列馆藏"寺院全景布画"中的
医药学院建筑组群分布形态

高3层，面阔5间，经堂院东面为德唐仓囊欠院（图335）。

图335 民国时期拍摄的医药学院经堂院全貌

早年，因改扩建闻思学院前广场以及拓宽寺院中路与通向闻思学院前广场的道路，拆除了医药学院东面许多建筑，同时，医药学院辩经院、厨房也被拆除，留存下来的原建筑有经堂院、仓库（医药学院公房），弥足珍贵。1980年以来，拉卜楞寺陆续对经堂院围墙、大门、院内诵经廊及仓库（公房）进行维修，重建了辩经院和厨房，但经堂院东面大片建筑未恢复，成为闻思学院前广场的一部分及通向广场的道路，经堂院东围墙暴露在外（图336）。

三、医药学院的主要功能和社会地位

拉卜楞寺医药学院主要用于培养藏族传统医药学人才，故民国时期学者称"曼巴札仓专攻按脉治病等事"①。本院僧侣的修习课程，既有各种宗教理论、医学知识，也有大量社会实践活动，其中社会实践活动的时间、内容远多于理论学习。

学院创建后，二世嘉木样为本院制定了一系列修习法会、诵经科目等，特别强

图336 1981年拍摄的医药学院东立面

---

① 任美锷、李玉林：《拉卜楞寺院之建筑》，《方志》1936年第3、4期合刊。

调本院学僧"必须定期背熟《四部医典》全篇，记忆能力一般者必须在学期内熟记《小三续》，并以既定之药典作为法会的考试科目"①。除要求所有学僧熟练掌握规定的医药学经典外，还必须记诵很多宗教经典著作②。《安多政教史》记载，医药学院每年秋季举行为期七天的彩粉坛城修供仪轨，期间讲授"《四部医典》的《叙述续》和《后续》等，作为必须背诵的课程，还讲授《四家合注》《时轮大疏》《菩提道次第广论》等传承史"③。

本院学僧还必须参加大量社会实践课程，然后通过考试获取本院最高学位"曼然巴"。入院学僧分初级、中级、高级3个学级，初级班主要学习医学经典和基础理论、部分宗教经典等，社会实践课有针灸、刺血等技术及藏医《树喻图解经》等；中级班主要学习《晶珠本草》《药王经》等经典，社会实践课有内外科诊断法、人体构造功能及病因知识、藏药配方等技术；高级班主要研究《四部医典》等藏族传统医药学经典著作，社会实践课程有诊病、采药、制药等技术。

医学实践是本院的特色课程。首先，学僧要学习季节性"采药"技艺，每年农历四月下旬，中、初级班僧侣均外出采药3天，老师现场指导、讲授药材知识、药物生长初期的情况。农历六月上旬，全院学僧外出采药14天，采集标本，认识药物生长中期的情况。八月，全体学僧再次外出采药3天，认识药物生长晚期的果实、枝干及根茎标本，识别药物的性质等。其次，学僧要熟练掌握"制药"技艺，每年农历七月下旬，全院学僧开始制药，掌握药物炮制工艺等。凡修完规定的全部课程，即可申请考试，每年只录取一名④。

早年，医药学院公房内设有门诊部、制药厂、藏经室、标本室、阅览室、药物仓库等，后被拆除。1980年以来，将门诊部改建至念智仓囊欠附近一座空

---

① （清）阿莽班智达著：《拉卜楞寺志》，玛钦·诺悟更志、道周译注，甘肃人民出版社，1997年，第259页。
② （清）阿莽班智达著：《拉卜楞寺志》（藏文），甘肃民族出版社，1987年，第259页。
③ （清）智观巴·贡却乎丹巴绕吉著：《安多政教史》，吴均、毛继祖、马世林译，甘肃民族出版社，1989年，第368页。
④ （清）阿莽班智达著：《拉卜楞寺志》，玛钦·诺悟更志、道周译注，甘肃人民出版社，1997年，第297页[注10]。

院内[1]。如今，原医药学院仓库经过多次维修，恢复传统藏药的研发、生产、销售等。

此外，医药学院保存大量古代藏医药典籍、档案史料等，有不少非常珍贵的手抄本、珍本、孤本。据1959年统计，本学院保存"医药学著作262种，不同刻本43大部"[2]。实际数目远不止此，因藏族传统书籍文献保存方式以"包"为单位，一"包"内往往有多本、十多本函卷，具体数目，很难统计，还有很多篇幅长短不一的临床札记、零星处方手写件等，至今未作整理[3]。

四、现存医药学院建筑规模与形制特征

现存医药学院是一组规模较大的建筑组群，包括4处相对独立的建筑：经堂院、厨房院、辩经院、公房（仓库），地处大夏河北岸二级台地上，其中经堂院、厨房院、辩经院3处建筑位于闻思学院前广场西南侧，公房位于寺院核心区西南地区（图337）。现存院落格局、形态并非原貌，是1980年以来经过多次维修而成，最后一次院落改扩建工程发生于2006年，迄今再未发生变化。

（一）经堂院

经堂院坐西北向东南，院落式布局，南北长63.7米，东西宽28.8米，院内净面积1530平方米（图338），四周围墙片石砌筑，西面与

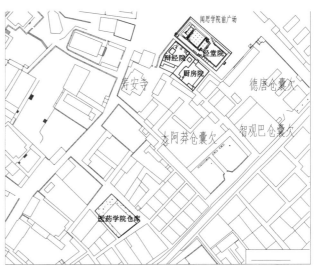

图337 医药学院建筑组群分布图（1∶2000）

---

① 丹曲：《拉卜楞寺医药学院概述》，《中国藏学》1990年第4期。

② 王钟元：《拉卜楞寺的藏医药学研究》，陈中义，洲塔主编：《拉卜楞寺与黄氏家族》，甘肃民族出版社，1995年，第124页。

③ 洲塔：《拉卜楞寺医药学院》，《中国藏学》1997年第4期。

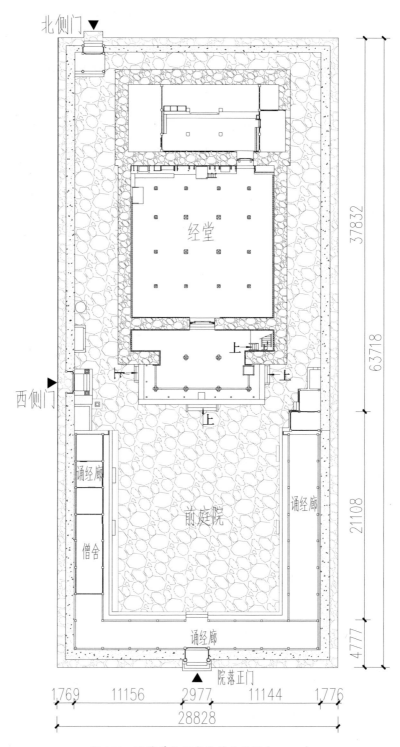

图338 医药学院经堂院总平面图(1:150)

辩经院、厨房院有一小巷之隔。

1. 建筑规模、形制与功能

经堂院庭院及围墙系 2006 年重修，南围墙正中开正门。西围墙上开一侧门，与厨房院正门相对。北围墙西端开一侧门，通向闻思学院前广场。其中正门面阔一间（3.5 米），进深两间（5 米），藏式平顶结构，门洞正面左、右立二柱，柱下施圆形石柱础，柱头上施巨大的透雕雀替及大小额枋、多层透雕花牙板，额枋、花牙板雕饰非常丰富，主要图案有卷草纹、二龙戏珠、法轮、吉祥草等；挑

图 339　学院大门正立面（2013 年，自南向北）

檐檩承挑椽子、飞椽，屋面铺设望板、砂石土，四周以青砖、片石砌筑挡水墙，墙帽筒瓦扣脊；门框内装藏式双扇木板门，门外设垂带式踏步 3 级，高 0.4 米；各木构件均无油饰彩画（图 339）。西侧门通向院外厨房院、辩经院，面阔一间（2.6 米），进深一间（2.4 米），门洞内外各以二柱挑出门廊，柱头上施雀替、额枋、平板枋等，装简易藏式双扇木板门；挑檐檩承挑椽子、飞椽；屋面边沿处以青砖、片石砌筑挡水墙。西北侧门的结构形制同正门，2015 年重修，正面以二柱挑出门廊，柱头施大小额枋、平板枋、透雕荷叶墩、多层横枋等，无雀替，平板枋雕卷草纹；挑檐檩承挑椽子、飞椽，屋面四周以青砖、片石砌筑挡水墙。

院落围墙结构分两种样式：第一，前庭院东、西、南三面围墙为片石墙与边玛墙混合砌筑，厚 1 米，高 3.6 米，下层片石砌筑，高 2.7 米，外墙面涂饰白色，内墙面为诵经廊后墙，墙面绘壁画，墙顶加单层边玛墙（高 0.9 米），墙帽用片石、青砖垒砌，板瓦扣脊。第二，后院东、西、北三面围墙为片石墙与夯土墙混合构筑，墙厚 1 米，高度不一，东、西两面高 3 米，北面高 2.4 米，墙帽以青砖、片石挑出排水檐（图 340）。

图 340　医药学院后院围墙及北侧门形制（2016 年，自北向南）

院落分前、后两部分。前庭院较为宽阔，东西宽 25.2 米，南北长 22.5 米，占地面积 567 平方米，地面铺片石，中部铺设一条南北向甬道，并用石子拼成吉祥图案。南、西、东三面建诵经廊、僧舍等，2006 年重建（图 341）。其中东诵经廊面阔 7 间（19 米），进深 1 间（3.1 米），前部开敞，左右贯通，前、后檐各立柱子，柱上施额枋、平板枋，上承椽子和飞椽；藏式平顶结构，屋面铺望板，防水层以砂石土碾压；廊内地面铺木地板，供本院学僧在此禅坐、诵经，也为广大僧俗信众提供休憩场所。南诵经廊面阔 9 间（28 米）、进深 1 间（3.1 米），中间为院落大门，结构与东诵经廊一致，供本院学僧诵经、信众休息，大门屋面高于两侧诵经廊，廊内墙面为 2006 年重绘的《树喻图》壁画，内容取自藏族传统医学经典《四部医典》部分挂图，以

图 341　2006 年重建前院诵经廊现场

白色打底，图案以黑、绿色为主，每幅图附有藏文说明（图 342）。西廊房部分为僧舍，部分为杂物库，结构与东诵经廊同，僧舍之间以木隔扇墙分隔，正面装藏式单扇木板门、棂条窗。诵经廊、僧舍所有木构件均素面无饰。

图 342　南诵经廊墙面壁画（2013 年，自北向南）

后院总占地面积 963 平方米，主体建筑经堂建于后院中央。

2. 经堂

拉卜楞寺医药学院经堂的整体空间格局、建筑形制和样式完全按照藏传佛教"三界空间观"思想营造，外部形态由前廊、前殿、后殿三部分组成（图 343），平面呈纵长方形，东西长 19.9 米，南北长 37.5 米，高 3 层（图 344、图 345、图 346、图 347），三个空间形态按中轴线对称布局，地面自南而北渐次升高，各部

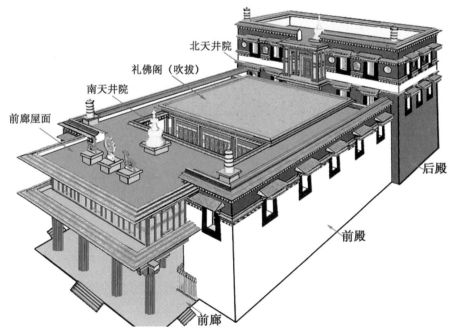

图 343　医药学院经堂全貌鸟瞰

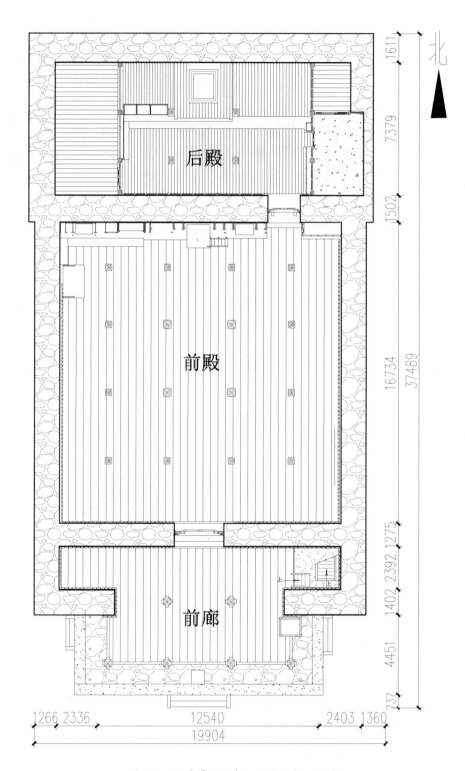

图 344　医药学院经堂一层平面（1：100）

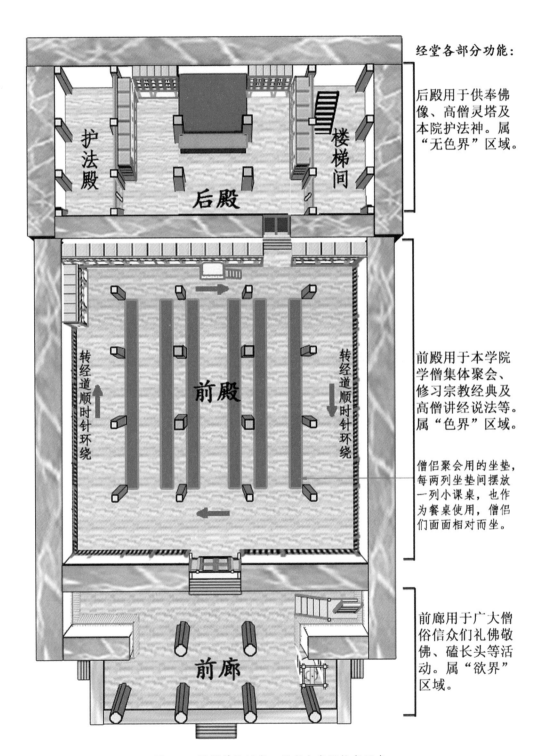

经堂各部分功能：

后殿用于供奉佛像、高僧灵塔及本院护法神。属"无色界"区域。

前殿用于本学院学僧集体聚会、修习宗教经典及高僧讲经说法等。属"色界"区域。

僧侣聚会用的坐垫，每两列坐垫间摆放一列小课桌，也作为餐桌使用，僧侣们面面相对而坐。

前廊用于广大僧俗信众们礼佛敬佛、磕长头等活动。属"欲界"区域。

护法殿

楼梯间

后殿

转经道顺时针环绕　前殿　转经道顺时针环绕

前廊

图 345　医药学院经堂一层室内空间构成形态

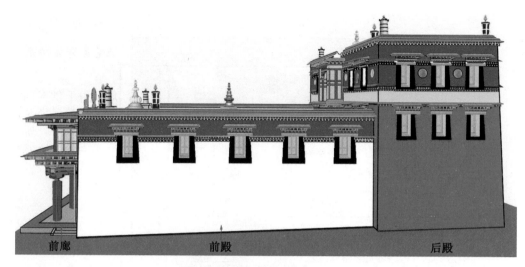

前廊　　　　　　　前殿　　　　　　　后殿

图 346　医药学院经堂东面形态

图 347　医药学院经堂正立面全貌（2013 年，自南向北）

分之间形成特殊的比例关系（附表 5）。

（1）前廊

前廊是一处过渡空间，寓意"欲界"。前部三面开敞，后部三面以承重墙围合，立前、后两排 6 根柱子（廊柱 4 根，金柱 2 根）。面阔 3 间（10.4 米，柱中至柱中距离），进深 2 间（6.5 米，柱中至后墙面距离），室内净面积 101 平方米，通高 2 层（8.7 米，地面至屋顶挑檐墙帽），廊内铺木地板，既供本院学僧举行特殊的宗教仪轨和仪式，也供僧俗民众礼佛。正立面呈横长方形，高、宽之比为 0.67∶1，与经堂总高之比为 0.48∶1（图 348、图 349）。廊外有一长 14 米、宽 4.4 米、高 0.4 米的小月台，月台正面中央及两侧各设踏步 3 阶（图 350、图 351）。

第一层室内 6 根柱子均为藏式十二棱拼合柱，柱径 59 厘米，柱高 3.2 米，柱础埋于木地板下。柱身通体饰红色，柱幔占柱高三分之一，木雕镶贴而成，柱

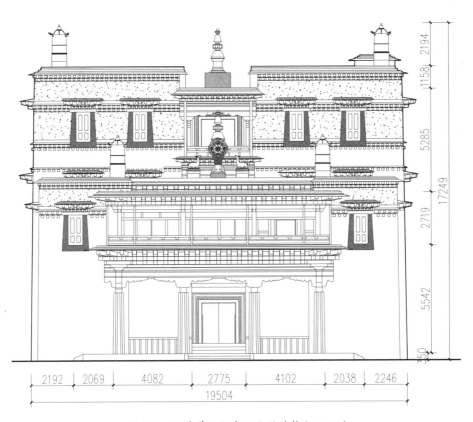

图 348　医药学院经堂正立面结构（1∶100）

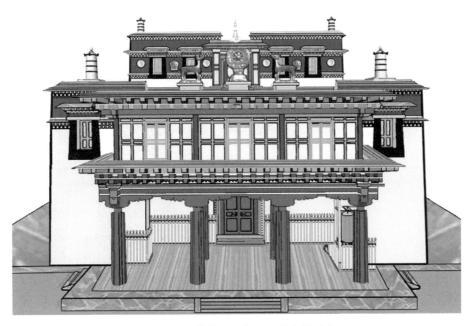

图 349　医药学院经堂正立面全貌形态

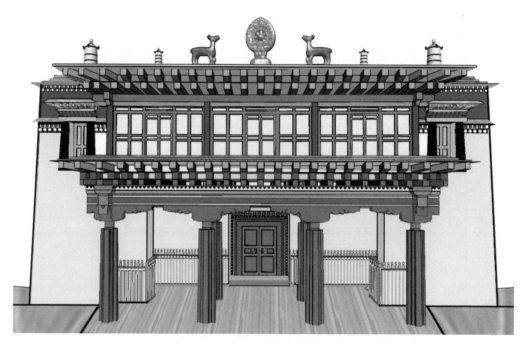

图 350　医药学院经堂前廊结构构造

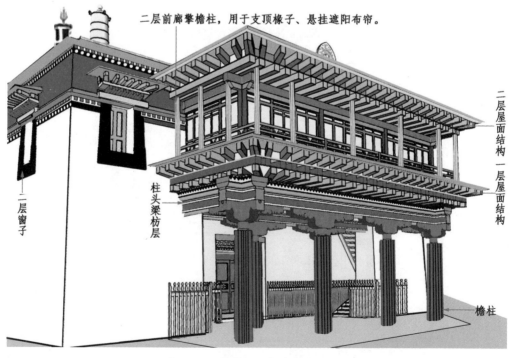

图 351　医药学院经堂前廊透视结构

头置十二棱形栌斗，其上依次置各梁枋组合层，承托上层楼面，总高 1.8 米（栌斗底至椽子木上皮），是拉卜楞寺各宗教殿堂藏式柱式固定组合构件（包括短弓、长弓、兰扎枋、莲瓣枋、蜂窝枋、椽子、飞椽等），上、下构件间用暗梢连接，四面梁枋层相互交接，组合成一个圈梁，共同承载上部楼面（图 352、图 353），即第二层地面。梁枋层油饰彩画非常精致，短弓和长弓正面雕饰贴金塌鼻兽，背面雕饰飞龙护宝图。需要指出的是，医药学院经堂前廊兰扎枋彩画样式与其他学院不同，枋心为三段式构图，中间饰蓝地贴金七宝珠卷云纹，左、右两侧饰蓝地贴金兰扎文，两端箍头饰蓝地贴金灵兽卷云岔角花；莲瓣枋和蜂窝枋涂饰色彩以红、蓝色为主，局部贴金（图 354、图 355、图 356）。蜂窝枋上置椽子、飞椽，上铺栈棍、边玛草枝，楼面以砂石土碾压而成。在近年维修工程中发现，廊内柱头梁枋皆横向放置，椽子纵向摆放，椽子前端向外挑出，后端插入前殿南承重墙内。檐口以椽子和片石挑出，上部用青砖、片石垒砌成挡水墙和墙帽。

廊内各墙面上部遍绘壁画，题材与拉卜楞寺其他学院经堂、佛殿大同小异，包括"生死流转图""金刚杵""四大天王""和睦四兄弟"等（图 357、图 358），其中有一幅绘制非常精致、细腻的"极乐世界图"，画面完整，表现了 51 个姿态各异、体型优美的供养天，弥足珍贵（图 359）；下部贴墙面通体装木护栏。据《安多政教史》记载，前廊门额处曾悬挂一幅匾额，用藏文、兰扎文、梵文写一篇颂词："慈祥的嘉木样大师护然耆婆在世，仿佛菩提药王现身安多雪域。这藏医的学府好像美丽药王城，愿众生修养生息在安康福乐胜地！"[1] 该匾额现已不存。

第二层柱子布局与第一层上下对位，室内立 15 根柱子，周围装木隔扇门、隔扇墙等，共同围合，面阔 5 间（16 米），通进深 3 间（6.7 米），室内净面积 98 平方米。

正面东、西、南三面各向外挑出廊一间，廊宽 0.6 米，廊柱很小（直径 11 厘

① 端智：《安多曼巴扎仓研究——以贡本、拉卜楞寺为中心》，兰州大学博士学位论文，2013 年，第 114 页。

图 352　医药学院经堂前廊柱子及梁枋层结构

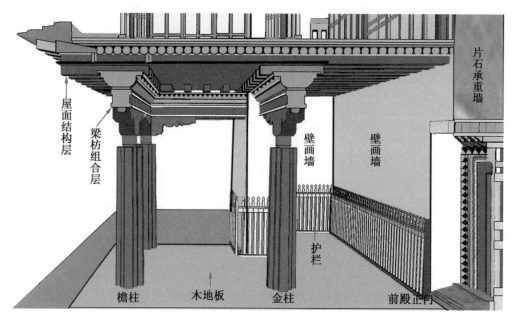

图 353　医药学院经堂前廊剖面形态

图354 医药学院经堂前廊两组柱式（2013年）

图355 前廊柱头梁枋细部（2013年）

图356 前廊柱头梁枋彩绘命命鸟（2013年）

米），廊柱间装扶手栏杆，高0.8米。在结构上，第一层的檐柱位置在第二层变为金柱，柱头梁枋组合层结构较简单，方形柱子断面0.2米，高2.1米，柱头上置两层横枋（下部额枋，上部兰扎枋），兰扎枋相当于挑檐檩，挑出椽子、飞椽，兰扎枋正面绘蓝地贴金兰扎文，椽子饰蓝色，望板饰橙红色；柱间通装六抹隔扇门、隔扇墙（图360）。室内以各种隔扇门、隔扇墙分隔为大小不一的房屋，仅

图 357　经堂前廊壁画"生死流转"图（2013 年）　　图 358　前廊壁画"和睦四瑞"图（2013 年）

图 359　医药学院经堂前廊壁画"极乐世界"图局部（2013 年）

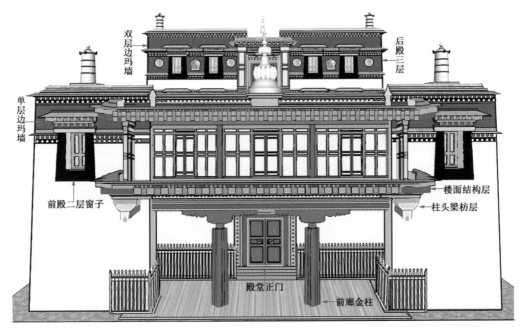

图 360　医药学院经堂前廊纵剖结构形态之一

活佛修行室内涂饰黄色，其他室内木构件均素面无饰（图 361、图 362）。两山面柱子之间均装木隔扇墙，素面无饰。后檐形制与前檐不对称，不出廊。檐柱断面呈方形，外露一半，素面无饰。明间装藏式木板门，素面无饰，无门框；两次间、西梢间以木骨泥墙封堵，墙面涂刷红泥浆，不开窗；东梢间为楼梯间，柱子有圆柱和八角形柱两种，柱径 14 厘米，室内置木楼梯，与第一层贯通。檐柱上部梁枋层较为简单，置一道额枋、一道承椽枋，挑出椽子，无飞椽。屋面藏式平顶结构，防水层以砂石土碾压，南、东、西三面以片石挑出檐口，青砖砌筑挡水墙，墙帽以筒瓦收顶，前部中央置 1 组铜镏金八辐轮、"二兽听法"饰件，另有宝瓶 1 尊。

需要指出的是，前廊第一、二层在 20 世纪六七十年代作为本学院书库使用，曾保存大量医学图书、资料和档案，后移存于寺院藏经楼。1980 年以来，历经多次维修、改建，第二层现作为活佛静修室、楼梯间、库房、管理用房等。

（2）前殿

前殿是本院学僧聚会修习、讲经说法处。十六柱结构，东西面阔 5 间（16

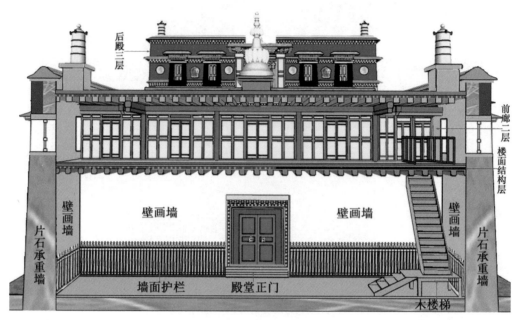

图 361 医药学院经堂前廊纵剖结构形态之二

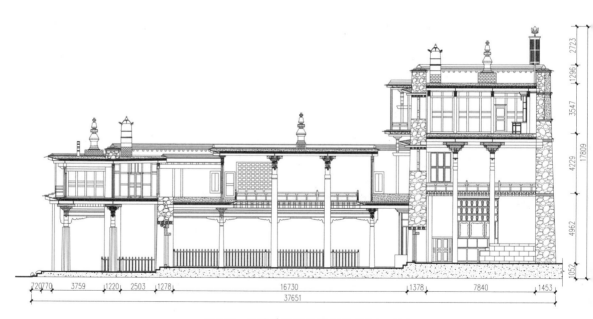

图 362 医药学院经堂横剖结构（1:100）

米），南北进深 5 间（16.7 米），室内净面积 267 平方米，通高两层（9.4 米），横宽与总高的比值为 1 : 1.1，近似方形。第一层仅正面开殿门，其他各面不开门窗，室内空间密闭，中央上部升起礼佛阁，二层南面设有高侧窗，供一层室内采光通风。外墙面涂饰白色。

第一层四周以片石承重墙围合。室内柱子根据其承重方式分为两种：第一种为普通围合柱，共 12 根，高 2.9 米，柱头梁枋组合层以藏式木梁枋为主，包括大小弓木、兰扎枋、莲瓣枋及蜂窝枋、堆经枋等，总高 1.2 米，承挑上部楼面（图 363），即第二层地面；第二种为通柱，位于室内中央，共 4 根，柱高 6.3 米，上部梁枋组合层高 1.6 米，一直延伸到第二层礼佛阁屋面下。总体来看，这种空间结构形态，由四周围护墙、4 条横向及纵向梁枋组合体、中央 4 根通柱相互套接，形成 3 个"口"字形空间，在平面或仰视形态上，皆呈"回"字形（图 364、图 365）。其中：第一个"口"字为四周承重墙围合形成的；第二个"口"字由北端和南端 2 条横向梁枋组合体、东端和西端 2 条纵向梁枋组合体相互交接、延伸形成，其中横向梁枋的两端头均插入两侧承重墙内，纵向梁枋的两端头暴露在室内，各条梁枋之上置椽子、栈棍等，共同形成上部楼面，且向室内一侧挑出飞椽，仰视看去，上部形成一处悬空的藻井口（图 366、图 367）；第三个"口"字由中央 4 根通柱自身围合而成，通柱上部梁枋组合体四面相互交接，又形成一"口"字形梁枋圈，组成相对独立的礼佛阁上部空间，这两个"口"字形空间上下叠加、重合，有独立的屋面，且屋面向上升起并超过第二层其他房屋的屋面（图 368）。

室内柱子均为藏式拼合方柱，收分明显，围合柱底径 36 厘米，通柱柱径 47 厘米，上部梁枋组合层样式一致，彩画风格统一，是拉卜楞寺高级宗教殿堂的通用样式。正面（看面）大面积贴金；侧面、背面彩画样式较为简单，很少贴金。柱身通体饰二朱红，上部柱幔雕刻并彩画；大斗底部阳刻仰莲瓣，长弓正面雕贴红地瑞兽宝珠卷云纹、吉祥草纹等；弓弦饰蓝地贴金吉祥草纹；兰扎枋正面枋心饰贴金七宝珠吉祥草纹，两端饰蓝地贴金兰扎文，岔角处饰贴金宝珠卷草纹；莲瓣枋、蜂窝枋彩画均为拉卜楞寺宗教殿堂固定的红、蓝色晕染而成（图 369、图

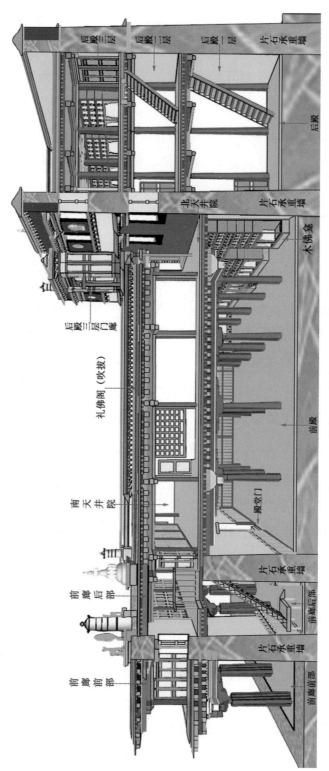

图 363　医药学院经堂横剖结构形态之一

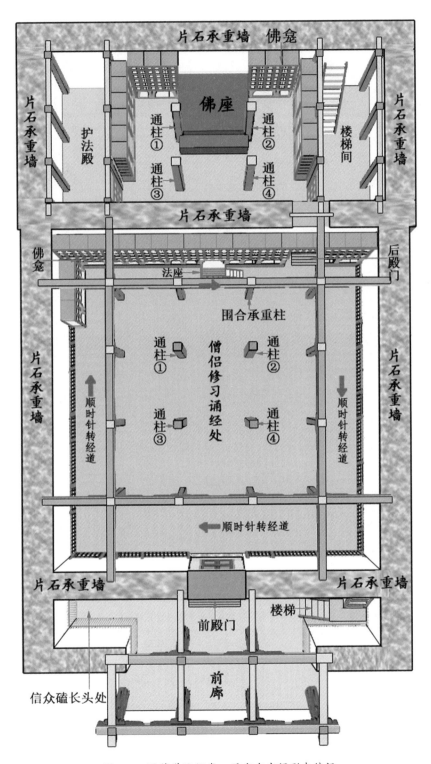

图 364　医药学院经堂一层室内空间形态俯视

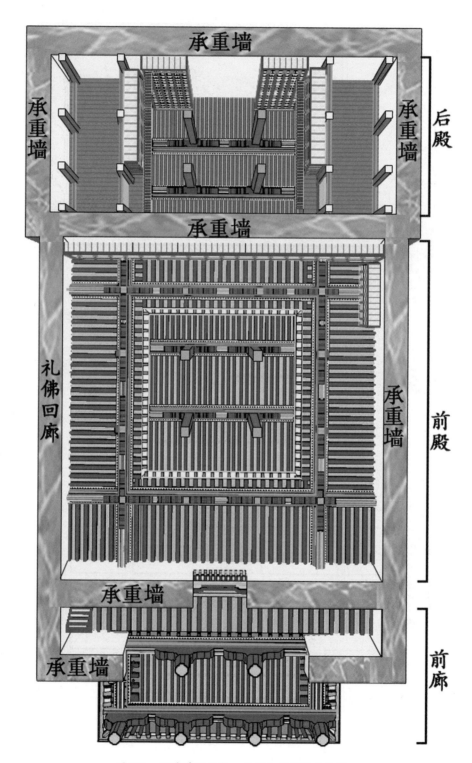

图 365　医药学院经堂一层室内空间形态仰视

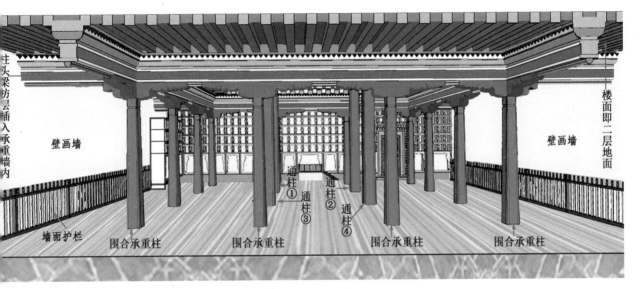

图 366 医药学院经堂前殿一层柱式及空间形态构成方式

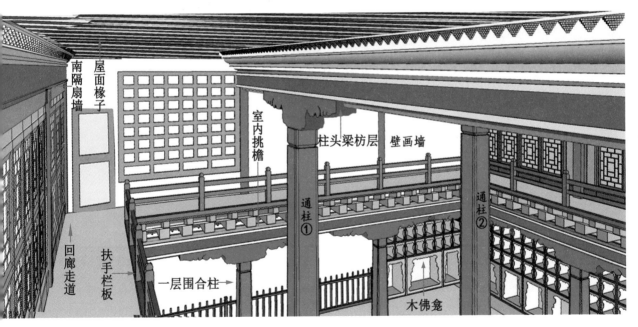

图 367 医药学院经堂前殿二层回字形空间形态透视

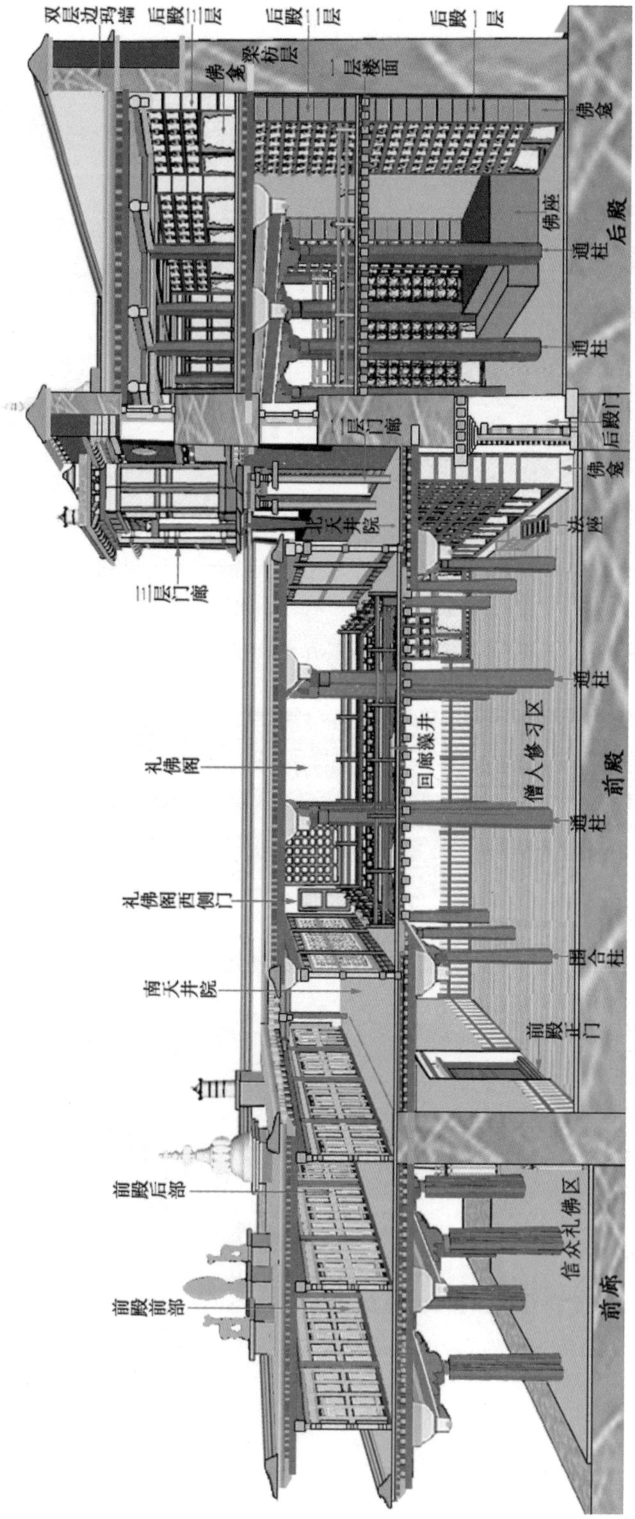
双层边玛墙
后殿三层
后殿二层
后殿一层
佛龛
梁枋层
二层楼面
佛龛
佛座
后殿
通柱
通柱
后殿门
二层门廊
佛龛
法座
北天井院
三层门廊
礼佛阁
回廊藻井
僧人修习区
通柱
前殿
通柱
礼佛阁西侧门
围合柱
南天井院
前殿正门
前殿后部
信众礼佛区
前殿前部
前廊

图 368　医药学院经堂横剖结构形态之二

370）。柱子正面均悬挂大型柱面幡，梁枋下悬挂各种布织彩色幢幡，藻井口四面梁枋下悬挂各种唐卡（图 371），藻井口向内侧挑出椽子、飞椽上下交错涂饰蓝色和绿色；承重墙内侧东、西、南三面留有走道，供信众顺时针环绕礼佛敬佛，后部正中设寺主嘉木样、本院法台（赤巴）的法座。法座两侧及后部墙面上装置木供桌、佛柜、佛龛等，佛龛内供奉本学院本尊、其他神佛菩萨尊像及各种

图 369　前殿室内柱子梁枋看面彩画（2007 年）

图 370　前殿梁枋彩画及幢幡（2007 年）

图 371　医药学院经堂前殿通柱周边悬挂的幢幡（2007 年）

宗教经典等（图372、图373）。地面通铺木地板，又在第一列至第四列柱子之间纵向铺设6列座垫和小木桌，供僧人诵经时就座、用餐。西、东、南三面墙体上部遍绘密宗壁画、悬挂各种唐卡，下部装木护栏。

南承重墙中央开正门，装藏式双扇木板门，是拉卜楞寺宗教殿堂正门等级最高者，由外框（蜂窝枋）、中框（莲瓣枋）及内框（兰扎枋）组成，兰扎枋正面彩画非常精细，三段式构图，枋心内雕贴各种药草图案，两端饰贴金岔角花；外框饰贴金卷云头和宝珠纹；上槛枋心内饰贴金七宝珠纹；下槛素面无饰。门板正面饰铜镏金装饰带、铺首衔环。门额上方置5尊彩绘木雕护法神像（图374、图375）。北承重墙东端开一门，通向后殿。

前殿第二层空间形态较为复杂，四周围护墙片石砌筑，墙顶加单层边玛墙，围护墙内净面积266平方米，总平面呈"回"字形，由5个空间形态组成，包括：中央礼佛阁；南天井院；北天井院；东修行室、储藏室及过道；西修行室、储藏室及过道（图376、图377、图378）。

第一个空间形态为北天井院。与南天井院对称布局。由礼佛阁后檐墙、后殿

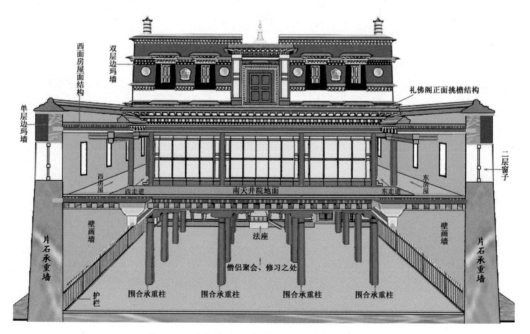

图372 医药学院经堂前殿纵剖结构形态之一

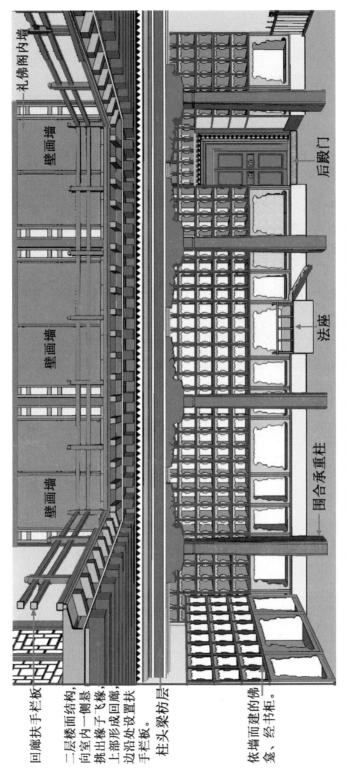

图 373 医药学院经堂前殿一层室内后部围合柱承托梁枋及楼面形态

图 374　医药学院经堂正门样式（2007 年）

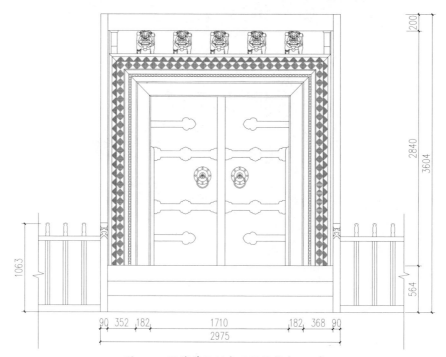

图 375　医药学院经堂正门结构（1∶50）

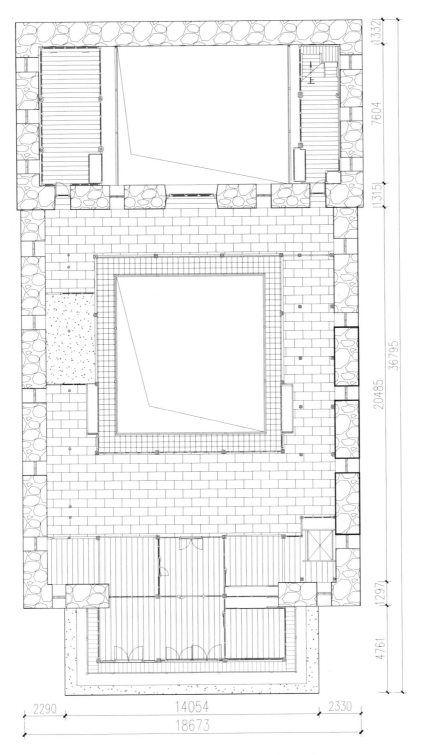

图 376　医药学院经堂二层平面（1:100）

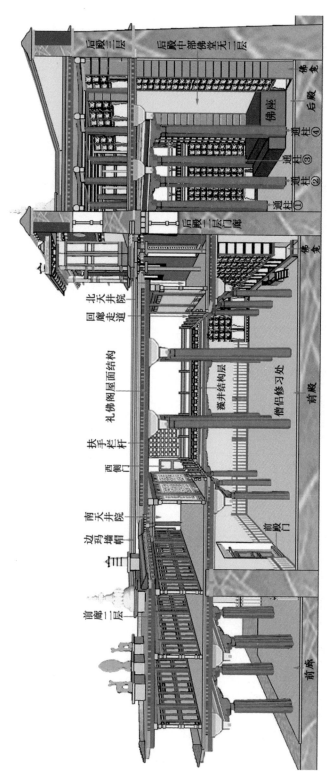

图 377　医药学院经堂横剖结构形态之三

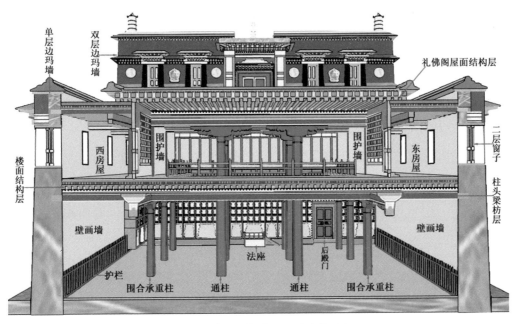

图 378　医药学院经堂前殿纵剖结构形态之二

图 379　前殿二层北天井院现状（2013 年，自东向西）

图 380　前殿二层南天井院现状（2013 年）

二层前檐墙、东西两侧承重墙共同围合而成，平面呈横长方形，长 16 米，宽 2.6 米，占地面积 41.6 平方米，东南角、西南角与礼佛阁东、西两侧回廊、走道贯通。东、西承重墙上各开一个窗子（图 379）。

　　第二个空间形态为南天井院。与北天井院对称。由礼佛阁前檐隔扇墙、前廊二层后檐墙、东西两侧承重墙共同围合而成，占地面积 51 平方米，东北角、西北角与礼佛阁东、西两侧走道贯通，东南角设一楼梯间，通向前廊第一层（图 380）。

第三个空间形态为中央礼佛阁。这是一个非常特殊的空间形态，与其他学院经堂的构造方式完全一致，主要结构特征有：

首先，第一层室内中央4根通柱（通高6.3米）向上延伸，越过第一层屋面，直抵自身第二层屋面下，同时又在通柱四周的第一层屋面上栽立12根柱子，作为通柱周边的围合柱，这些围合柱与一层室内承重柱上下对位，这样，通柱与围合柱共同组成面阔3间、进深3间的独立空间形态，整体犹如一个正方形空筒，室内面积90平方米，上部有独立的屋面。通柱、围合柱上部梁枋组合形态、彩画样式与一层室内相同，正、背面彩画内容一样，等级最高，大面积贴金（图381、图382、图383、图384）。

其次，藻井口内椽子、飞椽从四周围合柱柱根处向礼佛阁室内伸展0.8米，构成礼佛阁内悬空且环绕四周的回廊走道，在走道边沿处设扶手栏杆（望柱、栏板、荷叶墩等），内侧木构件表面绘精致的彩画；四周围合柱之间的墙面或绘壁画，或悬挂唐卡画，或装置佛龛、经书柜等（图385、图386、图387、图388）。

图381　前殿二层礼佛阁通柱全貌（2007年）

图382　礼佛阁通柱梁枋组合及彩画之一（2007年）

图383　礼佛阁通柱梁枋组合及彩画之二（2007年）

图384　礼佛阁通柱柱头悬挂的塌鼻兽（2007年）

图 385　医药学院经堂前殿二层礼佛阁回廊栏板正面彩画（2007 年）

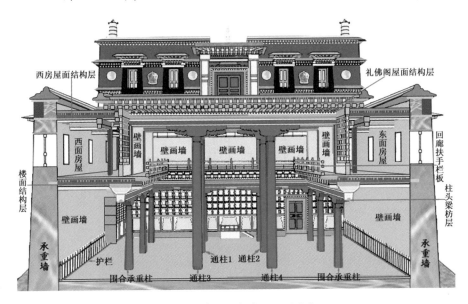

图 386　医药学院经堂前殿纵剖结构之三

再次，通柱四周的围合柱之间装隔扇门、隔扇墙等。其中：前檐（南面）柱子梁枋间装木隔扇窗，供一层室内采光通风，20世纪 80 年代以来改建为玻璃窗，檐柱饰铁锈红油漆，柱式结构简化了很多，无柱幔和坐斗，柱头上置一层素面额枋，其上再置兰扎

图 387　二层礼佛阁回廊构造（2007 年）

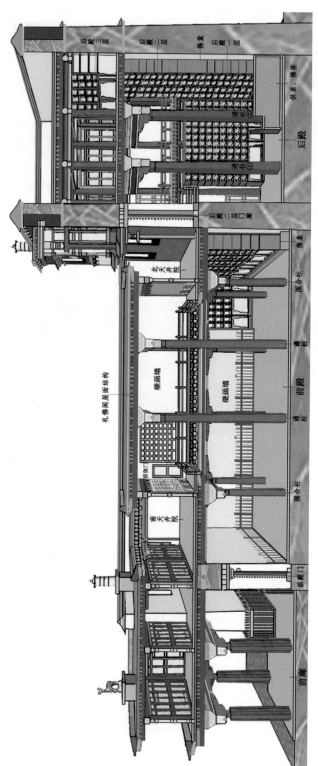

图 388 医药学院经堂横剖结构形态之四

枋、莲瓣枋和蜂窝枋（挑檐檩），兰扎枋饰蓝地贴金兰扎文，莲瓣枋、蜂窝枋为本寺其他宗教殿堂通用的蓝、绿相间沥粉彩画，蜂窝枋上挑出椽子、飞椽，椽飞饰蓝、绿相间彩画（图389）。东、西两面围护墙南端各开一侧门，供人出入。后檐出挑结

图389 礼佛阁二层前檐柱梁枋彩画（2007年，自南向北）

构、样式比前檐简略，柱头上仅有额枋、平板枋承托檐椽，各构件无彩画（见图379）。礼佛阁屋面比周围其他房屋屋面高0.6米，藏式平顶结构，铺设工艺同前廊屋面，四周边沿处用青砖、片石砌筑挡水墙，墙帽筒瓦扣顶，外侧以片石挑出檐口（图390）；屋面前部正中置一尊铜质镏金宝瓶。

第四个空间形态为东、西两侧对称的房屋。在第一层楼面东、西两侧承重墙内侧分别立前、后两列柱子，柱头上置额枋、承椽枋等，相互交接，组成屋架。其上排布椽子，椽子一端悬挑在走道内，其上置飞椽；另一端插入承重墙内，藏

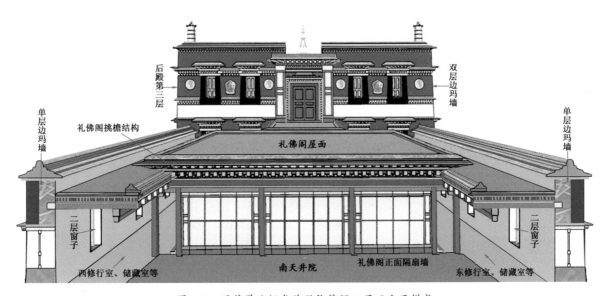

图390 医药学院经堂前殿礼佛阁二层正立面样式

式平顶结构。每一列房屋纵向（南北向）连为一体，面阔5间（14米），进深（东西向）1间（2米），室内净高2.8米，总占地面积56平方米，背面依靠承重墙，正面装木隔扇门、隔扇墙、隔扇窗等，屋面与前廊二层屋面处于同一水平位置，相互贯通，但低于礼佛阁屋面约0.6米。房屋用途多样，或为宗教法器储藏室，或为活佛修行室等（图391、图392、图393）。

第五个空间形态为东、西两侧对称的两条走廊和通道。位于礼佛阁东、西墙外侧，南、北两端与天井院贯通，又与东、西两侧房屋前廊贯通、共用，南北纵长14米，宽约1.1米，总占地面积约28平方米。

前殿第二层四周承重墙顶部加单层边玛墙，其中南面墙体中部被前廊打断，仅左、右两端有边玛墙，高1.8米（从底部挑枋至顶部挑枋），砌筑工艺与其他殿堂一样，内侧片石砌筑，外侧边玛草砌筑，墙帽用青砖、片石砌筑，片石挑檐，筒瓦收顶。正面东、西两端各开一个窗子，东、西山墙上各开5个窗子，窗子结构样式同其他殿堂。需要指出的是，医药学院前殿四周边玛墙上不悬挂铜镏金饰件，这与其他学院前殿不同。

（3）后殿

后殿位于前殿后部，藏式平顶结构，通高3层，无金顶（图394），比前殿

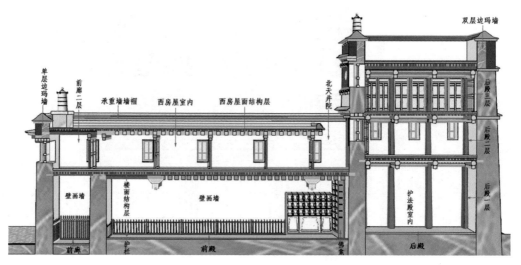

图391　医药学院经堂前殿二层西房横剖形态

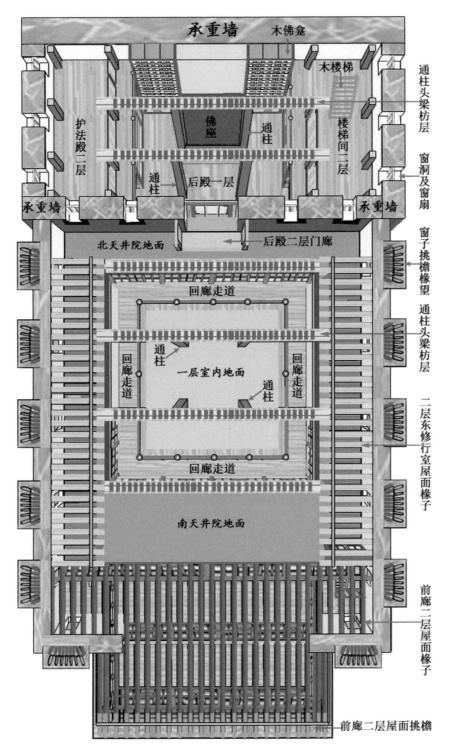

图 392 医药学院经堂前殿二层梁架俯视形态

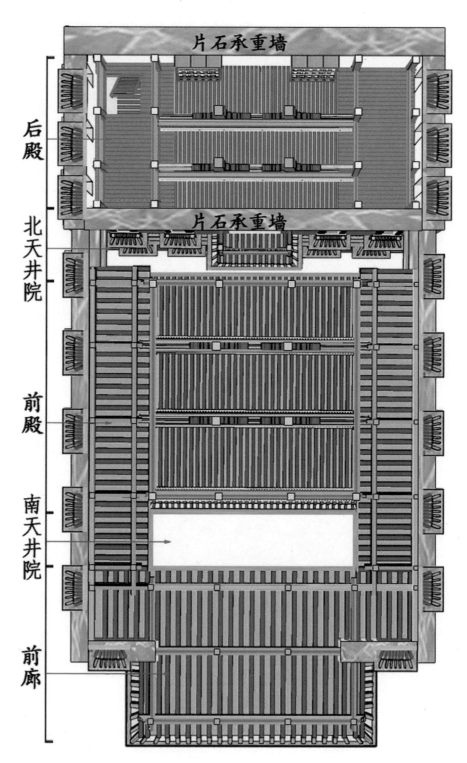

图 393 医药学院经堂二层梁架结构仰视形态

图 394　医药学院经堂后佛殿正立面形态

图 395　医药学院经堂后殿正门（2007 年）

高出 4.2 米（屋面至屋面垂直距离），比前殿宽 0.72 米（外墙至外墙距离）。与前殿间以片石承重墙分隔。这是一座相对独立的佛殿，主要用于供奉本院护法神及其他神佛菩萨尊像、本寺高僧大德灵塔等，外墙面通体涂饰红色。在南面承重墙东端开正门，门洞高 2.3 米，宽 1.8 米，装藏式三层门框、双扇木板门，门框正面均饰彩画，边框绘蓝地七宝珠缠枝纹，边框外侧饰莲瓣枋和蜂窝枋，门扇通体饰红色，装两枚铜镏金铺首衔环，门外设两级条石踏步（图 395）。

第一层室内共立两排 4 根通柱，周边

图 396　后殿中部佛堂通柱间的供桌与佛龛（2007 年）

立 8 根围合柱子，共同承托上部楼面。总面阔 5 间（17.5 米），进深 3 间（7.4 米），室内净面积 127 平方米，通高 3 层（18.2 米）。通柱为藏式拼合方柱，高 6.6 米，柱径 38 厘米，上部梁枋组合层高 2 米，柱式、油饰彩画与前殿相同。周围 8 根柱子柱径 24 厘米，高 4.5 米，上部梁枋组合层高 0.6 米，梁枋装饰较为简单。后檐墙外没有凸出的墩台。室内空间划分包括：中部 3 间为佛堂，在后部两根通柱之间及周边供奉高大的供桌、佛座、佛龛、经书柜等，木雕、彩绘非常精细，主要供奉二世拉科仓·晋美称勒嘉措活佛 [①] 的灵塔及其他众多佛菩萨尊像，墙面或绘大型密宗壁画，或悬挂各种名贵的唐卡画，柱头、梁枋下悬挂五彩缤纷的柱面幡、唐卡、塌鼻兽等，弓弦下悬垂大型彩色丝（布）质幢幡。整个空间犹如天宫玉楼般华丽（图 396）；西面 1 间为护法殿，东侧隔扇墙上开一出入门，装传统藏式双扇木板门，门扇上绘护法神像，面貌狰狞恐怖（图 397），外人不可进入；东面 1 间为楼梯间，西隔扇墙上开一出入门。

第二层室内空间分两种：第一，中部 3 间佛堂无第二层，4 根通柱向上延伸直至第三层地面下；第二，东、西侧护法殿及楼梯间均有第二层（图 398、图 399）。南承重墙外即北天井院（见图 379），墙上开 3 门、2 窗，中间外挑门廊与

① 二世拉科仓·晋美称勒嘉措（1866—1948），青海循化县尕楞乡火尔苏乎村人。民国时期安多地区著名佛学大师。九岁时进入拉卜楞寺闻思学院学习，曾钻研藏医，在医药学院供职，医术精湛，研制了洁白丸、红丸药、五味麝香丸等方剂，为医药学院的发展作出重要贡献。圆寂后，自己宣布不再转世，信众为其建造菩提灵塔，供于医药学院经堂后殿。他一生研修教理、讲经传法，著述丰富，共有七函，培养了许多佛学弟子，著名者有九世班禅、十世班禅、五世嘉木样等。（扎扎著：《拉卜楞寺活佛世系》，甘肃民族出版社，2000 年，第 404—407 页；陈中义、洲塔主编：《拉卜楞寺与黄氏家族》，甘肃民族出版社，1995 年，第 126—127 页。）

本寺其他宗教殿堂高层外挑门廊形制一样，墙外左、右各立一方柱，以穿插枋拉结，穿插枋尾插入墙内，外端头上置大斗、短弓和长弓、兰扎枋、莲瓣枋、蜂窝枋等，其上再挑出椽子、飞椽，铺设望板，平顶屋面。门洞内装藏式门框、三扇木板门，门框三件套式（包括大边框、莲瓣枋、蜂窝枋），边框饰蓝地宝珠缠枝纹，三扇门为六抹隔扇门，隔心用木棂条拼接成灯笼锦，门额上部置堆经枋两层，饰蓝、绿交错彩画（图400、图401）。门廊左、右两侧对称各开1窗，供一层室内通风采光。西面为活佛修行室，正面墙上开一门，门额上

图397　后佛殿护法殿正门装饰（2007年）

部有挑檐，门洞内装藏式简易单扇木板门。东面楼梯间正面墙上也开一门，与西面修行室门对称布局。

因四周承重墙向上逐渐收分，第三层室内面积比第二层小，面阔5间、进深3间，总净面积126平方米。立前、中、后三排共22根柱子，均为圆柱，柱子布局与第二层对位，柱头置额枋和承椽枋，又以木隔扇墙分隔为不同的房间。柱子饰二朱红色，梁枋层饰藏式水云纹、汉藏结合式旋子彩画等。中部3间用于存放佛塔、坛城、佛经、佛像等，墙面或绘木板画，或设置经书柜、佛像及佛教用品柜等（图402、图403）。

南承重墙中央设外挑门廊，两侧各开2个藏式窗子，供室内采光通风（见图394）。门廊结构特征有：首先，在承重墙上开门洞，门洞外左、右各立一断面六角形木柱，柱子立于下层门廊屋面上，柱头上置长弓、短弓、兰扎枋、莲瓣枋、蜂窝枋、挑檐檩，挑出椽子、飞椽，藏式平顶屋面；其次，门洞内装藏式三件套门框、双扇木板门，正面绘彩画，门边框饰蓝地宝珠缠枝纹、莲瓣枋、蜂窝

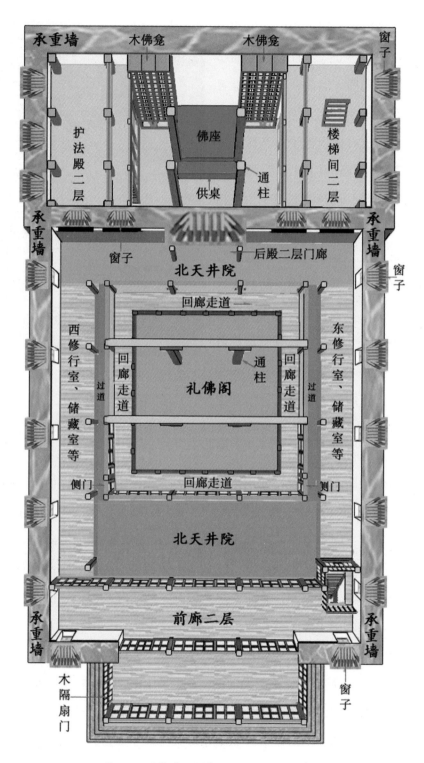

图398　医药学院经堂后殿二层平面形态

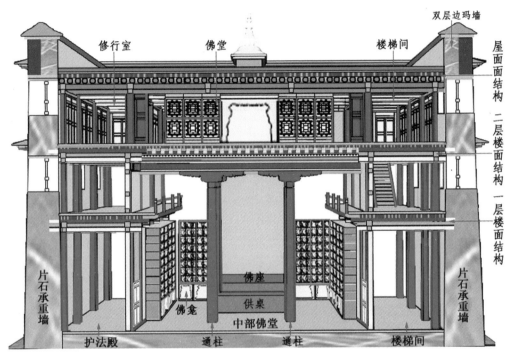

图 399　医药学院经堂后殿纵剖结构形态

图 400　后殿二层门廊（2007 年，自南向北）

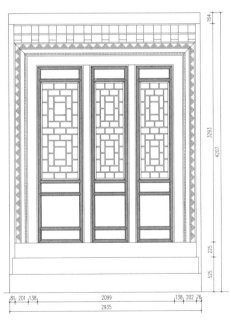

图 401　后殿二层门廊立面结构（1:50）

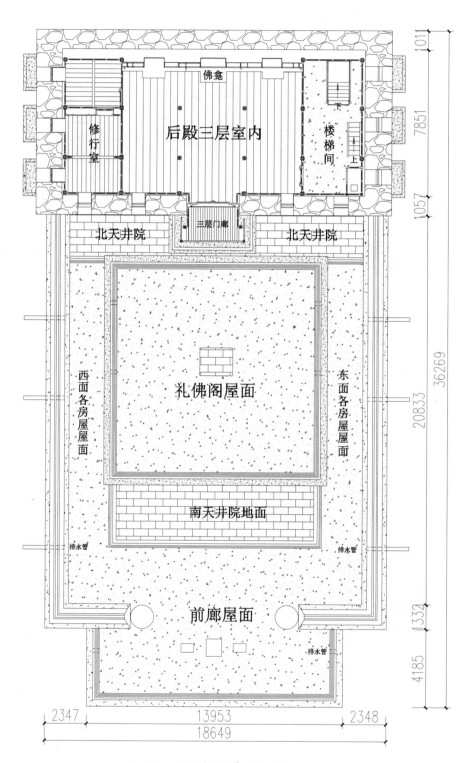

图 402　医药学院经堂三层平面（1:100）

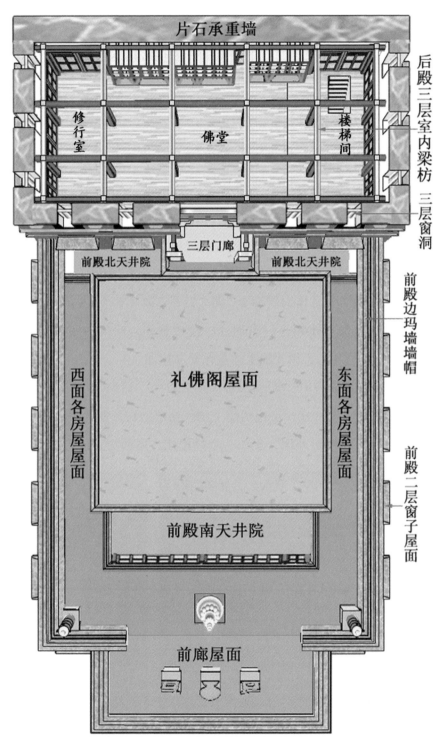

图403 医药学院经堂三层梁架组合形态（俯视）

枋为固定的程式化图案，门板饰橙红色，门额上部置一层堆经枋，蓝地贴金描边（图404），背面素面无饰。再次，门洞外立柱间装木构扶手栏板、木榻座，平面呈"凹"字形，由此可远眺寺院全景。又在外立柱与承重墙之间装木构廊心墙，木板上绘汉式花草、山水画等（图405）；门廊地面铺木地板，顶棚天花板遍绘藏传佛教吉祥图案。

西梢间为活佛修行室，内供各种佛像，装饰等级较高，屋顶装天花板，遍绘佛像、西番莲、藏式传统吉祥图案等，四周墙面装木隔扇墙、佛龛、佛经柜等，木构件遍饰彩绘。东梢间为楼梯间，墙面有简单的装饰绘画，室内置一架木楼梯。

后殿四周承重墙顶部加两层边玛墙，高3.8米，墙帽系片石、青砖砌筑，筒瓦收顶。正面边玛墙上悬挂铜质镏金"朗久旺丹"饰件6个（见图343）。屋面藏式平顶结构，无金顶（图406），东面建一小楼梯间，面阔一间（2.5米），进深一间（1.8米），高1.4米，用4根木柱支撑简易屋面。

医药学院经堂共开30个窗子，其中前殿12个、后殿18个，前殿窗子开在边玛墙下部，后殿窗子开在双层边玛墙下部。窗子结构形制与本寺其他宗教殿堂一致，以椽子、飞椽挑出外檐，犹如一个遮雨棚，屋面覆盖砂石土或压青石板，

图404　后殿三层外挑门廊正面

图405　廊心墙壁画（2013年）

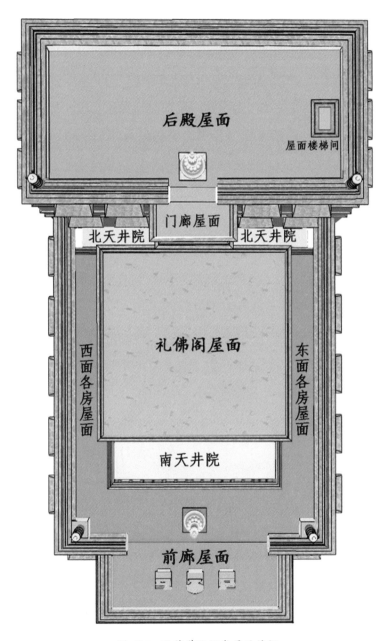

图 406　医药学院经堂屋面俯视

外边沿上悬挂五色香布,窗洞外涂黑色窗套。

(二)厨房院

厨房院位于经堂院外西侧,与经堂同时修建(1784年)。前述保存于俄罗斯布里亚特历史博物馆、美国纽约鲁宾艺术博物馆的"寺院全景布画"显示,厨房没有独立的院落,建于辩经院内东南角,院内林木茂盛,院墙东面开门,与经堂院西侧门隔街相望;辩经院南面与智观巴仓囊欠为邻(图407)。厨房的平面布局形态、建筑结构和样式与其他学院厨房大同小异,藏式平顶结构,高两层,面阔、进深不详,南面、西面各开一门,平顶屋面中央建排烟天窗,面阔3间,进深5间,单檐悬山顶结构。此外,寺院文物陈列馆藏"寺院全景布画"表现的厨房院分布情景与前述布画基本一致,但没有完整地勾绘出厨房的整体面貌,仅有厨房的东半部,南面开一门,屋面上排烟天窗为单檐悬山顶结构(图408)。

图407 美国纽约鲁宾艺术博物馆藏"寺院全景布画"中的医药学院辩经院和厨房

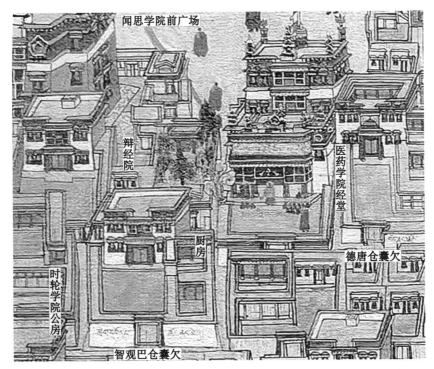

图 408　寺院文物陈列馆藏"寺院全景布画"中的医药学院辩经院和厨房

　　早年，本区内多数建筑（包括智观巴仓囊欠、德唐仓囊欠等）被拆除或改作他用，留存下来的建筑有时轮学院公房、寿安寺、医药学院经堂等。1980年以来陆续恢复重建。重建后的厨房与辩经院各自有独立的院落，两院南北并列，辩经院居北，厨房院居南，两院间有一墙之隔，其中厨房院坐西朝东，占地面积 1023 平方米（图 409、图 410、图 411），厨房建于院落东北角，大致属原位置，厨房面阔 3 间（14.3 米），进深 3 间（10.4 米），通高 6 米，藏式二层平顶结构。第一层四周围护墙片石

图 409　医药学院厨房院、辩经院总平面
（1∶100）

图 410　医药学院辩经院、厨房位置（2013 年，自北向南）

图 411　医药学院辩经院、厨房布局形态鸟瞰
（2017 年，自北向南）

砌筑，顶部加一层边玛墙，室内中央砌筑 5.6 米 ×6 米 ×1.2 米的砖石灶台，西墙、南墙上各开一采光窗，东墙上开出入门，既是院落大门，又是厨房出入门，与经堂院西门相对。第二层加建在平顶屋面中央，为凸起的排烟天窗，面阔 3 间，进深 2 间，单檐悬山顶结构，屋面用砂石土碾压。

（三）辩经院

辩经院位于厨房院北侧。早年被拆除，现存院落及讲经坛均为 1980 年以来多次重建、维修而成，坐北朝南，独立院落式布局，占地面积 682 平方米，院内大面积栽种花木，东围墙上开一侧门，北面建一座讲经坛。前述保存于美国纽约鲁宾艺术博物馆的"寺院全景布画"显示，早期的讲经坛建于三级石台上，面阔 3 间，进深不详，围护墙片石砌筑，后部墙顶加 3 层边玛墙（见图 407）。寺院文物陈列馆藏"寺院全景布画"显示，至民国晚期，讲经坛变为面阔 1 间，进深 1 间，围护墙顶加 1 层边玛墙（见图 408）。重建后的讲经坛建筑形制、外观样式与早期基本一致。

（四）公房

医药学院公房是医药学院附属建筑，主要用于传统藏药的研发、保存等，故名"医药学院制药厂"或"医药学院仓库"等。与该学院同时修建，前述保存于俄罗斯布里亚特历史博物馆、美国纽约鲁宾艺术博物馆、拉卜楞寺文物陈列馆的"寺院全景布画"对该建筑的位置、布局形态、建筑样式等均有清楚的表现，位于寺院核心区西面念智仓囊欠南面，是一座独立院落，坐北朝南，南围墙中央开正门，主殿堂建于院内北面，东、西两面建各种生产厂房、库房、僧舍等（图412）。早年，本区内许多大型佛殿、活佛囊欠、僧舍等悉数被拆，保留的建筑有郭莽仓囊欠、琅仓囊欠、医药学院公房（仓库），殊为难得（图413）。

1. 庭院布局

现存院落及主体殿堂、厂房、僧舍等均为20世纪80年代以来陆续维修、改扩建而成，总占地面积1508平方米，大体呈纵长方形，院内地坪为砂石土、红砖混合铺砌，大门内有一条片石铺设的甬道，宽2.3米，长22米（图414）。四周围墙底部片石砌筑，上部夯土版筑，其中东墙长49米，西墙长42米，北墙长

图412　美国纽约鲁宾艺术博物馆藏"寺院全景布画"中的医药学院公房

图 413　1981 年拍摄的医药学院公房周边环境状况（自南向北）

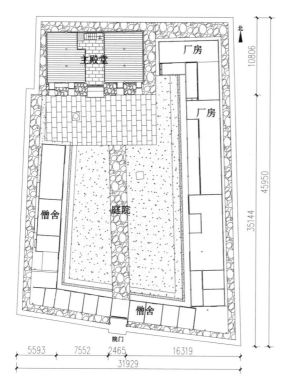

图 414　医药学院仓库院总平面图（1:150）

28 米，南墙长 31 米，外墙面饰红色，内墙面饰白色。南面开正门，系当地传统民居院落大门样式，面阔一间（2.5 米），进深两间（3.6 米），藏式平顶结构，以前后 4 根柱子挑出门廊，柱上施额枋、平板枋、透雕花牙垫板及挑檐檩，花牙板雕饰白海螺、缠枝纹等。内外两面挑出椽子、飞椽，屋面铺望板和砂石土，边沿砌挡水墙。门洞内装置藏式门框、双扇木板门（图 415、图 416、图 417）。

图 415　医药学院仓库院落大门
（2013 年，自南向北）

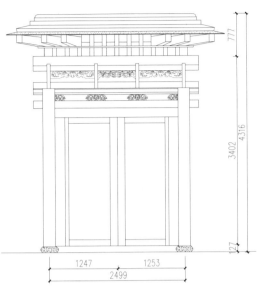

图 416　医药学院仓库院落大门正立面结构
（1∶20）

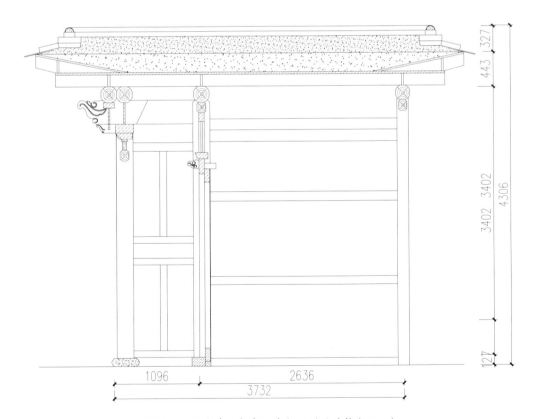

图 417　医药学院仓库院落大门剖面结构（1∶20）

2. 主体建筑

主体建筑建于院内北面，属办公、存储合用建筑，面阔五间（13.8 米），进深三间（7 米），通高两层（7.5 米），四周围护墙片石砌筑，墙顶加一层边玛墙，藏式平顶结构（图 418）。

第一层室内净面积 106 平方米，净高 2.8 米。中部一间设为过厅，地面红砖铺设，后部置木楼梯，可登上二楼，两侧墙上分别开一侧门通向左、右房间（图419）。东、西两面房屋各有 2 间，正面（南面）各开两个窗子，其他各面不开窗（图 420、图 421），主要用于存放药材及成品。明间正面中央设外挑门廊，1988年新建。结构构造与拉卜楞寺其他宗教殿堂挑檐门廊大同小异，门洞外左、右各立一断面方形木柱（边长 22 厘米），下置水泥浇筑的柱础，柱头雕刻柱幔等装饰，上置一大斗，大斗四面均雕刻藏式吉祥图案，其上置弓木、兰扎枋、莲瓣枋、蜂窝枋，外挑出椽子和飞椽，椽尾搭在承重墙内，木构件均素面无饰。门洞两侧涂饰黑色梯形门套。

第二层平面呈倒"凹"字形，总平面 103 平方米，中间为一个露台，占地面积 27 平方米，北、东、西三面皆为不同用途的房屋，建筑面积 76 平方米，门窗均朝向露台（图 422）。室内柱子均为圆柱（直径 14 厘米），上部梁枋组合层一

图 418　医药学院仓库主殿正立面形态（2013 年）

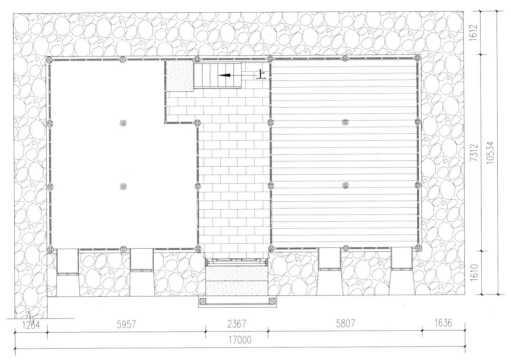

图419 医药学院仓库主殿一层平面(1:50)

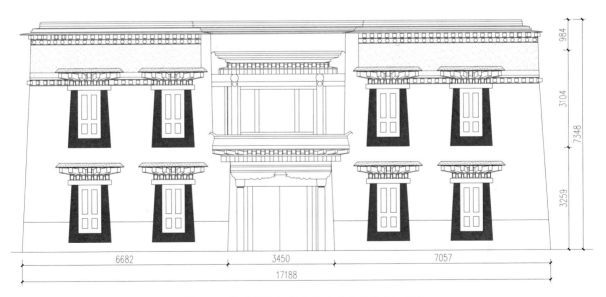

图420 医药学院仓库主殿正立面结构(1:50)

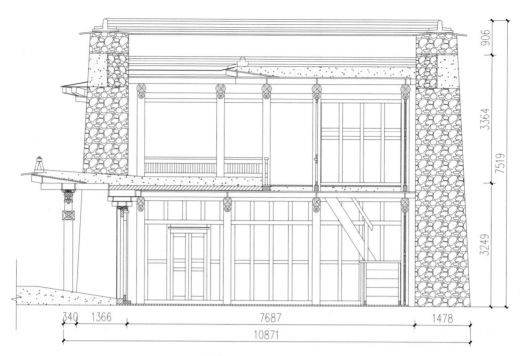

图 421　医药学院仓库主殿剖面结构（1:50）

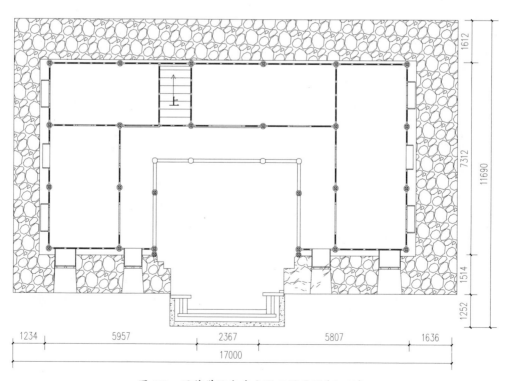

图 422　医药学院仓库主殿二层平面（1:50）

致，柱上置额枋、平板枋，平板枋上置椽子及飞椽。各房屋室内净高2.6米，均前出廊，廊深1.5米，金柱间装木隔扇门、隔扇窗、隔扇墙，其他各面依靠承重墙，墙顶加一层边玛墙，高1.6米。东、西两侧房屋南墙上各开一个窗子，其他各面均不开窗。屋面铺设望板和砂石土。

3.生产厂房及僧舍

医药学院公房庭院内东、西、南三面均建藏式单层平顶房，使用功能多样，有门诊部、制药室、生产厂房、库房、僧舍等，其中东面17间，建筑面积216平方米；西面8间，建筑面积69平方米；南面12间（含门洞一间），建筑面积75平方米。

各房屋建筑形制、样式完全一致，建于高0.3米的台基上，背面依靠院落围墙，台明或为红砖铺砌，或砂石土碾压，压阶条石。前廊、室内地面均铺木地板。各房屋以木隔扇墙、隔扇门分隔，有些房屋以3间为一组，组成"虎抱头"式布局，是为甘南、临夏地区流行的传统民居堂屋样式，即明间向内凹入1~2米，形成一个前廊，两次间呈外凸状。檐柱上置额枋、承椽枋，挑出椽子及飞椽，屋面铺设望板和砂石土，边沿处砌筑挡水墙。檐柱间装各种木隔扇门、隔扇墙、槛墙等，门扇为四抹隔扇门，槛窗为支摘窗，窗子以棂条拼接成各种图案（图423、图424、图425）。木构件均素面无饰。

五、近年实施的保护维修工程

据《甘肃省拉卜楞寺文物保护总体规划》[①]相关内容，2013年，当地政府、寺院管理部门等组织编制了医药学院保护修缮设计方案，修缮范围包括学院经堂、仓库（公房）2处建筑，2015年获国家文物局批复。设计维修的主要内容有：（1）揭顶维修屋面，去掉多余的砂石土碾压层，减轻屋面荷载；更换糟朽的椽子、栈棍等。（2）拆除重砌片石承重墙顶部的边玛墙及墙帽，更换糟朽断裂的相关木

①《甘肃省拉卜楞寺文物保护总体规划》第53条"文物建筑保护措施"，第15—18页，甘肃省人民政府2009年公布实施。

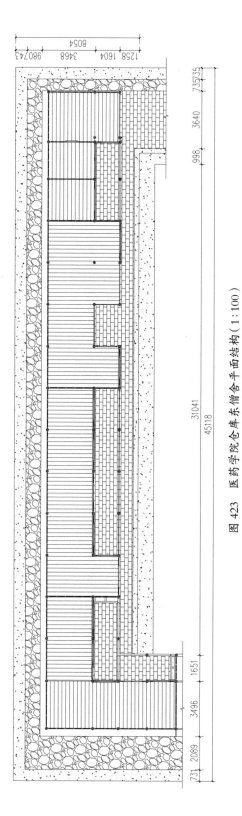

图 423　医药学院仓库东僧舍平面结构（1∶100）

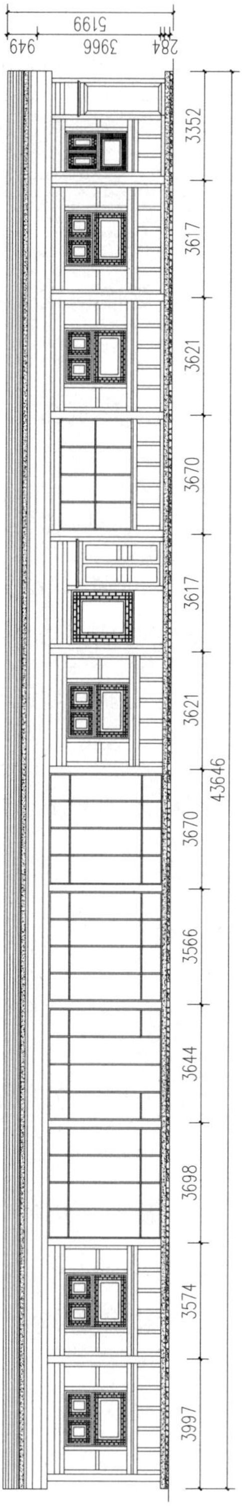

图 424　医药学院仓库东僧舍正面结构（1∶100）

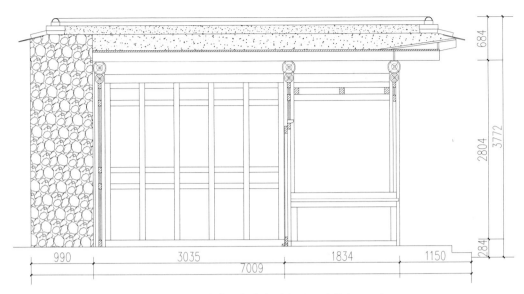

图 425　医药学院仓库东僧舍剖面结构（1:20）

构件（穿插枋、月亮枋等），更换糟朽的窗子挑檐构件、窗扇等。（3）嵌补、加固柱子、梁枋、门框的裂缝，更换糟朽、破损的木地板。该维修工程于2016—2017年实施。

　　2014年，当地政府、寺院管理部门等组织编制了医药学院经堂壁画保护修复设计方案，2015年获国家文物局批复。解决的主要病害有：烟渍、油渍、鸟粪、泥水等对画面的污染；画面上的各种划痕；壁画地仗层酥碱、空鼓、裂缝填补处理；壁画颜料层变色、起甲、脱落等病害处理。2018—2019年完成施工。

　　2015年，当地政府、寺院管理部门等组织编制了医药学院油饰彩画保护修缮设计方案，仅针对主体建筑经堂，不包括厨房、讲经坛、公房等。2016年获国家文物局批复。设计修缮的主要内容有：（1）现存油饰彩画的除尘、清洗；（2）补全残缺、损毁的油饰和彩画；（3）按原色重做柱子、椽子飞椽、门窗类木构件的单色油饰。2023年开工，2024年完成施工。

第六章 喜金刚学院

为加强拉卜楞寺藏族传统天文历算学与汉历修习课目的互补性，增强天象、气候预报的准确性，四世嘉木样于1879年主持创建喜金刚学院，系模仿西藏布达拉宫孜南杰扎仓的建筑样式。这是一所纯粹的密宗学院，修习内容与时轮学院大同小异，主要包括天文历算、藏文文法、兰扎文、声明学、诗歌、音律、法舞、天体五行推算等，另有彩沙制作坛城模型工艺技巧等。还要每年编制一部以汉族传统《时宪历》为主的历书，以满足本地区广大群众农牧业生产生活的需要。每年只给一名考试合格者授予密宗高级学位"俄仁巴"。喜金刚学院是一组规模较大的建筑组群，包括经堂院、外部护法殿院、厨房院、辩经院及公房。

喜金刚学院还承担着拉卜楞寺"载末尔"法舞表演任务，这是四世嘉木样派僧人从西藏专门学习而来的护法舞蹈表演艺术，历史悠久，后发展成为拉卜楞寺一年一度的定期法会表演活动。本院僧侣们的修习方式特殊，僧人都穿紫色袈裟，与其他学院僧人的红色袈裟有别。

一、学院的创建与发展

喜金刚学院，藏语称"吉多尔扎仓"，法名"密乘兴盛洲"，是拉卜楞寺创建的第四座密宗学院。

（一）学院创建过程

1763年，二世嘉木样主持创建了时轮学院，用于研习以《时轮历》为主的藏族传统天文历算学，为本寺培养天文历算人才。时轮学院承担的一项重要任务即为本区广大僧俗群众编制历书、预报日月食现象等，但天文历算、日月食预报需要严密的数据计算和分析，有其自身的复杂性和难度，在当时科技水平和研究条件下，要准确预报天气变化及日月食现象等，存在一定困难，故时轮学院曾出现过几次误报现象。

为进一步扩充和拓展拉卜楞寺密宗修习内容，加强藏族传统天文历算学与汉历研究领域的互补性，扩大本寺藏族传统天文历算学研究队伍，增强天象、气候等方面预报的准确性，1879年，四世嘉木样提议修建一座以研习传统汉历《时宪历》为主的喜金刚学院，并自任首任法台。学院建筑样式借鉴拉萨布达拉宫孜南杰扎仓而建。是年二月，四世嘉木样召集寺院总法台闹日仓活佛及其他僧众，向他们传授密宗喜金刚灌顶等方面的教义，建立相关修供仪轨，又挑选一批高僧大德，充实到喜金刚学院担任教职，正式开展研修活动。史料记载："1881年，（喜金刚）学院经堂动土开工，随即光绪皇帝为学院御笔颁赐了匾额。同年9月，嘉木样拉章宫为新建的经堂举行盛大庆贺典礼，捐赠经塔及各种供器用具，向僧会供以茶饭，发放布施。几年之间，学院的规章制度、修习科目趋于完善""1886年，嘉木样四世与西藏摄政王第穆呼图克图联系，选派喜金刚学院青年僧侣进藏学习'载玛尔'护法舞蹈，并由第穆呼图克图的寺院即拉萨丹吉林寺的商务大管家馈赠了全部缎质法舞服饰。1889年9月29日，学院首次举行禳灾法会，第一次公演法舞。"[①]

（二）早期照片及文献资料中的喜金刚学院

喜金刚学院也是一组规模较大的建筑组群，集中分布在寺院核心区西北部，有5处相对独立的建筑，包括经堂院、厨房院、护法殿院、辩经院、公房。从目前已知的各种拉卜楞寺早期图像资料看，自清末（1881年）至20世纪80年代，本区域内建筑分布格局发生多次变化。

---

① 四世嘉木样：《黄帽僧噶藏图丹旺秀自传·珍宝鬘》（藏文）上册，拉卜楞寺木刻板，第57、63、64、79、104、111页（引自扎扎著：《佛教文化圣地——拉卜楞寺》，甘肃民族出版社，2010年，第12—13页）。

1. 喜金刚学院创建之前场地环境及变化

喜金刚学院创建前，本区域内已修建有华锐仓囊欠、念智仓囊欠等。前述保存于俄罗斯布里亚特历史博物馆、美国纽约鲁宾艺术博物馆的 2 幅"寺院全景布画"清楚地显示，在寺院核心区西北部一带寺院北路南、北两侧有密集的建筑，其中道路北面自西向东依次分布有：汉地堂（今寺院西白塔位置）、僧舍建筑组群、寺院总财务官居所（藏语题名"磋庆吉哇院"①）、行政堂（今嘉木样寝宫西院）、华锐仓囊欠、嘉木样寝宫下院等；道路南面自西向东依次分布有：僧舍建筑组群、郭莽仓囊欠、琅仓囊欠、下续部学院公房、念智仓囊欠等。在今喜金刚学院经堂院位置上建有华锐仓囊欠，护法殿和厨房院位置上建有寺院总财务官居所，辩经院位置上建有念智仓囊欠等（图 426）。

喜金刚学院建成后，区域内建筑布局发生较大变化。1936 年，著名摄影家

图 426　美国纽约鲁宾艺术博物馆藏"寺院全景布画"中的喜金刚学院创建前建筑分布状况

---

①"磋庆吉哇"，即寺院总财务官或财务长。早年，拉卜楞寺政教管理体系中设有"磋钦措兑"（主管寺院教务）组织，形成于一世嘉木样时期，人员包括寺院总法台、总僧官、总财务司等。后经四世嘉木样改革，寺主直接任命政教管理机构的总负责人，其中包括寺院总法台，总法台下统领的人员包括：总执法僧官 1 人、总经务 1 人、总财务官（长）2 人。

图 427　1936 年拍摄的喜金刚学院建筑组群及周边环境全貌（自西南向东北）

　　庄学本先生曾拍摄一张表现寺院核心区西部一带建筑分布状况的照片①，完整、清晰地显示了当时喜金刚学院建筑组群分布形态、建筑形制及与周边建筑的关系：马路北面的华锐仓囊欠原址上建起喜金刚学院经堂院；磋庆吉哇院（总财务官居所）的东院已被喜金刚学院护法殿院、厨房院等占用，但西院内主体殿堂仍留存；马路南面的念智仓囊欠被迁建他处，场地上修建了喜金刚学院辩经院，院内林木茂盛，该辩经院东面依次新建有拉然巴仓囊欠、江卡尔仓囊欠、嘉朵公房（喜金刚学院公房）等（图 427）。

　　民国时期，区域内建筑分布格局再次发生重大变化，1937—1942 年，先后在喜金刚学院西侧分别修建了白度母佛殿和上续部学院。今寺院文物陈列馆存"寺院全景布画"（绘制于 1985 年前后）完整地表现了 20 世纪 50 年代初寺院核心区各建筑的分布形态，与前述两幅"寺院全景布画"相比，寺院西北部区域寺院北

　　① 庄学本：《拉卜楞巡礼》，《新中华（上海）》1936 年第 46 期，第 42 页插图。按：笔者对照片上的建筑予以标注。

路北侧自西向东依次修建有：蒙古亲王府、西白塔、寺院珍宝馆（由原汉地堂改
建而成）、上续部学院（1942 年建成，该建筑基址原来为僧舍建筑群）、白度母
佛殿（1940 年建成，建筑基址为原寺院总财务官居所西院及主体殿堂）、嘉木样
寝宫、喜金刚学院等；在寺院北路南侧自西向东依次有：僧舍群（原有建筑）、
郭莽仓囊欠（原有建筑）、琅仓囊欠（原有建筑）、下续部学院公房（原有建筑）、
喜金刚学院辩经院（建筑基址为原念智仓囊欠）、拉然巴仓囊欠（新建建筑）、江
卡尔仓囊欠（新建建筑）、嘉朵公房（新建建筑）等（图 428）。

　　民国时期，许多国内学者到访或参观过喜金刚学院，对当时学院建筑组群
的分布情况、建筑形制等多有记述，如李安宅先生称拉卜楞寺"欢喜金刚院建于

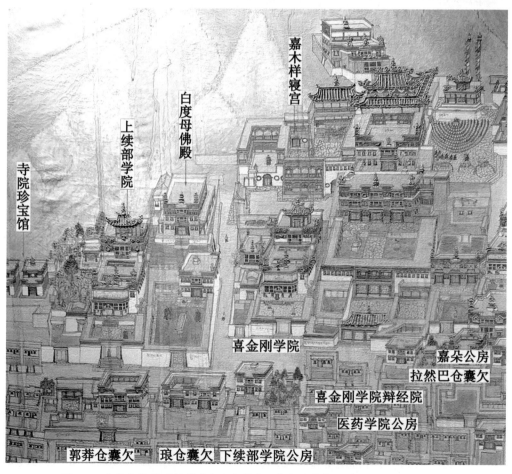

图 428　寺院文物陈列馆藏"寺院全景布画"中的喜金刚学院及周边环境全貌

图 429　民国时期拍摄的喜金刚学院经堂照片
（1936 年，自东南向西北）

第四时代，即 1881 年，习夏历"[1]。任美锷、李玉林《拉卜楞寺院之建筑》（1936 年）一文称："'定科札仓'即佛事院，喇嘛三百余人，'结多札仓'即法事院，喇嘛四百余人，两院性质大致相同，皆专门训练各种仪注，如筑坛、演神、法乐、塑像以及诵赞绘图等。"[2]（按：文中所称"定科札仓"即时轮学院，"结多札仓"即喜金刚学院。）又，1948 年《辅国阐化正觉禅师第五世嘉木样呼图克图纪念集》记载："喜金刚学院在大拉章西侧，喇嘛总数约一百余人，分上中下三学级，修业年限无一定。每年三、八、九月各有盛大法会。就中以九月二十九之'禳灾舞'最为精彩。正殿门前有竖匾一方，汉文为'桑爱达吉浪'，系记名提督军门镇守甘肃河州等处地方总镇沈玉遂题。正殿亦系东西五间，南北六间，布置与其他密宗札仓略同。殿内亦有匾额一方，系护（总）理陕甘总督杨昌濬题，汉文为'佛光普照'，并有藏、满、蒙文。后殿供弥勒佛。正殿之右（西）为厨房。厨房后为护法殿。厨房南为讲经院。"[3]该书附一幅喜金刚学院经堂东立面照片（图 429），有藏语题名，需要指出的是，该照片上的经堂后殿屋面没有金顶，喜金刚学院金顶加建于 20 世纪 40 年代，据此，该照片拍摄于 1936 年。

① 李安宅：《从拉卜楞寺的护法神看佛教的象征主义——兼谈印藏佛教简史》，李安宅、于式玉著：《李安宅、于式玉藏学文论选》，中国藏学出版社，2002 年，第 121 页。
② 任美锷、李玉林：《拉卜楞寺院之建筑》，原载《方志》1936 年第 3、4 期合刊，甘肃省图书馆编：《西北民族宗教史料文摘——甘肃分册》，1984 年，第 597 页。
③《拉卜楞大寺现状》，第五世嘉木样治丧委员会编：《辅国阐化正觉禅师第五世嘉木样呼图克图纪念集》，1948 年，第 50 页。

2. 喜金刚学院重建

1956年，喜金刚学院失火烧毁，经堂建筑构件、所藏佛教文物、图书经典等皆损失殆尽。1957年，甘肃省人民政府拨款在原址按原规模及样式重建[1]，与经堂毗邻的护法殿院、厨房院是否也是毁后重建，没有相关史料记载。重建期间，四世索智仓·噶藏索南嘉措（1919—1959）捐赠了大量资金及一尊与人身等高的铜佛像[2]。

喜金刚学院重建后不久，受特殊历史、社会因素的影响，本区域寺院北路北侧一些大型建筑组群的附属建筑多被拆除，或破损严重，如寺院珍宝馆、上续部学院辩经院及厨房、喜金刚学院护法殿院及厨房院、白度母佛殿前院、嘉木样寝宫下院等；南侧的主体及附属建筑大部被拆除，包括嘉堪布仓囊欠、贡唐塔及贡唐仓囊欠、下续部学院公房、喜金刚学院辩经院、拉然巴仓囊欠、江卡尔仓囊欠、嘉朵公房等，留存下来的原建筑仅有郭莽仓囊欠、琅仓囊欠、医药学院仓库等寥寥数座。邓延复先生1981年拍摄的一张照片清楚地表现了当时该区域许多建筑被拆除、改建后的情景（图430）。

1980年以来，寺院开展核心区内所有建筑的大规模恢复重建及维修工程，但在该区域内，多数建筑未恢复在原位置上，发生严重错位、偏移等现象；有些建筑未被恢复；有些建筑原位于其他区域，但被恢复重建到该区域。因此，该区域内恢复重建后的建筑并非原貌，若以留存下来的原建筑作为参照，能明显看到，多数建筑的院落规模、位置、建筑形制等与原貌相去甚远，如在原拉然巴仓囊欠、江卡尔仓囊欠位置上修建了喜金刚学院公房；在嘉朵公房（原喜金刚学院公房）建筑基址上新建了喇嘛彭措仓囊欠、强木格仓囊欠，等等，不一而足（图431、图432）。

如今研究喜金刚学院的学者，多针对1957年重建后的建筑状况而言，且对建筑形制、空间格局的研究很少，如扎扎《嘉木样呼图克图世系》（1998年）对

---

① 见喜金刚学院前廊汉藏语说明牌（1987年制作）。
② 扎扎著：《拉卜楞寺活佛世系》，甘肃民族出版社，2000年，第357页。

图 430 1981 年拍摄的喜金刚学院及周边环境状况（自南向北）

学院创建历史背景有简略描述，但未明确经堂修建于哪一年①。索代《拉卜楞寺佛教文化》（1993 年）称，四世嘉木样于 1879 年"创建喜金刚学院，传欢喜金刚灌顶、虚空瑜伽、金刚手大轮等修供法，后又修建载木尔护法殿"②。1982 年版《拉卜楞寺概况》称，喜金刚学院经堂"系藏式，屋顶法轮、幢幡齐全。殿内尚未彩画，设备亦较简单"③，后在 1987 年重印本中删去这一说法④。（按：这一记载说明一个非常重要的历史信息，1957 年喜金刚学院重建后，受当时经济条件限制，对殿堂木构件未作油饰彩画，直到 20 世纪 80 年代末才实施彩绘、装饰等，这是判断喜金刚学院油饰彩画年代的重要依据。）

---

① 扎扎著：《嘉木样呼图克图世系》，甘肃民族出版社，1998 年。

② 索代编著：《拉卜楞寺佛教文化》（第二版），甘肃民族出版社，1993 年，第 13 页。

③ 苗滋庶、李耕、曲又新等编：《拉卜楞寺概况》，政协甘南藏族自治州委员会文史资料研究委员会编《甘南文史资料选辑》（第一辑），1982 年，第 9 页。

④ 苗滋庶、李耕、曲又新等编：《拉卜楞寺概况》，甘肃民族出版社，1987 年，第 9 页。

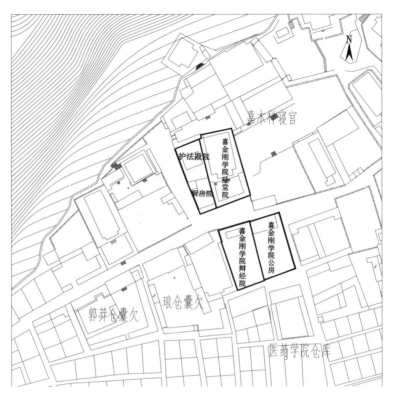

图 431　现存喜金刚学院建筑组群分布图(1:500)

图 432　现存喜金刚学院建筑组群全貌鸟瞰(2018 年)

二、喜金刚学院的主要功能和社会地位

喜金刚学院主要培养藏族传统天文历算学、汉族传统历法等方面的人才，同时编制以《时宪历》为主的历书等，为广大藏族聚居区群众的农牧业生产提供科技服务。

在本院修习的学僧约100名左右，分初级、中级、高级三个班，学年无定。初级班主要念诵少量宗教经典、学习彩沙制作各种坛城模型等，兼修天文历算基础知识、藏文正草书法、古印度兰扎文和乌尔都文、声明学、诗歌学、音律等[①]。中级班主要学习掌握汉历、五行算、藏文文法、书法、法舞等。高级班必须熟练掌握汉历天干地支、阴阳五行推算技术等。

拉卜楞寺规定，喜金刚学院每年要编制一部汉历历法[②]，呈报给寺主嘉木样审定后颁布。这种历书主要供甘肃地区藏族农牧民群众使用。

喜金刚学院授予的密宗最高学位为"俄仁巴"。学院规定，每年农历二月十七至二十一日举行学僧学位辩论考试，每次只有1人获得该学位[③]。

三、现存建筑规模、形制及主要功能

现存喜金刚学院地处拉卜楞寺第二级台地，是一规模较大的建筑组群，有5处相对独立的院落及建筑，包括经堂院、厨房院、护法殿院、辩经院、公房。其中经堂院、护法殿院、厨房院聚在一处，位于寺院北路北侧（图433），辩经院、公房位于寺院北路南侧。

（一）经堂院

1. 院落及诵经廊

现存经堂院为1957年重建而成，独门独院式布局，坐西北向东南，包括

---

① 甘肃省夏河县志编纂委员会编：《夏河县志》，甘肃文化出版社，1999年，第911页。

② 卓嘎：《藏族天文历算传承模式及其变迁研究》，西南大学博士学位论文，2011年，第79页。

③（清）阿莽班智达著：《拉卜楞寺志》，玛钦·诺悟更志、道周译注，甘肃人民出版社，1997年，第297页注[10]。

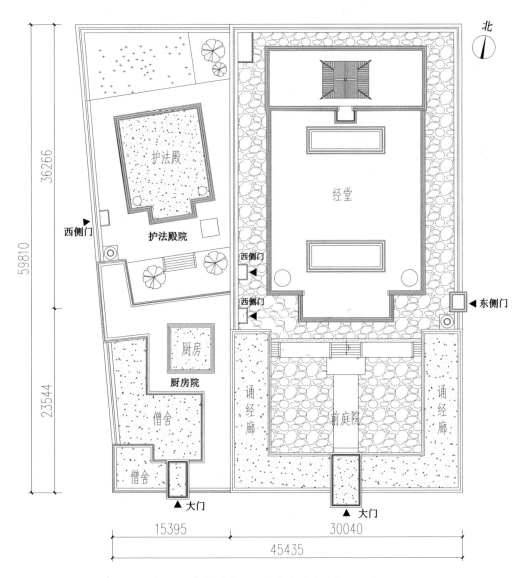

图 433　喜金刚学院三处建筑总平面（1∶200）

前、后两院，前院低、后院高，相互连为一体，中部以石台阶分隔，总占地面积
2833 平方米，院外西面为护法殿院和厨房院，以围墙分隔，相互独立（图 434）。
平面呈纵长方形，坐西北朝东南，东西宽 30 米，南北长 62 米，占地面积 1860
平方米，庭院四周围墙环绕（图 435）。

　　前庭院平面呈横长方形，院落地坪比马路高 0.8 米，院内净面积 528.6 平方米、东、南、西三面建诵经廊。正面(南面)围墙用片石砌筑,厚1.1米,高4米,顶部加一层边玛墙(高0.85米),青砖、片石砌筑墙帽,外墙面涂饰白色,内侧依墙修建诵经廊,墙体中央开院门,面阔一间(3.8米),进深一间(4.3米),通高5.3米,占用一间诵经廊,藏式平顶结构,外檐以两根圆柱挑出门廊,柱下置青石柱础,柱上施大小额枋、平板枋,额枋间饰透雕花墩、高浮雕龙头雀替,各横枋及垫板正面雕饰华丽,图案有浮雕缠枝纹、卷云纹、"鹿鹤同春"图、葡萄纹、卷草纹、束莲等,平板枋上置本地流行的"天罗伞"式五踩斗拱4攒,挑檐檩上又置一层垫板,正面雕贴吉祥图案,中部为一尊塌鼻兽。椽子、飞椽承托藏式平顶屋面,屋面砂石土铺压,四周用青砖、片石砌筑挡水墙,屋面高于两侧围墙1.3米(图436、图437);门洞内两侧装木板,门外设垂带式踏步5级,高0.8米,垂带石外各立一拴马石(图438);后檐柱子、梁枋组合形制较为简单。门洞东、西两侧与片石围墙相连,墙厚0.9米,高3~3.4米,墙顶无边玛墙,青砖、片石砌筑墙帽,外墙面涂饰白色,围墙外为寺院北路。

院内诵经廊系20世纪90年代重修,高出地面0.4米,廊内铺设木地板,供本院学僧诵经,也为礼佛拜佛的信众提供了良好的休息场所。东、西两面诵经廊均面阔6间(16米),进深1间(2.9米),北端3间为僧舍,以木隔扇墙分隔、围合,正面开藏式单扇木板门、藏式棂条窗,木构件均素面无饰(图439),其余皆为诵经廊,建筑形制统一,藏式平顶结构;南诵经廊面宽11间(29.1米),进深1间(2.9米),正中一间为大门。

后院是一座高大的台基,比前院高1.1米,台基前部砌筑左、中、右三道七级垂带踏步,左、右踏步宽2.1米,中间宽4.1米,东、西、北三面建有片石、夯土混合构筑的围墙,厚50~80厘米,夯层厚5~7厘米,墙顶砌片石墙帽,无边玛墙,内、外面涂饰红色,东墙上开一侧门通向外面街巷;西围墙上开两侧门,分别通向护法殿和厨房院。各侧门的结构构造基本一致,属本区普通民居院落大门样式,面阔1间(2.1米),进深2间(3.2米),内外各以二柱挑出门廊,柱头上施额枋、平板枋、挑檐檩,木构件均素面无饰,平顶屋面。北墙与嘉木样寝宫南围墙共用,下部为一处断崖,高6米,断崖上砌片石墙;西围墙与护法殿院围

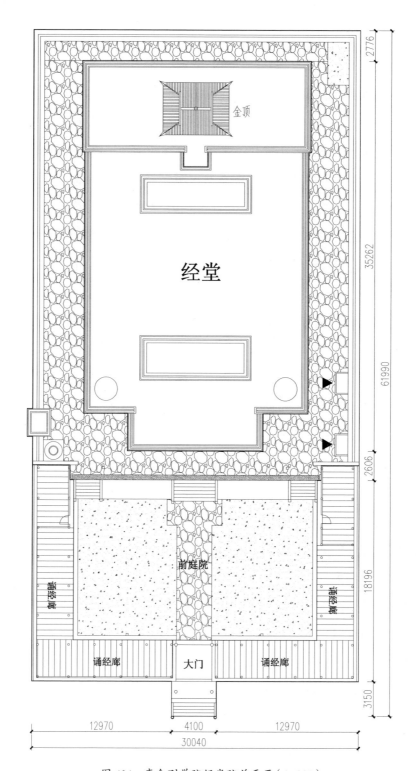

金顶

经堂

前庭院

诵经廊

诵经廊

诵经廊

大门

诵经廊

图 434　喜金刚学院经堂院总平面（1∶200）

密宗学院

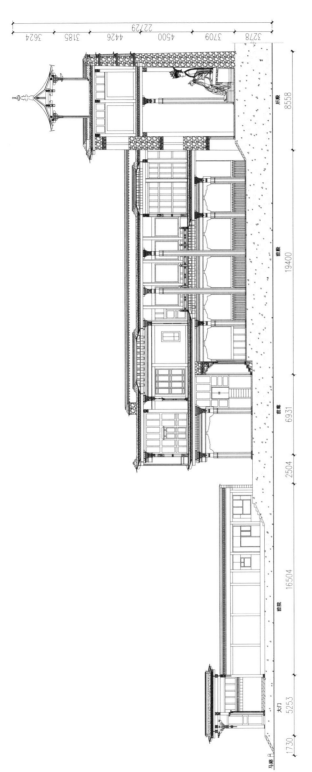

图 435　喜金刚学院经堂总横剖结构（1：200）

377

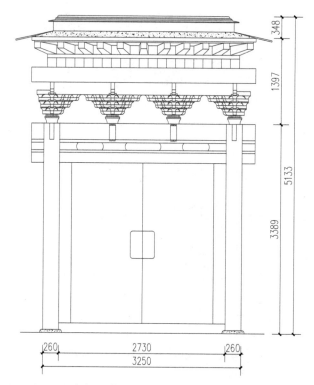

图 436　喜金刚学院经堂院大门正立面结构（1∶20）

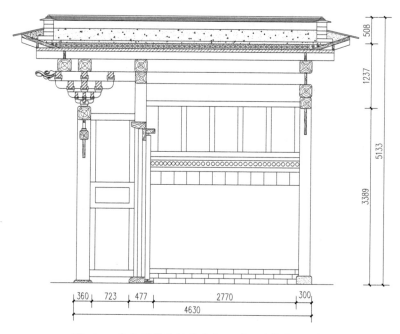

图 437　喜金刚学院经堂院大门剖面结构（1∶20）

图 438　喜金刚学院经堂院大门
（2013 年，自南向北）

图 439　喜金刚学院前庭院西诵经廊及僧舍
（2013 年，自东南向西北）

墙、厨房院围墙共用，局部片石砌筑，局部砂石土夯筑。

2. 经堂

经堂建于后部台基中央，主要供本院僧侣修习经典、讲经说法、举行礼佛敬佛仪轨等。整体空间布局、建筑形制和样式完全按照藏传佛教"三界空间观"思想营造，由前廊、前殿、后殿三部分构成，其中前廊是一处过渡空间，向外开敞，供僧俗民众礼佛，寓意"欲界"；前殿是本院僧侣们的聚会修习处，一层室内仅正面开殿门，四面不开窗，空间密闭，中央上部升起礼佛阁与高侧窗，供一层室内采光通风，外墙面涂饰白色，寓意"色界"；后殿为佛殿，分隔为 3 大间，分别供奉本院护法神及其他佛、菩萨尊像、本寺已圆寂的高僧大德灵塔等，外墙面涂饰红色，寓意"无色界"（图 440、图 441、图 442）。总平面呈倒"凸"字形，地坪自南而北渐次升高，高差1.4 米，横宽 21 米（围墙外至围墙外距离），纵长 35.2米（前廊外檐至后檐墙外距离），其中前廊、前殿均高

图 440　经堂院后院及经堂正立面（2013 年，自南向北）

图 441　喜金刚学院经堂院东立面形态（2013 年，自东南向西北）

图 442　喜金刚学院经堂全貌形态

两层，后殿高四层（含金顶）。各部分按中轴对称布局，形成特殊的比例关系
（附表 6）。殿堂四周围护墙片石砌筑，前殿墙顶加单层边玛墙，后殿墙顶加双层
边玛墙。墙根外铺设一圈片石转经道，宽 1.8~2.4 米。据学院管理人员讲，1957

年重建喜金刚学院经堂时，保留了部分原墙体。原墙基槽宽 3 米，深 3 米，墙体最厚处为前殿前墙，底部厚 2 米，顶厚 0.5~0.8 米，其他墙体底部厚 1.2~1.5 米，收分约 2%~3%，殿内墙面垂直，无收分。

（1）前廊

前廊的主要功能有二：第一，供本院学僧入堂课（集体诵经）时举行特殊的宗教仪轨，拉卜楞寺医药学院、下续部学院、上续部学院经堂前廊均有此功能；第二，供僧俗信众礼佛，前部三面开敞，且向外凸出，任何僧俗人等在任何时候可到此礼佛敬佛、磕长头（图 443、图 444）。面阔 3 间，进深 2 间，通高两层（10.3 米，地坪至女儿墙帽距离），正立面呈横长方形，高宽之比为 0.83∶1，接近正方形，前廊高与正殿总高之比为 0.49∶1（图 445、图 446），藏式平顶结构。

第一层室内净面积 106 平方米，后部承重墙中央开殿堂正门，两侧墙面绘壁画，东、西面以片石承重墙围合，墙厚 1.2 米，地面通铺木地板，其中东面为信众礼佛敬佛之处，西面设一楼梯间，置一木楼梯，可通向第二层（图 447）。室内立前、后两排共 8 根藏式十二棱拼合柱承挑上部楼面。前一排 4 根廊柱外露，外侧加一排小圆柱用于支挑遮阳帘布，廊柱柱径 53.5 厘米，柱高 2.9 米，柱头上部梁枋组合层高 1.6 米（栌斗底至椽子木上皮），柱根下置石柱础，露出地面 10 厘米，柱身通体饰红色，用柱衣包裹，上部柱幔占柱高三分之一，系用木板雕刻后粘贴在柱身上并油饰彩画；柱头有十二棱栌斗一枚，其上依次置短弓、长弓、兰扎枋、莲瓣枋、蜂窝枋、堆经枋、椽子木等，以方椽、飞椽及片石挑出檐口（图 448、图 449、图 450）。各木构件油饰彩画丰富，正面和背面雕饰图案不同，以正面为尊，图案以立体雕贴为主，有塌鼻兽、大鹏鸟、藏八宝、吉祥结、蓝地贴金梵文咒语等，且大面积贴金；背面无雕刻，皆为涂绘，题材有缠枝纹、如意云头文、蓝地贴金梵文咒语等。兰扎枋三段式构图，中部枋心很大，两端箍头很小；弓弦有雕刻精细的贴金龙纹；莲瓣枋、蜂窝枋以红、蓝、黄色（贴金）为主；两层堆经枋正面饰贴金卷云纹、团花、几何纹等（图 451、图 452、图 453）。廊内西面设一楼梯间，木隔扇门上绘丰富的汉式、藏式彩画，有花瓶、山水、"和气四瑞"及"鲤鱼跳门"等，在其他学院中很少见到。其他墙面均绘壁画，有"和

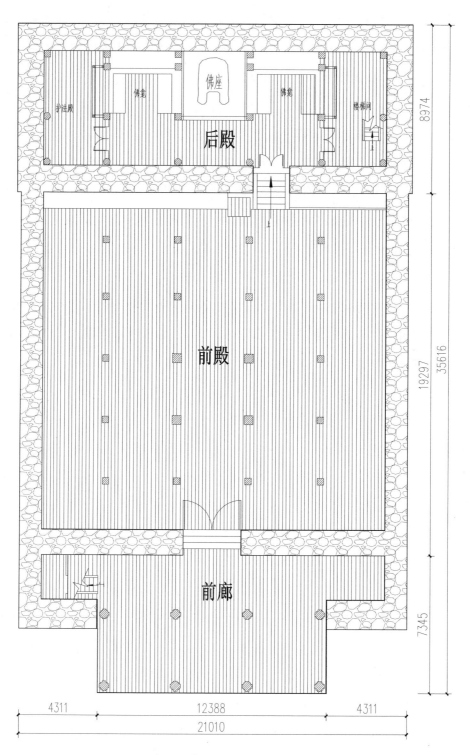

图443 喜金刚学院经堂一层平面结构（1:100）

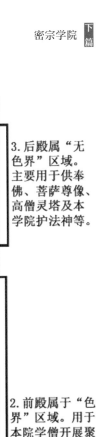

3. 后殿属"无色界"区域。主要用于供奉佛、菩萨尊像、高僧灵塔及本学院护法神等。

2. 前殿属于"色界"区域。用于本院学僧开展聚会、修习宗教经典、高僧讲经说法等。

僧侣聚会用的坐垫,每两列坐垫间摆放一列小课桌(餐桌),僧侣听讲或用餐时面对面就坐。

1. 前廊属于"欲界"区域。用于广大僧俗信众礼佛敬佛、磕长头等活动。

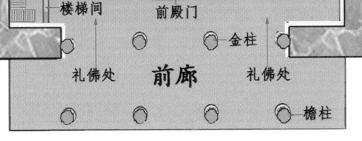

片石承重墙

后殿

护法殿

楼梯间

片石承重墙

后殿门

转经道顺时针环绕

转经道顺时针环绕

前殿

片石承重墙

片石承重墙

转经道顺时针环绕

片石承重墙

片石承重墙

楼梯间

前殿门

金柱

礼佛处

前廊

礼佛处

檐柱

图 444 喜金刚学院经堂一层空间布局形态

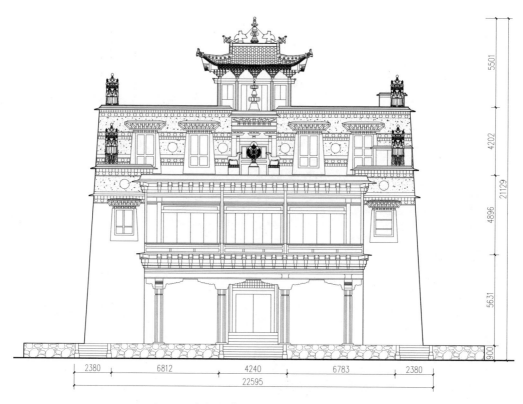

图 445 喜金刚学院经堂正立面结构（1∶100）

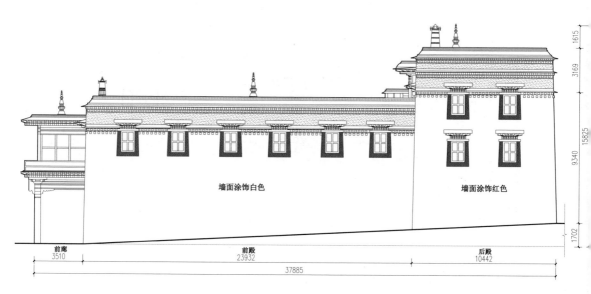

图 446 喜金刚学院经堂东立面结构（1∶100）

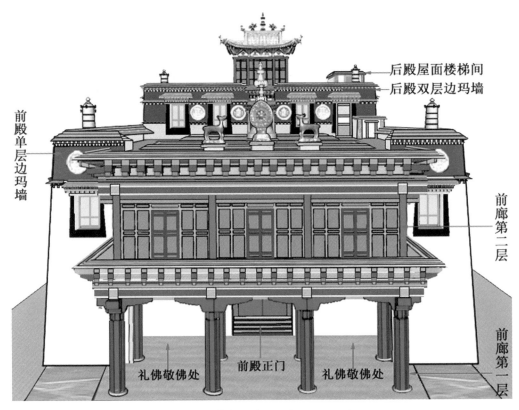

后殿屋面楼梯间
后殿双层边玛墙
前殿单层边玛墙
前廊第二层
前廊第一层
礼佛敬佛处
前殿正门
礼佛敬佛处

图 447　喜金刚学院经堂正立面形态

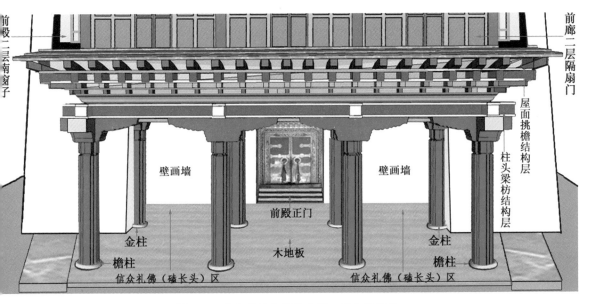

前殿二层角窗子
前廊二层隔扇门
屋面挑檐结构层
柱头梁枋结构层
壁画墙
壁画墙
前殿正门
金柱
金柱
檐柱
木地板
檐柱
信众礼佛（磕长头）区
信众礼佛（磕长头）区

图 448　喜金刚学院经堂前廊一层立面形态

385

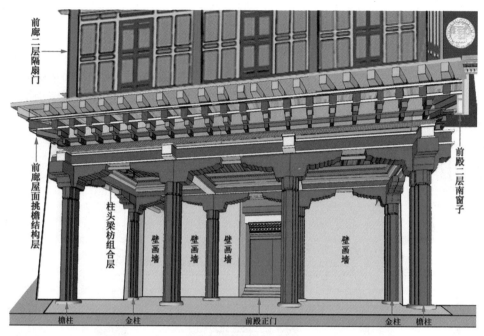

图 449　喜金刚学院经堂前廊一层柱子梁枋交接关系

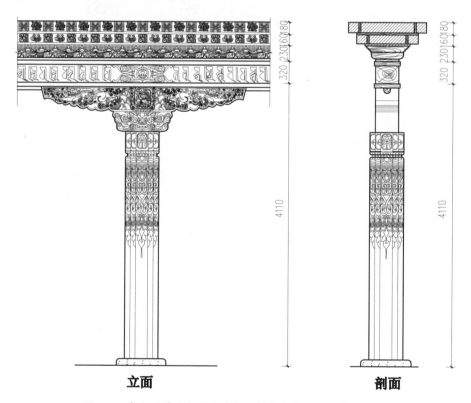

立面　　　　　　　　　　　剖面

图 450　喜金刚学院经堂前廊柱子梁枋组合及彩画（1:20）

图 451　前廊东面一组柱式组合及彩画（2013 年）　图 452　前廊明间檐柱梁枋正面雕饰图案（2013 年）

气四瑞""生死流转""四大天王"
等（图 454、图 455），是拉卜楞寺
各学院经堂及佛殿前廊固定的壁画
题材。

　　第二层面阔 5 间（14 米），通
进深 3 间（6.2 米），因承重墙有收
分，室内空间略缩小，净面积 86 平
方米，立 12 根柱子（有圆柱和方
柱），平面布局与下层基本对位。

图 453　前廊明间檐柱梁枋背面彩画图案（2013 年）

正面及东、西两山面均伸出走廊，廊宽 1 米，廊柱很小（柱径 19 厘米），立于
一层屋面上，廊柱间装扶手栏杆（高 0.6 米），环绕三面，外部用布帘包裹遮挡；
金柱与第一层檐柱上下对位，高 3.1 米，柱断面呈方形（30 厘米），柱间装木隔
扇门和六抹隔扇墙。两山面柱头梁枋结构简单，柱幔系绘制而成，无雕刻，无坐
斗和大小弓木等构件，仅施一道额枋，其上依次置兰扎枋、莲瓣枋、蜂窝枋、一
层堆经枋，上承椽子、飞椽，柱间均装木隔扇墙，木构件均素面无饰。屋面为藏
式平顶结构，前后檐口以片石挑出，青砖片石砌挡水墙。背面檐柱、梁枋、挑
檐结构组合形态与前檐对称，檐柱间装隔扇门、隔扇墙，每间装隔扇门 6 扇，柱
子、梁枋、门窗保留完整的油饰彩画，柱幔彩绘而成，额枋绘汉藏结合式旋子彩

图454　前廊壁画"生死流转"图（2013年）　　　图455　前廊壁画"四大天王"之一（2013年）

画，枋心构图有两段、三段式，图案以几何纹、旋花为主；兰扎枋饰蓝地贴金兰扎文，上下两边处加一道水枋；莲瓣枋、蜂窝枋为藏式传统固定画法；堆经枋正面绘如意云头纹；椽子饰蓝色，飞椽饰绿色，望板饰橙红色，闸挡板绘花草纹（图456、图457）。

室内以木隔扇墙分隔成多个房屋，有活佛修行室、学院管理用房、储藏室等，各木构件均无彩画，地面铺木地板，结构构造方式为：在第一层楼面椽子上铺直径8~10厘米的木栈棍，栈棍上再铺厚15厘米的砂石土，其上再铺木龙骨，

图456　前廊二层后檐明间柱枋及隔扇门　　　图457　前廊二层后檐西次间柱枋及隔扇门
　　　　　　　（2013年）　　　　　　　　　　　　　　　　（2013年）

龙骨上再铺5厘米厚的木板。

前廊屋面藏式平顶结构，防水层以砂石土碾压，自下而上依次为椽子木、栈棍层、边玛草层、砂石土。南、东、西三面以片石挑出檐口，檐口上部以青砖、片石砌筑挡水墙。屋面中部略高，两侧较低，雨水首先汇集到前殿二层地面，再通过排水槽排向院内。屋面前部中央置1组铜质镏金八辐轮、"二兽听法"饰件及钟形宝瓶1尊（图458）。

（2）前殿

前殿主要用于本院学僧集体聚会修习、讲经说法等活动。二十柱结构，面阔5间（21米），进深6间（18米），通高两层（11米，室内地面至女儿墙帽距离）。

图458 前廊屋面"八辐金轮"背面样式（2013年）

第一层平面呈正方形，东西长21米、南北长21米，四周以片石承重墙围合，围护墙内净面积334平方米，东、西、南三面承重墙厚2.4米，仅在南承重墙中部开正门，属等级最高的殿堂门，门框为三套件式（大边框、金钱枋、莲瓣枋、蜂窝枋等），正面绘彩画，其中大边框饰贴金宝珠吉祥草纹、贴金二龙献宝卷云纹；莲瓣枋、蜂窝枋、金钱枋为拉卜楞寺宗教殿堂固定的雕饰纹样，构件背面均素面无饰。门框内装藏式双扇木板门，门板正面各饰铜质镏金饰带4条，中间装铜镏金铺首衔环；上槛之上置两层堆经枋、一层额枋，堆经枋饰贴金卷云头纹、几何纹，额枋饰四瓣花卉纹；门额之上置9尊木雕彩绘护法神像，中间7尊为绿毛狮子，两端为白象（图459）。门楣上方又装一横向木匾，匾内彩绘佛像7尊，为本学院供奉诸主尊佛（图460）。

室内共立20根藏式拼合方柱，柱根下置方形石柱础。根据承重方式，柱子分两种：一为围合承重柱，共16根，承挑上部楼面，柱径35厘米，柱高2.7

图 459 喜金刚学院经堂前殿正门（2006 年）

米，柱头梁枋组合层高 1.7 米；二为通柱，共 4 根，柱径 47 厘米，柱高 7.1 米，柱头梁枋组合层高 1.7 米，向上延伸到第二层（礼佛阁）屋面下。由此构成特殊的多重"回"字形空间结构：

第一，底部空间形态营造方式。四周围护墙内侧留出 1 间宽度，作为顺时针旋转的礼佛通道，中间 4 列 5 排柱子之间为僧侣聚会、修习、诵经的地方，柱根处摆放僧侣修习坐垫 6 列（两两相对摆放形式）。总体呈"回"字形（图 461）。

第二，上部空间形态营造方式。由 3 条横向（后部 2 条，前部 1 条）、2 条纵向（西面 1 条、东面 1 条）梁枋组合体分层相互交接或延伸，共同承载上部楼面，与四周围护墙一并构成多个"回"字形。这种空间组合形态，无论在平面或仰视、纵剖、横剖结构上，都是大小不一的正方形或长方形图形块的不断拼接、叠压、重合（图 462、图 463），主要有：

底部第一个"口"字由四周承重墙围合而成。中央 4 根通柱自身又构成一个"口"字，但较为隐秘。

向上为第二个"口"字，由多个"口"字拼合、叠压，主要有：北端（2 条）、

图 460 喜金刚学院前殿门额上部绘 7 尊主尊佛像（2006 年）

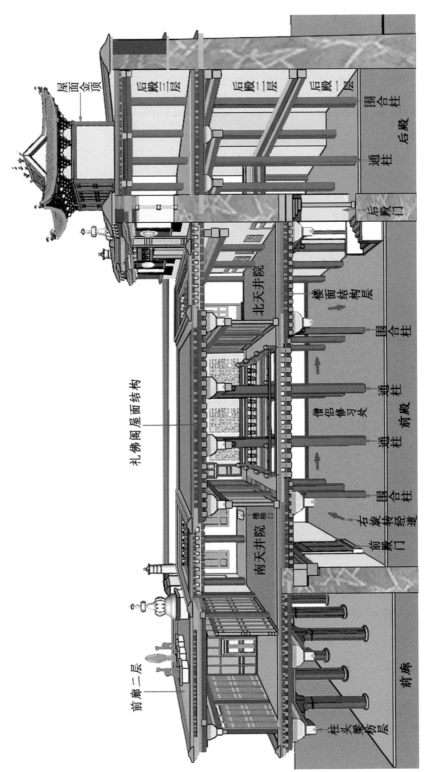

图 461 喜金刚学院经堂前殿室内空间营造方式

391

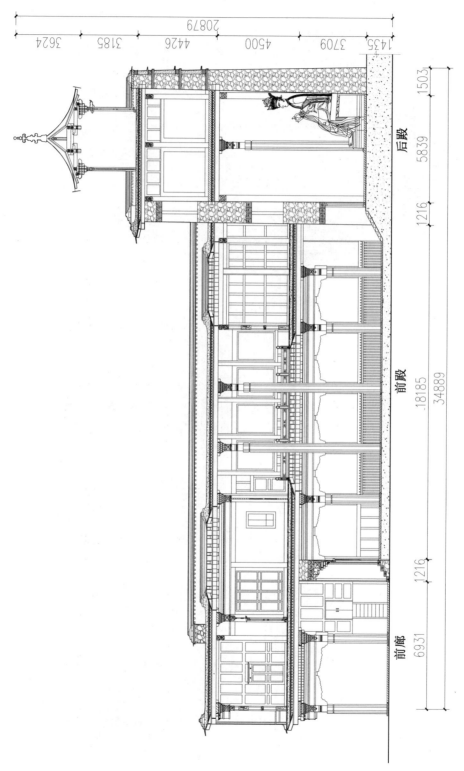

图 462　喜金刚学院经堂横剖结构（1∶100）

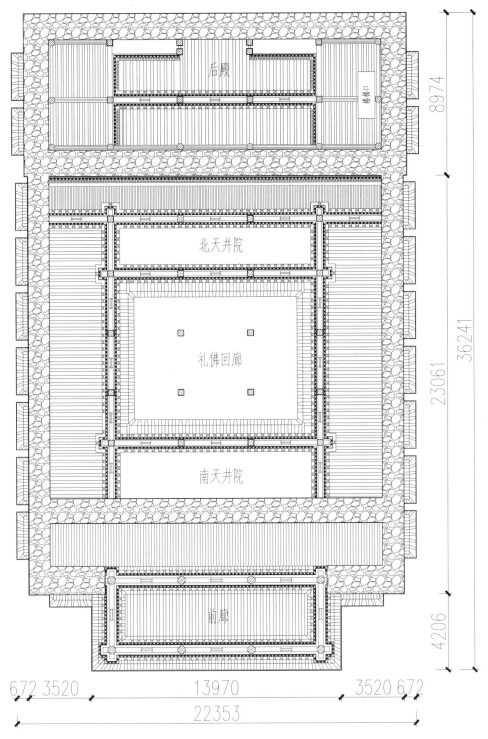

图 463 喜金刚学院经堂一层室内梁架仰视结构（1∶100）

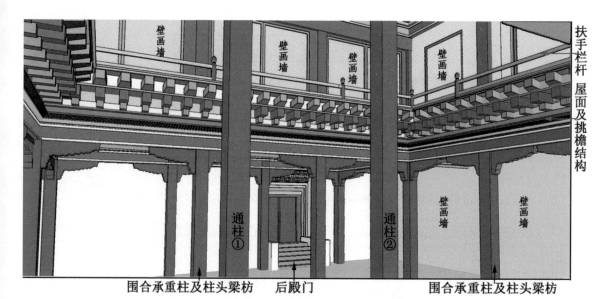

图 464　喜金刚学院经堂前殿中央礼佛阁空间构成形态

南端（1 条）横向梁枋组合体与东、西两端的 2 条纵向梁枋组合体相互交接，形成一个圈梁，在梁枋之上铺设椽子、栈棍等，组成本层楼面；在楼面中央又形成一个藻井口，即楼面向室内中空处伸出椽子和飞椽，仰视看去，则形成一个方形藻井口（图 464），在这一空间区域内，横向梁枋两端头均插入承重墙内，纵向梁枋两端头暴露在室内。

再向上第三个"口"字，即礼佛阁屋面。4 根通柱从藻井口内继续向上延伸，上部梁枋组合层相互交接，形成一封闭的"口"字形圈梁，独立承托礼佛阁屋面（图 465）。该屋面比前殿二层各房屋的屋面高出 0.3 米。

第一层室内各柱式、梁枋组合形态、油饰彩画样式基本一致，是拉卜楞寺各宗教殿堂固有的，相互纵横交接，组成一超大型木圈梁。柱身通体包裹柱衣，制作材料不一，或手工编织，或为现代纺织品，颜色以红、黄色为主，柱身上悬挂各种唐卡。油饰彩画内容完全一致，系 20 世纪 80 年代重绘，柱幔皆用木板雕饰后粘贴而成，饰红、黄、绿、蓝四色垂幛纹彩画；大斗底部阳刻仰莲瓣，四面阳刻各种藏式吉祥纹；长弓正、背面雕贴缠枝纹、吉祥草纹、旋喜图等，弓弦通体饰绿色，其下悬挂布织幢幡；兰扎枋正、背面均饰蓝地贴金兰扎文；堆经枋饰红

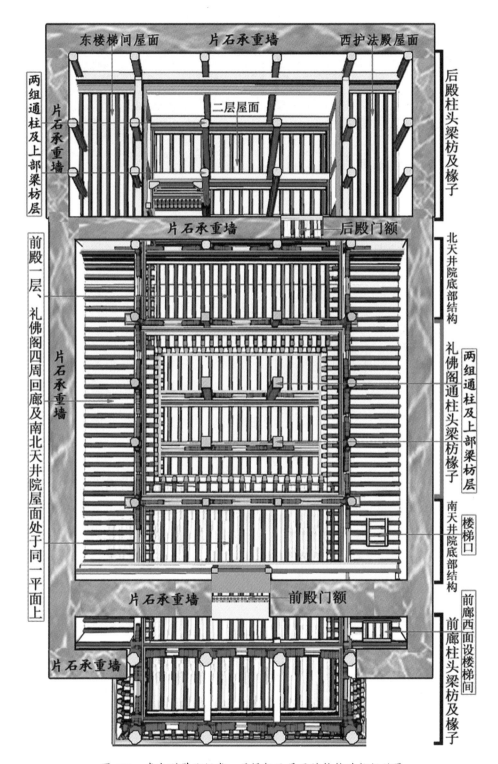

图 465 喜金刚学院经堂一层梁架及屋面结构构造仰视效果

395

图466 前殿柱头梁枋层交接转折关系（2013年）

图467 前殿后部两组柱式及彩画（2013年）

图468 前殿围合承重柱及梁枋组合层（2013年）

色，端头饰贴金边框龙眼图，龙眼以蓝、绿两色为主（图466、图467、图468）。室内地面通铺木地板，四周墙面均悬挂唐卡或绘壁画，其中后部墙面上通体装置大小不一的木佛龛、佛经柜等，佛龛前部设大型佛台，供奉大量佛菩萨尊像，佛台前又设有嘉木样及本院法台的法座。后承重墙东端开一门，通向后殿。

前殿第二层平面布局较为复杂，总平面呈"回"字形，围护墙内净面积333平方米，由6个空间形态共同组成，包括：南、北天井院；中部礼佛阁；东、西两侧房屋；西侧走道（图469、图470）。与本寺其他几所密宗学院经堂前殿第二层东、西两侧空间形态构成方式不同，喜金刚学院经堂前殿第二层仅西面设一条南北向走道，贯通南、北天井院，东面无走道（图471）。

① 北天井院

位于后殿二层前廊之前，与南天井院对称布局。由礼佛阁后檐墙、后殿二层前檐墙（包括墙体、采光门窗等）、两侧承重墙共同围合而成，平面呈横长方形，长16米，宽5米，占地面积80平方米，西南角设南北贯通的走道。东、西两面承重墙上各开2个窗子（图472、图473、图474）。庭院地面铺设方式有两种：中部用机制红砖铺设；北、西、东三面走道（即第一层的屋面）通体铺木地板。

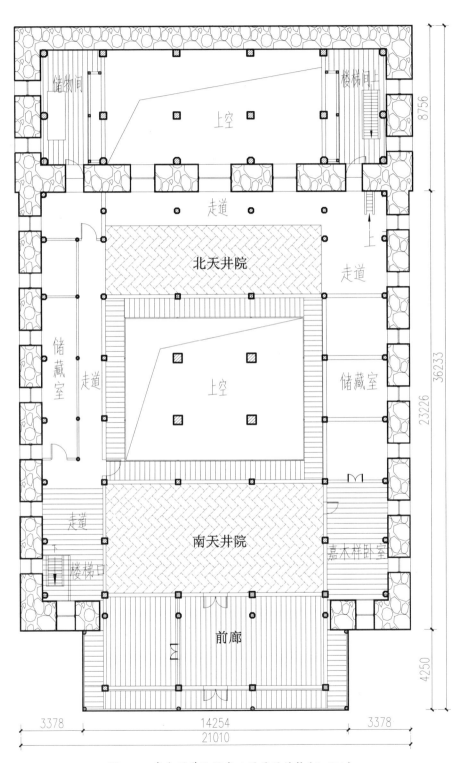

储物间　　楼梯口上

上空

走道

北天井院　　走道

储藏室　　走道　　上空　　储藏室

南天井院　　嘉木样卧室

走道　　楼梯口

前廊

8756
36233
23226
4250
3378　14254　3378
21010

图 469　喜金刚学院经堂二层平面结构（1:100）

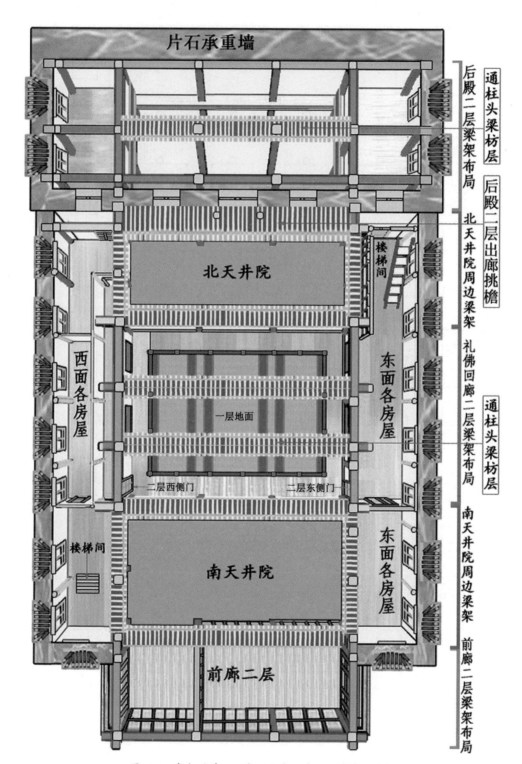

片石承重墙

通柱头梁枋层

后殿二层梁架布局

后殿二层出廊挑檐

北天井院周边梁架

北天井院

礼佛回廊二层梁架布局

东面各房屋

楼梯间

西面各房屋

一层地面

通柱头梁枋层

二层西侧门

二层东侧门

楼梯间

南天井院周边梁架

东面各房屋

南天井院

前廊二层梁架布局

前廊二层

图 470　喜金刚学院经堂二层空间布局形态（俯视）

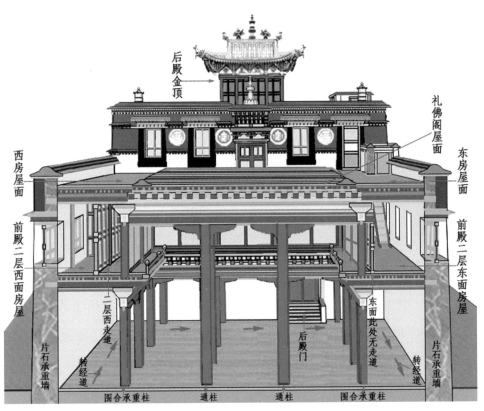

图 471　喜金刚学院经堂前殿空间结构纵剖形态

图 472　前殿二层北天井院东端形态（2013年，自西向东）

图 473　前殿二层北天井院西端形态（2013 年，自东向西）

② 礼佛阁

即由第一层室内中央 4 根通柱及上部梁枋层共同组成的半独立空间，高度超过第二层其他房屋屋面。主要结构特征有：

第一，外部结构形态营造。平面略呈正方形，面阔三间（12.1 米），进深三间（10 米），建筑面积

122 平方米，中央的 4 根通柱直至屋面下，柱高 7.2 米，柱头梁枋层高 1.8 米；再在第一层楼面顶部（第二层地面）立 12 根柱子，环绕在 4 根通柱周围，如此共同围合成一正方体空筒状空间，柱式与第一层同（图 475、图 476）。在北、西、东

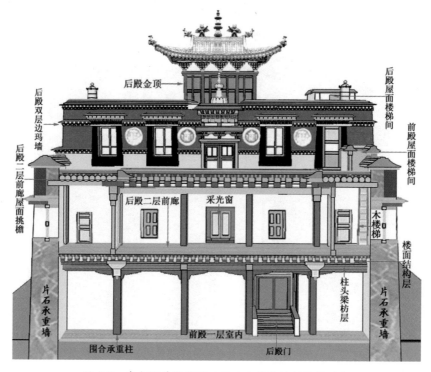

图 474　喜金刚学院前殿二层北天井院纵剖结构形态

三面柱子之间通体装木隔扇
墙、木骨泥墙，作为围合墙，
外墙面饰白色，内墙面遍绘
壁画（图477）；前檐柱间装
木隔扇窗，用于一层室内采
光通风，20世纪80年代以
来维修时改建为玻璃窗，檐
柱为藏式拼合方柱，柱身饰
铁锈红油漆，上部梁枋结构
层完整，柱幔、坐斗、两层

图475 喜金刚学院经堂前殿礼佛阁室内通柱及梁枋层

弓木及兰扎枋、莲瓣枋和蜂窝枋（挑檐檩）均彩绘，无雕刻，其上再置一层挑枋
（堆经枋）；兰扎枋饰蓝地贴金兰扎文，莲瓣枋、蜂窝枋饰拉卜楞寺各宗教殿堂
固定的蓝、绿相间彩画，蜂窝枋上挑出椽子、飞椽，椽子饰蓝色，飞椽饰绿色，
椽头绘米字纹彩画，闸挡板绘黄地花草类彩画（图478）。后檐与北天井院相连，
柱子外挑结构、样式比前檐简略很多，柱头上仅有额枋、承椽枋，各枋木皆绘

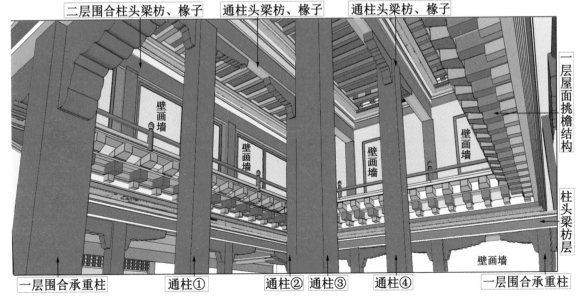

图476 喜金刚学院经堂前殿礼佛阁内部空间构造形态

图 477　礼佛阁二层后部通柱、回廊及壁画墙　　图 478　喜金刚学院经堂前殿二层礼佛阁正面檐
　　　　（2013 年，自西向东）　　　　　　　　　　　柱梁枋及采光窗（2013 年，自南向北）

本地杂式旋子彩画，椽子、飞椽彩画同前檐（见图 473）。西墙南端开一单扇门，供人出入。

　　第二，室内结构构造。营造方式较为简单，装饰最为华丽，犹如一座天宫玉楼。首先，中央 4 根通柱四周柱子及梁枋层一直抵达屋面下，四周围合柱立于一层屋面上，屋面向中央空间处延伸 1.1 米，形成中央藻井口，藻井口顶面构成环绕在通柱四周的回廊走道，宽 1 米，地面铺木地板，内侧边沿处装置扶手栏

图 479　喜金刚学院经堂前殿礼佛阁内结构透视

檐柱及采光窗

回廊栏板彩画

室内挑檐椽飞

檐下悬挂的装饰物

图 480　喜金刚学院前殿礼佛阁二层悬挑回廊栏板内侧装饰（2013 年，自北向南）

杆，栏杆高 0.6 米，凌空悬挑，正面（朝向室内一侧）绘精致的彩画（图 479、图 480），背面一侧木构件素面无饰。其次，4 根通柱本身的装饰等级最高，每根柱身通体包裹柱衣，正面悬挂"柱面幡"及"朗久旺丹"等饰件，上部梁枋组合层均雕刻并彩绘，柱幔占柱高三分之一，坐斗正面雕金刚杵纹，其上置短弓、长弓，彩绘塌鼻兽及缠枝卷草纹等，其上再置三层木枋（兰扎枋、莲瓣枋、蜂窝枋）及

一层堆经枋，其中兰扎枋绘蓝地贴金兰扎文，莲瓣枋、蜂窝枋为本寺宗教殿堂固定的彩画样式；堆经枋饰红色，枋头绘金边卷云纹；闸挡板饰缠枝纹；椽子饰蓝色，飞椽饰绿色，屋顶用彩色布幔遮盖（图 481、图 482）。

第三，礼佛阁屋面。这

图 481　礼佛阁内通柱及梁枋组合层彩画之一（2013 年）

图 482　礼佛阁内通柱及梁枋组合层彩画之二（2013 年）

嘉木样住房

南天井院　　前廊二层后檐隔扇门、隔扇墙

图 483　前殿二层南天井院全貌（2013 年，自西北向东南）

是一个独立凸起的屋面，比前殿第二层其他房屋屋面高 0.3 米，藏式平顶结构，铺设工艺同前廊屋面，四周边沿处用青砖、片石砌筑挡水墙，墙帽筒瓦扣顶。

③ 南天井院

东西长 16 米，南北宽 5.5 米，占地面积 88 平方米。由礼佛阁前檐墙、前廊二层后檐墙以及东、西两侧承重墙共同围合而成（图 483），西北角有一条贯通南北天井院的走道。

④ 西房屋及走道

建于礼佛阁围护墙西面，以木柱、隔扇墙分隔为活佛修行室、储藏室、楼梯间等，纵向总面阔 7 间（22 米），进深一间（2 米），背面均依靠

西承重墙，室内净高 4.4 米，屋面椽子一端搭在西承重墙上，一端搭在礼佛阁西墙上，藏式平顶结构。其中北端有 2 间处于北天井院内，与后殿二层前廊连通，仅有一间开一门，其他均不开门；南端有 2 间处于南天井院内，为楼梯间，仅开一门；其他房屋均为储藏室。前檐柱间通装木隔扇墙，隔扇墙外设一条南北贯通的走道，宽 1.3 米（图 484、图 485）。

⑤ 东房屋

建于礼佛阁围护墙东面。平面布局形态、结构样式与西房对称。纵向总面

404

图 484　喜金刚学院经堂前殿二层西房屋及走道（2013 年，自南向北）

阔 7 间，进深一间（3.5 米），不出廊，背靠承重墙，室内净高 4 米，屋面椽子一端搭在东承重墙上，一端搭在礼佛阁东围合墙上。其中北端有 2 间位于北天井院内，为楼梯间，与后殿二层前廊连通；南端有 2 间位于南天井院内，为嘉木样住房；其他房屋均为储藏室。嘉木样住房面阔两间（6.2 米），前檐柱间装木隔扇门、槛窗，饰丰富的油饰彩画（图 486）。

⑥ 四周承重墙

前殿第二层东、西、南三面围护墙片石砌筑，墙顶加单层边玛墙，高 1.9 米（底部挑枋至顶部挑枋），内侧以片石砌筑，外侧以边玛草束砌筑，墙帽以青砖、片石砌筑，片石挑出檐口，筒瓦收顶。正面墙体左、右两端各开 1 个窗子，边玛墙上各悬挂铜镏金"朗久旺丹"饰件 1 个；东、西两面山墙上各开 6 个窗子。

总之，喜金刚学院经堂前殿第二层空间功能及关系较为复杂，既有供室内采光通风的天井院、楼梯间，又有密闭的活佛修行室、储藏室等。不同的空间形态

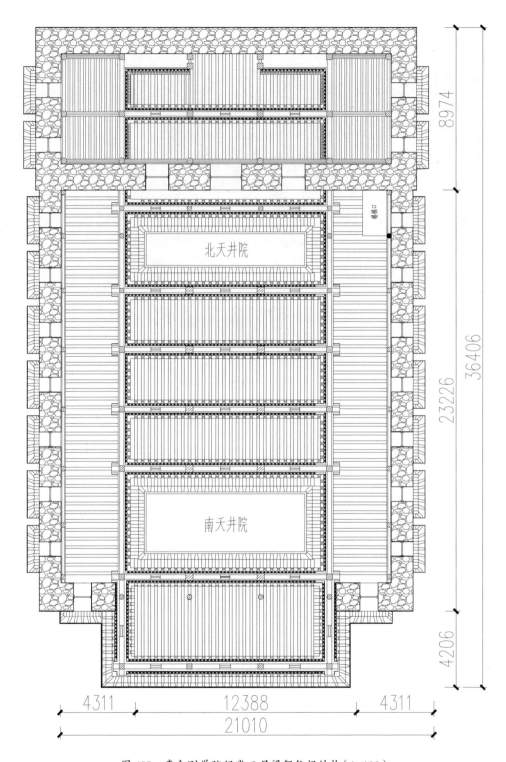

北天井院

南天井院

8974

23226

36406

4206

4311

12388

4311

21010

图 485　喜金刚学院经堂二层梁架仰视结构（1:100）

都由单个或多个正方形或长方形组成的"回"字形空间的反复叠加、重合、延续而成，是对藏传佛教宗教殿堂空间营造"都纲法式"特征的准确阐释（图487、图488）。

（3）后殿

后殿位于前殿后部（图489、图490），两者间以片

图486　前殿二层东面嘉木样住房正立面（2013年，自西向东）

石承重墙分隔。后殿宽度比前殿宽0.4米，地面比前殿高1.2米，外墙面涂饰红色。通高三层（不含金顶），藏式平顶结构，屋面比前殿高4.2米（屋面至屋面垂直距离），第三层屋面加建一座金顶，系20世纪80年代后重建。主要用于供奉本院护法神及其他神佛菩萨尊像、本寺已圆寂的高僧大德灵塔等。后檐墙外没有凸出的墩台。

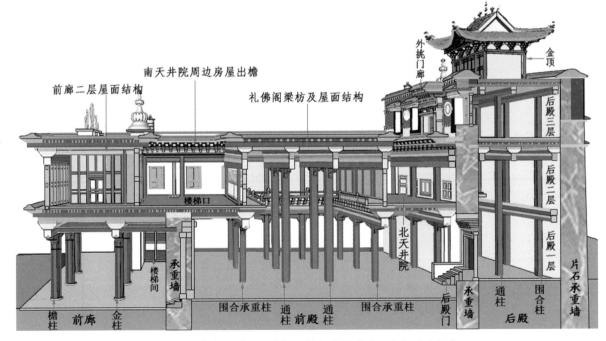

图487　喜金刚学院经堂柱子梁枋交接关系及空间形态构成

407

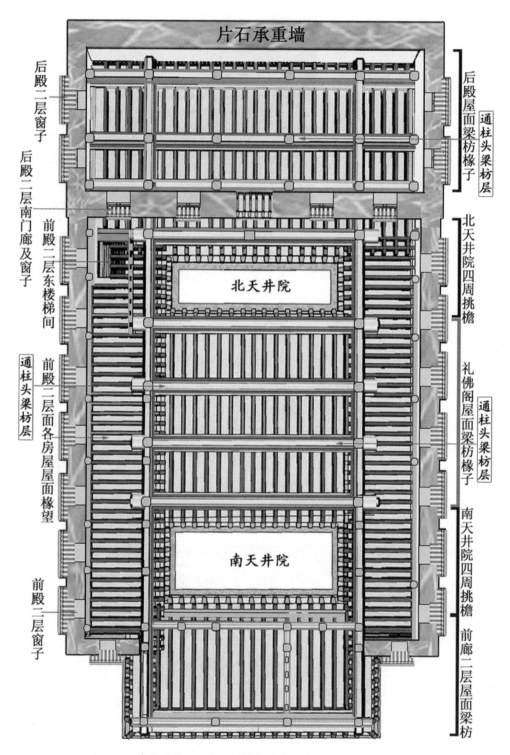

图 488　喜金刚学院经堂二层梁架结构及空间组合形态（仰视）

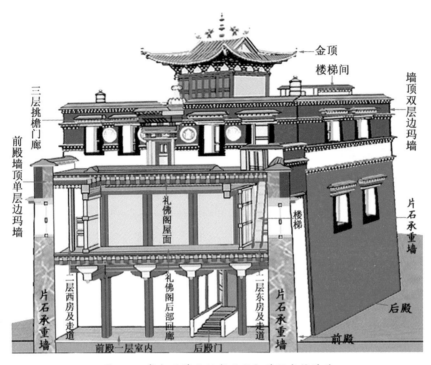

图 489　喜金刚学院经堂后殿与前殿交接关系

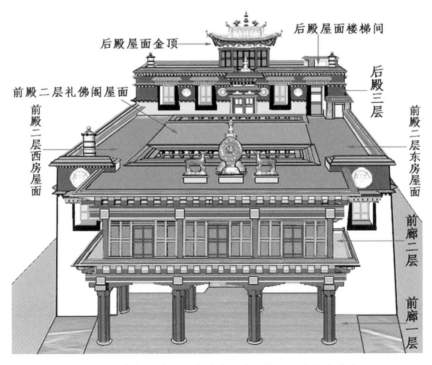

图 490　喜金刚学院经堂前廊、前殿与后殿的位置关系

第一层四周片石承重墙围合，总面阔5间（18.6米），进深2间（6.1米），室内净面积113平方米，中部3间佛堂通高两层；东面为楼梯间，西面为护法殿，均有二层楼面。室内共立4排22根柱子，柱子有两种样式：一为通柱，共两根，柱高6.2米，柱径40厘米，通高两层，柱头上部梁枋组合层高1.6米，抵达第三层地面；二为普通圆柱和方柱，共20根，环绕在通柱四周，依靠墙面，柱高2.9米，柱径36厘米，柱头梁枋组合层高0.4米（图491、图492、图493）。通柱及上部梁枋组合层样式、彩画图案与前殿礼佛阁通柱基本相同，柱身正面悬挂"柱面幡"及"朗久旺丹"等饰件，上部梁枋组合层彩画图案与前殿图案基本一致，坐斗上置短弓、长弓，彩画图案有三宝珠、白海螺及缠枝卷草纹等，其上再置兰扎枋、莲瓣枋、蜂窝枋及一层堆经枋，其中兰扎枋绘蓝地贴金兰扎文，莲瓣枋、蜂窝枋为固定的彩画样式；堆经枋遍饰各色彩画，屋顶用彩色布幔遮盖（图494）。

南承重墙东端开正门，门洞高2.3米，宽1.8米，装藏式三层门框、双扇木板门，内框绘蓝地七宝珠缠枝纹，外框为莲瓣枋和蜂窝枋，门扇通体饰红色，门

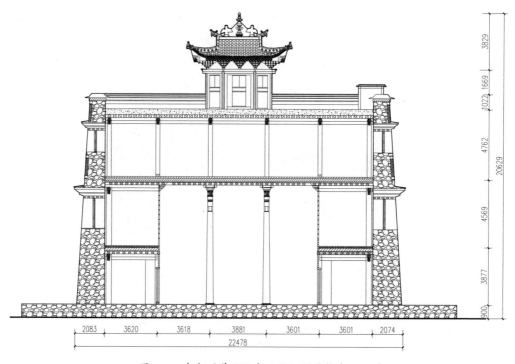

图491　喜金刚学院经堂后殿纵剖结构（1:100）

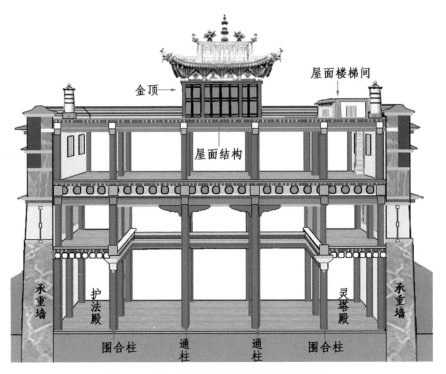

金顶

屋面楼梯间

屋面结构

护法殿

灵塔殿

承重墙

承重墙

围合柱　　通柱　　　通柱　　围合柱

图 492　喜金刚学院经堂后殿内结构纵剖之一

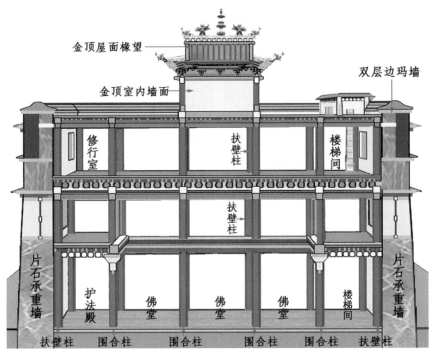

金顶屋面椽望

金顶室内墙面

双层边玛墙

修行室

扶壁柱

楼梯间

扶壁柱

护法殿

佛堂

佛堂

佛堂

楼梯间

片石承重墙

片石承重墙

扶壁柱　围合柱　　围合柱　　围合柱　　围合柱　扶壁柱

图 493　喜金刚学院经堂后殿内结构纵剖之二

图 494　喜金刚学院后殿通柱梁枋组合及彩画（2013 年）

外设七级条石踏步，高 0.93 米。中间佛堂后部置高大的木供台，主供铜镏金喜金刚坐像（图 495），左右两侧供奉各种大小不一的佛像、高僧灵塔等，两侧墙均装木隔扇墙，遍绘壁画。西面护法殿开一侧门，装藏式双扇木板门，门板饰红黑相间的虎皮纹，上部绘护法神像，面目狰狞，中部饰铜质塌鼻兽形铺首衔环（图 496），外人不可进入。东面楼梯间开一侧门，与佛堂贯通，装简易藏式双扇木板门。

第二层空间构成有两个：

第一，殿堂本身空间构成。中央立 2 根通柱，周围立 20 根围合柱（其中中

图 495　后殿佛堂供奉的主尊铜镏金喜金刚像
（2013 年）

图 496　后殿护法殿正门（2013 年）

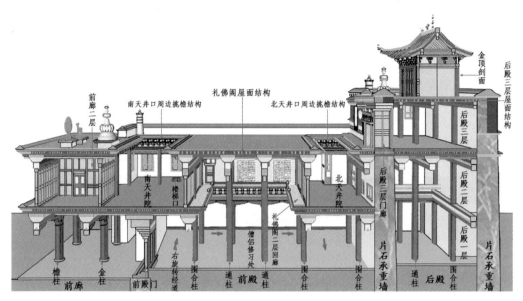

图 497　喜金刚学院经堂明间横剖结构形态

部佛堂后部依后墙立两排 8 根扶壁柱），总面阔 5 间，进深 2 间，四周承重墙片石砌筑，室内净面积 112 平方米。中部 3 间佛堂通高两层；两侧梢间有第二层，各面阔 1 间，进深 2 间，西面为储藏室，东面为楼梯间。中部佛堂南承重墙上开 3 个木隔扇窗，朝向北天井院（2008 年改为木格玻璃窗），供一层室内通风和采光。东面楼梯间、西面储藏室南承重墙的正面各开一出入门，均装简易单扇木板门（图 497）。

　　第二，前廊空间结构。在承重墙外建一排廊房，面阔 4 间（15 米），进深 1间（1 米，檐柱至墙面距离），檐柱为八棱柱，直径 26 厘米，饰红色，柱头彩绘柱幔，上置额枋、挑檐檩、承椽枋等，正面均绘汉式旋子彩画，三段式构图，枋心绘红地缠枝卷草纹，柱头置一层额枋、一层挑檐檩，挑出椽子、飞椽，椽尾插在承重墙内（图498）。其中西面储藏室正门外又单独

图 498　喜金刚学院经堂后殿二层前廊及门窗（2013 年，自西南向东北）

南、北天井院口新建铝合金防雨棚(2006年)

图 499　喜金刚学院经堂后殿三层正立面（2013 年，自南向北）

建一廊房，面阔 1 间（3.5 米）、进深 1 间（2.6 米），西面、北面均依承重墙，东面、南面装木隔扇墙，与前殿二层西面一排房屋连为一体（见图 473）。

第三层通高 4.2 米（地面至屋面距离），四周以片石承重墙围合，墙顶加双层边玛墙（图 499、图 500）。因后殿四周承重墙向上有收分，室内面积比第二层小，面阔 5 间（18 米）、进深 2 间（5.5 米），室内净面积 105 平方米。主要建筑形制特征有：

① 室内柱子布局及装饰。与第二层柱子布局上下对位。立前、中、后三排共 18 根方柱，中部 3 间为佛堂，供奉坛城、佛经、佛像等，西梢间为活佛修行室，东梢间为楼梯间，各房屋均以四抹或六抹隔扇墙、隔扇门分隔（图 501、图 502），墙面、门扇及门框均饰内容

图 500　后殿西立面全貌（2013 年，自西向东）

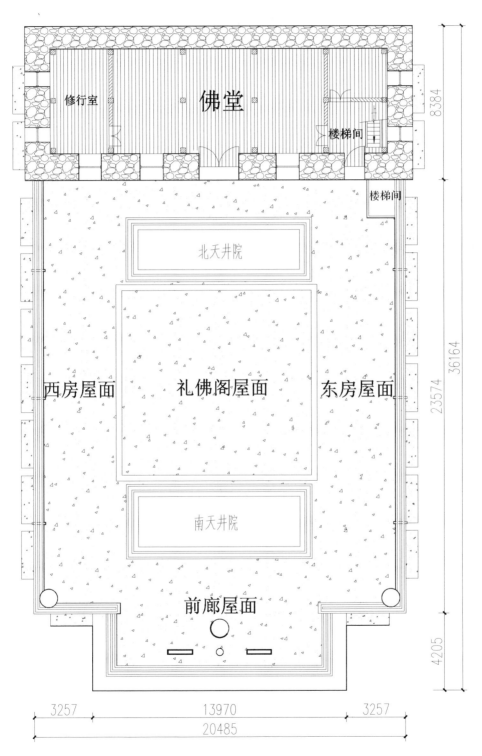

修行室

佛堂

楼梯间

楼梯间

北天井院

西房屋面

礼佛阁屋面

东房屋面

南天井院

前廊屋面

8384

36164

23574

4205

3257

13970

3257

20485

图 501　喜金刚学院经堂后殿三层平面结构（1:100）

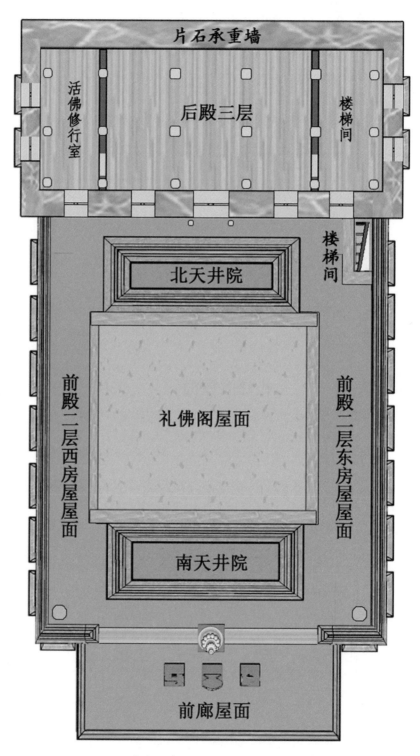

图 502　喜金刚学院经堂后殿三层平面俯视形态

丰富的彩画，题材多样，有各色底纹的寿字图案、藏八宝、变体吉祥文字、各种神态的马匹、藏式亭阁建筑等（图503），又在中部3间后部隔扇墙前装置各种佛龛、经书柜、佛像柜、佛教用品柜等，绘丰富多彩的彩画。室内均铺木地板，供奉1件木构彩绘坛城模型（图504）。

②承重墙中央建一外挑门廊，两侧对称各开2个门窗（其中东面楼梯间为出入门），用于室内采光通风。中间门廊结构与其他学院经堂外挑门廊大同小异，门洞外左、右各立一断面八角形木柱，彩绘柱幔，无大斗，以穿插枋拉结（枋尾插入承重墙内），其上置三层额枋、小坐斗、横拱等（图505）。斗拱属一斗三升式，彩画以红、蓝、绿色为主；斗拱之上再置兰扎枋、莲瓣枋、蜂窝枋及一层堆经枋，绘藏式传统图案；屋面藏式平顶结构，挑出椽子和飞椽，椽尾插在承重墙内，三面以青砖、片石砌筑挡水墙，墙帽扣筒瓦（图506）。门洞内两侧装木板廊心墙，彩绘佛教吉祥图、汉式山水画、花草画等，正面装藏式门框、四抹隔扇门，边框绘莲瓣纹，裙板绘黄地吉祥草纹、缠枝纹等，上部走马板绘2幅汉式水墨画（图507、图508）。东面楼梯间出入门装藏式单扇木板门，门扇上绘朗久旺丹图、吉祥草等。楼梯间内有木楼梯，可登上屋顶。

③围护墙顶部加双层边玛墙，高3.8米，正面边玛墙上悬挂铜镏金"朗久旺丹"饰件4个。东、西两山墙上分别开2个窗子，背面不开窗。

④屋面藏式平顶结构。防水层做法、排水组织系统同其他殿堂，2013年测绘喜金刚学院经堂时，曾挖开屋面，发现屋面防水层自下而上依次为椽子—栈

图503　后殿三层佛堂内木隔扇墙及彩画（2013年）　　图504　后殿三层佛堂内坛城模型（2013年）

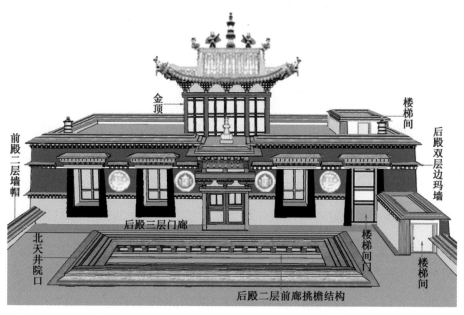

图 505　喜金刚学院经堂后殿三层正立面形态

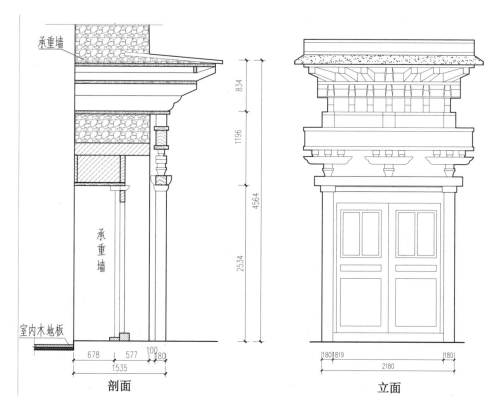

图 506　喜金刚学院经堂后殿三层外挑门廊结构（1:20）

棍—边玛草枝—青石板—白灰层—砂石土层（图509）。屋面前部置1尊铜镏金宝瓶。

第四层有两座建筑，一为金顶，建于殿堂第三层屋面后部中央；二为楼梯间，建于殿堂第三层屋面东南角处（图510）。

① 金顶

现存金顶为汉式单檐歇山顶式，四周无廊结构（图511）。民国时期拍摄的照片显示，当时经堂后殿屋面有一座金顶，屋面覆盖铜镏金瓦，与现存状态基本一致（见图427）。同样，1985年左右绘制的"寺院全景布画"上，经堂后殿屋面也有金顶（见图428）。但1981年拍摄的照片显示，此时经堂后殿屋面已无金顶（图512），由此说明，该金顶早年曾被拆除，现存建筑为1980年以来重建（图513、图514）。主要结构形制特征为：

第一，在后殿三层屋面

图507　后殿三层门廊走马板彩画全貌（2013年）

图508　喜金刚学院经堂后殿三层门廊走马板彩画细部（2013年）

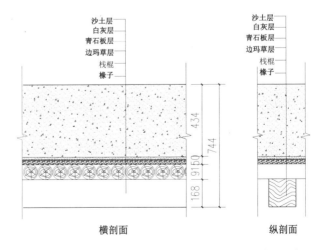

图509　喜金刚学院经堂后殿屋面防水层结构（1:20）

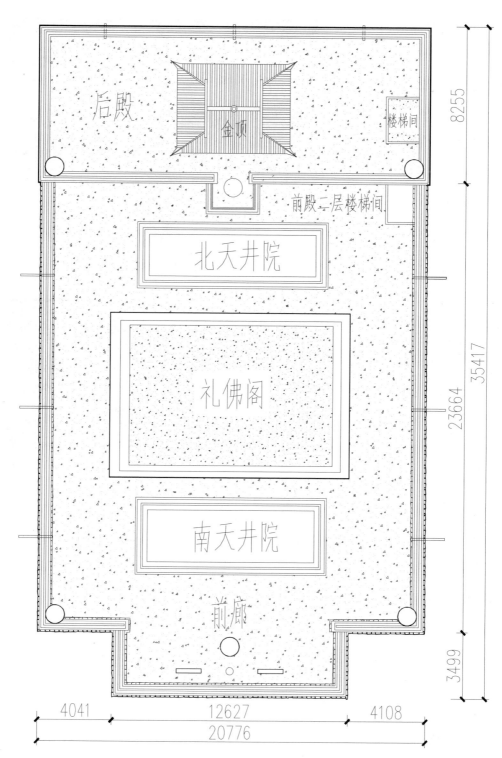

后殿

金顶

楼梯间

前殿二层楼梯间

北天井院

礼佛阁

南天井院

前廊

8255

23664

35417

3499

4041

12627

4108

20776

图 510　喜金刚学院经堂后殿屋面建筑布局（1∶100）

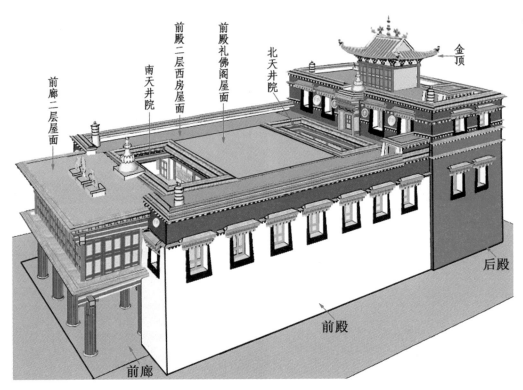

前廊二层屋面
前殿二层西房屋面
前殿礼佛阁屋面
南天井院
北天井院
金顶
后殿
前殿
前廊

图 511 喜金刚学院经堂全貌形态

喜金刚学院经堂后殿三层
无金顶（1981年拍摄）

图 512 1981 年拍摄的喜金刚学院经堂西立面

图 513　后殿金顶全貌形态（2013 年）

图 514　后殿金顶正立面（2013 年，自南向北）

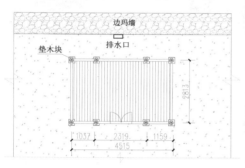

图 515　喜金刚学院经堂后殿金顶平面（1:50）

图 516　金顶室内梁架结构仰视（2013 年）

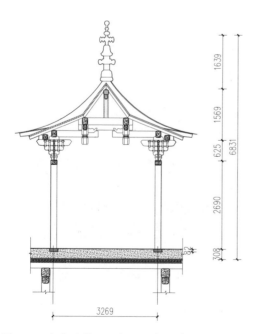

图 517　喜金刚学院经堂后殿金顶横剖结构（1:50）

砂石土内埋置木地栿，地栿上立前后两排共 8 根柱子，柱子断面呈八角形，柱径 12.5 厘米，高 2.6 米，与上部梁枋组合层等共同组成面阔 3 间（4.5 米）、进深 1 间（2.8 米）的室内空间（图 515）。梁架结构简单，以抹角梁承托角梁后尾，角梁后尾同时承挑童柱（下端雕刻成垂花柱状）和金檩、金枋，在相邻两童柱间装三架梁及随梁枋，三架梁上再立瓜柱、柱头承托脊檩和随檩枋（图 516、图 517、图 518）。

第二，檐柱上施额枋、平板枋，彩绘柱幔。前、后檐均施五踩重翘斗拱4攒，角科2攒，平身科2攒；两山面各施平身科2攒（图519）。正面明间装六抹隔扇门四扇，两次间装六抹隔扇墙两扇；背面及两山柱间装六抹隔扇墙。额枋、平板枋绘汉藏结合式旋子彩画，枋心内绘汉式花鸟、几何纹等；斗拱各构件绘红、绿、蓝色为主的卷云纹，拱眼板内绘藏式八宝图（图520）。在隔扇门上，隔心内绘传统汉式花鸟画，裙板内绘藏式红地吉祥文字。

第三，屋面瓦件、脊饰件均为特制的铜镏金构件。正脊用特制的铜镏金脊筒子整体浇铸，正、背面雕饰莲花、海螺纹等，中央置一尊巨大的铜镏金钟形宝瓶，高1.6米，瓶座与正脊浇铸在一起，宝瓶两侧对称置2尊

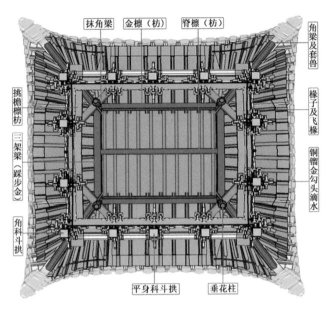

图518　喜金刚学院后殿金顶内部梁架仰视形态

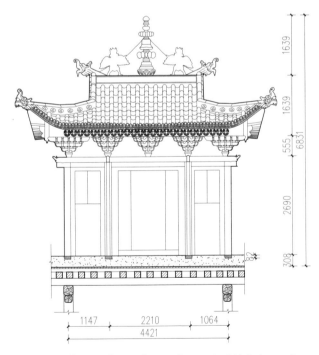

图519　喜金刚学院经堂后殿金顶正立面结构（1:50）

命命鸟（金翅鸟），两端饰鳌头。垂脊、戗脊也是特制的铜镏金雕花脊筒子整体浇铸，无垂兽、戗兽，四角角梁头饰铜镏金鳌头。山花墙是特制的铜镏金印花

图 520　金顶前檐斗拱彩画（2013 年）

图 521　金顶铜镏金山花板及博脊图案（2013 年）

板，中央錾刻"朗久旺丹"图。博脊也是整体浇铸而成，饰瓦纹。四面檐口悬挂铜镏金勾头和滴水，勾头上印有海螺纹、卷云纹等（图 521、图 522）。金顶屋面的雨水，首先落在后殿屋面上，在北面边玛墙根处砌筑排水口，金顶屋面雨水汇集于此，再通过排水槽排向院内（图 523）。

图 522　金顶山花及角梁套兽（2013 年，自东向西）

②楼梯间

楼梯间建于后殿屋面东面，结构非常简单。面阔 1 间（2.1 米），进深 1 间（1.4 米），高 1.6 米，在后殿屋面内栽立 4 根木柱，柱下置垫墩，柱头上置一圈梁枋，相互交接，其上铺椽子、望板等，屋面砂石土碾压而成（图 524）。

（二）护法殿院与厨房院

根据早期本区内建筑修建及发展状况判断，护法殿院、厨房院与学院经堂同时建成，位于经堂院西面，两座院落南北并列（图 525）。1956 年，该学院失火烧毁，后重建，是否包括护法殿和厨房，史料缺载。后来，护法殿院围墙、僧舍及厨房被拆除，仅留存护法殿主殿堂，前述 1981 年拍摄的照片表现了这一状况

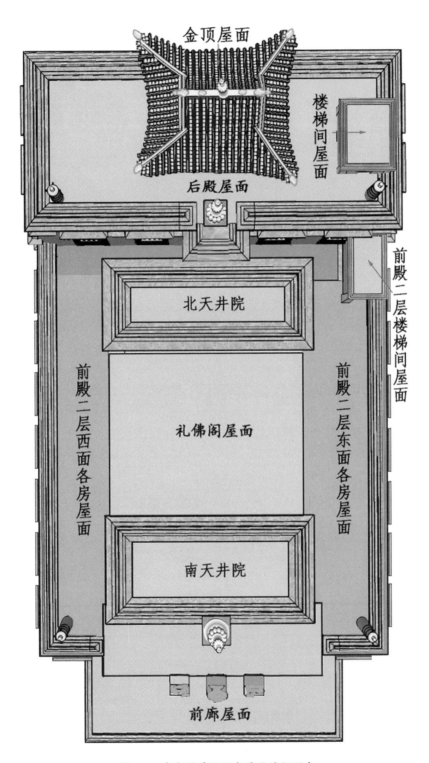

金顶屋面

楼梯间屋面

后殿屋面

前殿二层楼梯间屋面

北天井院

前殿二层西面各房屋面

礼佛阁屋面

前殿二层东面各房屋面

南天井院

前廊屋面

图 523　喜金刚学院经堂屋面俯视形态

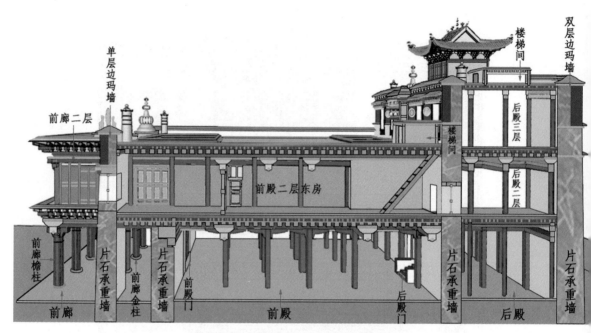

图 524　喜金刚学院经堂东梢间横剖形态

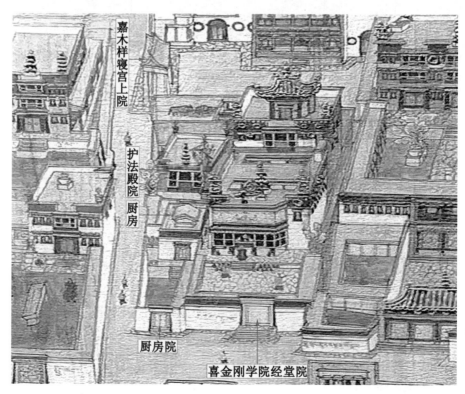

图 525　寺院文物陈列馆藏"寺院全景布画"表现的护法殿院、厨房院分布形态

（见图430、图512）。据此，现存护
法殿院、厨房院皆为1980年以来多
次维修、重建而成（图526）。

图526 喜金刚学院护法殿院、厨房院鸟瞰
（2013年，自北向南）

1. 护法殿院

护法殿有独立的院落，东围
墙与经堂院共用，围墙局部片石
垒砌，局部夯土版筑。院落总占地
600平方米，院内分南、北两个小
院，一高一低，中间设五级条石踏
步。前院很小，占地71平方米，院内种植松柏及小灌木，东面围墙上开一侧门
通向经堂院，西面置一煨桑炉，前部立3尊装于高木杆上的法幢等；后院占地
面积529平方米，西围墙上开一侧门通向院外街巷，门洞内装藏式简易双扇木
板门，平顶屋面以砂石土碾压。

护法殿建于后部中央，是原有建筑，1980年以来经多次维修。坐北朝南，
外形如一座小型佛殿，藏式平顶四柱结构，平面呈"凸"字形，前廊外凸，门洞
外装椽条护栏，洞口悬挂绘有护法神的布幔。殿堂面阔三间（11米），进深三间
（12米），高一层，四周围护墙片石砌筑，涂饰红色，墙顶加单层边玛墙，墙帽
用青砖、片石砌筑，屋面前部左、右两侧各立1尊铜法幢，中部立1尊铜宝瓶，
后部左右两侧各立1尊黑色布织法幢、1尊五色布织法幢。殿内主供拉卜楞寺护
法神载末尔王等。外人不得进入。

2. 厨房院

位于护法殿院南面。现存建筑为原址恢复重建而成，有独立的院落，呈不
规则倒梯形，大致坐北朝南，南北长25~30米，东西宽15~17米，院落围墙片石
砌筑，分南、北两个小院落。南院为僧舍院，南面、东面建简易僧舍若干间，南
围墙上开正门，通向寺院北路，藏式平顶结构，装双扇木板门；厨房建于北院后
部，四周围护墙片石砌筑，顶部加单层边玛墙，东西长6米，南北长6米，藏式
平顶结构，通高两层（4.6米）。第一层平面呈正方形，面阔3间（5米），进深

图 527　喜金刚学院厨房院全貌鸟瞰（2013 年，自西北向东南）

3 间（5 米），室内中央砌筑 4.3 米 ×4.3 米 ×1 米的砖石结构灶台，四周装碗筷架，东面开正门，通向经堂前廊，南面开一侧门通向僧舍院。第二层顶部正中设排烟天窗，面阔 2 间，进深 2 间，双面坡屋面，坡度很缓，外挑椽头处装遮檐板，犹如汉式单檐悬山顶结构，屋面四面边沿处砌挡水墙（图 527）。

（三）辩经院

辩经院位于喜金刚学院正门对面，其间有寺院北路分隔，西侧与下续部学院公房为邻，东南角处有医药学院库房（见图 427）。据早期"寺院全景布画"及民国时期的照片判断，辩经院与学院经堂同时修建。早年，辩经院围墙、讲经坛等被拆除，前述 1981 年拍摄的照片表现了这一情景（见图 430）。

现存辩经院围墙、讲经坛、僧舍等均为 1980 年以来重建，基本保持原位置、规模和样式，院落占地面积 1341 平方米，南围墙上开正门。院内绿树成荫，后部建一藏式平顶亭阁式讲经坛（见图 432）。

（四）公房

喜金刚学院公房与学院经堂同时建成，初建的位置即寺院文物陈列馆藏"寺院全景布画"上的"嘉朵公房"（见图 428）。早年，本区内多数建筑被改建或拆除，1981 年拍摄的照片清楚地表现了这一状况，留存下来的建筑仅有郭莽仓囊欠、琅仓囊欠、医药学院库房（见图 430）。1980 年以来，本区域开展恢复重建工作，很多建筑并非原址重建，又新建了许多其他建筑，原格局不复存在。喜金刚学院公房被重建在原拉然巴仓囊欠基址上，西面与本学院辩经院为邻，南面与医药学院仓库有一巷之隔。而在原拉然巴仓囊欠基址上新建了喇嘛彭措仓囊欠、强木格仓囊欠等（见图432）。

拉卜楞寺各学院都有自己的公房，独立院落式，主要用于存放物品、供本院僧侣开会或开展其他宗教活动等。重建后的喜金刚学院公房坐北朝南，院落南北长 48.7 米，东西宽 28 米，占地面积 1363.6 平方米，南围墙中央开院落大门，门内铺一条甬道，通向后部主殿堂正门。主殿堂东西长 21.8 米，南北宽 10.6 米，高两层，藏式平顶结构，围护墙片石砌筑，外墙面涂饰白色，墙顶加一层边玛墙。第一层面阔 5 间，正面中央开一外挑门廊，两侧对称各开 3 个窗子，其他各面均不开窗；第二层平面呈倒凹字形，即中部 3 间房屋向后凹入一间，前部形成一处露台，露台东、西、北三面装置木柱、隔扇门、隔扇墙及槛窗等，东、西两面房屋对称布局，各有 2 间，正面各开 2 个藏式窗子，其他各面均不开窗。

四、近年实施的保护维修工程

据 2009 年公布实施的《甘肃省拉卜楞寺文物保护总体规划》[1]，2013 年，当地政府、寺院管理部门等组织编制了喜金刚学院修缮方案，2015 年获国家文物局批复。主要维修内容有：（1）屋面揭顶维修，去掉屋面多余的砂石土碾压层，减轻屋面荷载；更换糟朽的椽子、栈棍等。（2）拆除重砌片石承重墙顶部的边玛墙及墙帽；更换糟朽断裂的相关木构件（穿插枋、月亮枋等）；更换糟朽的窗子挑檐构件、窗扇等。（3）嵌补、加固柱子、梁枋、门框的裂缝，更换糟朽、破损的木地板。该维修工程于 2017 年实施。

2016 年，当地政府、寺院管理部门等组织编制了喜金刚学院油饰彩画保护修缮设计方案，2016 年获国家文物局批复。设计内容主要有：（1）现存油饰彩画的除尘、清洗；（2）补全残缺、损毁的油饰和彩画；（3）按原色重做柱子、椽子飞椽、门窗类木构件的单色油饰。2020 年完成施工。

---

[1]《甘肃省拉卜楞寺文物保护总体规划》第53条"文物建筑保护措施"，第15—18页，甘肃省人民政府2009年公布实施。

第七章　上续部学院

上续部学院的创建时间较晚，1942 年竣工并投入使用。修建期间，国民政府、甘肃省政府分别资助大量资金。是一所纯密宗学院，供修、讲授内容完全继承西藏拉萨上密院而来，修习内容与拉卜楞寺下续部学院大同小异，以宗喀巴《密宗道次第广论》为根本经典，主要讲修集密、胜乐、大威德金刚种种密法，研究生起和圆满次第之道。每年只给一位考试合格者授予密宗高级学位"俄仁巴"。

上续部学院是一处规模较大的建筑组群，由 4 个独立院落组成，包括经堂院、公房、辩经院和厨房院，其中公房于 2022 年改建为现代仿古藏式楼房。

一、学院的创建与发展

上续部学院，藏语称"居多扎仓"，法名"大密金刚洲"。"续部"，亦称"续""本续"，意为"解说大乘教金刚乘修法的经典"。"上续部"是相对"下续部"而言。在西藏地区，曾经修建了两座格鲁派密宗学院，分别称"上密院"和"下密院"，拉卜楞寺"上续部学院"和"下续部学院"的命名由此而来。

（一）创建过程

上续部学院的修建经历了漫长过程，最早创意于民国十七年（1928 年），1941 年才建成。关于上续部学院的创建时间、修建过程，历来说法不一，有学者认为修建于 1928 至 1929 年，有学者认为修建于 1937 年，还有学者认为修建于 1941 年或 1942 年，等等。列举如下：

著名藏学家李安宅先生认为："上续部院建于 1936—1941 年，为第五世嘉木样所提倡，性质与下院同，只规矩少异"①。当代学者张庆有先生认为："五世嘉木样丹贝坚赞于1941年主持，由襄佐青热东智和朵藏华觉坚措仿拉萨续部上学院的法引程序修建，该学院主奉胜乐、集密、怖畏诸金刚，讲授密宗诸经典和《四家合注》等辅助教材，培养研习密宗教律的学僧人才……五世嘉木样大师任本院法台"②。（按：若据此说，则上续部学院建成于1941年。）

1982年版《拉卜楞寺概况》一书中提出两种说法，一说认为，"居多巴扎仓系五世嘉木样1941年建立"③；另一说认为，"1929年，嘉木样创建居多巴扎仓……1940年，（五世嘉木样）返回拉卜楞寺，给新建上续部学院布施很多财物"④。此说表明，上续部学院于1929年始建，至1940年时，部分建成或正在修建中。

1991年版《甘南藏传佛教寺院概况》称："第五世嘉木样丹贝坚赞在年届十一岁（藏历第十六胜生土鼠年，民国十七年）时创建了上续部学院。至此，拉卜楞寺先后共创建六大学院。"⑤民国十七年即1928年。此说与上述诸说又不同。

黄正清⑥在回忆录中记载：五世嘉木样二十五岁时（1940年6月13日）从西

① 李安宅：《从拉卜楞寺的护法神看佛教的象征主义——兼谈印藏佛教简史》，李安宅、于式玉：《李安宅、于式玉藏学文论选》，中国藏学出版社，2002年，第121页。

② 张庆有：《拉卜楞寺各学院（扎仓）佛殿佛像、壁画综述》，《西藏艺术研究》，1995年第4期，第43页。

③ 罗发西、苗滋庶、曲又新等编：《拉卜楞寺概况》，政协甘南藏族自治州委员会文史资料研究委员会编《甘南文史资料选辑》（第一辑），1982年，第9页。

④ 罗发西、苗滋庶、曲又新等编：《拉卜楞寺概况》，政协甘南藏族自治州委员会文史资料研究委员会编《甘南文史资料选辑》（第一辑），1982年，第145—146页。

⑤ 毛兰木嘉措著：《甘南藏传佛教寺院概况》，杨占才译，马占明校订，政协甘南藏族自治州委员会文史资料委员会编《甘南文史资料》（第九辑），1991年内部印刷，第4页。

⑥ 黄正清（1903—1997），藏语名洛桑泽旺，四川理塘人，第五世嘉木样丹贝坚赞（汉语名黄正光）的兄长，1920年，随同父亲贡布达吉（汉语名黄位中）、弟弟五世嘉木样等迁居到拉卜楞寺。1925年后，结识了共产党员宣侠父等人，接受进步思想。1928年起担任拉卜楞保安司令部司令。1949年9月率部起义。中华人民共和国成立后，历任甘肃省人民政府委员、西北军政委员会委员、民族事务委员会副主任、西北行政委员会副主席、甘肃省副省长、甘南藏族自治州州长等职。1955年被授予中国人民解放军少将军衔。

藏完成修习，返回拉卜楞寺，其间"给上续部学院捐献经典、佛像及法器，并为该院勘定院址，正式奠基修建，国民政府捐款大洋七万元，甘肃省捐大洋三千元"；1942 年秋，"上续部学院落成。五世嘉木样率全寺举行庆祝。电令黄正本于拉萨续部上学院聘请高僧二人来寺"[①]。（按：此说来自五世嘉木样兄长黄正清的回忆录，他在拉卜楞寺政教管理机构中身居要职，亲身经历、参与拉卜楞寺许多重大建设工程，他的说法是可靠的。）

洲塔《论拉卜楞寺的创建及其六大学院的形成》（1998 年）认为，上续部学院系"1941 年五世嘉木样依照西藏拉萨居钦·更噶敦珠法师创立的上续部学院规模、款式修建"[②]。

扎扎《嘉木样呼图克图世系》（1998 年）认为，上续部学院"创建于土龙年（1928 年，戊辰），是五世嘉木样在宗教事业上最早的一项成果，因为他当时只有 13 岁（实为 12 周岁）……学院从筹建到完善用了十多年时间，最初由于丹贝坚赞年小，很可能是他的经师拉科仓大师等更多地参与了这项工作。史料中对创建过程没有系统的记载"[③]。（按：此说表明，上续部学院在 1928 年由五世嘉木样提出创意和构思，但一直没有动工建设。）

扎扎先生在其另一著作《拉卜楞寺活佛世系》（2000 年）中，对上续部学院的创建年代有多处记载，但前后不一致，如："1937 年 4 月，俄昂格勒堪布四世噶藏凯珠嘉措受嘉木样委托，与雍增、智贡巴两活佛共同举行了密宗上院经堂修建工程的定址划线仪式。"[④]（按：此说表明，上续部学院在 1937 年开始筹建或动工，故有"定址划线"等前期准备工作。）但在该书中，扎扎先生又称："1937 年，智贡巴三世嘉央丹巴嘉措（1868—1941）与俄昂格勒活佛等共同受命负责修建嘉木样五世创建的拉卜楞寺密宗上院的经堂，1942 年竣工……当年招进新僧

---

① 师纶、陈中义：《黄正清回忆录》，陈中义，洲塔主编：《拉卜楞寺与黄氏家族》，甘肃民族出版社，1995 年，第 393—394 页。

② 洲塔著：《论拉卜楞寺的创建及其六大学院的形成》，甘肃民族出版社，1998 年，第 378 页。

③ 扎扎编著：《嘉木样呼图克图世系》，甘肃民族出版社，1998 年。

④ 扎扎编著：《拉卜楞寺活佛世系》，甘肃民族出版社，2000 年，第 280—285 页。

入院。"①（按：此说表明，上续部学院很早就由五世嘉木样提出创意和构思，但一直没有正式动工，1937年正式动工"修建经堂，1942年竣工"，完成了五世嘉木样的宏愿。）在该书中，扎扎先生又称："雍增仓二世噶藏华觉桑布（1882—1958）在1941年投资为拉卜楞寺密宗上院经堂后殿迎请了主供大型铜质镏金弥勒佛像。"②（按：此说表明，上续部学院经堂在1941年正式建成并投入使用，故有二世雍增仓活佛为该经堂后佛殿迎请主供佛像的重要活动，与前述经堂"1942年竣工"相矛盾。）

扎扎先生在其另一著作《佛教文化圣地：拉卜楞寺》（2010年）中称，上续部学院"由五世嘉木样罗藏嘉央益西丹贝坚赞创立于1928年。这在宗教程序上标志了学院的诞生。虽然各项筹建由此陆续展开，并经过了较长时间，但是无论进度如何，上续部学院的历史就从这年算起"；"1935年，五世嘉木样委任智华塔益担任上续部学院法台。1936年2月3日，结合举钦·根噶东珠的圆寂纪念活动，嘉木样五世在密宗上院建立大威德金刚供修仪轨。1941年5月，从拉卜楞寺直属四大部落中招募40名儿童补充为密宗上院新僧。同年9月，国民党中央政府为学院新建的经堂颁赠了牌匾。1943年时，学院首次举行学位考试答辩"；五世嘉木样还"从拉萨聘请举巴·益西东珠和丹巴群丹两人来到拉卜楞寺担任密宗上院的教师，自1944年4月开始教授唪诵技艺"③。

从上述诸家记载可见，上续部学院的修建经过了漫长的过程，主要原因如下：

第一，时局不稳，变乱频发。1916年，四世嘉木样圆寂，当时正值西北地区马氏军阀崛起，政局动荡，拉卜楞寺也陷入内外矛盾纷争漩涡之中，导致1918年青海马氏军阀"宁海军"进驻、占据拉卜楞寺，双方多次发生武装冲突，人员伤亡严重，寺院建筑、文物遭严重破坏。后在国内各界的共同努力下，青海马氏

①扎扎著：《拉卜楞寺活佛世系》，甘肃民族出版社，2000年，第401页。
②扎扎著：《拉卜楞寺活佛世系》，甘肃民族出版社，2000年，第429—431。
③扎扎著：《佛教文化圣地——拉卜楞寺》，甘肃民族出版社，2010年，第14页。

433

军阀于 1927 年撤离拉卜楞寺[①]。

第二，寺院经济困难。1920 年，五世嘉木样正式坐床即位，但此时寺院元气大伤，无力修建大型殿堂。面对暂时的经济困难，五世嘉木样毅然知难而上，倡导创建上续部学院。1928 年 4 月，五世嘉木样与闻思学院部分学僧座谈时，表达了自己拟创建上续部学院的构想，其间举行了相关宗教仪轨。根据藏传佛教关于修建宗教殿堂的规程、宗教仪轨等，这一举措在教义和事实上确认了上续部学院的创建之年为 1928 年，标志着上续部学院的诞生。但当时寺院面临严重的经济困难，又因五世嘉木样去西藏修习，需要大量经费，故此后很长一段时间里，上续部学院虽然有了名称，但没有动工修建。

通过上述情况分析，大致推定上续部学院的创建过程如下：

1.1928 年 4 月，五世嘉木样正式提出创意和构想。

2. 筹建及准备工作，大致经历了以下几个阶段：（1）1935 年 3 月，五世嘉木样委任智华塔益担任上续部学院法台。当时仍未修建经堂，但在教义和宗教仪轨上，认定了上续部学院的诞生，并作了管理人员方面的合理安排。（2）1936 年 2 月 6 日，五世嘉木样亲自主持上续部学院供修仪轨、奉立尊像等活动。由此可以推定，虽然未修建正式的经堂，但上续部学院肯定有一处固定的活动场所，具体在何处，史料缺载。实际上，拉卜楞寺其他几座密宗学院在创建过程中均出现这种情况，如下续部学院、时轮学院、医药学院等，先由寺主或其他高僧大德提出创意和构思，紧接着组建相关课目研习班，学僧寄居于其他殿堂内，等待时机成熟，立即修建经堂。（3）1937 年，五世嘉木样赴西藏哲蚌寺修习，临行之前，委托四世俄项格拉仓、三世智观巴仓（也作"智贡巴仓"）、二世雍增仓[②]等人为上续部学院寻找建筑基址，并举行定址划线仪轨，拉开了正式修建经堂的序幕。

---

① 罗发西、苗滋庶、曲又新等编：《拉卜楞寺概况》，政协甘南藏族自治州委员会文史资料研究委员会编《甘南文史资料选辑》（第一辑），1982 年，第 144—145 页。

② 雍增仓是拉卜楞寺"相当于堪布"级活佛。一世雍增仓·丹增嘉措（1807—1880）早年在西藏哲蚌寺修习，后担任四世嘉木样的经师。二世雍增仓·噶藏华觉桑布（1882—1958）于 1942 年担任上续部学院第二任法台。该世系现任者为第三世。

工程建设事宜由嘉木样寝宫大襄佐钦绕东珠[1]全权负责。其间，国民政府，部分社会组织、团体及广大信众等积极支持和奉献工程建设资金，如：1939年，国民政府拨付七万银元，甘肃省政府资助银元三千，宁夏省政府捐助部分资金，河南蒙古亲王旗供奉银元五百，安多地区广大僧俗信众也捐赠、供奉了大量资金、财物等[2]。

3. 工程建设时间

上续部学院正式动工于1937年，同年举行定址划线仪轨，竣工于1942年春，1942年6月举行开光仪轨[3]，正式投入使用，真正的工程建设期为5年。与拉卜楞寺其他学院（除红教寺外）布局规模、建筑形制一样，上续部学院也是一组规模很大的建筑组群，包括经堂院、厨房院、辩经院、公房4处建筑，没有外部护法殿。

修建如此规模的建筑组群，需要大量资金，又因该建筑基址上早年已修建很多建筑，需要大量时间清理场地、迁建已有建筑等。在工程建设之外，还有一些其他活动：

（1）1940年，五世嘉木样完成在西藏的修习，返回寺院，当时上续部学院主体工程建设接近尾声，他为新建的经堂捐供了主供佛像、一千尊铜质无量寿佛像等。

（2）1941年，二世雍增仓活佛为新建经堂后殿迎请了一尊主供佛像。同年5月，五世嘉木样从拉卜楞寺直属四大部落中招募40名儿童，补充为上续部学院

---

[1] 钦绕东珠，汉语名黄正本，是五世嘉木样的胞兄。五世嘉木样弟兄共5人，老大洛桑泽旺（汉名黄正清）；老二钦绕东珠，曾任五世嘉木样随侍长、襄佐等职，1944年去世；老三阿旺江磋（汉名黄正基），1939年去世；老四即五世嘉木样；老五大阿莽仓·季美慈成朗吉（汉名黄正明），即四世大阿莽仓活佛，1945年任拉卜楞寺襄佐。

[2] 扎扎著：《拉卜楞寺活佛世系》，甘肃民族出版社，2000年，第429页；扎扎编著：《嘉木样呼图克图世系》，甘肃民族出版社，1998年。

[3] "开光"，也称"安神"或"善住"。开光仪轨即藏传佛教营造活动结束后举行的仪轨形式。"开光"的对象很多，主要包括修建佛殿佛塔、塑像绘画、经典刻印等，这也是任何一座藏传佛教殿堂、塑像绘画、刻印雕刻等创作活动竣工（完成）时必不可少的仪轨。只有经过开光，才能迎得神灵安住，成为信徒崇拜的对象，忌讳未开光即投入使用。建筑活动的开光仪式更多，包括建筑选址、奠基、立柱、封顶、竣工等多个环节。

的新僧。同年9月，国民政府为新建的上续部学院经堂颁赠一面牌匾。

（3）1942年春，建设工程全部竣工，6月1日举行竣工开光仪轨。

（4）1943年，学院首次举行本院学僧学位考试答辩。

（5）1944年，为进一步提高本学院教学质量，五世嘉木样特从拉萨"聘请举巴·益西东珠和丹巴群丹两人来到拉卜楞寺担任密宗上院的教师，自1944年4月开始教授唪诵技艺"[①]。

（二）早期的建筑布局和规模

1. 上续部学院创建之前的场地状况

上续部学院创建之前，该区域场地内已建有很多建筑，前述俄罗斯布里亚特历史博物馆、美国纽约鲁宾艺术博物馆所藏两幅"寺院全景布画"及1937年之前拍摄的各种照片显示了这一情景，自西端河南蒙古亲王府起，向东依次有汉地堂、僧舍群、寺院总财务官居所、华锐仓囊欠等（图528）。1879—1881年，在原华锐仓囊欠、原总财务官居所部分块地上建成喜金刚学院经堂、厨房、辩经院等。民国时期拍摄的照片较清楚地表现了1937年之前该区域内建筑分布情景，如：1936年任美锷、李玉林《拉卜楞寺院之建筑》一文附一幅题名"拉卜楞寺鸟瞰（自寺南山上摄，寺前即大夏河）"的照片（图529）[②]，系从贡唐塔对面大夏河南山坡向东北方向拍摄。照片显示，郭莽仓囊欠北侧一带原总财务官居所院内后部主体殿堂（藏式平顶二层楼）尚在，其东面有喜金刚学院厨房院、辩经院等，此时，上续部学院位置处仍有密集的僧舍群；又，庄学本1936年拍摄的一幅"拉卜楞全景照"[③]，拍摄角度与上述照片基本一致，但清晰度更高，能清楚地看到喜金刚学院以西宽阔场地内原有建筑分布状态（图530）；又，张其昀《拉卜楞——西陲一个宗教都会》（1936年）一文附一张题名"拉卜楞寺鸟瞰"照[④]，拍摄

---

① 扎扎著：《佛教文化圣地——拉卜楞寺》，甘肃民族出版社，2010年，第14页。

② 任美锷、李玉林：《拉卜楞寺院之建筑》，《方志·拉卜楞专号》1936年第9卷第3、4期合刊。

③ 庄学本：《拉卜楞巡礼》，《新中华（上海）》1936年第46期，第42页。

④ 张其昀：《拉卜楞——西陲一个宗教都会》，《科学画报》1936年第4卷第4期，第128页。

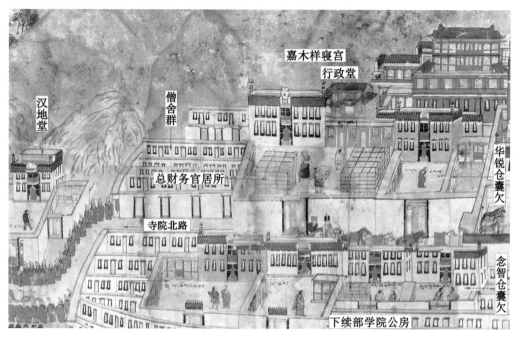

图 528　上续部学院创建之前的场地状况（美国纽约鲁宾艺术博物馆藏"寺院全景布画"）

图 529　民国时期拍摄的寺院西北部建筑分布状况照（1936 年，自西南向东北）

图 530　上续部学院修建前的场地状况（1936 年，自西南向东北）

方向与上述两照片相反，系从贡唐塔对面大夏河南山坡处向西北方向俯瞰拍摄，表现的情景更加完整，可与上述两照片互为补充，照片清楚地显示了总财务官居所主殿堂的建筑形制和样式（图 531）。

这次修建的上续部学院是一处建筑组群，包括经堂院、厨房院、辩经院、公房 4 处建筑，其中公房位于经堂院南面僧舍群内。1940 年，在经堂院东面又修建了白度母佛殿，两个院落共用一堵围墙，白度母佛殿主殿即原总财务官居所位置。同时，又将本区域最西端的汉地堂改建为"拉卜楞寺珍宝馆"①。至此，本区域内大型重要建筑的建设基本完成，与早期相比，环境面貌发生彻底改变。今寺院文物陈列馆藏"寺院全景布画"（1985 年前后绘制）完整地展示了 20 世纪 50 年代本区域内建设工程结束后的整体空间格局、建筑分布状况（图 532）。

2. 早期上续部学院相关资料

最早拍摄的上续部学院经堂全貌照，见 1948 年版《辅国阐化正觉禅师第

---

① "拉卜楞寺珍宝馆"之名见于美国传教士格里贝诺 1932 年绘制的"寺院总平面示意图"上（详见第二章图 13）。

图 531　民国时期拍摄的寺院西北部建筑分布状况照（1936 年，自东南向西北）

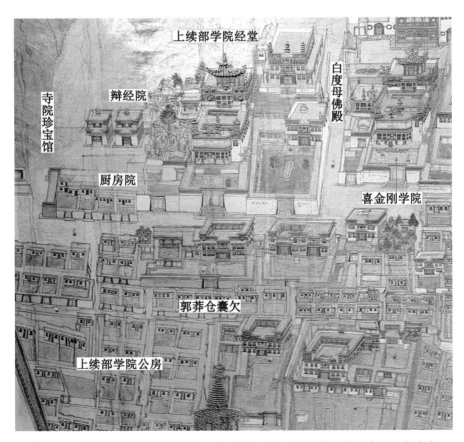

图 532　寺院文物陈列馆藏"寺院全景布画"中的上续部学院建筑组群分布情景

图 533　民国时期拍摄的上续部学院经堂全貌（1945 年）

五世嘉木样呼图克图纪念集》①，约拍摄于 1945 年，与现存建筑状况相比，建筑规模、样式和形制基本没有发生变化（图 533）。该书对上续部学院建筑组群的总体布局、招收的学僧规模、经堂室内装饰及佛像供奉情况等有较详细记载："上续部学院，在度母佛殿西侧，离吉多扎仓最近。喇嘛总数约百余人，分上、中、下三学级，修业期限无一定。每年三、八、九月各有盛大法会一次。前门额上悬有黄正清司令匾额一方，汉文为'密宗学院'，有藏文（题名）。正殿门首正中悬有国民政府蒋中正所题之匾额，文为'宣扬胜义'，左为黄正清司令所献，文为'法垂边塞'，右为第五世嘉木样佛自题，文为'密宗真谛'。正殿间数及布置情形，与其他密宗札仓略同。后殿左供弥勒佛像，右供护法。楼上悬有夏河各界所赠之丝织纪念品。正殿西侧为厨房及讲经院"②。

其他能看到早期上续部学院建筑组群分布形态和面貌的照片有寺院文物陈列馆藏"寺院全景照"（约拍摄于 20 世纪 50 年代初），以俯瞰的形式，完整地展示了当时上续部学院各建筑的分布情景及与周边建筑的交接关系（图 534），非常珍贵。

二、上续部学院的主要功能和社会地位

上续部学院主要供广大僧侣修习密宗经典教义，培养宗教人才。功能、地位

---

① 第五世嘉木样治丧委员会编：《辅国阐化正觉禅师第五世嘉木样呼图克图纪念集》"照片部分"，1948 年。

② 《拉卜楞大寺现状》，第五世嘉木样治丧委员会编：《辅国阐化正觉禅师第五世嘉木样呼图克图纪念集》，1948 年，第 50 页。

与下续部学院一样。

在上续部学院修习的学僧 100 多名，设初、中、高三个年级，修业年限无定。修习内容完全仿照拉萨上密院而来，主要研习、讲修集密、胜乐、大威德金刚等密法，以宗喀巴《密宗道次第广论》等著作

图 534　寺院文物陈列馆藏"寺院全景照"中的上续部学院建筑组群分布情况（20 世纪 50 年代，自南向北）

为根本经典，"受法师之灌顶口决，研究生起和圆满次第之道"[1]。

学院规定，本院僧侣必须在上师的指导下观想修持，持之以恒。初级班僧人主要背诵一些简单的宗教经典，升中级班时，要参加经典背诵考试。中级班主要修习《集密自入经》等，同时学习用彩色细沙制作坛城技艺以及八种佛塔（善逝八塔）的绘图技法、堪舆地理图绘法等，升高级班时也要参加经典背诵考试。高级班僧人必须根据本院规定的相关程序修习，最后参加学位考试。

本学院也有自己相对独立的管理机构，设法台 1 人、副法台 1 人、僧官 1 人、其他管理人员若干，统归闻思学院法台（寺院总法台）领导。学院创建后，第一任法台为第五世嘉木样，至 20 世纪 90 年代末，本学院法台已传至第 9 任[2]。

上续部学院在每年 12 月 11 日至 15 日举行学位授予答辩考试。与下续部学院、喜金刚学院一样，每年只给学业最优异的 1 人授予"俄仁巴"学位[3]。

总之，拉卜楞寺上续部、下续部两学院的修习内容、供奉神祇、相关仪轨等基本相同，不同之处在于：两所密院的法统传承各不相同；上续部学院有非常特

① 甘肃省夏河县志编纂委员会编：《夏河县志》，甘肃文化出版社，1999 年，第 911 页。

② 扎扎著：《佛教文化圣地——拉卜楞寺》，甘肃民族出版社，2010 年，第 14 页。

③ 罗发西、苗滋庶、曲又新等编：《拉卜楞寺概况》，政协甘南藏族自治州委员会文史资料研究委员会编《甘南文史资料选辑》（第一辑），1982 年，第 59 页。

殊的修习方式和仪轨,与下续部学院完全不同^①。

三、现存建筑规模与形制特征

图 535　1981 年拍摄的上续部学院建筑组群留存状况
（自南向北）

图 536　1981 年拍摄的上续部学院经堂院东立面（自东向西）

早年,本区域内很多建筑被拆除或改作他用,上续部学院建筑组群部分建筑也被拆除或损毁。1981 年拍摄的照片显示,较完整地保留下来的建筑有主体经堂和厨房;被完全拆除的有上续部学院公房;遭严重损毁的有辩经院及讲经坛、经堂院的围墙、大门,因学院东面白度母佛殿院内众多建筑被拆除,西围墙倒塌,以致学院前庭院东面诵经廊全部倒塌（图 535、图 536）。

1980 年以来,寺院组织本区域内各建筑恢复重建及保护维修工作。经多年建设和维修,上续部学院建筑组群基本恢复到原状态。现存建筑组群由 4 处相对独立的院落及建筑组成,包括经堂

---

① 洲塔著:《论拉卜楞寺的创建及其六大学院的形成》,甘肃民族出版社,1998 年,第 381—382 页。

院、厨房院、辩经院、公房,其中经堂为原建筑,其他建筑(包括经堂院诵经廊、公房、辩经院与厨房院)皆经过多次维修或重建(图537、图538)。

(一)经堂院

1. 院落形态

经堂院整体布局形态与喜金刚学院一致,坐西北向东南,与厨房院、辩经院连为一体,总占地面积3588平方米,各院间以围墙相连,又相互独立,院外北侧为寺院转经道(图539)。

现存院落为1981年以来陆续重建、整修而成,总平面呈纵长方形,东西总宽29.3米,南北总长67.2米,中规中矩,分前院和后院两部分,后院比前院高1.6米,两院间有片石砌筑的挡墙。四周围墙环绕,南围墙上开正门,门外为寺院北路。院内地坪渐次抬高,前院比门外道路高0.9米,整个院落前后高差4.4米(图540、图541)。

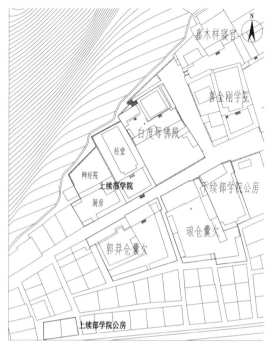

图537 现存上续部学院建筑组群分布图(1:500)

图538 上续部学院建筑组群鸟瞰状态
(2016年,自北向南)

前院占地面积567平方米,四周围墙以片石构筑,围墙下部片石砌筑,墙基厚1.1米,高3.5米,仅正面墙顶加一层边玛墙(高0.8米),东、西两面无边玛墙,墙帽以青砖、片石挑出,筒瓦收顶,外墙面饰白色,内侧为诵经廊。大门占

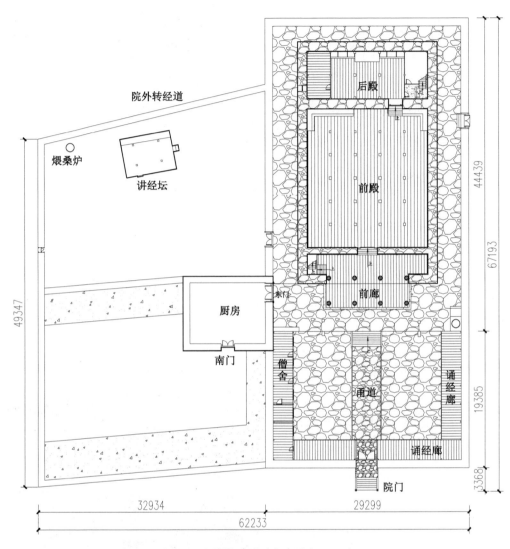

图 539　上续部学院总分布图（1∶200）

一间诵经廊，为 20 世纪 80 年代新建，面阔 1 间（3 米），进深 2 间（4.2 米），高 4.6 米，藏式平顶结构。门洞外立 2 根圆柱（柱径 24 厘米）挑出门廊，檐柱下施青石柱础，柱头横枋雕饰繁缛，依次有大小额枋两层、平板枋一层、荷叶墩等，其中额枋间饰木雕缠枝卷草纹垫墩，额枋下部两端施高浮雕龙头雀替；平板枋分三段，正面均浮雕缠枝纹、莲瓣纹、卷云纹，其上承挑檐檩；挑檐檩下又施四道透雕垫板，雕饰缠枝蔓草纹等。内、外檐均挑出椽子、飞椽，屋面铺望板、砂石

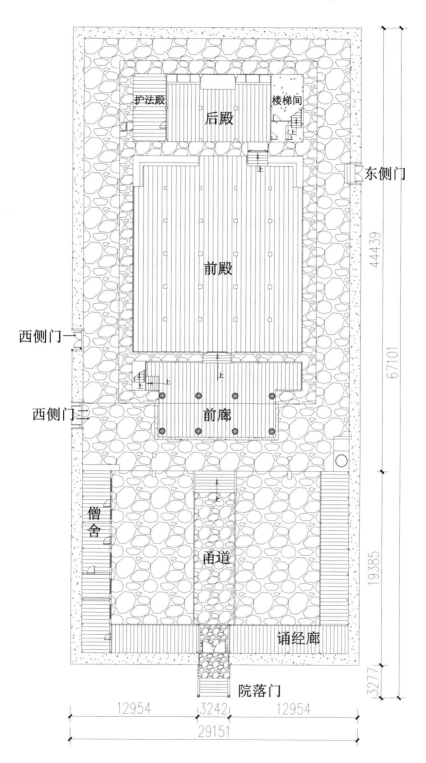

图 540　上续部学院经堂院总平面（1∶200）

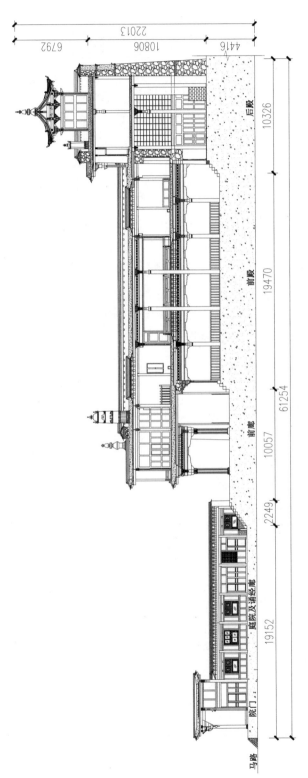

图 541 上续部学院经堂院纵剖结构（1：200）

土，四周以青砖、片石砌筑挡水墙，屋面高于两侧边玛墙 1.5 米。后檐柱子、梁枋结构形态较为简略，同诵经廊，额枋下部两端施 2 枚透雕缠枝卷草纹雀替。门洞内装木门框、藏式双扇木板门。门外设垂带式条石踏步 5 级，高 0.9 米，垂带外左右对称立拴马石，前院内有鹅卵石铺成的南北向甬道，宽 1.5 米。

前院东、西、南三面建诵经廊、僧舍等，廊内通铺木地板。其中东诵经廊面阔 6 间（15.5 米），进深 1 间（2.8 米），供本院学僧禅坐、诵经，也为广大礼佛拜佛的信众提供了良好的休息场所，背面依靠院落围墙，内墙面绘黄地蓝花壁画，现存壁画为近年重绘（图 542、图 543）；西面一排均为僧舍，布局样式、建筑形制同东面，总面阔 7 间（18.4 米），进深 1 间（2.9 米），檐柱间通装木隔扇墙、藏式单扇木板门、槛窗等，木构件素面无饰；南面诵经廊总面阔 8 间（24 米），进深 1 间（2.8 米），中部一间为大门，礼佛拜佛信众可在此休息。

后院纵长 44.4 米，横宽 29.3 米，与前院间以片石砌筑的挡墙分隔，东、西、北三面均建围墙，经堂建于后部中央（图 544），周围有片石铺成的转经道，宽 2.2~3.8 米。北围墙与卧象山山脚下的转经道相接，形成一处高陡断崖，高 6 米，内侧下部用片石与夯土混合砌筑挡土墙，上部有夯土版筑围墙，青砖、片石垒

图 542　上续部学院经堂院前院东诵经廊（2013 年，自西向东）

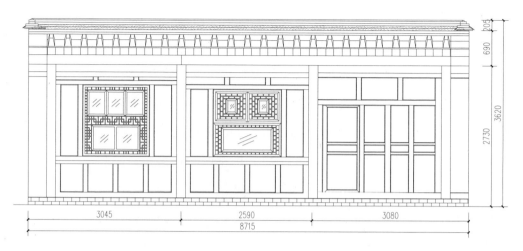

图 543　上续部学院前院僧舍及诵经廊正面结构（1:100）

图 544　经堂正立面（2013 年，自南向北）

图 545　经堂东立面（2013 年，自东南向西北）

砌墙帽；东、西面围墙均为砂石土夯筑，局部片石砌筑，无边玛墙，青砖、片石
垒砌墙帽，内墙面饰红色，外墙面饰白色，其中西围墙与辩经院、厨房院围墙共
用，墙上开 2 个侧门，分别通向辩经院（北侧）和厨房院（南侧），东围墙上开一
侧门，通向白度母佛殿前院，这种侧门结构形制、外观样式大同小异，属本区普
通民居院落大门样式，面阔 1 间（2.2 米），进深 1 间（1.3 米），内、外侧均以二
柱承挑上部屋面，柱上施额枋、平板枋、挑檐檩等，均素面无饰，屋面藏式平顶
结构，四周以青砖、片石砌筑挡水墙（图 545）。

2. 主体建筑经堂

　　上续部学院经堂主要供本院僧侣修习密宗经典、讲经说法、举行礼佛敬佛仪
轨等，整体空间布局、建筑形制完全按照藏传佛教"三界空间观"思想营造，由

前廊、前殿、后殿三部分构成，三者之间有特殊的比例关系，按中轴对称布局，平面呈纵长方形，总面阔5间（20米，含围护墙厚），总进深10间（38米，含围护墙厚），地面自南而北渐次升高，前后总高差达2米。前廊正立面呈横长方形，高宽比为0.85∶1；前殿高两层；后殿高四层（含一层金顶），通高17.6米；前廊与后殿高比值为0.53∶1（附表7）。根据藏传佛教教义，前廊是一处过渡空间，供僧俗民众礼佛敬佛（磕长头），寓意"欲界"；前殿是本院僧侣们聚会修习处，第一层仅正面开殿门，四面不开窗，空间密闭，室内中央上部升起礼佛阁与高侧窗，供一层室内采光通风，外墙面涂饰白色，寓意"色界"；后殿为佛殿，室内划分为3大间，外墙面涂饰红色，寓意"无色界"（图546），其中2间分别供奉本院护法神及其他神佛菩萨尊像、本寺高僧大德灵塔等，另1间为楼梯间。

拉卜楞寺6座密宗学院经堂（含红教寺）建筑中，仅上续部学院与喜金刚学院的建筑规模、外观样式、柱子数量、室内空间布局、结构构造基本一致。

（1）前廊

前廊的主要功能有：第一，供本院学僧入堂课（集体诵经）时举行特殊的宗教仪轨，拉卜楞寺各学院经堂的前廊空间均有此功能；第二，供僧俗信众礼佛（磕长头），前部三面开敞，且向外凸出，任何僧俗人等在任何时候可到此礼佛敬佛（磕长头）；第三，西面的半间辟为楼梯间，室内置木楼梯，通向第二层地面。

前廊总面阔3间，进深2间，高2层（9.4米，地坪至承重墙帽距离），藏式平顶结构（图547）。

第一层室内净面积105平方米，立有前、后2排共8根十六棱拼合柱，4根廊柱外露（图548），其他三面为承重墙围合（墙厚1.3米），空间构成方式包括：首先，前廊与前殿之间砌一堵片石承重墙（隔断墙）；其次，经堂东、西两侧承重墙之南端向内直角转折3.8米，由此围合成前廊室内空间。廊内地面通铺木地板，地板厚3厘米，西侧半间以木隔扇墙分隔为楼梯间，室内置通向二层的木楼梯。8根廊柱硕大，柱径55厘米，高3.3米，下置石柱础，露出地面10厘米，

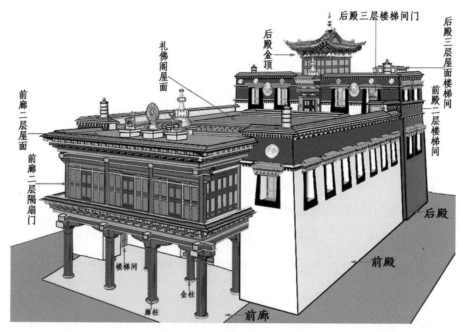

图 546　上续部学院经堂全貌

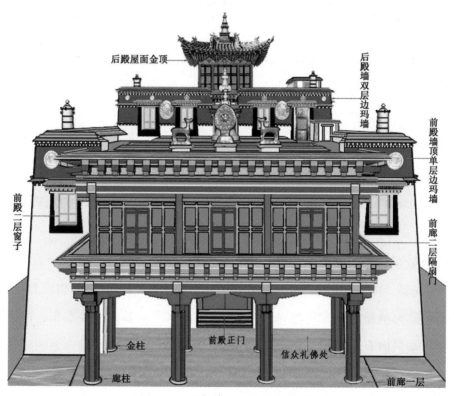

图 547　上续部学院经堂正立面样式

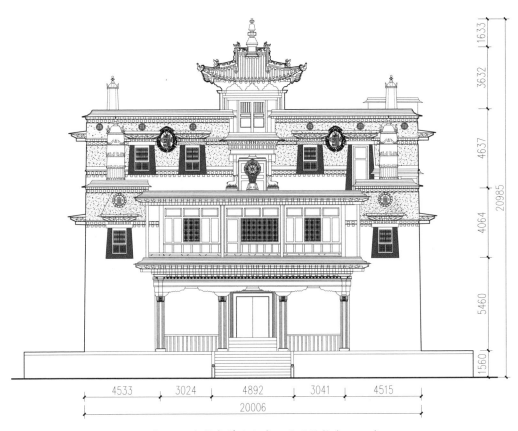

图 548　上续部学院经堂正立面结构（1:100）

上部梁枋组合层总高 1.5 米（栌斗底至椽子木上皮）；柱身通体饰红色，包裹柱衣；柱幔占柱高的三分之一，系用木板雕刻粘贴在柱身上，再绘彩画；柱头置十六棱栌斗，其上依次置短弓、长弓、兰扎枋、莲瓣枋、蜂窝枋、堆经枋、椽子等。各构件上下用暗梢连接，上部楼面外侧檐口以片石挑出。柱子梁枋雕刻、油饰彩画非常丰富，其中栌斗四面雕饰法轮纹；短弓正面雕饰立体大象驮宝图，背面饰透雕金鹿驮宝图；长弓正面雕饰贴金飞龙、卷云纹、缠枝纹等，背面雕饰贴金成双的绿毛狮子、卷云纹等；兰扎枋正、背面彩画均三段式构图，枋心较大，饰蓝地贴金兰扎文，两端箍头很小，饰贴金卷草纹；弓弦正面雕饰大鹏鸟，非常精细；莲瓣枋、蜂窝枋饰固定图案，以红、蓝、黄色（涂饰金粉）为主；梁上置两层堆经枋，下层正面饰红边绿地贴金灵兽图，上层正面饰十字花卉纹，闸挡板上遍绘花草、宝珠纹等（图549、图550、图551）。室内屋顶以红、黄、蓝、绿

图 549　上续部学院经堂前廊空间组合形态（2013年，自东向西）

图 550　上续部学院经堂前廊明间金柱梁枋正面
　　　　样式（2013年，自南向北）

图 551　上续部学院经堂前廊明间金柱梁枋背
　　　　面样式（2013年，自北向南）

色绣花缎幂遮盖，纹样以飞龙为主。廊内墙面均敷抹草泥，草泥层上做地仗层，
绘壁画，题材有"四大天王""生死流转图""极乐世界图"等（图552、图553、
图554），是拉卜楞寺各宗教殿堂通用的壁画题材，绘制于经堂修建之时，1980
年以来补绘。廊内各面壁画墙根处立木护栏，以保护壁画。

　　第二层室内共立12根柱子，面阔3间、进深2间，净面积81平方米，柱子

图 552　经堂前廊壁画四大天王之一（2013 年）　　图 553　经堂前廊壁画四大天王之二（2013 年）

图 554　上续部学院经堂前廊壁画极乐世界图（2013 年）

平面布局与下层基本对位。室内分隔为众多的房屋，有活佛修行室、储藏室、学院管理机关用房等。前檐（正面）东、西、南三面各向外挑出一间走廊，廊宽 1 米，廊柱很小（方柱径 17 厘米），栏杆高 0.5 米，其间装扶手栏杆（图 555）；金柱、两山面柱子高 3 米，断面方形（26 厘米），彩绘柱幔，无坐斗、弓木，有额

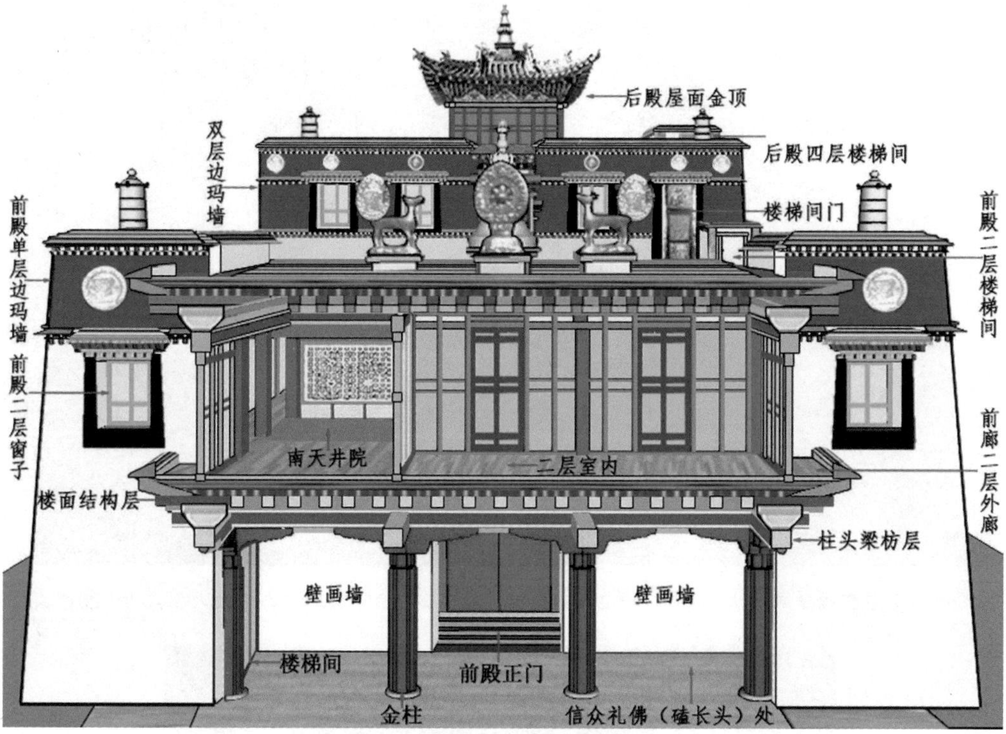

图 555　上续部学院经堂前廊纵剖结构

枋及其上部的兰扎枋、莲瓣枋、蜂窝枋、一层堆经枋，上置椽子、飞椽，挑出檐口；柱子间装六抹隔扇门、隔扇墙，两山柱间也装木隔扇墙，涂饰单色橘红色。后檐（背面）柱子布局较为复杂，明间向内凹进一间，两次间向外凸出，属本地传统建筑“虎抱头”式布局形态（图 556）。4 根檐柱均彩绘柱幔，柱头、梁枋油饰彩画非常丰富，其上置额枋、挑檐檩，额枋三段式构图，枋心绘牡丹花、杜鹃花、圆点几何纹等，挑檐檩彩画三段式构图，椽子饰蓝色，飞椽饰橙红色，闸挡板绘各种汉藏式吉祥图案。明间过道两侧装藏式三抹隔扇门、隔扇墙，双扇木板门，隔心、裙板均饰汉式人物、山水、花草、狮子图等，上部走马板绘狩猎图、文人写生画（图 557），画面有“花间富贵”“梅占百花魁”等题款和作者印章。东、西两次间隔扇墙对称布局，其中西次间装三抹隔扇墙，分层绘花草、山水、供台等，有“丁巳年”等作者题款和印章（图 558），系 1977 年绘制，木槛墙上绘白地寿字纹；东次间装木槛窗，开一藏式棂格窗，上部走马板内绘花草

图556　前廊二层后檐明间虎抱头布局样式（2013年，自北向南）　图557　门洞两侧隔扇墙彩画

图558　上续部学院经堂前廊二层后檐西次间隔扇墙及彩画（2013年）

图，两侧余塞板内绘白地花草、盆景图等，下部木槛墙遍绘白地寿字纹，有题款和印章，但脱落严重，不可辨识（图559）。本层许多柱子、梁枋、门框等构件上有墨书编号，系1977年落架维修时书写。由此说明，前廊二层在1977年实施揭顶维修，并重绘彩画。室内通铺木地板。屋面为藏式平顶结构，防水层以砂石土碾压而成，外沿口以片石、青砖砌筑两面坡挡水墙。屋面前部中央置铜镏金八辐轮、"二兽听法"饰件、宝瓶（图560）。

（2）前殿

前殿主要用于本院学僧聚会修习、讲经说法等。室内地坪比前廊高0.8米。

图 559　前廊二层后檐隔扇墙（2013 年）　　图 560　前廊屋面"二兽听法"（2013 年，自北向南）

二十柱结构，面阔 5 间（20 米，墙外至墙外距离），进深 6 间（19.7 米，前后墙之间的净距离），通高两层（9.2 米，室内地面至承重墙帽距离），藏式平顶结构。

第一层四周以片石承重墙围合，四面不开窗，仅南承重墙中央开正门，北承重墙东端开一门通向后殿，室内净面积 304 平方米。

正门是拉卜楞寺密宗学院殿堂正门等级最高者，门洞内设三级木质踏步，门框、门扇上大面积贴金。门框由三套件（大边框与金钱枋、莲瓣枋、蜂窝枋）组成，边框彩画三段式构图，枋心内饰蓝地贴金二龙献宝及卷云纹，两端箍头饰绿地贴金缠枝纹；上槛也为三段式构图，枋心饰蓝地贴金塌鼻兽及缠枝纹，两端箍头饰绿地贴金缠枝纹；下槛素面无饰。金钱枋、莲瓣枋、蜂窝枋均为拉卜楞寺各宗教殿堂固定的彩绘样式。两扇门板正面油饰彩画图案一样，分上、中、下三段，绘红地贴金彩画，图案有缠枝纹、坐龙、海浪、卷云等，中间装铜镏金铺首衔环，下框内绘绿地贴金十字金刚杵图案。门框上部置堆经枋两层，其中下层饰绿色贴金图案，上层饰红色贴金图案，闸挡板绘藏八宝、吉祥草等。门额上置 9 尊彩绘木雕动物头像，中间 7 尊为绿毛狮子头，两端为 2 尊白象头。门洞顶部过梁正面绘汉藏结合式彩画，三段式构图，枋心内绘蓝地贴金兰扎文，两端箍头、找头均绘旋花（图 561、图 562）。

室内共立 20 根藏式拼合方柱，柱根下置方形石柱础。根据承重方式，柱子分两种：第一种是既围合室内空间又承载上部荷载的柱子，共 16 根，柱头及梁

图 561 经堂前殿正门（2013 年，自南向北）

图 562 上续部学院经堂前殿正门结构（1:20）

枋层承托楼面（即第二层地面），柱径 35 厘米，柱高 2.5 米，柱头梁枋组合层高 1.5 米；第二种是通柱，立于室内中央，共 4 根，柱径 39 厘米，柱高 6.3 米，柱头梁枋组合层高 1.5 米，向上延伸直接承托礼佛阁屋面，通高 2 层（图 563、图 564）。由此形成室内上、下多重"回"字形空间形态，主要营造方式有：

①底部空间营造。四周围护墙内侧各面留出 1 间，作为顺时针旋转礼佛的通道，中间 4 列 5 排柱子（即 A—A3、A3—E3、E3—E）围合成的场地为僧侣聚会、修习、诵经之处，柱根处纵向摆放僧侣修习的坐垫 6 列，坐垫两两相对（包括 A—E 柱东侧、A1—E1 柱东西两侧、A2—E2 柱东西两侧、A3—E3 柱西侧），总体构成一个"回"字形空间形态（图 565）。

②上部空间营造。由 3 条横向柱头梁枋组合层（包括后部 A—A3 柱、B—B3 柱及前部 E—E3 柱）、2 条纵向柱头梁枋层（包括西面 A—E 柱、东面 A3—E3 柱）相互交接，形成一个圈梁，共同承载上部楼面（即第二层地面），这一梁枋组合体（圈梁）又与四周围护墙组成一个巨大的"回"字形空间形态。同时，位于

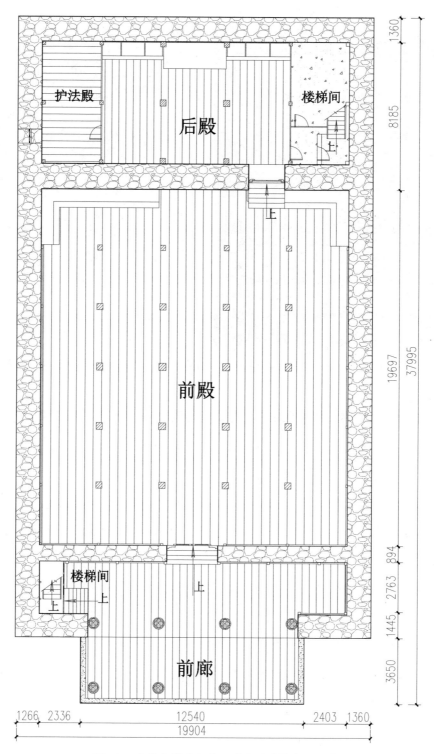

图563　上续部学院经堂一层平面结构（1∶100）

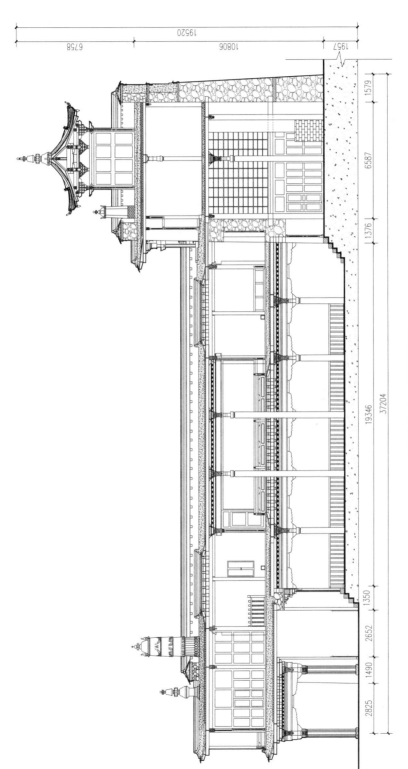

图 564 上续部学院经堂横剖结构（1:100）

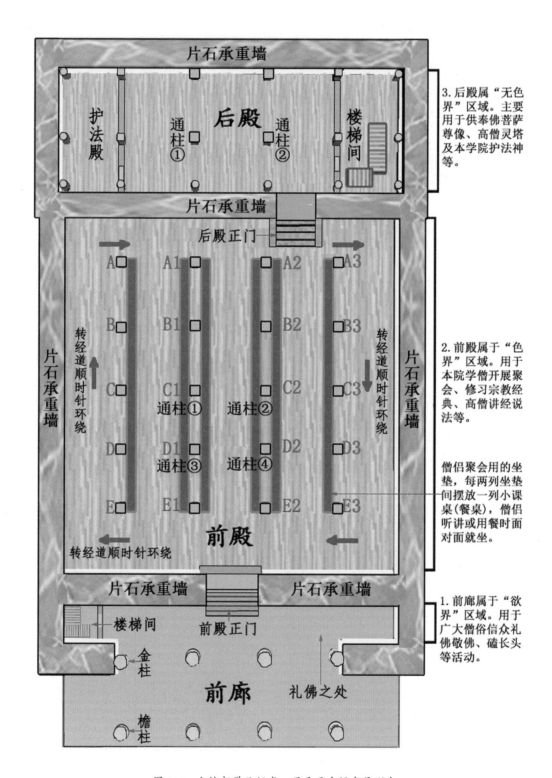

图 565　上续部学院经堂一层平面空间布局形态

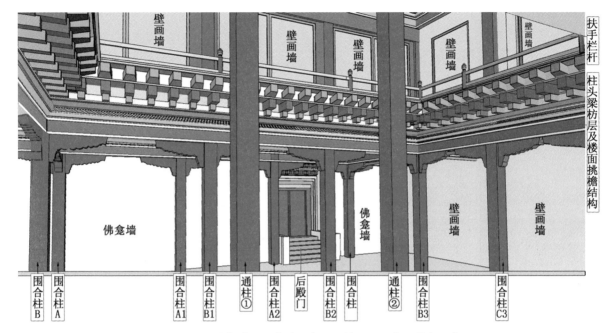

图 566　上续部学院经堂前殿中央礼佛阁一层空间构成形态

室内中央的 4 根通柱上部梁枋组合层又组成一个相对独立的"回"字形空间形态，并单独承托礼佛阁二层屋面（图 566）。

③ 一层上部楼面为承重墙与梁枋共同承重的结构形态。所有的横向梁枋组合体两端头均插入承重墙内，纵向梁枋两端头暴露在室内。梁枋之上置椽子、栈棍等，组成本层楼面，又向室内一侧挑出椽子和飞椽。从仰视角度看，在上部形成一处方形藻井口（图 567）。

④ 奇特的视觉效果。本层室内各柱子、梁枋组合形态完全一致，这也是拉卜楞寺各宗教殿堂固有的样式。4 根通柱从藻井口向上延伸，周围的承重柱头各梁枋均纵、横向相连，共同组成一个超大型木圈梁，承托其上部独立的屋面。这种空间形态，无论在平面、仰视形态上，还是在纵剖、横剖结构构造上，都是由大小不一的"口"字形（呈现为正方形或长方形）图形块不断拼接、叠压、重合而成，如第一个"口"字为四周承重墙四面围合而成的。第二个"口"系 A 柱—A3 柱—E3 柱—E 柱—A 柱上部梁枋相互交接成一个圈梁而成，其中 4 根通柱北端的 4 条梁枋组合体（包括 A 柱—A3 柱、A3 柱—B3 柱、B3 柱—B 柱、B 柱—A

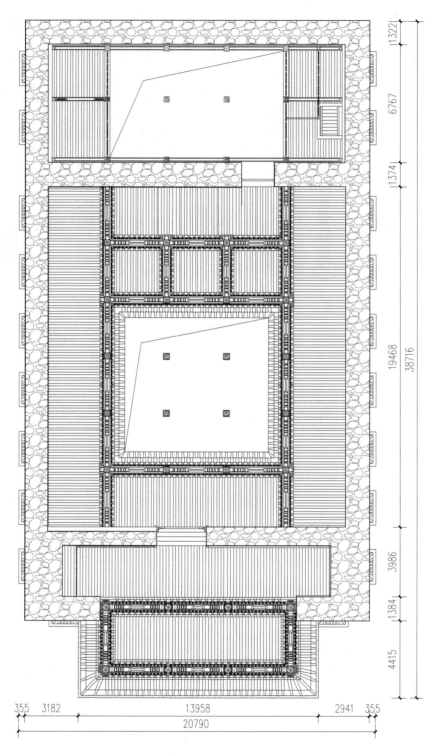

图 567　上续部学院经堂一层室内梁架仰视（1:100）

柱）又独立组成一个仰视呈横长方形的空间形态。第三个"口"字由中央4根通柱（包括C1、C2、D1、D2柱）共同围合而成，是中央礼佛阁的主体构架，其上部梁枋组合体四面相互交接，形成一个相对独立的圈梁，与椽子、飞椽等共同构成独立屋面（图568）。该屋面比前殿二层各房屋屋面高出31厘米（图569）。

室内柱子、梁枋、椽望等构件装饰、彩画琳琅满目。柱身通体包裹柱衣，制作材料不一，或手工编织，或为现代纺织品，颜色以红、黄色为主，柱身上部悬挂各种唐卡；油饰彩画内容完全一致，系20世纪80年代重绘作品。柱幔用木板雕饰后粘贴而成，饰红、黄、绿、蓝四色垂幛纹彩画。大斗底部阳刻仰莲瓣，四面阳刻各种藏式吉祥纹。长弓正、背面雕贴缠枝纹、吉祥草纹等；弓弦通体饰绿色，其下悬挂大型布织幢幡。兰扎枋正、背面均饰蓝地贴金兰扎文。堆经枋饰红色，端头饰贴金边框龙眼图，以蓝、绿两色为主（图570、图571）。地面通铺木地板，后墙面通体装置大小不一的木佛龛、佛经柜等。佛龛前中部设大型供桌，供奉大量佛菩萨尊像，供桌前设有嘉木样法座、本院法台法座等。后承重墙东端开一门，通向后殿。其他墙面上部均悬挂唐卡或绘制壁画，下部装木裙板或棂条护栏。

第二层平面布局与其他学院经堂完全一致，仅尺寸大小稍有区别。围护墙内南北长约23.4米，东西宽约17.5米（图572）。整体由5个空间形态组成，总平面呈一个巨大的"回"字形，包括南天井院、北天井院、中部礼佛阁、西房屋与西侧走道、东房屋，每个小"回"字形空间呈正方形或长方形，相互叠压、拼接在一起，构成更大的"回"字形空间形态。东、西两侧为围护墙（边玛墙），墙内侧对称修建一列房屋，包括活佛修行室、储藏室、楼梯间等。西面房屋前檐处留一条南北向走廊，贯通南、北天井院；东面无走道，房屋的椽子搭在礼佛阁东山墙上。

① 北天井院

位于后殿二层前廊之前部，平面呈横长方形，与南天井院大致对称布局，由礼佛阁二层后檐墙、后殿二层前檐廊（包括廊柱、墙体与采光门窗等）、两侧承重墙等共同围合而成，横长17.5米，纵宽6.6米，占地面积115.5平方米（围护

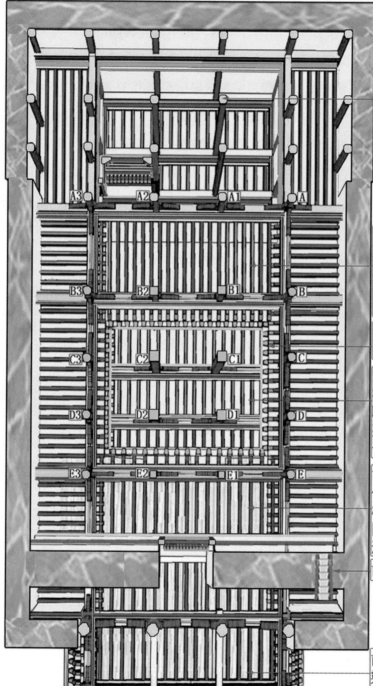

后殿内2根通柱

后部的两排柱子（包括A—A3、B—B3）梁枋层围合成一个长方形空间形态。

东、西两侧楼面向室内挑出檐口

前殿中央4根通柱（C1、C2、D1、D2）与周围柱子梁枋层围合成一个正方形空间。

前部一排柱子（包括E—E3）梁枋层与南承重墙围合成一个长方形空间形态。

前廊西侧楼梯

前廊8根柱子及梁枋层围合成一个长方形空间。

图568　上续部学院经堂一层梁架及屋面仰视形态

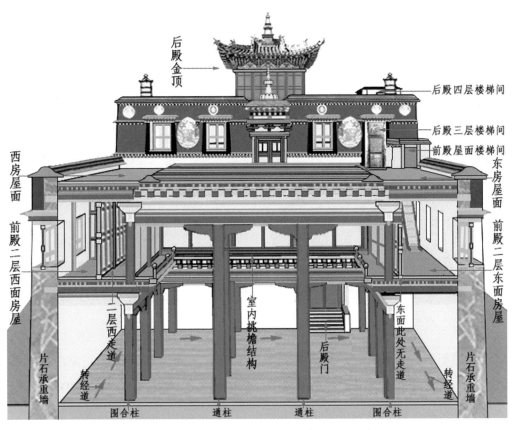

后殿金顶

后殿四层楼梯间

后殿三层楼梯间

前殿屋面楼梯间

东房屋面

前殿二层东面房屋

西房屋面

前殿二层西面房屋

片石承重墙

二层西走道

转经道

室内挑檐结构

后殿门

东面此处无走道

转经道

片石承重墙

围合柱　　通柱　　通柱　　围合柱

图 569　上续部学院经堂前殿礼佛阁纵剖形态

图 570　上续部学院经堂前殿一层围合承重柱及梁架组合（2013 年）

图 571　上续部学院经堂前殿一层围合承重柱及梁枋组合层（2013 年）

墙以内面积）。西南角有一条南北贯通的走道，与南天井院贯通。东南角无通道。东、西两面承重墙上各开 2 个窗子。地面铺设方式有两种：中部用机制红砖铺设；北、西、东三面为走道，铺木地板（即第一层屋面）。2006 年，在天井口上方架设铝合金玻璃防雨棚，雨水不再落入天井院内（图 573、图 574、图 575）。

②礼佛回廊

即第一层中央 4 根通柱向上延伸并凸起的半独立空间，高度超过第二层其他房屋屋面。主要结构特征有：

第一，总平面呈正方形，面阔 3 间（11 米，柱中至柱中距离），进深 3 间（11 米，柱中至柱中距离）。中央的 4 根通柱从第一层地面直抵上部屋面之下，柱高 6.5 米，柱头梁枋层高 1.3 米，又在通柱四周（一层楼面上）立 12 根柱子，共同围合成一正方形空间形态（图 576）。周边围合柱上部梁枋组合层共同承托礼佛阁屋面，北、西、东三面围合柱间装木隔扇墙、木骨泥墙，内墙面遍绘壁画或悬挂唐卡（图 577），外墙面饰白色。

第二，前檐（南面）4 根柱子为藏式拼合方柱，柱子、梁枋油饰彩画简略，柱头彩绘柱幔（占柱高的五分之一），无坐斗。额枋彩画精细，三段式构图，枋

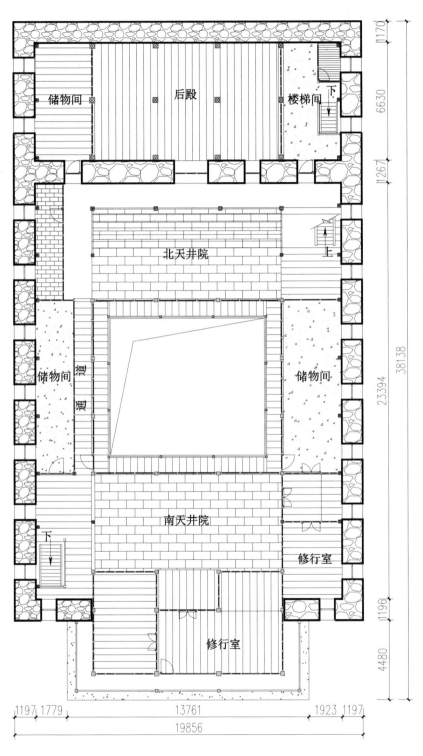

储物间　　　后殿　　　楼梯间　下

北天井院　　上

储物间　储物间

南天井院

修行室

下　修行室

1170 6630 1267 38138 23394 1196 4480

1197 1779 13761 1923 1197

19856

图 572　上续部学院经堂二层平面结构（1∶100）

图 573　上续部学院经堂二层北天井院东端现状（2013年，自西向东）

图 574　上续部学院经堂二层北天井院西端现状（2013年，自东向西）

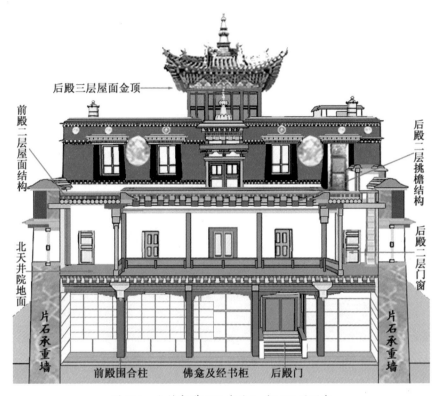

图 575　上续部学院经堂北天井院纵剖形态

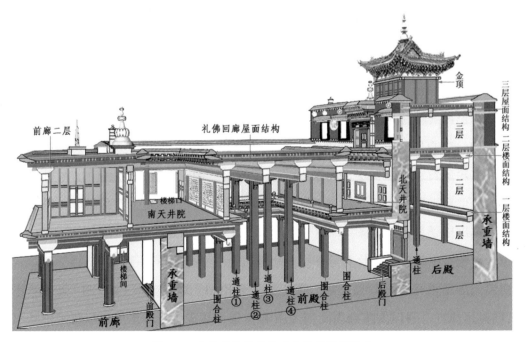

图 576　上续部学院经堂室内结构透视形态

469

图 577　礼佛阁二层室内壁画（2013 年，自西向东）

心内绘花草、山水画，箍头、找头绘十字团花纹，其上置三层横枋（包括兰扎枋、莲瓣枋、蜂窝枋）及一层堆经枋。其中兰扎枋绘蓝地白色兰扎文，不贴金，这种兰扎文书写样式在拉卜楞寺各宗教殿堂兰扎枋中仅此一例；莲瓣枋、蜂窝枋饰红、蓝、绿色；堆经枋饰绿色，枋头绘描边卷云纹；闸挡板上分别绘制以红、白、绿色衬底的卷云纹；椽子通体饰蓝色，椽头画几何纹，飞椽饰暗红色，闸挡板内均绘花草图案，望板饰橘红色，檐口以片石挑出（图 578）。早期，前檐柱间装木隔扇窗，用于一层室内采光通风，20 世纪 80 年代以来维修时，局部改为木框玻璃窗。后檐柱不外露，包裹在木骨泥墙内，仅柱头施一道额枋、一道挑檐檩，挑出椽子和飞椽。椽身饰蓝色，椽头绘十字花瓣纹，闸挡板通体饰红色；飞椽饰红色，闸挡板内皆绘花草图案（见图 573）。礼佛阁的屋面相对独立，与东、西两侧房屋没有形成结构关系，藏式平顶样式，铺设工艺同前廊屋面（图 579）。四周以青砖、片石砌筑挡水墙，筒瓦扣顶，前部正中置一尊铜镏金宝瓶。

　　第三，礼佛阁内部通高两层，犹如一个竖立的空心长方体。结构构造特

图 578　礼佛阁二层正面檐柱及彩画（2013 年，自南向北）

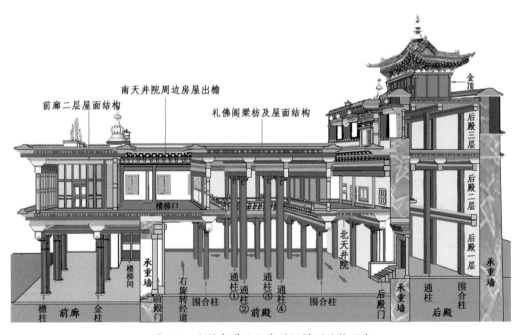

图 579　上续部学院经堂明间横剖结构形态

征有：首先，4 根通柱一直向上延伸，没有第二层，在平面形态上组成一个较小的"口"字空间形态。第一层通柱四周有一层室内柱子（高 2.8 米）、梁枋层（高 1.8 米）及椽子望板等构成的上部楼面，即第二层房屋地面，这些构件相互交接，组成一个较大的"口"字形空间形态。这两个"口"字相叠，整体组成一个"回"

字形空间形态。其次，4根通柱打断上部楼面，形成一个"口"字，四周的屋面层向中央"口"字形空间内跨空伸展 0.75 米，形成悬空的回廊走道，环绕在通柱四周，与通柱相距 2.5 米。走道宽 0.7 米，在跨空悬挑的一端装扶手栏杆，栏杆高 0.6 米，地面铺木地板（见图 566）。再次，通柱装饰非常华丽。周身包裹柱衣，正面悬挂"柱面幡""朗久旺丹"饰件及大型布织幢幡、唐卡等，柱幔占柱高三分之一。上部梁枋组合层高大华丽，有栌斗、大小弓木、兰扎枋、莲瓣枋、蜂窝枋、一层堆经枋等，总高 1.3 米，各木构件均雕刻并彩绘藏式传统吉祥图案，包括：栌斗各面雕金刚杵纹；弓木正背面均彩绘塌鼻兽图及缠枝卷草纹等；兰扎枋绘蓝地贴金兰扎文；莲瓣枋、蜂窝枋为拉卜楞寺固定的彩画样式；堆经枋饰红色，枋头绘金边卷云纹；闸挡板饰缠枝纹；椽子饰蓝色，飞椽饰绿色，屋顶用彩色布幔遮盖，通柱头各梁枋下悬挂大型布织幢幡等饰件，充盈整个空间（图 580、图 581）。

③ 南天井院

平面呈横长方形，东西长 11 米，南北宽 5.5 米，由礼佛阁前檐墙，前廊二

图 580　礼佛阁内通柱彩画、壁画等（2013 年）

图 581　礼佛阁通柱头梁枋彩画（2013 年）

层后檐隔扇门、隔扇墙以及东、西两侧承重墙共同围合而成（图 582）。仅西北角有一条贯通南北天井院的走道，东面无走道。院内地面皆用青方砖、条砖铺设。2006 年，在天井口上方架设铝合金玻璃防雨棚，雨水不再落入天井院内（图 583）。

④ 西房屋与西侧走道

地处礼佛阁二层围护墙西面，背面依靠殿堂西面片石承重墙，以木柱、隔扇墙等分隔成多个房屋，有活佛修行室、储藏室、楼梯间等。纵向面阔 8 间（23.4 米），横向进深（含一条走道）2 间（3.2 米）。其中处于北天井院内者有 3 间，朝东面（天井院内）开一侧门，可供出入；处于南天井院内者有 2 间，为楼梯间，背面均依靠西面、南面两侧承重墙，在西面承重墙上开 7 个窗子，南承重墙上开 1 个窗子。该房屋室内净高 3.7 米，屋面椽子一端搭在西承重墙上，一端搭在礼佛阁西墙上，藏式平顶结构，比礼佛阁屋面稍低。前檐柱外有一条走道，宽 1.3 米，将南、北两天井院贯通。在仰视状态下，西房屋及走道屋面与礼佛阁屋面处

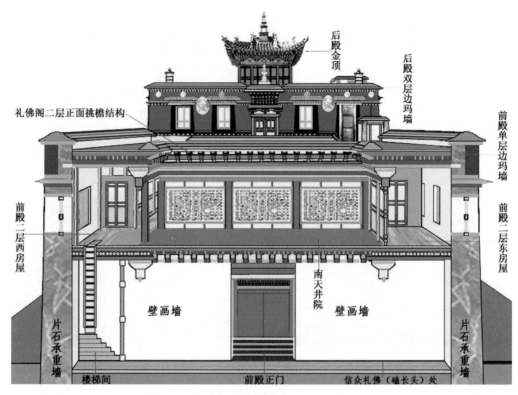

图 582　上续部学院经堂二层南天井院纵剖结构形态

图 583　经堂二层南天井院构成形态（2013年，自西北向东南）

于同一平面（图 584）。

⑤ 东房屋

位于二层礼佛阁围护墙东面。平面布局形态、结构样式与西房对称，由东面及南北两面的殿堂自身承重墙、西面礼佛阁东山墙共同围合而成。纵向面阔 8 间，其中 3 间位于北天井院内，与后殿二层前廊连通；2 间位于南天井院内，为活佛修行室、储藏室等，朝天井院一侧装木隔扇门、隔扇窗，背面均依靠东面、南面的承重墙，在东面承重墙上开 7 个窗子，南承重墙上开 1 个窗子；屋面藏式平顶结构，椽子一端搭在东承重墙上，一端搭在礼佛阁东墙上。该房屋前部无走道。

前殿第二层四周围护墙片石砌筑，墙顶加单层边玛墙，高 2.7 米（内侧以片石砌筑，外侧以边玛草束砌筑），青砖、片石砌筑墙帽，片石挑出檐口。正面左、右两端各开 1 个窗子，边玛墙上各悬挂铜镏金"朗久旺丹"饰件 1 个；东、西两山墙上各开 7 个窗子，边玛墙上悬挂铜镏金"朗久旺丹"饰件 4 个。

上述 5 种空间形态，或为单一的结构样式，或为多个结构叠加、重合，完整、准确地阐释了藏式宗教殿堂建筑"都纲法式"结构特征内涵。

（3）后殿

位于前殿后部，二者共用一堵片石承重墙。平面呈横长方形，通高 4 层（17.6 米，含金顶）。室内地面比前殿高 1.2 米。第三层屋面比前殿二层屋面高 3.6 米（图 585）。

前、后殿间承重墙东端开殿门，门洞宽 2 米，高 2.2 米，装藏式双扇木板门，单层门框，正面油饰彩画，背面素面无饰，左、右门框及上槛绘红地云头纹，门扇上部绘红地沥粉贴金"朗久旺丹"图，下部绘绿地沥粉贴金十字金刚杵；门外有五级条石踏步（图 586）。后檐墙外没有凸出的墩台。

第一层四周片石承重墙围合，前檐墙厚 1.4 米，后檐墙厚 1.5 米，东南角开正门，其他墙面不开门窗。室内立 3 排共 18 根柱子（包括 2 根通柱），面阔 5 间（17.3 米），进深 2 间（6.8 米）。中部 3 间为佛堂，室内立 2 根通柱，通高两层，后部置高大的供台，供置各种大小不一的密宗铜镏金佛像、高僧灵塔等；四周

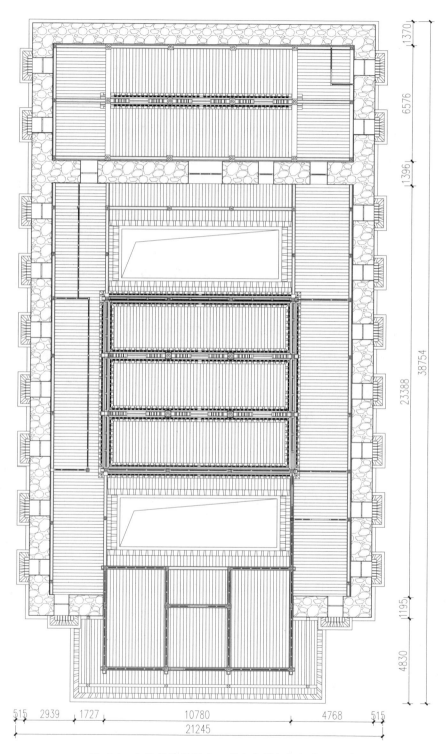

图 584　上续部学院经堂二层室内梁架仰视（1∶100）

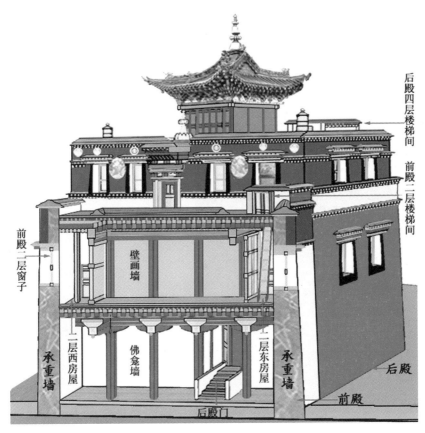

后殿四层楼梯间

前殿二层楼梯间

前殿二层窗子

壁画墙

二层西房屋

佛龛墙

二层东房屋

承重墙

承重墙

后殿

前殿

后殿门

图 585　上续部学院经堂后殿与前殿交接形态

墙面装木隔扇墙，遍绘壁画。西梢间占 1 间，为护法殿，有第二层，以隔扇墙与中部佛堂分隔，隔扇墙上装侧门，禁止外人进入。东梢间占 1 间，为楼梯间，与西梢间对称布局，也有第二层，以隔扇墙与中部佛堂分隔，隔扇墙上装侧门（图587）。

室内柱子、梁枋组合层形态有两种：一为通柱，共 2 根，柱高 5.1 米，藏式拼合方柱，柱径 35 厘米，柱头梁枋组合层高 1.5 米，从第一层一直向上延伸，承托第三层地面；二为普通柱，共 16 根，环绕在通柱四周，柱高 2.9 米，柱径有 20 厘米、30 厘米两种，柱头梁枋组合层高有 0.3 米、0.4 米两种，承托上部楼面，即第二层地面（图 588、图 589）。柱式、梁枋装饰图案与前殿同（图 590）。

第二层总面阔 5 间，进深 3 间，由 18 根柱子（包括 2 根通柱）、四周承重墙

图 586　后殿门正面（2013 年，自南向北）

共同围合而成。中部 3 间佛堂上部无第二层，但在第二层处装置向室内挑出的回廊（宽 0.6 米），用于高空作业等；西面一间为储物间；东面一间为楼梯间。南承重墙外侧建一排廊房，藏式平顶结构，地面与北天井院贯通，屋面与前殿二层东、西房屋面相互贯通。

前廊总面阔 5 间（17.5 米），进深 1 间（1.4 米），檐柱柱径 24 厘米，下部装木栏板，高 0.6 米，柱头置一层额枋、一层挑檐檩，挑出椽子、飞椽，穿插枋及椽尾均插在承重墙内，额枋、挑檐檩

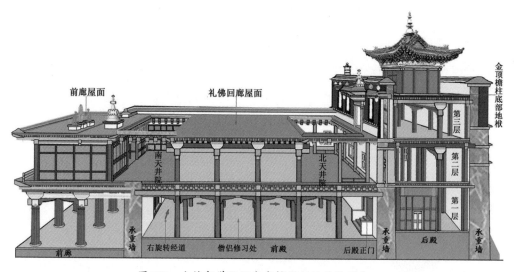

图 587　上续部学院经堂东梢间剖面结构形态

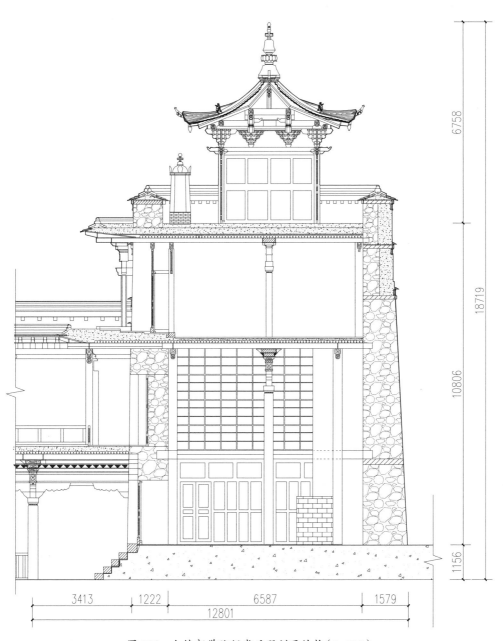

6758

18719

10806

1156

3413　1222　6587　1579

12801

图 588　上续部学院经堂后殿剖面结构（1:100）

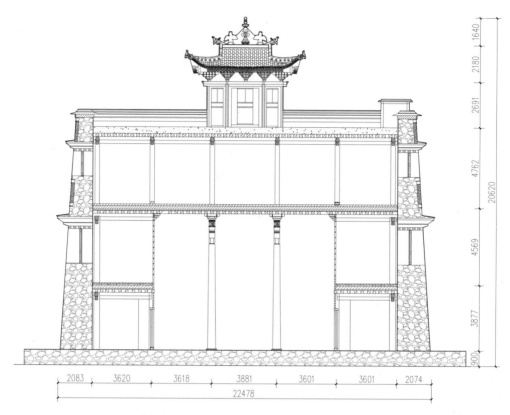

图 589　上续部学院经堂后殿纵剖结构（1:100）

图 590　上续部学院经堂后殿通柱梁枋及彩画（2013 年，自南向北）

图 591　上续部学院经堂后殿二层正面出廊　　图 592　上续部学院经堂后殿二层前廊东端木楼梯
　　　　结构及门窗（2013年，自南向北）　　　　　　　　（2013年，自西向东）

彩画三段式构图，通体绘褐色水云纹，点缀缠枝蔓草纹，椽子饰蓝色，椽头饰十字花瓣纹，飞椽饰橙红色，闸挡板饰花草纹。承重墙上开3个门、2个窗，正中间为一大窗，左、右两侧对称各为一小窗，2006年改为木框玻璃窗（图591），供一层室内通风采光；两端梢间各开一出入门，门洞内装简易单扇木板门，东门外置一架木楼梯，通向二层屋面（图592），西门外装木隔扇墙，墙上开侧门，通向北天井院西房。殿堂东、西两山墙上各开2个藏式窗子，背面不开窗。

第三层为佛堂、活佛修行室、储藏室及楼梯间等。平面横长方形，总面阔5间（16.5米）、进深2间（6.5米），室内净面积121平方米，立前、中、后3排共18根藏式方柱，中部三间为佛堂、活佛修行室，左、右两梢间分别为储藏室、楼梯间（图593）。主要建筑形制特征有：

第一，四周承重墙为双层边玛墙，正面（南面）墙体中央开一外挑门廊，西面并列开2窗，东面并列开1窗、1门，供出入楼梯间，墙面上对称悬挂大小铜镏金"朗久旺丹"饰件共6个（图594、图595）。

第二，各房屋室内以四抹或六抹木隔扇墙分隔。中部3间佛堂室内地面通铺木地板，中央立1排4根藏式拼合方柱（图596），柱高2.2米，柱头梁枋层高1米，柱身饰红色，上部梁枋层油饰彩画图案、题材与前殿大同小异，其中短弓正面雕刻彩绘大象驮宝图，长弓正面雕刻彩绘大鹏鸟图，兰扎枋正、背面均饰蓝地贴金兰扎文；前部供奉2座木构坛城模型（图597）。四周围合柱为普通柱子，

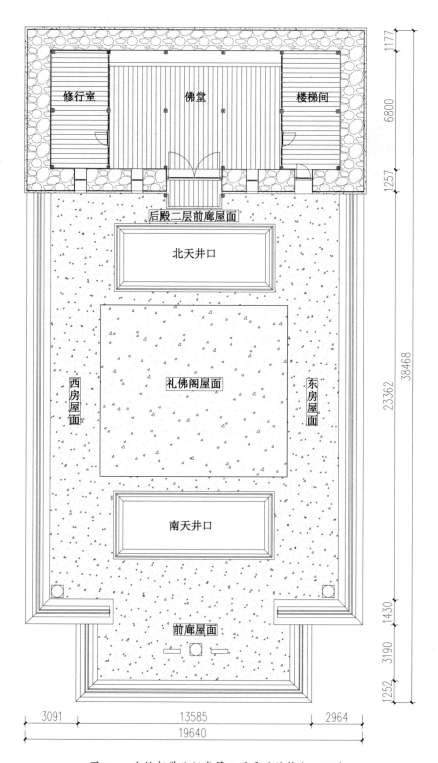

图593 上续部学院经堂第三层平面结构（1∶100）

图 594 后殿三层正面全貌（2013 年，自南向北）

图 595 上续部学院经堂后殿三层正立面样式

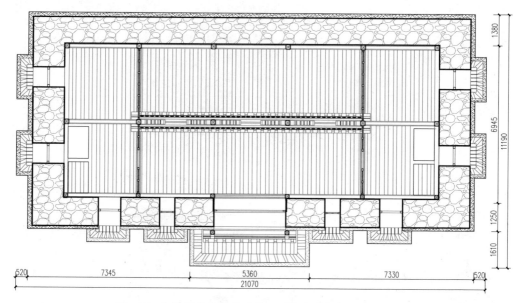

图 596　上续部学院经堂后殿三层室内梁架仰视（1:100）

图 597　后殿三层室内柱子梁枋及隔扇墙装饰（2013 年）

柱头置额枋和承椽枋，绘水云纹和缠枝纹等。四周依墙装置各种大小不一、琳琅满目的佛龛、经书柜、供桌等，木柜、供桌正面遍绘各种吉祥图案。木隔扇墙面上也遍绘汉藏结合式吉祥图案。

西梢间为活佛修行室。室内柱子梁枋彩画以汉藏结合式风格为主。东梢间为楼梯间、库房等，各木构件素面无饰。东、西两面山墙上各开2个藏式窗子，对称布局，背面不开窗。

屋面以砂石土碾压而成，前部东、西两端各置一尊铜镏金法幢，中央供一尊铜镏金宝瓶；后部中央建一座金顶，东面建一座小楼梯间，东、西两端各供1尊黑牛毛编织的法幢。

第三，南承重墙中央建一外挑门廊，结构形制与其他宗教殿堂高层外挑门廊大同小异，门洞外左、右各立一断面八角形木柱（直径18厘米），置一穿插枋，枋尾插在承重墙内，前端之上置一大斗，斗口左右挑出短弓，其上置长弓、兰扎枋、莲瓣枋、蜂窝枋及一层堆经枋（图598），梁枋彩画为拉卜楞寺各宗教殿堂固定的样式（图599）。梁上挑出椽子、飞椽，椽尾插在承重墙内。屋面藏式平顶结构，屋面周边以青砖、片石砌筑挡水墙。门洞内装藏式木门框、双扇四抹隔扇门，门框正面彩绘红地垂云纹，上槛绘红地缠枝纹；门扇上部绘黄底色"朗久旺丹"图，下部绘黄底色花卉图（图600），木构件油饰彩画系2006年前后重绘，工艺较粗，皆为现代油漆。

后殿平顶屋面后部建有两座小建筑，一为金顶，建于屋面后部中央，是原有建筑，较为珍贵，为汉式单檐歇山顶结构。二为楼梯间，建于屋面东端，体量很小（图601）。

金顶体量很小（图602），空间构架由4根角柱及上部梁枋、4根抹角梁及上部梁枋等共同组成。主要结构特征有：

第一，在后殿三层屋面砂石土层（厚36.5厘米）内埋置4条木地栿（断面20厘米），相互交接成正方形，地栿表面与屋面处于同一水平面，在地栿转角交接处各立1根柱子，柱高2.3米，柱径18厘米，柱身彩绘柱幔，其上施额枋、平板枋，总高27厘米，由此构成金顶的骨架。平面正方形，面阔1间（3.2米，柱中至柱中距离），进深1间（3.2米），通高5米（地面至正脊上皮距离），正面中央装四抹隔扇门两扇，隔心为棂条拼接，裙板正面绘红地缠枝纹；两次间装四抹隔扇墙；背面及两山面均装四抹隔扇墙，均素面无饰（图603、图604、图605）。

第二，四周平板枋上各置五踩重翘斗拱4攒（包括角科2攒，平身科2攒），

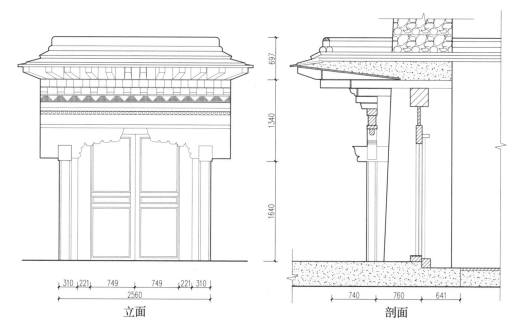

立面　　　　　　　　　　　剖面

图 598　上续部学院经堂后殿三层门廊结构（1∶50）

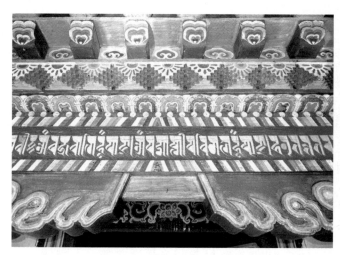

图 599　上续部学院经堂后殿三层门廊挑檐结构及彩画
（2013年，自南向北）

图 600　上续部学院经堂后殿三层门廊双扇木板门（2013年）

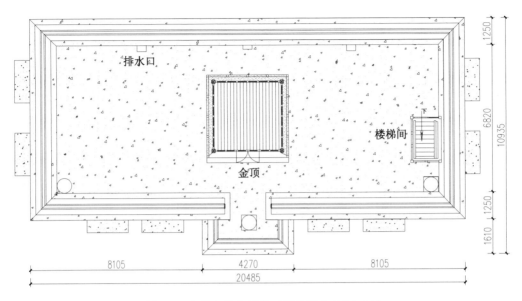

排水口

楼梯间

金顶

1250

6820

10935

1250

1610

8105 4270 8105

20485

图 601 上续部学院经堂后殿屋面平面（1:50）

镏金法幢

楼梯间

金顶

布织法幢

双层边玛墙

图 602 上续部学院经堂后殿屋面金顶与楼梯间全貌（2013年，自东向西）

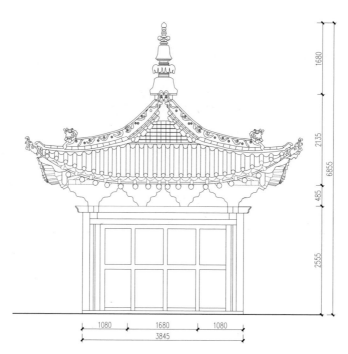

图 603　上续部学院金顶正立面结构（1∶50）

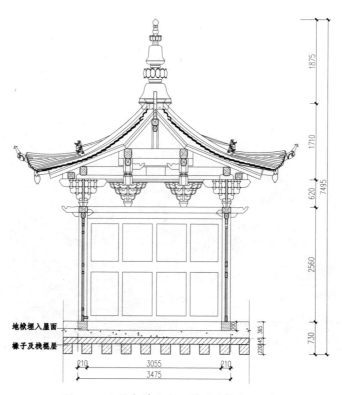

图 604　上续部学院金顶横剖结构（1∶50）

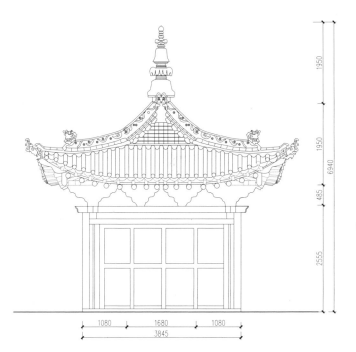

图 605　上续部学院金顶侧立面结构（1∶50）

图 606　上续部学院后殿金顶正面斗拱彩画样式（2013 年）

每面斗拱承托正心檩及挑檐檩。额枋、平板枋分别有三个和两个枋心，绘龟背纹、花鸟图、几何纹等；斗拱构件彩画以红、绿、蓝色卷云纹为主，拱眼板上皆绘藏八宝图；椽子饰蓝色，椽头饰十字花瓣纹，飞椽饰绿色，闸挡板内绘各种花卉（图 606）。屋面、脊饰件均为特制的绿琉璃构件，其中正脊、垂脊、戗脊以绿琉璃脊筒子垒砌，脊筒子饰缠枝纹，正脊中央置巨大的绿琉璃宝瓶座，其上

图 607　后殿金顶正面全貌（2013 年，自南向北）

图 608　后殿金顶西立面全貌（2013 年，自西向东）

置一尊铜镏金宝瓶，通高 2.3 米（含瓶座），两端饰绿琉璃三把鬃吻兽；垂脊、戗脊端部饰绿琉璃垂兽、戗兽；四角角梁头饰绿琉璃套兽（鳌头）；山花墙系特制的绿琉璃砖砌筑；屋面整体覆盖绿琉璃筒板瓦，檐口勾头、滴水俱全（图 607、图 608）。因此，上续部学院也在民国时期被称为"绿瓦寺"。

楼梯间依靠东面围护墙而建，坐南朝北，南北长 2.1 米，东西宽 1.5 米，高 1.8 米，藏式平顶结构，构造方式、外形与拉卜楞寺各宗教殿堂屋面楼梯间大同小异。在佛殿第三层屋面砂石土层内栽立 4 根小木柱（直径 16 厘米），木柱下垫方木墩，柱头以额枋、承椽枋拉结成一个长方形木框，上布椽子、栈棍。屋面覆盖砂石土层。东面墙砌在佛殿围护墙之上，南面、西面、北面独立砌筑片石墙，墙顶加单层边玛墙。北墙上开出入门。室内置一木楼梯，与三层楼梯间贯通。

（二）厨房院与辩经院

上续部学院厨房院与辩经院均建于学院外西侧，是两处相对独立的院落，一南一北，两院间以一道墙体分开（见图539）。

1. 厨房院

厨房院位于南侧，总占地面积1095平方米。分东、西两个小院落，西面为僧舍院，南、北两侧分别修建简易僧舍；厨房位于东北角一小院内，建筑形制与其他学院厨房基本一致，坐北朝南，平面呈正方形，建筑面积169平方米，面阔3间（13米），进深3间（12.9米），通高两层（6.7米）。四周围护墙片石砌筑，墙顶加一层边玛墙。

第一层室内中央设一处灶台，大小为5米×5米×0.8米，灶台东、西两面各设3个灶火门，四周依墙装置木构碗筷架（图609、图610）。围护墙南面开正门；东面开侧门，通向经堂前廊，前后各以二柱挑出门廊，柱间施长弓、小额枋，额枋上施三踩斗拱3攒，挑出麻叶卷云头纹，门洞内装藏式双扇木板门。

第二层为高起的"杜空"（排烟窗），面阔3间，进深2间，双面坡悬山顶结构（坡面朝向东、西两侧），屋面以砂石土碾压而成（图611、图612）。

2. 辩经院

位于厨房院北面，占地面积1015平方米，院内遍植树木，东面开一侧门通向经堂院，门洞内装简易藏式双扇木板门，前后以二柱挑出门廊。

院内北面建一讲经坛，坐北朝南，背面依靠卧象山山脚处的崖壁，崖壁之上为寺院北面转经道。平面呈倒"凹"字形，建于高0.4米的片石台基上，共立4根藏式拼合方柱，面阔1间（5.5米），进深1间（8.8米），通高6.2米，藏式平顶屋面。仅北面依靠崖壁砌筑片石墙，室内墙面悬挂一幅唐卡画，其他三面开敞，不砌墙，无门窗，东、西两面柱子外侧各砌一段隔扇墙，犹如一道屏风，具有遮风挡雨功能（图613）。4根藏式拼合方柱构造样式与经堂内柱子基本一致，柱身雕贴彩绘柱幔，柱头上置一枚坐斗，四周浮雕各种吉祥纹，其上依次置短弓、长弓及兰扎枋、莲瓣枋、蜂窝枋，所有木构件的正、背面均彩绘，图案有莲瓣纹、龙凤纹、花草纹、升云纹等，上部梁枋层外侧装遮阳席子（图614）。屋顶装天花板，遍绘各种汉、藏式传统吉祥图案龙凤、乌龟、花鸟、山水等（图615）。地面铺设木地板。室内正中置一供桌和木雕榻座，榻座外形呈须弥座式，

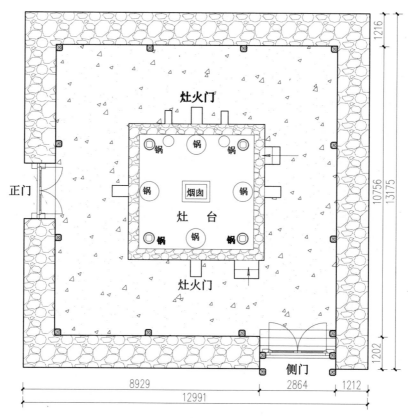

图 609　上续部学院厨房一层平面（1:100）

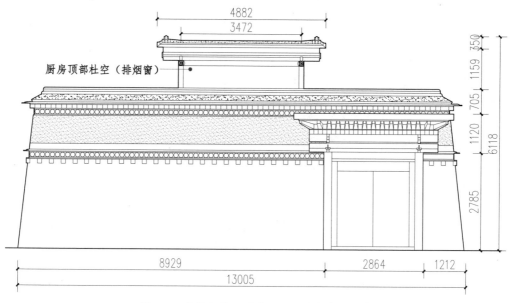

图 610　上续部学院厨房正立面结构（1:100）

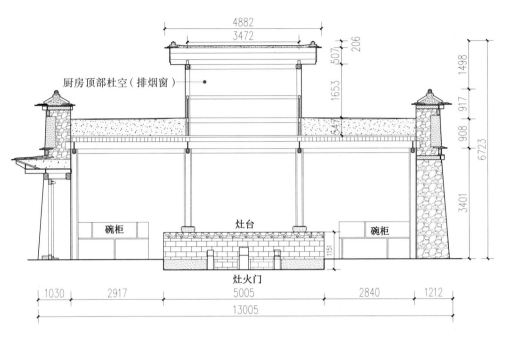

厨房顶部杜空（排烟窗）

碗柜

灶台

碗柜

灶火门

图 611　上续部学院厨房剖面结构（1:100）

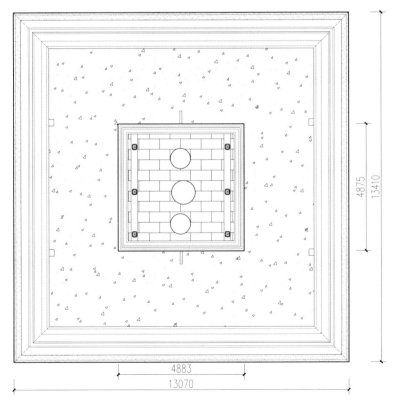

图 612　上续部学院厨房二层平面结构（1:100）

图 613　讲经坛正面全貌（2013 年）

图 614　讲经坛檐柱内侧梁枋及彩画（2013 年）

图 615　讲经坛室内天花及彩画

正面绘贴金绿毛狮子及十字金刚杵图。

（三）公房

上续部学院公房原位于贡唐塔院西约 150 米处。早期的"寺院全景布画"、民国时期众多照片显示，该区域内建有密集僧舍院，上续部学院公房就位于这些僧舍建筑群中，早年被拆除，1980 年以来恢复重建，约有四五栋现代红砖瓦单层人字梁式建筑，用途多样，包括印刷厂、僧舍、上续部学院公房及其他用房等（图 616）。

2015 年以来，寺院筹资对本区建筑进行全面重建，将原建筑整体改建为一处汉藏结合式综合办公楼，总平面呈倒梯形，占地面积约 6300 平方米，横向最长 103 米，最短 57 米，纵向宽 83 米，在西面、南面保留原转经长廊。分前、后两个院落，前院四面均建仿古藏式二层楼；后院后部建并列的两幢仿古藏式楼，西楼高 3 层，东楼高 2 层，东、西两面又各建一幢藏式仿古二层楼（图 617、图 618）。房屋由多个机构（单位）使用，包括上续部学院公房、僧舍，其他学院的储藏室和办公室等。

图 616　20世纪80年代重建的上续部学院公房建筑形制（2013年，自南向北）

图 617　改建过程中的上续部学院公房等建筑（2018年，自北向南）

图 618　改建后的上续部学院公房建筑全貌俯瞰（2018 年，自南向北）

四、近年实施的保护维修工程

据《甘肃省拉卜楞寺文物保护总体规划》[①]相关内容，2013 年，当地政府、寺院管理部门等组织编制了上续部学院保护修缮设计方案，主要对经堂、厨房 2 处建筑实施保护修缮，2015 年获国家文物局批复。设计维修措施包括：（1）屋面揭顶维修，去掉屋面多余的砂石土碾压层，减轻屋面荷载；更换糟朽的椽子、栈棍等。（2）拆除并重砌片石承重墙顶部的边玛墙及墙帽，更换糟朽断裂的相关木构件（穿插枋、月亮枋等），更换糟朽的窗子挑檐构件、窗扇等。（3）嵌补、加固柱子、梁枋、门框的裂缝，更换糟朽、破损的木地板。该维修工程于 2018 年实施。

2016—2017 年，当地政府、寺院管理部门等组织编制了上续部学院经堂及讲经坛油饰彩画保护修缮设计方案，2017 年获国家文物局批复。设计内容主要有：（1）现存油饰彩画的除尘、清洗；（2）补全残缺、损毁的油饰和彩画；（3）按原色重做柱子、椽子、飞椽、门窗类木构件的单色油饰。2022 年完成施工。

---

①《甘肃省拉卜楞寺文物保护总体规划》第 53 条"文物建筑保护措施"，第 15—18 页，甘肃省人民政府 2009 年公布实施。

第八章 红教寺

红教寺，也称"宁玛派密乘经院""宁玛寺"等，是拉卜楞寺的属寺和第七所学院。由四世嘉木样于1887年主持创建，学院法台由拉卜楞寺委派，并制定管理规章。1906年，在四世嘉木样、蒙古亲王府的支持下，正式修建一座讲修经堂。1946年，五世嘉木样主持对红教寺经堂进行改扩建。红教寺与拉卜楞寺其他6所显、密宗学院的地位相同，但其政教事务都由拉卜楞寺拉章宫负责。

红教寺是宁玛派寺院，修习规程与格鲁派不同，僧人均为本区农牧民，多成家立业，在家一边从事农牧业生产，一边自我修习，定期到寺院参加集体聚会。红教寺现存一座院落，包括主体建筑经堂和外部护法殿，1980年以来实施多次维修。

一、学院创建史①

宁玛派密乘经院，也称"拉卜楞俄华扎仓""大密咒学院"，俗称"宁玛寺""红教寺"等，是拉卜楞寺属寺，位于拉卜楞寺核心区以西王府村内，专门修习藏传佛教宁玛派。"宁玛"，意为"古老""古旧"，是藏传佛教"前弘期"形成的一个密宗派系，尊奉莲花生大师为祖师。

拉卜楞地区的红教寺很早即存在，但具体情况不详。今红教寺保存的一

---

① 有关红教寺的传承发展情况，详见于式玉：《拉卜楞红教喇嘛现状、起源与各种象征》，《于式玉藏区考察文集》，中国藏学出版社，1990年；卓玛措：《拉卜楞红教寺桑钦孟杰林之历史现状研究》，中央民族大学硕士学位论文，2012年；张庆有：《拉卜楞红教寺桑钦满杰岭述略》，《中国藏学》1997年第2期；扎扎、赵曙青：《拉卜楞红教寺及其法会考述》，《西北民族大学学报》（哲学社会科学版）2010年第2期。

部《安多拉卜楞红教寺历史》（藏文抄本）^①记载，1880 年，四世嘉木样（1856—1916）曾梦到一位阿阇黎^②尊者给他授记："在拉卜楞地区新建一座无垢金刚乘大密咒禅院。"四世嘉木样遵照此授记于 1887 年 4 月委派拉卜楞寺一位活佛贡塔尔在寺院西部一带召集了一批宁玛派僧人，举办禳灾祈福法会。此后，又召集本区内众多零散的宁玛派僧人一起参加修习和法会等活动，同时，拉卜楞寺还出资为宁玛派僧人修建一座供集体聚会的寺院——宁玛派密乘经院，组建了相应的管理机构，贡塔尔活佛担任法台，其他宁玛派僧人分别担任副法台、司法师、领诵师等。贡塔尔活佛担任法台期间，参照拉卜楞寺密宗学院有关管理规程和制度，确立了宁玛派密乘经院的修习科目、管理规程等，明确它是拉卜楞寺的属寺，主要功能是为拉卜楞寺、寺主嘉木样、河南蒙古亲王府及其他僧俗民众开展禳灾祈福、祈祷人寿年丰等活动。由于宁玛派僧人多散居在各自的家庭内，以自我修习为主，只在特定的日期才集中参加聚会，故一直没有修建经堂。

1890 年，四世嘉木样亲自为红教寺制定、颁布了《红教寺清规》。同年，前首旗第八代郡王巴勒珠尔喇布坦^③将王府管辖的部分房舍奉献出来，作为宁玛派密乘经院的僧众聚会之所，只有在举行特定大型法会时，宁玛派僧人统一集中到王府内，开展宗教活动。

由于长期没有经堂，不利于宁玛派僧人集体学经，也不便于宁玛寺的发展和管理。1906 年 4 月，四世嘉木样对宁玛派密乘经院的发展给予全方位支持，首先，他将位于拉卜楞寺西部地区的别墅"闹增颇章宫"所属一座建筑物"尊胜殿"

---

① 皋举·乌坚称勒编著：《安多拉卜楞红教寺历史》（藏文），现存红教寺。

② 阿阇黎，佛教僧职名，意为"轨范师、教授、智贤、传授等"（慈怡主编：《佛光大辞典》（第四册），佛光出版社，1988 年，第 3688 页上）。

③ 清乾隆时期，前首旗亲王爵位被降为郡王。1887 年，第七代郡王春津去世，无嗣，四世嘉木样将青海和硕特蒙古南右中旗扎萨克巴勒珠尔喇布坦过继到前首旗，承袭郡王位，是为第八代郡王。1913 年，中华民国大总统袁世凯复河南蒙古前首旗的"和硕特亲王"爵位，第八代郡王变为亲王，1916 年去世。详见（清）会典馆编，赵云田点校：《钦定大清会典事例》卷 971《理藩院》"封爵·外札萨克三"，中国藏学出版社，2006 年，第 113 页。

划拨给宁玛派密乘经院，重新为其命名"邬金①教法昌盛寺"②，供宁玛派僧侣开展修习、聚会之用。其次，豁免了该学院辖区内民众的赋税、乌拉、兵役等，还为其划拨了部分信众。至此，宁玛派密乘经院走向正常发展之路。

五世嘉木样坐床即位后，非常重视宁玛派密乘经院的发展。首先，他采取措施，调整该经院的师资配备、讲修内容、管理规章、修习级次安排等。其次，1946年10月，他批准寺院将嘉木样别墅"闹增颇章宫"附近的一块土地划拨给宁玛派密乘经院，用于修建经堂，同时委派拉卜楞寺拉章宫大襄佐（总管）阿克达尔吉将本寺库存的约1000根木料无偿拨付给宁玛派密乘经院，用于修建经堂，又委派本寺另一活佛郭达仓为经堂建设举行奠基仪轨。再次，由于宁玛派僧人皆有家眷儿女，五世嘉木样特批为宁玛派密乘经院每位僧人及其家属修建一院住房。同年，宁玛派密乘经院经堂建成，五世嘉木样亲自为其主持开光仪轨，为经堂题名"桑钦满杰岭"，意为"大密兴盛洲"，委派拉卜楞寺活佛格尔德担任法台，正式展开宁玛派宗教经典修习。

宁玛派密乘经院在经济上一直受拉卜楞寺的资助，其教务管理、宗教活动等也完全遵循拉卜楞寺的安排，政教关系也比拉卜楞寺其他属寺更密切一些。

二、学院的宗教地位和功能

宁玛派密乘经院僧侣的服装、发饰、修习规程、日常生活等与拉卜楞寺其他格鲁派显密学院完全不同。宁玛派密乘经院是在四世、五世嘉木样的支持下建立、发展起来的，五世嘉木样明确指出该经院的宗教地位、性质和功能：

（1）该经院是拉卜楞寺第七座学院，专修藏传佛教宁玛派经典，与拉卜楞寺其他6座格鲁派显、密宗学院地位相同，一视同仁。

（2）拉卜楞寺每年正月举行全寺僧众法会活动期间，宁玛派密乘经院全体僧侣统一参加。

---

① "邬金"，古印度高僧莲花生大师的另一尊称。
② 扎扎编著：《嘉木样呼图克图世系》，甘肃民族出版社，1998年，第288页。

（3）进入宁玛派密乘经院修习的新僧，仅限在拉卜楞寺所属部落中招收。设初、中、高三个修习等级。

（4）在政教管理方面，嘉木样拉章宫选派本寺活佛担任宁玛派密乘经院法台，全权掌握教学事务；财务官（吉哇）从拉卜楞寺直属四大部落[①]的世俗民众中选任。

三、现存经堂建筑形制

宁玛派密乘经院地处拉卜楞寺核心区西部河南蒙古亲王府西北约 500 米处，院落式布局，大致坐东朝西方位，背依卧象山（图 619）。过去数十年来，本区村民在宁玛派密乘经院周边无序修建住宅、商铺等，整体环境拥挤不堪，非常杂乱（图 620）。

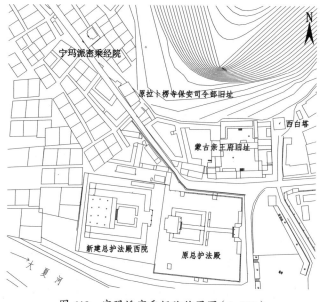

图 619　宁玛派密乘经院位置图（1：500）

民国时期，很多学者对宁玛派密乘经院进行过调查研究，但迄今未发现任何照片资料。后来，宁玛派密乘经院被关闭，经堂作为公共仓库使用，塑像、壁画等遭严重破坏，但建筑得以留存。1980 年以来，当地政府出资对经堂实施过多次维修，对庭院实施改扩建。2008 年再次翻修，新建了护法殿及部分僧舍。

---

①　早期，拉卜楞寺拥有直属四大部落，地处拉卜楞地区大夏河沿岸一带，人口涉及夏河县九甲乡境内 13 个村庄。

图 620　宁玛派密乘经院周边环境状况（2020 年，自南向北）

（一）院落形态

院落总占地面积 2200 平方米，四周有断断续续的片石或夯土或红砖构筑的围墙，部分夯土墙用草泥抹面。西面正中开院门，东南角、东北角各开一侧门。院内地面红砖铺设，南、北、西三面建有僧舍、库房及管理用房等；后部建一宽阔的月台，高 0.6 米，地面红砖铺设，前部正中设条石垂带踏步五级，后部中央建经堂；东北角处新建一护法殿；西南角处置一尊煨桑炉。

院落大门为 2010 年新修，外挑门廊式，建筑体量、结构形制、雕饰较为简略，与本区民居院大门基本一致（图 621）。门洞两侧墙体用红砖砌筑，内外各有两柱挑出门廊，均素面无饰，面阔 1 间（2.5 米），进深 2 间（3 米），藏式平顶结构，前檐柱直径 20 厘米，下施石柱础，上置额枋、平板枋及两枚龙头雀替（木板雕刻龙身，粘贴在底板上），额枋素面无饰，平板枋雕仰莲瓣，两枋间置木雕缠枝纹花墩。平板枋上叠置三层透雕缠枝卷草纹花牙板，顶部中央镶一木雕塌鼻兽头（图 622）。挑檐檩上挑出椽子、飞椽。屋面以砂石土碾压而成。后檐形制更加简单，仅有木柱、梁枋，没有雕饰。门洞内装藏式门框、双扇木板门，门扇镶铜片打制的方形门环、门扣。

图 621　院落大门样式（2012 年）

（二）经堂

经堂主要用于宁玛派僧众修习、聚会等。建筑平面布局、室内空间、建筑形制与拉卜楞寺其他格鲁派学院经堂有别，体量很小，总平面呈倒"凸"字形，外部形态犹如学院经堂与佛殿的结合体，但突出经堂的主要特征。四周围护墙片石砌筑，墙顶加一层边玛墙。纵向呈三段式构图，包括前廊、前殿、后殿。

1. 前廊

前廊建筑体量较小，面阔 3 间（8.5 米），进深 1 间（2 米），高 2

图 622　院落大门门额木雕图案（2012 年）

图 623　宁玛派密乘经院经堂正立面（2012 年）

层。第一层进深 1 间，四面开敞，外凸部分很小，廊内铺木地板。正面立 4 根藏式拼合方柱，承挑上部楼面，柱子断面呈十二角形，底部置圆形石柱础，柱头梁枋组合层、彩绘样式与拉卜楞寺其他密宗学院经堂一致；上部屋面外边沿用片石挑出檐口。第二层平面形态同第一层，柱子上下对位，面阔 3 间，进深 1 间；前部开敞，地面铺木地板，立 4 根檐柱承托屋面，檐柱间悬挂遮阳布帘；后部也立 4 根金柱，柱间装木隔扇门、隔扇墙。屋面藏式平顶结构，前部置一组铜镏金"二兽听法"饰件（图 623）。

相比之下，拉卜楞寺其他 5 所密宗学院经堂的前廊均进深 2 间，仅前部开敞，后部由各面承重墙围合成一个半封闭空间，廊内墙面遍绘壁画。

2. 前殿

四周围护墙片石砌筑，墙顶加一层边玛墙。总面阔 5 间（16 米），进深 5 间（15.8 米），高 2 层（11.6 米），室内柱头林立，上部梁枋组合层相互交织。平面布局、空间结构与拉卜楞寺其他学院经堂前殿基本接近。

第一层外墙面饰白色。南承重墙中央开 3 个门洞，正中 1 间为前殿正门，结构形制、油饰彩画样式与拉卜楞寺其他学院殿门一样（图 624），门框为四层式

503

图 624　经堂正门装饰（2012 年）

（兰扎枋、金钱枋、莲瓣枋和蜂窝枋），兰扎枋枋心绘蓝地单条飞龙（升龙）、卷云纹等，箍头绘红地缠枝纹，找头绘几何纹；金钱枋绘圆圈金钱纹；莲瓣枋通体绘夸张、变体莲瓣纹；蜂窝枋为本区藏式宗教殿堂通用的图案。下槛素面无饰，上槛之上置两层堆经枋，下层饰绿色，上层饰红色，枋头、闸挡板绘卷云纹、几何纹。堆经枋之上并列置 5 尊木雕彩绘绿毛狮头、2 尊白象头。门洞内装藏式双扇木板门，门扇镶嵌镂空铜片饰件，图案有飞龙（升龙）吐宝、坐龙、莲花、缠枝纹等，门扇中部装铜质铺首及雕龙衔环门扣。左、右两次间均装隔扇墙，外墙面下部裙板均绘藏式吉祥图案，上部（包括绦环板、隔心等）通体绘"四大天王"像（图 625、图 626）。室内共立 3 列 12 根藏式拼合方柱，柱径 35 厘米，柱式、梁枋层结构及组合形态、彩画样式与拉卜楞寺各宗教殿堂完全相同，空间划分与其他学院大同小异，明间设两列坐垫，供僧侣聚会时就座，后部设高大的供桌，供本院主尊佛莲花生像；两次间为走道；四周墙面遍绘壁画（图 627）。此外，在前承重墙两端头各开一藏式窗子，山墙及背面不开门窗。

第二层平面布局与第一层基本对称，室内以木隔扇墙分隔为多个房屋，有活佛生活用房、储藏室等。围护墙片石砌筑，外墙面饰白色，墙顶加一层边玛墙，片石、青砖砌筑墙帽。正面明间、两次间均装木隔扇门、隔扇墙，2016 年均改为玻璃门窗。门外为前廊第二层。南、北两面山墙上各开 3 个藏式窗子。屋面砂石土碾压而成，西北角、西南角各立一尊铜质法幢。

3. 后殿

后殿的平面布局、空间形态与拉卜楞寺其他学院经堂后殿大同小异，仅规

图 625　经堂前殿隔扇墙绘四大天王之一

图 626　经堂前殿隔扇墙绘四大天王之二

图 627　前殿一层室内空间形态及装饰

模很小，空间分割方式有别。四周围护墙片石砌筑，墙顶加双层边玛墙。

第一层面阔5间（16米），进深1间（3.8米），高3层（14米），室内立1排4根藏式拼合方柱，分为3间，其中南面1间为楼梯间，供登临第三层；中间1间为佛堂，

与前殿贯通，前部无墙无门；北面1间为储藏室。

第二层面阔5间，进深1间，分为3大间，中部一间通高两层，与前殿第二层之间以隔扇墙分隔，有门窗，与前殿第二层贯通。两次间均有第二层，其中南面一间为楼梯间，北面一间为储藏室。

第三层面阔5间，进深变为2间（5.3米），前部出廊1间，金柱间装隔扇门、隔扇墙等。室内以隔扇墙分隔为不同的房屋，有活佛居室、仓库等。

图 628　经堂室内柱子梁枋组合及彩画

该经堂与拉卜楞寺其他学院经堂有较大区别，主要有：第一，拉卜楞寺其他6座显、密宗经堂前殿第一层南承重墙中央仅开1个门洞，不开窗子，门洞两侧墙面绘壁画，而宁玛派密乘经院经堂前殿第一层正面中间开门洞，左、右两侧对称各开1个窗子。第二，其他6座显、密宗学院前殿第一层中部有高起的礼佛回廊，用于室内采光通风，宁玛派密乘经院前殿第一层进深较小（4间），上部没有凸起的礼佛回廊，主要利用殿门及两侧窗采光和通风。第

三，前殿室内空间形态有别，其他 6 座显、密宗经堂仅在前廊内设磕长头处、转经筒，墙面绘壁画，而宁玛派密乘经院前殿前部装有转经筒（图 628），且占据一间空间，面阔 5 间，进深 1 间，柱上部梁枋组合层相互交接，围合成一处藻井，墙面绘壁画"生死流转图"（图 629）。

（三）护法殿

位于院内经堂外墙北侧，坐东朝西。建筑形制与拉卜楞寺其他学院独立式护法殿一样，但建筑体量更小，面阔 2 间（3.4 米），进

图 629　前殿一层室内壁画"生死流转"图

深 2 间（3.2 米），由前廊和正殿两部分组成，平面呈倒"凸"字形。正面开门，门外设一很小的木门廊，挑出椽飞和檐口，屋面平顶式，片石挑檐，屋面中央置一尊铜质宝瓶。正殿四周围护墙片石砌筑，墙顶加一层边玛墙，青砖、片石砌筑墙帽，砂石土屋面，屋面左右对称各立一尊黑色牛毛编织的法幢。禁止外人进入。

附表 2　拉卜楞寺 5 座密宗学院经堂一层平面尺度关系表

建筑	前廊柱数及室内面积 m²	前殿柱数及室内面积（m²）	后殿柱数及室内面积（m²）	殿堂柱总数及室内总面积（m²）	前殿与后殿的尺度（倍数）关系	后殿与殿堂总面积尺度（倍数）关系
下续部学院	6柱（2排）；106	20柱；338	18柱（2排）；117	44柱（2排）；561	2.9倍	1/4.8
时轮学院	6柱（2排）；81.2	20柱；295	15柱（1排）；103	41柱；479.2	2.9倍	1/4.7
医药学院	6柱（2排）；101	16柱；267	12柱（2排）；127	34柱；495	2.1倍	1/3.9
喜金刚学院	8柱（2排）；106	16柱；334	22柱（2排）；113.3	46柱；553.3	3倍	1/4.9
上续部学院	6柱（2排）；106	20柱；304	8柱（1排）；165	34柱；575	1.8倍	1/3.5

附表 3　下续部学院经堂空间构成尺度

建筑	部位	室内净面积（m²）	柱数（根）	柱径（cm）	柱高（m）	梁枋层高（m）	边玛墙层高（m）
前廊	一层	106	6	46	2.8	1.5	无
前廊	二层	81	12	26	3	0.3	无
前殿	一层	338	20	普通柱35，通柱39	普通柱2.5，通柱6.3	普通柱1.5，通柱1.5	无
前殿	二层	391（中央礼佛阁109，北天井院55，南天井院59，其他168）	40	普通柱20，通柱37	普通柱2.5，通柱同上	普通柱0.7，通柱同上	一层（2.3）
后殿	一层	117	18	通柱35，扶壁柱20~30	普通柱2.9，通柱5.1	普通柱0.4，通柱1.5	无
后殿	二层	116	18	通柱31，扶壁柱20~31	普通柱3.1，通柱同上	普通柱0.4，通柱同上	无
后殿	三层	121（含出挑门廊）	18	中柱21，扶壁柱20~31	中柱2.2，扶壁柱3	中柱1.1，扶壁柱0.3	无
后殿	四层	115（含出挑门廊）	14	18	普通柱2.5	0.75	两层（3.8）

附表 4　时轮学院经堂空间构成尺度

建筑	部位	室内净面积（m²）	柱数（根）	柱径（cm）	柱高（m）	梁枋层高（m）	边玛墙层高（m）
前廊	一层	81.2	6	55	3.2	1.2	无
前廊	二层	66	12	20	3	0.5	无
前殿	一层	295	20	普通柱30，通柱35	普通柱2.9，通柱6.9	普通柱1.5，通柱1.4	无
前殿	二层	357（中央礼佛阁95，北天井院95，南天井院65，其他102）	中央礼佛阁16，其他36	普通柱25，通柱41	普通柱3，通柱7	普通柱1.2，通柱1.3	一层（1.9）
后殿	一层	103	15	圆柱26，方柱36	圆柱3，通柱5.7	普通柱0.4，通柱1.3	无
后殿	二层	102	12	圆柱26，方柱34	普通柱3.3，通柱同上	普通柱0.4，通柱1.3	无
后殿	三层	101	18	方柱27	普通柱2.9	0.3	两层（2.8）

附表 5　医药学院经堂空间构成尺度

建筑	部位	室内净面积（m²）	柱数（根）	柱径（cm）	柱高（m）	梁枋层高（m）	边玛墙层高（m）
前廊	一层	101	6	59	3.2	1.8	无
前廊	二层	98	15	方柱200，圆柱14	方柱2.1，圆柱2.1	方柱0.36，圆柱0.36	无
前殿	一层	267	16	36.4	普通柱2.9，通柱6.3	普通柱1.2，通柱1.6	无
前殿	二层	266（中央礼佛阁90，北天井院41，南天井院51，其他84）	中央礼佛阁16，其他17	普通柱21，圆柱16	普通柱2.9，通柱6.3	普通柱0.3，通柱1.6	一层（1.8）
后殿	一层	127	普通柱8，通柱4	普通柱24，通柱38	普通柱4.5，通柱6.6	普通柱0.6，通柱2	无
后殿	二层	126	普通柱8，通柱4	普通柱25	普通柱3	普通柱0.4，通柱2	无
后殿	三层	126	方柱22	21	普通柱2.6	0.4	两层（3.8）

附表 6 喜金刚学院经堂空间构成尺度

建筑	部位	室内净面积（m²）	柱数（根）	柱径（cm）	柱高（m）	梁枋层高（m）	边玛墙层高（m）
前廊	一层	106	8	53.5	2.9	1.6	无
	二层	86	12	方柱 30，圆柱 26	方柱 3.1，圆柱 3.4	方柱 0.6，圆柱 0.4	无
前殿	一层	334	普通柱 12，通柱 4	普通柱 35，通柱 47	普通柱 2.7，通柱 7.1	普通柱 1.7，通柱 1.7	无
	二层	333（中央礼佛阁 122，北天井院 80，南天井院 88，其他 43）	中央礼佛阁 16，其他 24	普通柱 26，通柱 47	方柱 3.1，圆柱 3.4	方柱 0.6，圆柱 0.4	一层（2.2m）
后殿	一层	113.3	普通柱 20，通柱 2	普通柱 36，通柱 40	普通柱 2.9，通柱 6.2	普通柱 0.4，通柱 1.6	无
	二层	112	普通柱 16，通柱 2	普通柱 35	普通柱 3.5	普通柱 0.45	无
	三层	105	方柱 18		普通柱 3.1	普通柱 0.46	两层（3.8m）
	四层金顶	12	8	12.5	普通圆柱 2.6	0.7	无

附表 7　上续部学院经堂空间构成尺度

建筑	部位	室内净面积（m²）	柱数（根）	柱径（cm）	柱高（m）	梁枋层高（m）	边玛墙层高（m）
前廊	一层	105	6	55	3.3	1.5	无
	二层	57	8	32	2.3	0.3	无
前殿	一层	304	20	36	普通2.8、通柱6.7	普通柱1.4、通柱1.5	无
	二层	387（中央礼佛阁109，北天井院78，南天井院114，其他86）	中央礼佛阁16，其他32	普通柱32，通柱36	普通柱3，通柱6.7	普通柱0.3、通柱1.2	一层（2.1）
后殿	一层	165	8	28	普通柱4.8、通柱6.4	普通柱1.2、通柱1.1	无
	二层	162	8	27	普通柱3、通柱同上	普通柱0.5、通柱1.1	无
	三层	160（含挑檐门廊）	18	23	普通柱2.1	普通柱1.4	两层（3.8）
	四层金顶	14	4	21	普通柱2.4	0.5	无

参考文献

一、著作

第五世嘉木样治丧委员会编：《辅国阐化正觉禅师第五世嘉木样呼图克图纪念集》（藏汉文版），1948年。

格西曲吉札巴著：《格西曲札藏文辞典》，法尊、张克强等译，民族出版社，1957年第1版。

德乌鲁市拉卜楞寺工作组：《拉卜楞寺总书目》（油印本），1959年。

张其昀：《夏河县志》，成文出版社，1970年。

（清）智贡巴·贡去乎丹巴绕布杰著：《安多政教史》（藏文版），毛兰木嘉措校订，甘肃民族出版社，1982年。

马登昆、万玛多吉：《甘南藏传佛教寺院概况》，中国人民政治协商会议甘南藏族自治州委员会文史资料委员会编：《甘南文史资料》（第十辑），1993年。

甘肃省图书馆书目参考部编：《西北民族宗教史料文摘——甘肃分册》，甘肃省图书馆，1984年。

《藏汉大辞典》编写组：《藏汉历算学词典》，四川民族出版社，1985年。

强巴赤列、王镭：《四部医典系列挂图全集》，西藏人民出版社，1986年。

（清）阿莽班智达著：《拉卜楞寺志》（藏文版），毛兰木嘉措校订，甘肃民族出版社，1987年。

苗滋庶、李耕、曲又新、罗发西编：《拉卜楞寺概况》，甘肃民族出版社，1987年。

二世嘉木样·久美旺布著：《第一世嘉木样传》（藏文），甘肃民族出版社，1987年。

宇妥·元丹贡布等著：《四部医典》，上海科学技术出版社，1987 年。

甘肃省文物考古研究所、拉卜楞寺文物管理委员会编：《拉卜楞寺》，文物出版社，1989 年。

中共甘肃省委统战部编：《甘肃宗教》，甘肃人民出版社，1989 年。

（清）智观巴·贡却乎丹巴绕吉著：《安多政教史》，吴均、毛继祖、马世林译，甘肃民族出版社，1989 年。

黄正清口述，师纶记录整理：《黄正清与五世嘉木样》，政协甘肃省委员会文史资料研究委员会编：《甘肃文史资料选辑》第三十辑，甘肃人民出版社，1989 年。

蒲文成主编：《甘青藏传佛教寺院》，青海人民出版社，1990 年。

马鹤天：《甘青藏边区考察记》，中国西北文献丛书编辑委员会编：《中国西北文献丛书》第四辑第二十卷，兰州古籍书店，1990 年。

贡唐·贡曲乎丹贝仲美著：《三世诸佛共相至尊贡曲乎晋美昂吾传·佛子海之道》（藏文），甘肃民族出版社，1990 年。

绳景信：《甘南藏区纪行》，政协甘肃省委员会文史资料委员会编：《甘肃文史资料选辑》第三十一辑《民族宗教专辑》，甘肃人民出版社，1990 年。

洲塔：《拉卜楞寺六大学院》，甘肃民族出版社，1991 年。

政协甘南州文史资料委员会编：《甘南文史资料》第九辑，1991 年。

甘南州志编辑部编：《甘南史料丛编——拉卜楞部分》，1992 年。

李安宅著：《李安宅藏学文论选》，中国藏学出版社，1992 年。

索代著：《拉卜楞寺佛教文化》，甘肃民族出版社，1993 年。

张怡荪主编：《藏汉大词典》，民族出版社，1993 年。

丹珠昂奔著：《藏族文化散论》，中国友谊出版公司，1993 年。

黄明信著：《藏历漫谈》，中国藏学出版社，1994 年。

陈中义、洲塔主编：《拉卜楞寺与黄氏家族》，甘肃民族出版社，1995 年。

宿白：《藏传佛教寺院考古》，文物出版社，1996 年。

［德］黑格尔著：《美学》第三卷，朱光潜译，商务印书馆，1996 年。

丹曲著：《安多地区藏族文化艺术》，甘肃民族出版社，1997年。

（清）阿莽班智达著：《拉卜楞寺志》，玛钦·诺悟更志、道周译注，甘肃人民出版社，1997年。

张云著：《中国地域文化丛书——青藏文化》，辽宁教育出版社，1998年。

扎扎编著：《嘉木样呼图克图世系》，甘肃民族出版社，1998年。

丹曲编：《拉卜楞史话》，民族出版社，1998年。

刘洪记、周润年编著：《中国藏族寺院教育》，甘肃教育出版社，1998年。

甘肃省夏河县志编纂委员会编：《夏河县志》，甘肃文化出版社，1999年。

［美］Paul Nietupski. Labrang：A Tibetan Buddhist Monastery at the Crossroads of Four Civilization. Ithaca，New York：Snow Lion Publication，1999.

扎扎著：《拉卜楞寺活佛世系》，甘肃民族出版社，2000年。

辞海编辑委员会：《辞海》（1999年版缩印本），上海辞书出版社，2000年。

［芬兰］马达汉（C. G. Mannerheim）著：《1906—1908年马达汉西域考察图片集》，王家骥译，山东画报出版社，2000年。

洲塔著：《佛学原理研究：论藏传佛教显宗五部大论》，青海人民出版社，2001年。

黄明信著：《西藏的天文历算》，青海人民出版社，2002年。

东噶·洛桑赤列编纂:《东噶藏学大辞典》（藏文），中国藏学出版社,2002年。

旺谦、丹曲编著：《甘肃藏传佛教寺院录》，甘肃民族出版社，2003年。

张世文著：《藏传佛教寺院艺术》，西藏人民出版社，2000年。

杨辉麟编著：《西藏佛教寺庙》，四川人民出版社，2003年。

（清）第司·桑杰嘉措著，青海藏医药研究所整理:《第司藏医史》（藏文），民族出版社，2004年。

李安宅著：《藏族宗教史之实地研究》，上海人民出版社，2005年。

陈耀东著：《中国藏族建筑》，中国建筑工业出版社，2007年。

北京清华城市规划设计研究院、清华大学建筑设计研究院文化遗产保护研究所编:《甘肃省拉卜楞寺文物保护总体规划》，2009年。

丹曲著：《拉卜楞寺藏传佛教文化论稿》，甘肃民族出版社，2010年。

道周主编：《甘肃藏传佛教寺院大系》（藏文版），甘肃民族出版社，2010年。

拉卜楞文化丛书编委会编，扎扎著：《佛教文化圣地——拉卜楞寺》，甘肃民族出版社，2010年。

拉卜楞文化丛书编委会编，宗喀·漾正冈布等著：《西方旅行者眼中的拉卜楞》，甘肃民族出版社，2010年。

拉卜楞文化丛书编委会编，王砚主编：《拉卜楞文化导读》，甘肃民族出版社，2010年。

卓仓·才让编著：《黄河南蒙古志》（汉文），甘肃民族出版社，2010年。

［俄］彼·库·柯兹洛夫著：《蒙古、安多和死城哈喇浩特》，王希隆、丁淑琴译，兰州大学出版社，2011年。

尕藏才旦著：《拉卜楞寺——藏传佛教文化的明珠》，中国藏学出版社，2013年。

龙珠多杰著：《藏传佛教寺院建筑文化研究》，社会科学文献出版社，2016年。

二、论文

林兢：《甘肃拉卜楞寺纪游》，《中华图画杂志》1930年第2期。

文萱：《西记考察记及拉卜楞寺纪游》，《开发西北》1934年第2卷第5期。

德晖：《甘边拉卜楞寺活佛答谢中央》，《时代》1935年第8卷第4期。

任美锷、李玉林：《拉卜楞寺院之建筑》，《方志》1936年第3、4期合刊。

张其昀：《拉卜楞——西陲一个宗教都会》，《科学画报》1936年第4卷第4期。

明驼：《拉卜楞巡礼记》，《新中华》1936年第4卷第14、15期。

庄学本：《拉卜楞巡礼》，《新中华（上海）》1936年第46期。

张元彬：《拉卜楞喇嘛之日常生活》，《方志》1936年第9卷第3、4期合刊。

文萱：《甘肃拉卜楞寺鸟瞰》，《开发西北》1936年第2卷第4期。

李安宅：《拉卜楞寺大经堂——闻思堂的学制》，《新西北》1939年第2卷第

1、2 期。

高一涵:《拉卜楞寺一瞥》,《新西北》1941 年第 5 卷第 1 期。

葛赤峰:《记拉卜楞寺所属百零八寺》,《边疆》1944 年第 22 期。

阴景元:《嘉木样大师圆寂记》,《边疆通讯》1947 年第 4 卷第 7 期。

何正璜:《东方的梵谛岗——拉卜楞》,《旅行杂志》1947 年第 21 卷第 6 期。

史理:《甘南藏族寺院建筑》,《文物》1961 年第 3 期。

曲又新:《拉卜楞寺创建和发展情况述略》,《甘肃民族研究》1982 年第 3 期。

朱解琳:《黄教寺院教育》,《西北民族大学学报》(哲学社会科学版)1982 年第 1 期。

曲又新:《拉卜楞地区三百年大事纪略》,《甘肃民族研究》1983 年第 3、4 期。

司俊:《解放前甘南教育事业的发展概况》,《甘南文史资料选辑》(第三辑),甘肃人民出版社,1984 年。

杨承丕:《格西——西藏僧侣的一种特殊学位》,《西藏研究》1984 年第 4 期。

张尚瀛:《昔日拉卜楞寺和历世嘉木样活佛》,《西藏研究》1984 年第 2 期。

黄明仪、陈久金:《藏传时宪历源流述略》,《西藏研究》1984 年第 2 期。

才让当智:《甘肃省拉卜楞寺大经堂修复委员会成立》,《法音》1985 年第 5 期。

张庆有:《藏族著名学者贡唐·宫却丹贝仲美》,《青海社会科学》1986 年第 5 期。

唐景福:《拉卜楞僧人学经制度与经济来源述略》,《西北民族研究》1986 年第 00 期。

张庆有:《黄河南蒙古亲王代青和硕齐与一世嘉木样结盟考略》,《甘肃民族研究》1986 年第 1 期。

高禾夫:《上、下密院历史沿革及所传密宗考略》,《西藏研究》1986 年第 3 期。

李鼎兰:《藏医一代宗师——宇妥·元丹贡布》,《西北民族学院学报》(哲学社会科学版)1986 年第 2 期。

苏超尘:《藏族医圣宇妥·元丹贡布宁玛及其藏医学巨著〈四部医典〉》,《西南民族学院学报》（哲学社会科学版）1985 年第 1 期。

丹曲、马秉勋：《噶丹赛赤贡唐仓及三世贡唐仓丹贝仲美述略》，《甘肃民族研究》1986 年第 4 期。

丹曲：《简述藏医学名著〈四部医典〉及其影响》，《中央民族学院学报》1987 年第 6 期。

张庆有：《拉卜楞寺藏书梗概》，《西藏研究》1988 年第 3 期。

佟德福、班班多杰：《藏传佛教与汉传佛教的比较研究》，《世界宗教研究》1987 年第 1 期。

丹曲、贡却乎桑旦：《拉卜楞寺四大赛赤传略》，《西北民族学院学报》（哲学社会科学版）1989 年第 4 期。

索南吉、刘堡：《拉卜楞寺历世嘉木样活佛与西藏佛教的联系》，《法音》1988 年第 10 期。

索南吉、刘堡：《拉卜楞寺六大札仓》，《法音》1989 年第 3 期。

扎扎：《嘉木样二世生平及其在拉卜楞寺的历史作用》，《西藏研究》1989 年第 3、4 期。

李德宽：《甘南州藏传佛教现状的调查》，《西北民族研究》1989 年第 2 期。

丹曲：《拉卜楞寺医药学院概述》，《中国藏学》1990 年第 4 期。

丹曲：《拉卜楞地区藏族建筑艺术》，《安多研究》1993 年创刊号。

扎扎：《清末拉卜楞及其周邻地区大事记》，《西北民族学院学报》（哲学社会科学版）1994 年第 1 期。

张庆有：《拉卜楞寺各学院（扎仓）佛殿佛像、壁画综述》，《西藏艺术研究》1995 年第 4 期。

何如朴：《论甘肃传统建筑技术》，《建筑学报》1996 年第 1 期。

张庆有：《甘南藏区印经院述略》，《西藏艺术研究》1996 年第 1 期。

洲塔：《拉卜楞寺医药学院》，《中国藏学》1997 年第 4 期。

张庆有：《拉卜楞红教寺桑钦满杰岭述略》，《中国藏学》1997 年第 2 期。

丹曲：《拉卜楞寺时轮学院概述》，《西藏研究》1999 年第 2 期。

散人：《拉卜楞寺，佛画的宝库》，《中国西藏》1999 年第 5 期。

斗嘎：《甘青地区的曼巴扎仓及其历史功绩》，《青海民族学院学报》（社会科学版）1999 年第 2 期。

木雅·曲吉建才：《藏式建筑的历史发展、种类分析及结构特征》，《建筑史论文集》（第 11 辑），1999 年。

得荣·泽仁顿珠：《藏族的金瓦屋顶》，《西藏民俗》2001 年第 1 期。

李若虹、陈庆英：《洛克在甘青藏区：民族学研究的一手材料》，《西北民族研究》2002 年第 4 期。

完玛冷智、马进虎、文才：《藏传佛教格鲁派的经院教育》，《青海民族研究》2002 年第 2 期。

杨健吾：《藏传佛教的色彩观念和习俗》，《西藏艺术研究》2004 年第 3 期。

张士勤、唐泉：《安多藏传佛教寺院中的时轮学院与天文历算教育》，《西北大学学报》（自然科学版）2005 年第 6 期。

周润年：《藏传佛教五大教派寺院教育综述》，《西藏大学学报》2007 年第 3 期。

慈成嘉措：《拉卜楞寺医学院简史》，2009 年传统医药国际科技大会论文集。

傅千吉：《藏族天文历算学教育发展初探》，《中国藏学》2008 年第 3 期。

Natalia D Boisokhoyeva 著，端智译：《俄罗斯布里亚特地区藏传佛教寺院的曼巴扎仓》，《中国民族医药杂志》2009 年第 4 期。

妥超群、刘铁程：《近代游访拉卜楞的西方人及其旅行文献综述》，《中国藏学》2010 年第 4 期。

扎扎、赵曙青：《拉卜楞红教寺及其法会考述》，《西北民族大学学报》（哲学社会科学版），2010 年第 2 期。

宗喀·漾正冈布、谢光典：《河南亲王与拉卜楞寺关系考》，《宁夏大学学报》（人文社会科学版）2011 年第 1 期。

看召本（慈成嘉措）：《从拉卜楞寺医学院的发展浅析藏医学的传承模式》，《亚太传统医药》2011 年第 2 期。

杨志远：《藏传佛教文化影响下的藏传佛教寺院建筑营造思想》，《内蒙古科技与经济》2011 年第 18 期。

宗喀·漾正冈布、拉毛吉：《探究藏族传统天文历算的渊源》，《西藏大学学报》（社会科学版）2011 第 2 期。

宗喀·漾正冈布、拉毛吉：《拉卜楞大寺的丁科尔扎仓及其拉卜楞地区的藏传天文历算学传承研究》，《青海民族研究》2012 年第 2 期。

德吉旺姆：《拉卜楞寺医学院述略》，《甘肃民族研究》2012 年第 2 期。

苏发祥：《保尔·聂图普斯基及其〈拉卜楞寺：一个位于内亚边界地方的藏传佛教社区，1709-1958〉》，《西藏民族学院学报》（哲学社会科学版）2013 年第 6 期。

索朗卓玛：《拉萨色拉寺与哲蚌寺荣康的比较研究》，《法音》2013 年第 3 期。

张发青：《哈里森·福曼的青海、甘南藏区之行及其影响（1932—1937）》，《华东师范大学学报》（哲学社会科学版）2017 年第 4 期。

娘毛加、更藏多杰：《藏族天文历算在藏传佛教寺院教育中的传承研究——以拉卜楞寺、塔尔寺时轮学院为例》，《西北民族大学学报》（哲学社会科学版）2014 年第 3 期。

王东、冉璐：《安多地区藏传佛教建筑艺术略述》，《西北民族大学学报》（哲学社会科学版）2014 年第 1 期。

张勤：《藏传佛教格鲁派圣地塔尔寺与拉卜楞寺建筑艺术比较》，《海南师范大学学报》（社会科学版）2014 年第 6 期。

侯秋凤、唐晓军：《拉卜楞寺建筑艺术研究》，《丝绸之路》2014 年第 22 期。

丹曲、于丽萍：《藏传佛教学衔的设定探微》，《西藏民族大学学报》（哲学社会科学版）2016 年第 6 期。

甄艳、蔡景峰：《关于藏医学挂图（曼唐）第 80 幅出处问题的探讨》，《中国中西医结合杂志》2018 年第 9 期。

王琳：《藏传佛教建筑中大殿施工工艺》，《施工技术开发》2018 年第 21 期。

高琦、任云英：《甘南地区藏传佛教寺院经堂建筑空间模式研究——以拉卜楞寺为例》，《西安建筑科技大学学报》（自然科学版）2018 年第 1 期。

顾尔伙：《拉卜楞寺辩经及其教育启示》，《教育与教学研究》2018 年第 5 期。

高琦、孟祥武、罗戴维：《拉卜楞寺之建筑营造技艺与传承》，《西安建筑科技大学学报》（自然科学版）2019 年第 5 期。

安玉源、肖婷婷、刘源、周烨伟：《拉卜楞寺建筑色彩研究及色谱构建》，《南方建筑》2019 年第 4 期。

王帆：《甘南藏区寺院门饰艺术——以拉卜楞寺为例》，《甘肃高师学报》2019 年第 3 期。

三、学位论文

何乃柱：《他者眼中的拉卜楞社会——民国时期汉地旅行者拉卜楞考察研究》，兰州大学硕士学位论文，2009 年。

杨睿：《夏河地区藏医药现状调查研究——以拉卜楞寺曼巴扎仓为例》，兰州大学硕士学位论文，2010 年。

卓嘎：《藏族天文历算传承模式及其变迁研究》，西南大学博士学位论文，2011 年。

妥超群：《汉藏交界地带的徘徊者——近现代在安多（Amdo）的西方人及其旅行书写》，兰州大学博士学位论文，2012 年。

卓玛措：《拉卜楞红教寺桑钦孟杰林之历史现状研究》，中央民族大学硕士学位论文，2012 年。

高倩：《拉卜楞寺的调查与研究》，兰州大学硕士学位论文，2013 年。

端智：《安多曼巴扎仓研究——以贡本、拉卜楞寺为中心》，兰州大学博士学位论文，2013 年。

张福强：《民国时期甘青藏区调查研究综论（1931—1949）》，中南民族大学硕士学位论文，2015 年。

周毛塔：《拉卜楞寺教育制度研究》，中央民族大学硕士学位论文，2015 年。